·开发宝典丛书·

# iOS 编程实战宝典

曾源 等编著

清华大学出版社

北京

# 内 容 简 介

本书以实战开发为原则,通过开发中最常见的技术模块,配合每章的开发实例及最后的一个完整的综合项目案例,全面、详细地介绍了 iOS 开发从易到难,从界面到硬件等技术要点的整合使用,兼顾 iPhone 和 iPad 的 APP 开发。

全书共 21 章,分为 4 篇。第 1 篇为基础篇,让从未接触过 iOS 开发的人员快速了解 iOS SDK、Object-C 和 Xcode;第 2 篇为 UI 开发篇,读者将系统学习界面与多视图知识,包括交互原理、交互控件、表视图、导航视图和选择器等;第 3 篇为高级篇,涉及 Storyboard、数据存储、GCD、触屏和手势、多媒体、硬件、重力感应和加速等大量进阶内容;第 4 篇为实战篇,通过一个食谱 APP,让读者了解如何开发自己的 APP 程序,还学习了第三方框架 Three20,还介绍了如何开发 iPhone 和 iPad 都兼容的 APP 程序。

本书内容丰富,实例典型,实用性强,适合各个层次想要学习 iOS 开发技术的人员阅读,尤其适合有一定开发经验而打算进行此平台应用开发的人员阅读。如果读者没有任何经验,也不用太担心,只要读者认真阅读本书,也可以打好基础。

本书封面贴有清华大学出版社防伪标签,无标签者不得销售。
版权所有,侵权必究。侵权举报电话:010-62782989 13701121933

图书在版编目(CIP)数据

iOS 编程实战宝典 / 曾源等编著. —北京:清华大学出版社,2014
(开发宝典丛书)
ISBN 978-7-302-34797-2

Ⅰ. ①i… Ⅱ. ①曾… Ⅲ. ①移动终端 – 应用程序 – 程序设计 Ⅳ. ①TN929.53

中国版本图书馆 CIP 数据核字(2013)第 301275 号

责任编辑:夏兆彦
封面设计:欧振旭
责任校对:徐俊伟
责任印制:何 芊

出版发行:清华大学出版社
网　　址:http://www.tup.com.cn,http://www.wqbook.com
地　　址:北京清华大学学研大厦 A 座　　　邮　　编:100084
社 总 机:010-62770175　　　　　　　　　邮　　购:010-62786544
投稿与读者服务:010-62776969,c-service@tup.tsinghua.edu.cn
质 量 反 馈:010-62772015,zhiliang@tup.tsinghua.edu.cn

印 装 者:北京鑫海金澳胶印有限公司
经　　销:全国新华书店
开　　本:185mm×260mm　　印　张:38　　字　数:943 千字
版　　次:2014 年 8 月第 1 版　　　　　　印　次:2014 年 8 月第 1 次印刷
印　　数:1~3000
定　　价:89.00 元

产品编号:056428-01

# 前 言

## 为什么要写这本书

有人问，现在是什么时代？这个问题对于每个人都有属于自己的答案。但随着移动科技和互联网的飞速发展，对我们而言，如今已经是移动互联网的时代。在这短短几年时光里，iOS 平台已经成为这个领域的霸主。

由于 iPhone 那让人赞叹不已的外观设计和操作体验，特别是苹果提供了 App Store 这种突破性的软件营销方式，使得 iOS 系统改变了手机世界的格局，改变了整个互联网。程序员要想进入 iOS 开发行业，除了掌握 Objective-C 语言基础外，还要融会贯通各种开发框架，最好还要熟悉应用开发中有典型意义和实用价值的各类开发实例及案例。这样才能在就业严峻的市场环境中有较强的职场竞争力和职业前景。

目前图书市场上关于 iOS 开发及框架整合的图书不少，但真正从实际应用出发，以代码实战为基础，通过各种开发模块和项目案例来指导读者提高应用开发水平的图书却很少。本书便是以实战为主旨，通过 iOS 开发中最常见的开发模块和项目案例，并辅以实战练习题，让读者全面、深入、透彻地理解 iOS 开发的各种热门技术及其整合使用，提高实际开发水平。

## 本书有何特色

### 1. 包含iOS开发中常用的技术范围，以及当下流行的开发框架及其整合使用

本书详细介绍了 iOS 开发中最常用、最重要的技术要点，如大量基础和高级控件、多媒体、定位、数据存储、重力感应、加速计、本地化、触屏和手势等。并且还会带领读者探索一些当下最流行的框架（如 Three20）。读者在感叹其强大之余，将学习如何为我所用。

### 2. 内容涉及多个iOS系统版本

本书内容涉及 iOS 4 到 6 的多个版本，如故事版、GCD 等，帮助读者与开发前沿保持同步，既方便低版本开发者快速过渡，也有助于初学者更全面地了解 iOS。

### 3. 对iOS开发的各种技术做了原理上的分析

本书从一开始便对 Objective-C 开发语言和 iOS 开发的环境配置做了基本介绍，并对

iOS 开发的各种技术进行了原理性的分析,便于读者透彻地理解每项技术背后的原理和实际应用。

### 4. 开发实例及项目案例典型,实战性强,有较高的应用价值

本书从第 2 章起,每章在讲解技术点的过程中都提供了至少一个代码实例。这些实例来源于作者所开发的实际项目,具有很高的应用价值和参考性。而且这些实例分别使用不同的技术实现,便于读者融会贯通地理解本书中所介绍的技术。

### 5. 提供完善的技术支持和售后服务

本书提供了专门的技术支持邮箱:bookservice2008@163.com。读者在阅读本书过程中有任何疑问都可以通过该邮箱获得帮助。

## 本书内容及知识体系

### 第1篇 基础篇(第1~3章)

本篇介绍了如何加入苹果开发者计划以及搭建 iOS 环境,讲解了 iOS 开发的基础语言 Objective-C 的语法和要点,并通过一个简单的程序实现快速入门。

### 第2篇 UI开发篇(第4~9章)

从本篇开始,读者将详细地学习 iOS 开发中 UI 界面、程序架构的实现。内容主要包括基础控件(按钮、标签、滑块、图像视图、输入框、开关、分段、警告框等),还将学习利用 iOS 提供的模块实现多视图(选项卡栏控制器、导航视图控制器),在掌握如何使用的同时,还会为读者剖析其原理。

### 第3篇 高级篇(第10~19章)

本篇内容上升了一个层次,主要包括故事版(Storyboard)、数据存储、后台处理、触摸手势、定位、重力感应、多媒体和本地化等。经过本篇的训练,读者的技术水平将得到非常大的提升,本篇每章的示例程序都会有详细的步骤讲解和代码分析,从一定程度上也可以了解软件开发的周期。

### 第4篇 实战篇(第20章和21章)

本篇首先通过一个兼容 iPhone 和 iPad 的 APP 开发,让读者了解了在实际的 iOS 开发中两者的区别。然后介绍当下非常流行的第三方开源框架 Three20,包括源代码的下载、配置及基本使用,而且分析其组成部分和提供的接口,并最终使用它开发出一款属于自己的菜谱 APP。目前 iOS 有许多优秀的开源框架,本篇也会向读者推荐一部分。

## 适合阅读本书的读者

❑ 需要全面学习 iOS 开发技术的人员;

- 有一定开发经验而想转行移动开发的人员;
- 希望提高项目开发水平的人员;
- 专业培训机构的移动开发学员;
- 软件开发项目经理;
- 需要一本案头必备查询手册的 iOS 开发人员。

## 阅读本书的建议

- 没有 Objective-C 语言基础的读者,建议从第 1 章顺次阅读并演练每一个实例。
- 有一定 iOS 开发基础的读者,可以根据实际情况有重点地选择阅读各个章节和案例。
- 对于每一个技术难点和案例,先自己思考一下实现的思路,然后再阅读,学习效果会更好。

## 本书源程序获取方式

本书源程序需要读者自行下载。请登录清华大学出版社的网站 http://www.tup.com.cn,搜索到本书页面,然后按照提示下载。另外,读者也可以到 www.wanjuanchina.net 社区下载。

## 本书作者

本书由曾源主笔编写。其他参与编写的人员有杜礼、高宏、郭立新、胡鑫鑫、黄进、黄胜忠、黄照鹤、赖俊文、李冠峰、李静、李为民、邱罡、邱伟、隋丽娜、王红艺、王健、王玉磊、魏汪洋、吴庆涛、肖俊宇、谢建、辛永平、徐翠霞、徐勤民、薛富实、杨春蕾、张光泽、张明川、张晓静、赵海霞、郑波、郑瑞娟、郑伟、周巧姝、周瑞、盛杰、李群、阿拉塔、毕梦飞、高洪涛、曹亦男、曾龙英、曾敏、柴延伟。

虽然笔者对本书中所述内容都尽量核实,并多次进行文字校对,但因时间所限,可能还存在疏漏和不足之处,恳请读者批评指正。

编著者

# 目　　录

## 第1篇　基　础　篇

### 第1章　iOS 开发概述 ... 2
1.1　本书的宗旨 ... 2
1.2　iOS 开发的特点 ... 2
  1.2.1　一次只能运行一个应用程序 ... 3
  1.2.2　一个应用程序只有一个窗口 ... 3
  1.2.3　数据访问机制 ... 3
  1.2.4　屏幕尺寸限制 ... 3
  1.2.5　响应时间限制 ... 4
  1.2.6　设备资源限制 ... 4
  1.2.7　交互限制 ... 5
1.3　iOS 的独特功能 ... 5
  1.3.1　Game Center ... 5
  1.3.2　Storyboard ... 5
  1.3.3　Twitter ... 6
  1.3.4　iCloud ... 6
  1.3.5　通知中心 ... 6
  1.3.6　Passbook ... 7
1.4　加入 Apple 开发者计划 ... 7
  1.4.1　开发者账号 ... 7
  1.4.2　加入 Apple 开发人员计划 ... 8
  1.4.3　创建 Apple ID ... 9
1.5　下载和安装 Xcode ... 11
  1.5.1　下载 Xcode ... 11
  1.5.2　安装 Xcode ... 12
1.6　小结 ... 14
1.7　习题 ... 15

### 第2章　介绍 Objective-C 和 iOS SDK ... 16
2.1　介绍 Objective-C ... 16
  2.1.1　类定义 ... 17
  2.1.2　类实现 ... 18

  2.1.3 多参数的方法 ················ 18
  2.1.4 属性 ························ 19
  2.1.5 类别 ························ 20
 2.2 Objective-C 的重要部分 ············ 21
  2.2.1 协议 ························ 21
  2.2.2 委托 ························ 22
  2.2.3 创建第一个工程 ············ 23
  2.2.4 简单介绍工程界面 ·········· 25
  2.2.5 通过程序体会协议和委托 ·· 26
  2.2.6 内存管理 ···················· 30
  2.2.7 自动引用计数 ·············· 32
 2.3 介绍 iOS SDK ···················· 32
  2.3.1 Xcode ······················ 32
  2.3.2 Instruments ················ 32
  2.3.3 Simulator ·················· 33
  2.3.4 Interface Builder ············ 34
 2.4 iOS 核心部分 ······················ 34
  2.4.1 Cocoa Touch（可触摸层） ·· 35
  2.4.2 Media（媒体层） ············ 37
  2.4.3 Core Services（核心服务层） ·· 38
  2.4.4 Core OS（核心操作系统层） ·· 38
 2.5 小结 ······························ 39
 2.6 习题 ······························ 39
第 3 章 iOS 开发起航 ······················ 40
 3.1 创建项目 HelloWorld ·············· 40
  3.1.1 应用程序模板 ·············· 40
  3.1.2 新建 iPhone 工程 ············ 44
  3.1.3 详解 Xcode 的各个部分 ···· 46
  3.1.4 详解项目的各个部分 ······ 50
 3.2 解密 Interface Builder ·············· 51
  3.2.1 掀开 Nib 神秘的面纱 ········ 52
  3.2.2 详解 Interface Builder 的组成部分 ·· 52
  3.2.3 在视图中添加第一个 UI 控件 ·· 55
  3.2.4 设置 UI 控件的属性 ········ 55
  3.2.5 变量的关联 ················ 57
  3.2.6 通过代码设置属性 ········ 59
 3.3 为应用添加图标 ·················· 61
  3.3.1 iPhone 图标介绍 ············ 61
  3.3.2 iPad 图标介绍 ·············· 62
  3.3.3 图标的命名和设置 ········ 62
  3.3.4 程序名称的设置 ············ 64
 3.4 小结 ······························ 66
 3.5 习题 ······························ 66

# 第 2 篇 UI 开发篇

## 第 4 章 用户交互基础 68
### 4.1 介绍 View Controller（视图控制器） 68
- 4.1.1 MVC 模型 68
- 4.1.2 View Controller（视图控制器） 70
- 4.1.3 生命周期 72

### 4.2 使用 View Controller 编写计算器 73
- 4.2.1 创建项目 PlusMinus 74
- 4.2.2 Button（按钮） 75
- 4.2.3 Text Field（输入框） 77
- 4.2.4 添加 Outlet（连接） 80
- 4.2.5 添加 Action（动作） 81
- 4.2.6 设计用户交互 84
- 4.2.7 编译并运行程序 85

### 4.3 优化交互体验 86
- 4.3.1 键盘关闭 86
- 4.3.2 数字键盘 88

### 4.4 详解 Delegate（委托） 91
- 4.4.1 UITextField 委托方法 91
- 4.4.2 实现委托功能 92

### 4.5 小结 94
### 4.6 习题 95

## 第 5 章 掌握更多交互控件 96
### 5.1 使用 Image View（图像视图）和 Alert View（警告框） 96
- 5.1.1 Image View 控件 97
- 5.1.2 UIAlertView 控件 100
- 5.1.3 创建项目 ImageSwitch 100
- 5.1.4 设置界面朝向 103
- 5.1.5 设置 UIImageView 属性 106
- 5.1.6 数组的概念 108
- 5.1.7 切换图片 109
- 5.1.8 添加 UIAlertView 111

### 5.2 使用 Slider（滑块）和 Progress View（进度条） 113
- 5.2.1 添加 UISlider 和 UIProgressView 113
- 5.2.2 设置控件属性 114
- 5.2.3 创建 Action（动作）和 Outlet（连接） 116
- 5.2.4 实现 Action 方法 117
- 5.2.5 添加定时器控制 120

### 5.3 使用 Switch（开关）和 Segment（分段控件） 122
- 5.3.1 Navigation Bar（导航条）的样式 122

5.3.2　添加 UISwitch 并实现 Action 方法 ·················· 124
　　5.3.3　添加 UISegment 并实现 Action 方法 ·················· 127
　　5.3.4　添加 "台灯" ·················· 131
5.4　小结 ·················· 132
5.5　习题 ·················· 132

## 第 6 章　多视图应用 ·················· 134

6.1　什么是多视图 ·················· 134
6.2　多视图应用的结构 ·················· 135
　　6.2.1　导航和标签的多视图模型 ·················· 135
　　6.2.2　根视图（Root View）和内容视图（Content View）·················· 137
6.3　创建多视图应用 ·················· 138
　　6.3.1　创建工程 ·················· 139
　　6.3.2　创建视图控制器和 Nib 文件 ·················· 140
　　6.3.3　修改应用委托类（App Delegate）·················· 141
　　6.3.4　实现根视图界面与操作 ·················· 143
　　6.3.5　创建子视图 ·················· 145
　　6.3.6　实现视图的切换 ·················· 147
6.4　委托 ·················· 150
　　6.4.1　创建 protocol 类 ·················· 150
　　6.4.2　代理函数 ·················· 152
　　6.4.3　实现委托功能 ·················· 153
6.5　动画效果 ·················· 157
　　6.5.1　添加视图转换动画特效 ·················· 157
　　6.5.2　更多效果 ·················· 159
6.6　小结 ·················· 163
6.7　习题 ·················· 163

## 第 7 章　Tab Bar Controller 和 Picker View ·················· 164

7.1　Tab Bar Controller ·················· 164
　　7.1.1　UITabBarController 组成部分 ·················· 164
　　7.1.2　UITabBarController 使用方式 ·················· 167
7.2　创建项目并配置 TabBarController ·················· 167
　　7.2.1　创建视图控制器 ·················· 169
　　7.2.2　创建根视图控制器 ·················· 169
7.3　使用日期选择器（UIDatePicker）·················· 172
　　7.3.1　选择器在 iPhone 中的使用 ·················· 172
　　7.3.2　实现日期选择器 ·················· 173
7.4　使用单组件选择器（Single Component Picker）·················· 176
　　7.4.1　创建 Outlet 和 Action ·················· 176
　　7.4.2　实现数据源和委托 ·················· 177
　　7.4.3　弹出选中的数据 ·················· 178
7.5　多组件选择器（Multi Component Picker）·················· 180
　　7.5.1　NSDictionary（字典）·················· 180

| | | |
|---|---|---|
| | 7.5.2 定义 Outlet 和 Action | 181 |
| | 7.5.3 选择器数据 | 182 |
| | 7.5.4 实现选择器的数据显示 | 183 |
| 7.6 | 小结 | 187 |
| 7.7 | 习题 | 188 |

## 第 8 章　表视图

| | | |
|---|---|---|
| 8.1 | 介绍 UITableView（表视图） | 190 |
| | 8.1.1 UITableView（表视图） | 190 |
| | 8.1.2 分组（Grouped）表和无格式（Plain）表 | 191 |
| | 8.1.3 单元格 | 192 |
| 8.2 | 实现一个简单的表视图 | 193 |
| | 8.2.1 设计视图 | 193 |
| | 8.2.2 编写视图控制器 | 195 |
| | 8.2.3 在表单元中添加图片 | 199 |
| | 8.2.4 介绍表单元的几种样式 | 201 |
| | 8.2.5 处理行选择事件 | 204 |
| | 8.2.6 调整表单元中文字的字体和位置 | 205 |
| | 8.2.7 设置表单元的高度 | 206 |
| 8.3 | 实现自定义的表单元 | 208 |
| | 8.3.1 在表单元中添加子视图 | 208 |
| | 8.3.2 创建 UITableViewCell 的子类 | 213 |
| | 8.3.3 使用 Nib 实现自定义的表单元 | 215 |
| | 8.3.4 加载自定义单元格 | 220 |
| 8.4 | 实现支持索引的分组表 | 222 |
| | 8.4.1 创建视图 | 222 |
| | 8.4.2 导入数据 | 222 |
| | 8.4.3 实现视图控制器 | 223 |
| | 8.4.4 为表视图添加索引支持 | 226 |
| 8.5 | 小结 | 227 |
| 8.6 | 习题 | 227 |

## 第 9 章　Navigation Controller（导航控制器）

| | | |
|---|---|---|
| 9.1 | 介绍导航控制器 | 229 |
| | 9.1.1 栈的概念 | 230 |
| | 9.1.2 视图控制器栈 | 231 |
| 9.2 | 创建导航控制器应用 | 232 |
| | 9.2.1 应用结构 | 232 |
| | 9.2.2 添加导航控制器 | 234 |
| | 9.2.3 根视图（Root View） | 235 |
| | 9.2.4 内容视图（Content View） | 237 |
| 9.3 | 更复杂的表视图 | 240 |
| | 9.3.1 第 1 个子视图：有详细内容的表视图 | 240 |
| | 9.3.2 第 2 个子视图：可选择单元格的表视图 | 245 |

|     9.3.3 第 3 个子视图：可移动单元格的表视图 | 249 |
|     9.3.4 第 4 个子视图：可删除单元格的表视图 | 254 |
| 9.4 小结 | 260 |
| 9.5 习题 | 261 |

# 第 3 篇 高 级 篇

## 第 10 章 Storyboard ... 264
- 10.1 支持 Storyboard 的程序 ... 265
  - 10.1.1 创建新工程 ... 265
  - 10.1.2 程序结构 ... 266
- 10.2 导航控制器 ... 269
  - 10.2.1 在 Storyboard 中添加导航控制器 ... 269
  - 10.2.2 原型单元格和静态单元格 ... 273
- 10.3 表视图 ... 274
  - 10.3.1 编辑表视图 ... 274
  - 10.3.2 编辑表单元原型 ... 275
- 10.4 视图的切换 ... 276
  - 10.4.1 创建节日列表视图 ... 276
  - 10.4.2 创建出行视图 ... 278
  - 10.4.3 在 Storyboard 中建立视图之间的转换 ... 279
- 10.5 小结 ... 281
- 10.6 习题 ... 281

## 第 11 章 应用设置和用户默认项 ... 283
- 11.1 什么是设置束（Setting Bundle） ... 284
- 11.2 创建项目 ... 284
  - 11.2.1 创建工程 ... 285
  - 11.2.2 创建设置束 ... 285
  - 11.2.3 使用设置束 ... 287
- 11.3 用户默认设置（NSUserDefaults） ... 293
  - 11.3.1 读取默认设置值 ... 294
  - 11.3.2 修改默认设置值 ... 297
- 11.4 小结 ... 301
- 11.5 习题 ... 302

## 第 12 章 iOS 数据存储基础 ... 303
- 12.1 理解应用沙盒 ... 303
  - 12.1.1 获取 Documents 路径 ... 304
  - 12.1.2 获取临时路径 ... 305
  - 12.1.3 获取 Library 路径 ... 305
- 12.2 文件存储策略 ... 306
  - 12.2.1 iOS 5 本地存储限制 ... 306

## 目录

- 12.2.2 单文件存储策略 ... 306
- 12.2.3 多文件存储策略 ... 307
- 12.3 使用属性列表 ... 307
  - 12.3.1 创建 PropertyList 程序 ... 307
  - 12.3.2 数据显示与保存 ... 310
  - 12.3.3 数据的读取 ... 313
- 12.4 类对象的序列化 ... 317
  - 12.4.1 NSCoding 协议和 NSCoder 抽象类 ... 317
  - 12.4.2 归档的概念与 NSCopying 协议 ... 319
  - 12.4.3 数据的归档操作 ... 320
  - 12.4.4 创建 Archiving 应用 ... 321
  - 12.4.5 修改程序界面和输出口 ... 324
  - 12.4.6 实现数据归档 ... 325
- 12.5 使用 SQLite 3 ... 329
  - 12.5.1 打开数据库 ... 330
  - 12.5.2 执行 SQL 语句 ... 330
  - 12.5.3 使用绑定变量 ... 332
  - 12.5.4 创建支持 SQLite 3 的应用 ... 333
  - 12.5.5 使用 SQLite 3 检索数据表 ... 338
- 12.6 使用 Core Data ... 340
  - 12.6.1 实体（Entity）和托管对象（Managed Object） ... 340
  - 12.6.2 概念深入 ... 342
  - 12.6.3 如何设计数据模型 ... 346
  - 12.6.4 支持 Cora Data 的应用 ... 348
  - 12.6.5 增加数据删除 ... 359
- 12.7 小结 ... 362
- 12.8 习题 ... 362

## 第 13 章 GCD 与后台处理进程 ... 363

- 13.1 进程与线程的概念 ... 363
- 13.2 什么是 GCD ... 364
  - 13.2.1 Block 特性 ... 364
  - 13.2.2 Dispatch object 和 Dispatch queue 的概念 ... 365
  - 13.2.3 创建应用 GCDSupport ... 366
- 13.3 线程（NSThread） ... 370
  - 13.3.1 创建线程 ... 371
  - 13.3.2 同步与加锁 ... 371
  - 13.3.3 与主线程交互 ... 373
- 13.4 后台处理进程（Background Processing） ... 374
  - 13.4.1 应用的生命周期 ... 374
  - 13.4.2 应用状态改变时对应的接口 ... 375
  - 13.4.3 详细介绍应用的各种运行状态 ... 377
  - 13.4.4 处理 Inactive 状态 ... 378
  - 13.4.5 处理 Background 状态 ... 379

13.5 创建 LocalAlert 程序 ········································································· 381
　　13.5.1 新建工程 ··············································································· 382
　　13.5.2 开启定时器和本地提醒 ···························································· 382
　　13.5.3 处理 Inactive 和后台状态 ························································ 386
　　13.5.4 运行程序进行后台测试 ···························································· 386
13.6 小结 ····························································································· 387
13.7 习题 ····························································································· 387

## 第 14 章 触屏和手势 ············································································ 389

14.1 多触摸（Multitouch）的概念 ························································· 390
14.2 响应者链 ······················································································· 390
　　14.2.1 响应者对象 ············································································ 391
　　14.2.2 转发事件，保持响应的传递连续性 ············································ 391
14.3 多触摸的架构 ················································································ 392
14.4 4 个触摸通知方法 ·········································································· 392
　　14.4.1 触摸开始 ··············································································· 393
　　14.4.2 触摸滑动 ··············································································· 394
　　14.4.3 触摸结束 ··············································································· 394
　　14.4.4 触摸中断 ··············································································· 395
14.5 TouchDect 应用程序 ······································································ 395
　　14.5.1 创建程序 ··············································································· 395
　　14.5.2 实现触摸检测 ········································································· 397
　　14.5.3 运行程序 ··············································································· 398
14.6 手势识别 ······················································································· 400
　　14.6.1 UIGestureRecognizer 类 ·························································· 400
　　14.6.2 轻击手势检测 ········································································· 400
　　14.6.3 轻扫手势检测 ········································································· 404
　　14.6.4 捏合手势检测 ········································································· 408
14.7 自定义手势 ···················································································· 413
　　14.7.1 创建 MyGesture 应用程序 ························································ 413
　　14.7.2 介绍 Quartz ············································································ 421
　　14.7.3 Quartz 基本概念 ····································································· 422
　　14.7.4 描绘轨迹 ··············································································· 422
14.8 小结 ····························································································· 425
14.9 习题 ····························································································· 425

## 第 15 章 Core Location 定位 ································································· 427

15.1 Core Location 工作原理 ································································· 427
15.2 位置管理器（Location Manager） ·················································· 428
　　15.2.1 设置所需的精度 ······································································ 429
　　15.2.2 设置距离筛选器 ······································································ 429
　　15.2.3 启动位置管理器 ······································································ 430
15.3 位置管理器委托 ············································································· 430
　　15.3.1 获取位置更新 ········································································· 430

15.3.2 使用 CLLocation 获取位置信息 430
15.3.3 错误通知 432
15.4 使用 Core Location 433
15.5 小结 439
15.6 习题 439

## 第 16 章 重力感应和加速计 440
16.1 加速计的物理原理 441
16.2 获取朝向 442
16.3 访问加速计 443
16.3.1 UIAcceleration 加速计 444
16.3.2 实现 accelerometer:didAccelerate:方法 446
16.4 摇动换肤 448
16.4.1 创建 ChangeSkin 程序 449
16.4.2 实现换肤功能 450
16.5 滚球小游戏 451
16.5.1 实现主视图控制器 451
16.5.2 编写 BallView 452
16.6 了解 CoreMotion 458
16.7 小结 460
16.8 习题 460

## 第 17 章 摄像头和相册 461
17.1 图像选取器 462
17.1.1 UIImagePickerController 462
17.1.2 启动 UIImagePickerController 463
17.2 实现图像选取器控制器委托 464
17.3 实际测试照相机和库 465
17.3.1 创建 MyCamera 应用程序 465
17.3.2 实现拍照 466
17.3.3 真机上测试本程序 469
17.3.4 打开 iPhone 相册 471
17.4 小结 474
17.5 习题 474

## 第 18 章 多媒体：音频和视频 475
18.1 iPhone 音频 475
18.1.1 短音频播放技术 475
18.1.2 长音频播放技术 476
18.1.3 队列式播放技术 477
18.1.4 跨平台 3D 播放技术 478
18.2 创建 MusicPlayer 程序 478
18.2.1 开发程序框架 479
18.2.2 使用 System Sound Services 482
18.2.3 使用 AVAudioPlayer 485

18.3 录音 ..................................................................................................................... 493
　　18.3.1 如何录音 ................................................................................................... 493
　　18.3.2 补充 MusicPlayer 程序 ............................................................................. 494
　　18.3.3 实现 AVAudioRecorderDelegate 代理方法 ............................................. 498
　　18.3.4 播放录音 ................................................................................................... 499
　　18.3.5 测试录音功能 ........................................................................................... 499
18.4 iPhone 视频 ......................................................................................................... 500
　　18.4.1 多媒体播放器类 ....................................................................................... 500
　　18.4.2 MPMoviePlayerController 的使用 ........................................................... 501
18.5 创建 VideoPlayer 程序 ...................................................................................... 503
　　18.5.1 添加设置束 ............................................................................................... 503
　　18.5.2 读取播放器属性 ....................................................................................... 506
　　18.5.3 实现视频播放 ........................................................................................... 509
　　18.5.4 处理状态变化 ........................................................................................... 512
　　18.5.5 运行程序播放视频 ................................................................................... 515
18.6 小结 ..................................................................................................................... 517
18.7 习题 ..................................................................................................................... 517

## 第 19 章 本地化 ............................................................................................................... 518
19.1 本地化体系结构 ................................................................................................. 519
19.2 本地化原则 ......................................................................................................... 519
19.3 使用字符串文件 ................................................................................................. 520
19.4 创建 Localize 应用程序 .................................................................................... 521
　　19.4.1 本地化字符串 ........................................................................................... 522
　　19.4.2 查看当前区域设置 ................................................................................... 527
　　19.4.3 本地化 nib 文件 ....................................................................................... 531
　　19.4.4 本地化图像 ............................................................................................... 534
　　19.4.5 本地化应用程序图标与名称 ................................................................... 536
19.5 小结 ..................................................................................................................... 538
19.6 习题 ..................................................................................................................... 539

# 第 4 篇　实　战　篇

## 第 20 章 创建 iPhone 和 iPad 都兼容的程序 ............................................................... 542
20.1 开发通用应用程序 ............................................................................................. 542
　　20.1.1 创建通用模板 ........................................................................................... 543
　　20.1.2 需要注意的地方 ....................................................................................... 544
20.2 创建通用应用程序 ............................................................................................. 548
　　20.2.1 设计程序界面 ........................................................................................... 548
　　20.2.2 创建并连接 IBOutlet ............................................................................... 550
　　20.2.3 获取设备信息 ........................................................................................... 551
20.3 扩展通用应用程序 ............................................................................................. 552

| 20.3.1 创建 iPad 视图控制器类 | 552 |
| 20.3.2 快速添加输出口 | 553 |
| 20.3.3 实现程序功能 | 555 |
| 20.4 创建多目标程序 | 556 |
| 20.4.1 添加新的 Target | 557 |
| 20.4.2 配置程序 | 558 |
| 20.5 小结 | 559 |
| 20.6 习题 | 559 |

## 第 21 章 用 Three20 实现的食谱 APP ... 560

| 21.1 什么是 Three20 | 560 |
| 21.1.1 下载源代码 | 560 |
| 21.1.2 结构分析 | 561 |
| 21.2 功能的优势 | 563 |
| 21.3 导入 Three20 | 566 |
| 21.3.1 添加 Three20.xcodeproj | 566 |
| 21.3.2 添加 Three20.bundle | 568 |
| 21.3.3 添加必须的静态链接库 | 568 |
| 21.3.4 添加目标依赖项 | 569 |
| 21.3.5 修改 Header Search Paths | 571 |
| 21.3.6 修改 Other Linker Flags | 572 |
| 21.3.7 引入头文件 | 573 |
| 21.4 认识 TTNavigator | 573 |
| 21.4.1 使用方法 | 573 |
| 21.4.2 映射表 | 575 |
| 21.5 开发 UseThree20 应用程序——食谱 APP | 576 |
| 21.5.1 使用 TTTableViewController | 576 |
| 21.5.2 使用 TTViewController 类 | 581 |
| 21.5.3 修改 AppDelegate 类 | 584 |
| 21.6 补充说明 | 587 |
| 21.6.1 进展指示符 MBProgressHUD | 587 |
| 21.6.2 网络请求库 ASIHttpRequest | 588 |
| 21.6.3 网络图片处理 | 588 |
| 21.6.4 JSON Framework | 588 |
| 21.7 小结 | 589 |

# 第1篇 基础篇

▶▶ 第1章 iOS 开发概述

▶▶ 第2章 介绍 Objective-C 和 iOS SDK

▶▶ 第3章 iOS 开发起航

# 第 1 章 iOS 开发概述

如今手机上的应用软件越来越多地受到人们的关注,随着移动互联网时代的来临,智能手机和平板电脑等移动设备成为下一代互联网的终端已是大势所趋。而移动互联网的便携性和多元性等优势决定了嵌入式应用将会比现在的互联网应用更加普及,将会给用户提供更加便捷的服务。

自 2007 年 6 月苹果公司发布了第一代 iPhone 起,iPhone 手机以其时尚的设计和超强的性能,迅速成为这一市场的佼佼者。如今苹果应用商店的下载早已突破了 50 亿次,如此惊人的数字,无一不宣示着 iOS 开发的光明前景,相信在今后很长一段时间,iOS 都会是一个极具竞争力的平台。

苹果公司提供了完整、详细的开发文档、SDK 和快捷强大的开发工具等,开发者可以充分地使用这些利器,并发挥自己的创造力,也能在 iOS 的世界里创造属于自己的优秀产品。

## 1.1 本书的宗旨

本书介绍了 iPhone SDK 和 iPhone 开发的相关知识,并对 iPhone 开发的基本流程、原理和原则进行了详细讲解。其中也对 iOS 开发所用的 Objective-C 语言,开发工具 Xcode 和可视化编程工具 Interface Builder 进行了深入浅出地介绍。

本书不仅仅为读者揭示开发原理,还指导读者创建一系列应用程序,让读者能在实践中理解 iPhone 应用程序的运行方式和构建方式,掌握具体的 iPhone 特性。

全书共 21 章,分为 4 篇。
- 第 1 篇主要介绍 iPhone 开发中的基础知识和 iPhone 开发工具的使用。
- 第 2 篇主要通过示例演示了 iPhone 界面常用的基础控件,包括构建程序常用的试图控制器。
- 第 3 篇是向开发者介绍 iPhone 开发中的一些高级操作,属于进阶篇。
- 第 4 篇通过典型的程序强化读者对 iOS 特性的学习,充分理解如何和 SDK 交互。在一定程度上也是让读者开发属于自己的 iOS 程序。

## 1.2 iOS 开发的特点

没有做过 iPhone 开发或者 Mac 开发的人员第一次接触 iOS 开发,面对 iOS 开发独有的 Objective-C 语言、Cocoa 库可能显得有些手足无措。不过没关系，只要认真按照本书的教学流程学习，就会循序渐进地掌握 iOS 的开发要点。

iOS 设备向开发人员展示了一个全新的世界，从多点触摸到媒体播放，从重力感应到人性化操作，这些让人激动万分的功能都等待着读者去探索。iOS 平台有很多与众不同之处，这些特点需要开发者必须理解和认识到。

> 注意：iOS 是一个封闭的平台，相较其他开放的手机操作系统平台有较多的限制。因此，某些涉及硬件底层或者系统安全性的功能可能在 iOS 开发中无法实现。

## 1.2.1 一次只能运行一个应用程序

在 iPhone 上，一次只能运行一个应用程序。当我们用手指触摸一个程序的图标时，系统就会在屏幕上打开这个程序，如果要运行另一个程序，需要按下 Home 键把当前运行的程序退出或者放到后台，然后再单击其他程序图标。

用户一次只能操作一个应用程序。例如，当前正在用 iPhone 发送电子邮件，如果想打开摄像头拍下一张稍纵即逝的风景，那么必须把邮件退到后台，才能切换到拍照功能。

## 1.2.2 一个应用程序只有一个窗口

iPhone 的界面只允许当前正在运行的应用程序显示一个窗口。当前程序与用户所有的直接交互都是在这个窗口上完成。iPhone 应用程序可以包含许多的窗口，但是用户不能同时访问，只能依次访问和查看。而在 PC 和笔记本的各种操作系统环境中，可以同时运行多个程序，可以同时打开多个窗口。所以 iPhone 的这个特点是与桌面操作系统不同的，需要注意。

## 1.2.3 数据访问机制

iOS 的数据访问机制又被称为沙盒机制。由于 iPhone 的权限和封闭性，只能在 iPhone 为应用程序创建的文件系统（此区域被称为沙盒）中读写文件，不可以去其他地方访问。所有的文件都可以保存在此，如图像、配置文件、声音、映像、属性列表、文本文件等。其特点总结如下：

- 每个应用程序都有自己的存储空间；
- 应用程序不能访问别的应用程序空间的内容；
- 应用程序请求的数据都要通过权限和安全性检测。

## 1.2.4 屏幕尺寸限制

iPhone 4 的显示屏为 3.5 英寸、高 320 点和宽 480 点，如图 1.1 所示。不过，由于配置了优秀的 Retina 屏幕，iPhone 4 像素为 640×960。更早的设备如 iPhone 3GS 等设备的分辨率为 320×480。iPad 2 的屏幕大小为 9.7 英寸，具有 1024×768 像素。整体来说，iOS 设备的屏幕都不是很大，因此开发者需要在有限的物理屏幕上实现自己的程序设计。

图 1.1　iPhone 4 的屏幕大小为 320×480 点

### 1.2.5　响应时间限制

手机开发对用户的体验提出了极高的要求，因此应用程序需要具备较快的响应时间，并且必须要考虑响应超时的问题。启动应用程序时，需要载入首选项和数据，并尽快在屏幕上显示主视图，这一切操作要在几秒之内完成。如果用户按 Home 按钮，iOS 就会返回到主页。应用程序如有需要保存数据，那么必须在 5 秒内完成相关操作，否则应用程序进程将终止，无论数据是否已经完成保存。

### 1.2.6　设备资源限制

iOS 设备的物理内存通常分为 1GB（iPhone 5、iPad 4）和 512 MB（iPhone 4）两种，

还有部分设备的内存只有 256MB。内存的作用一部分用于屏幕缓冲和其他一些系统进程。通常，不到一半（也可能更少）的内存将留给应用程序使用。Cocoa Touch 提供了一种内置机制，可以在内存不足的情况下通知应用程序。出现这种情况时，应用程序必须释放不需要的内存，甚至可能被强制退出。

### 1.2.7　交互限制

iPhone 没有键盘和鼠标，因此采取了不一样的交互方式。用户界面通过多触摸的方式进行操控，利用触摸技术反而可以实现许多桌面操作系统不能实现的效果。例如，在应用程序中添加一个文本框，当用手指去触摸这个文本框的时候，键盘就会自动弹出。加速计也是 iPhone 创新出的一项交互技术，例如 iPhone 4 指南针的应用就是利用加速计来调整方向的，一些赛车游戏的应用，是用加速计来控制方向盘。

## 1.3　iOS 的独特功能

iPhone 还有许多强大的功能，开发者可以方便地嵌入到自己的应用程序中来使用。本节将会介绍这些功能：Game Center、Storyboard、Twitter、iCloud、通知中心和 Passbook。

### 1.3.1　Game Center

自从 iOS 4 开始，iPhone 中自带的应用程序包含了 Game Center，可以使读者的朋友或即将成为朋友的伙伴们加入到行动中来。通过 iOS SDK 中的 Game Kit API，可以将应用程序接入到苹果的社区游戏网络中，为用户增加另一种乐趣。图 1.2 所示是 Game Center 的图标。

### 1.3.2　Storyboard

自从 iOS 5 开始，可以利用 Xcode 设计工具中的新功能 Storyboard 来为应用程序设计工作流。针对使用导航栏和标签栏来在各个视图间切换的应用程序的用户而言，Storyboard 简化了管理视图控制器的开发过程。它可以指定需要切换的视图以及过渡的顺序，而不用手写代码。图 1.3 所示是 Storyboard 的图标。

图 1.2　Game Center

图 1.3　Storyboard

### 1.3.3 Twitter

Twitter 是一个社交网络和微博服务，直白地说，就是外国人用的微博。自从 iOS 5 开始，Twitter 开始集成在系统中，应用程序直接使用新的 Tweet 表单提供 Tweet 功能。它提供的所有功能都能够内嵌到读者的程序中，包括短网址工具、添加当前位置、计算字符数，以及在 Twitter 上发表图片等等。如果读者的应用程序是 Twitter 客户端，那么使用 Twitter API 可以很容易和一站式登录服务集成，甚至将现有的账户迁移到 iOS 上。图 1.4 所示是 Twitter 的图标。

🔔 **注意**：iOS 6 集成了国内的新浪微博。

### 1.3.4 iCloud

iCloud 也是从 iOS 5 中添加的新特性，iCloud API 使程序将用户文档和关键数据存储到 iCloud 中，并同时将改动推送到用户所有的计算机和设备上，这一切操作都是自动的，用户再也不用担心自己的照片和通讯录等数据会丢失了。图 1.5 所示是 iCloud 的图标。

图 1.4　Twitter

图 1.5　iCloud

### 1.3.5 通知中心

通知中心提供了一种新颖的、不需要打断用户就能方便地显示和管理程序通知的方式。iOS 的通知中心是基于现有的通知系统构建的，所以现存的本地通知和推送通知仍然可以工作。推送通知现在已经嵌入到 Xcode 中了，方便开发者在程序中实现这一功能。图 1.6 所示是通知中心的图标。

## 1.3.6 Passbook

Passbook 是 iOS 6 系统提供的一个全新应用，它可以存放登机牌、会员卡、电影票和购物优惠券等票券信息。该功能将整合来自各类服务的票据，对用户来说它有什么用处呢？比如快到达星巴克时，Passbook 会弹出一张卡片的信息，提示你星巴克就在附近。再者这些卡片的信息还是在线的，所以当你的登机牌更新了信息或发生了变化，卡片也会进行更新。苹果已经对开发者开了放此功能。图 1.7 所示是 Passbook 的图标。

图 1.6  通知中心

图 1.7  Passbook

注意：iOS 上有趣且强大的功能还有很多，如 Siri（语音助理），其中许多功能都可以内嵌到自己的程序中。

## 1.4  加入 Apple 开发者计划

在开始开发 iPhone 软件之前，需要做一些准备工作。对于开发者来说，需要一台运行苹果 Macintosh 操作系统的电脑，因为 iPhone 开发只能在基于 Macintosh 操作系统的环境下完成。苹果喜欢用动物命名自己的操作系统，目前常见的操作系统有 Lion、Mountain Lion。而苹果公司的 Mac 系列计算机如 MacBook 或 Mac Mini 就是最合适的开发工具。

准备好了硬件设备，还需要注册成为 iPhone 开发人员。只有完成了这一步，苹果公司才允许下载 iPhone SDK（软件开发工具包）。iPhone SDK 中包含了开发必须的 Xcode，它是苹果公司的 IDE（集成开发环境）。

### 1.4.1  开发者账号

苹果开发者注册有两种账户。

（1）标准的开发者，一年费用为 99 美金。苹果开发者希望在 App Store 发布应用程序，则可以加入 iOS 开发者标准计划。开发者可以选择以个人或公司的名义加入该计划。

（2）企业账户，一年费用为 299 美金，还要注册一个公司 Dun&Bradstreet（D-U-N-S）码，这个账户可以注册任意多个设备。如果开发者希望创建部署于公司内部的应用，并且其公司雇员不少于 500 人，则可以加入 iOS 开发者企业计划。

当然也可以不缴纳任何费用加入 Apple 开发人员计划，不过免费和收费之间存在一定的区别。免费会受到一定的限制，最大的一点就是无法把程序运行在真实设备上，只能在开发工具的模拟器里测试，也不能在 App Store 中发布程序。

注意：在注册过程中，苹果会核实登记实体的身份，因此需要提交个人或公司的身份证明文件。

## 1.4.2 加入 Apple 开发人员计划

无论是大型企业还是小型公司，又或者是个人开发者，步入 iOS 开发世界前都需要从 Apple 网站开始。打开 http://developer.apple.com/programs/start/standard/ 页面开始注册，具体效果如图 1.8 所示。

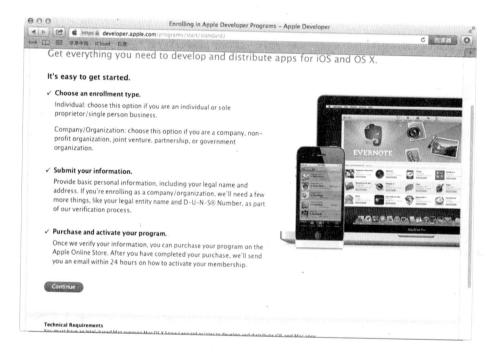

图 1.8 注册流程

从图 1.8 中可以看到，要注册苹果开发者总体分为三个步骤。

（1）选择账户类型（Choose an enrollment type）

我们必须要选择一种账户类型，选择个人账户还是企业账户。前面说过，这两种账户的收费以及申请标准都不一样。

（2）提交信息（Submit your information）

苹果会针对注册的账户类型，要求提交不同的申请信息。个人账号包含地址和姓名等；企业账号还要提交 D-U-N-S 码。如果企业没有申请过该码，可以根据网站上的链接去申请。苹果对开发者的身份审核比较严格，个人账号要给苹果传真身份证的扫描件，企业账号需要给苹果传真营业执照的扫描件。

（3）缴费（Purchase and activate your program）

苹果审核通过信息后，就会要求开发者付款，具体费用不再重复。购买完成后，苹果会在 24 小时内发送一封电子邮件告知下一步的操作。

开发者必须先拥有一个苹果账号（Apple ID），才能加入开发者计划。如果读者使用过 iTunes、App Store 或者其他苹果服务，可以直接使用当时的账号，在注册过程中，苹果也会进行提示。单击页面上的 Continue 按钮，决定创建 Apple ID 还是使用现有的 Apple ID，如图 1.9 所示。

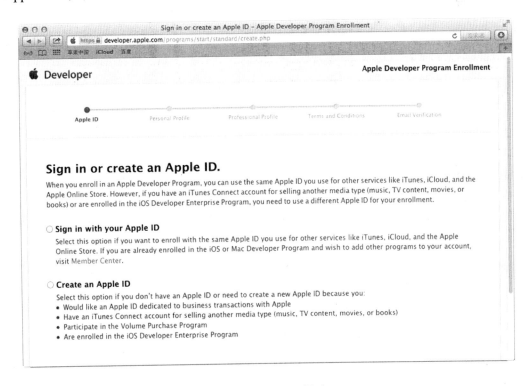

图 1.9　Apple ID 提示

## 1.4.3　创建 Apple ID

如果还没有 Apple ID，选择 Create an Apple ID 选项，单击 Continue 按钮，进入到注

册界面，我们必须在个人（Individual）和公司（Company）之间做出选择，如图 1.10 所示。

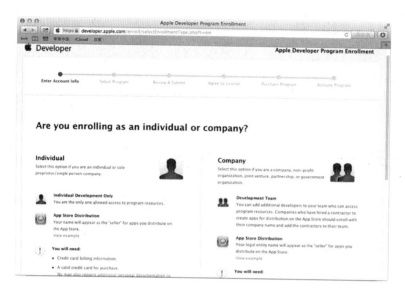

图 1.10　选择账户类型

选择完成后，苹果会要求开发者输入一些账号信息，如图 1.11 所示。Apple ID 都是用邮箱作为名称，密码在位数和组合上也有一定的条件，读者只要按照提示来操作就可以了。

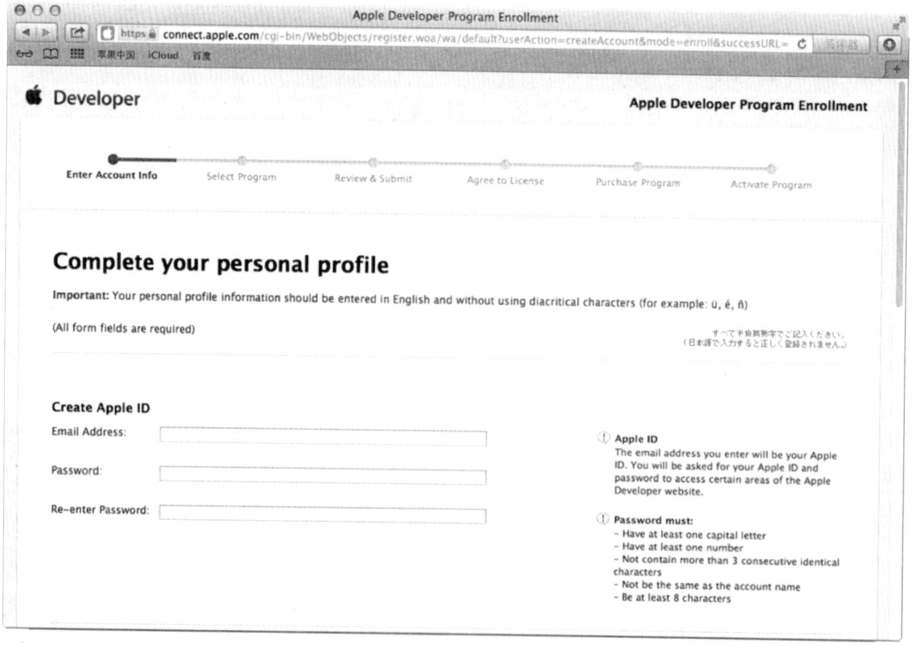

图 1.11　创建 Apple ID 流程

Apple ID 创建完成后，重新开始加入开发者计划的步骤，然后根据提示说明一步步操作就可以了。

## 1.5 下载和安装 Xcode

Mac 开发者计划和 iOS 开发者计划的会员可以获取最新的 Xcode 开发工具。Xcode 提供了各种实用工具，用于创建和调试源代码。SDK 里还包含一个模拟器，它支持在 Mac 上运行大多数 iPhone 和 iPad 程序，方便开发者在模拟器上看到程序在真实设备上运行的效果。

### 1.5.1 下载 Xcode

如果读者的电脑装载了苹果 Lion 或以上的操作系统,那么可以直接从 Mac App Store 中免费下载。苹果开发人员可以在 http://developer.apple.com/xcode 网站上免费下载 Xcode，如图 1.12 所示。Xcode 都包含了 Mac OS X 和 iOS 的最新 SDK。

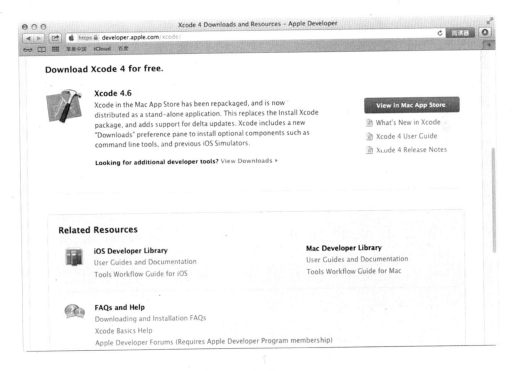

图 1.12 下载 Xcode

单击 View in Mac App Store 按钮，系统会在 Mac 版的 App Store 里打开下载链接，也可以单击 View Downloads 链接。这里提供了 Xcode 所有的历史版本，方便直接下载，如图 1.13 所示。

第 1 篇　基础篇

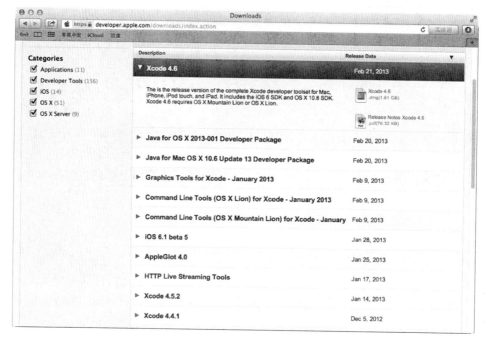

图 1.13　包含 Xcode 以及 iOS 固件各个版本

## 1.5.2　安装 Xcode

安装 Xcode 的方法十分简单，参考下面的步骤。

（1）双击下载成功的 Xcode 安装包，弹出"安装'Xcode'"的界面，如图 1.14 所示。

图 1.14　Xcode 安装提示界面

(2)单击"继续"按钮,弹出协议界面,如图 1.15 所示。

图 1.15  Xcode 安装协议界面

这里介绍了开发者需要遵守的相关开发协议,单击"继续"按钮。在安装 Xcode 的时候,基本是只需要单击"继续"按钮或者 Continue 按钮,不用再搭建其他的开发环境。确认完协议后,弹出安装目录界面,如图 1.16 所示。

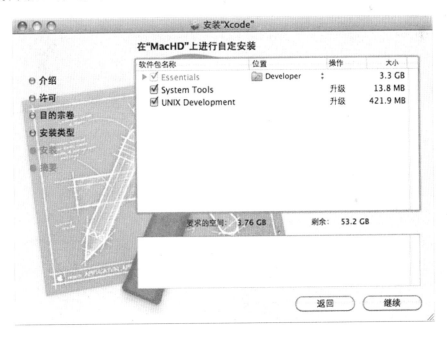

图 1.16  Xcode 安装目录界面

安装的软件包包含 Essentials、System Tools 和 UNIX Development。其中 Essentials 目录包含了 SDK 和 Xcode，是必选的；其他两个软件包包含了一些辅助工具。根据下载的 Xcode 版本不同，软件包目录也会有相应的不同。安装的时候，只需要始终保持默认选择即可。单击"继续"按钮，需要验证管理员账号和密码。验证完毕后开始自动安装。

安装完成后，打开系统盘，在 Developer|Applications 后目录下就可以看到 Xcode 应用程序图标"Xcode.app"，安装路径如图 1.17 所示。

图 1.17  Xcode 安装路径

注意：目前较新的 Xcode 版本安装时直接复制到应用程序下就可以了，安装步骤都省略了。

# 1.6  小　　结

学习本书前，读者应该具备一定的编程知识，并理解面向对象编程的基础。SDK 中的 Cocoa Touch 是本书使用的主要工具，它使用的是 Objective-C 编程语言。但是如果读者不了解 Objective-C 语言的新增特性也没有关系，后面章节的内容我们将重点介绍要使用的 2.0 语言特性，并解释其工作原理和使用它的原因。

读者还应该熟悉 iPhone 手机的各种特性，并了解 iPhone 界面以及 iPhone 程序的外观。

## 1.7 习　　题

【问答题】

1．iPhone 应用程序采用了哪种数据访问方式？
2．个人是否可以加入企业级开发者计划？
3．开发 iPhone 应用程序的工具叫做什么？

# 第 2 章 介绍 Objective-C 和 iOS SDK

Objective-C 语言是扩充 C 的面向对象编程语言，作为唯一一种可以为 iPhone 和 iPad 编程的语言，其已经为越来越多的开发者熟知。读者也许从未接触过这类语言，不过没关系，本章将会带领读者学习 Objective-C 语言的一些与众不同的语法和特性，还会为读者介绍 iOS SDK 的结构和组件等，让读者熟悉 SDK 原理、学习 Xcode 基本的操作。

本章主要涉及到的知识点如下。

- ❑ Objective-C 属性：学习 Objective-C 的变量属性使用和说明。
- ❑ 协议与代理：了解协议和代理的原理，学习创建一个 Xcode 工程。
- ❑ 引用计数：学习 Objective-C 的引用计数原理，了解 ARC。
- ❑ SDK 简介：了解 SDK 的体系结构，基本开发组件。

## 2.1 介绍 Objective-C

Objective-C 语言是在 1980 年代初，由布莱德·确斯（Brad Cox）在其公司 Stepstone 发明的。iOS 选择 Objective-C 作为开发语言，大致可以归结为以下三个原因。

（1）它是一个面向对象的语言，苹果 Cocoa 框架中的很多功能必须通过面向对象的技术来呈现。

（2）它兼容标准 C 语言，也就是说在 Objective-C 里运行 C 语言代码是完全支持，不会有任何问题的。现存的 C 程序无须重新开发就能够使用 Cocoa 软件框架，并且开发者可以在 Objective-C 中使用 C 的所有特性。

（3）Objective-C 它的语法简单，十分易于学习。Objective-C 语言结构良好，有助于初级开发者熟悉面向对象的设计思想。

对于用过了 Java 或者 C 语言的开发者而言，Objective-C 可能稍显陌生。不过由于 iOS 开发的火爆，Objective-C 也开始变得越来越流行。

图 2.1 所示是 2013 年 5 月最新公布的编程排行榜，Objective-C 一路飙升，如今已超越了 C++，占据了第 3 的位置，其未来前景可见一斑。以上内容带领读者了解了一下 Objective-C 语言的过去和现在。下面将会具体地学习 Objective-C 语言的语法要素，它的语法可能在初学者眼里稍显"怪异"，不过相信读者很快就会喜欢上它！

# 第 2 章　介绍 Objective-C 和 iOS SDK

| Position May 2013 | Position May 2012 | Delta in Position | Programming Language | Ratings May 2013 | Delta May 2012 | Status |
|---|---|---|---|---|---|---|
| 1 | 1 | = | C | 18.729% | +1.38% | A |
| 2 | 2 | = | Java | 16.914% | +0.31% | A |
| 3 | 4 | ↑ | Objective-C | 10.428% | +2.12% | A |
| 4 | 3 | ↓ | C++ | 9.198% | -0.63% | A |
| 5 | 5 | = | C# | 6.119% | -0.70% | A |
| 6 | 6 | = | PHP | 5.784% | +0.07% | A |
| 7 | 7 | = | (Visual) Basic | 4.656% | -0.80% | A |
| 8 | 8 | = | Python | 4.322% | +0.50% | A |
| 9 | 9 | = | Perl | 2.276% | -0.53% | A |
| 10 | 11 | ↑ | Ruby | 1.670% | +0.22% | A |
| 11 | 10 | ↓ | JavaScript | 1.536% | -0.60% | A |
| 12 | 12 | = | Visual Basic .NET | 1.131% | -0.14% | A |
| 13 | 15 | ↑↑ | Lisp | 0.894% | -0.05% | A |
| 14 | 18 | ↑↑↑↑ | Transact-SQL | 0.819% | +0.16% | A |
| 15 | 17 | ↑↑ | Pascal | 0.805% | 0.00% | A |
| 16 | 24 | ↑↑↑↑↑↑↑↑ | Bash | 0.792% | +0.33% | A |
| 17 | 14 | ↓↓↓ | Delphi/Object Pascal | 0.731% | -0.27% | A |
| 18 | 13 | ↓↓↓↓↓ | PL/SQL | 0.708% | -0.41% | A |
| 19 | 22 | ↑↑↑ | Assembly | 0.638% | +0.12% | B |
| 20 | 20 | = | Lua | 0.632% | +0.07% | B |

图 2.1　TIOBE 世界编程语言排行榜

> **注意**：TIOBE 开发语言排行榜每月更新一次，其结果来自于世界范围内的资深开发工程师和第三方供应商，它能从某一方面上反映出某个编程语言的热门程度，但不能代表一门编程语言的好坏。

## 2.1.1　类定义

创建 Objective-C 类时会生成两个文件：一个.h 的头文件，一个.m 的源文件。类声明关键字为@interface，类实现关键字为@implementation。下面代码为类定义的类声明接口：

```
@interface MyClass:NSObject                   //声明
{
    NSString *result;                         //字符串
}
-(void) setResult: (NSString *) _result;      //setter 方法
-(NSString *)result;                          //getter 方法
@end
```

对于初学者，下面针对每一个关键字都进行了解释。

- 第 1 行定义了一个类，类名为 MyClass。
- MyClass:NSObject 表示继承自 NSObject，NSObject 是大多数 Objective-C 类的继承的根类，它没有父类。
- NSString *result 表示 MyClass 的一个成员变量，类型是 NSString *。NSString 表示字符串类型。
- 第 5 行声明 MyClass 的一个成员函数，函数前面的"-"号表示这个函数需要创建类实体变量才能调用。同理，函数前还有"+"标记，表示这是一个类函数，无需创建类实体变量，用类名调用就可以了。setResult:为函数名，:(NSString *)_result 表示传递一个参数，参数类型为 NSString*。
- @end 表示声明结束。

## 2.1.2 类实现

头文件里定义了成员变量和方法，然后就需要在类实现文件中补充程序的工作代码。以下是 MyClass.m 的内容：

```
@implementation MyClass
-(void) setResult: (NSString *) _result
{
    result= _result;                          //设置
}
-(NSString *)result
{
    return result;                            //返回
}
@end
```

@implementation 为类实现关键字。在 setResult 的实现里把参数传递给成员变量。类结束不要忘记添加@end。

关于初始化类实体变量，并调用成员函数的代码如下所示。

```
MyClass *myclass=[[ MyClass alloc] init];     //初始化类实体变量
[MyClass setResult:@"Hello World" ];          //设置参数值
[MyClass result];
```

Objective-C 调用函数的方式为[类 函数]，如果需要传递参数，就在:号的后面将参数传递进去。@"Hello World"是 Objective-C 中的标准字符串格式，如果不加@表示的是 C 语言中的字符串，两者使用需要转化。

alloc 表示申请一块内存，init 是初始化类实体变量。这两个函数都是 MyClass 父类 NSObject 的成员函数。

## 2.1.3 多参数的方法

很多时候，一个方法需要携带多个参数。看下面这个 C 语言的函数，它拥有 3 个入参，函数的大意是输入学生的姓名、性别和学校，返回年龄：

```
int age(char*name,bool sex,char*school);
```

在 Objective-C 中，一个方法的名字可以被拆分成几段。以刚才那个方法来说，声明看上去是这样的：

```
-(int)ageQueryedByName:(NSString*)name Sex:(BOOL)sex School:(NSString*)school;
```

这样的优势在于函数变得很生动，函数的作用以及参数的含义一目了然。调用起来也很简单，代码如下：

```
[self ageQueryedByName:@"张小明" Sex:YES School:@"北京市第十四中学"];
```

读者可能担心函数名称太长，调用时太麻烦。这点大可不必担心，敲打代码时，Xcode会快速检测并匹配函数，这一切都是同步的，可以说 Xcode 都为我们想到了。在运行环境中，该方法的名字实际上是 ageQueryedByName:Sex:School:。

### 2.1.4 属性

Objective-C 2.0 以后，有了"属性"这个新特性，可以使用"属性"来提高代码编写的速度和直观性，声明形式为@property（修饰）类型 名字。笔者还是通过上面的代码来举例，稍作修改如下：

```
@interface MyClass:NSObject
{
    NSString *result;                              //声明字符串
}
@property(retain,nonatomic) NSString *result;      //属性
-(void) setResult: (NSString *) _result;
-(NSString *)result;
@end
```

来看这行代码：

```
@property(retain, nonatomic) NSString *result;     //属性
```

该行代码表示对变量 result 进行一次引用计数。引用计数的原理在后面的小节"内存管理"中详细介绍。

修饰属性使用的关键字还有很多，分为以下 3 类。

- 赋值方法：assign 表示直接赋值，这是默认的操作。copy 表示复制创建一个新的对象。
- 读写权限：readwrite 表示可读写，readonly 是表示只读。
- 原子操作：nonatomic 是非原子修饰符，atomic 是原子修饰符，这是默认的。这类修饰符主要用多线程运行防止同时资源。nonatomic 运行效率更高，一般都采用这种方式。

现在修改 MyClass.m 的代码：

```
@implementation MyClass
@synthesize result;                              //属性访问器
-(void) setResult: (NSString *) _result
{
    result= _result;                             //设置
}
-(NSString *)result
{
    return result;                               //返回
}
@end
```

@synthesize result;表示创建该属性的访问器，这样就可以直接访问 result 变量。没有添加属性前，如要访问 result 变量需要采用如下方式：

```
MyClass *myclass=[[ MyClass alloc] init];        //初始化类实体变量
[MyClass setResult:@"Hello World" ];             //设置参数值
[MyClass result];
```

[[MyClass alloc] init];表示初始化一个 MyClass 类变量；操作 result 变量只能采用调用成员函数的方式。但是添加了属性后，操作方式如下所示：

```
MyClass *myclass=[[ MyClass alloc] init];        //初始化类实体变量
myclass.result=@"Hello World" ;                  //设置参数值
```

可以通过类实体变量直接访问成员变量。

> **注意**：所有的变量声明、方法声明、属性声明都需要用半角分号（;）作为结束。

### 2.1.5 类别

类别（category）是一种为现有的类添加新方法的方式。类别的声明如下：

```
@interface 类名(类别名)
    扩充方法声明
@end
```

下面是示例代码：

```
@interface MyClass (MyCategory)
-(void)newMethod;
@end
```

类别和类声明很相似，有很强的实用性和便捷性，无需创建对象类的子类就能完成添加新方法的工作。类别有以下几个特点：

- 不能向类中添加新的实例变量；
- 在类别中的方法若与类中现有的方法重名，则类中的方法不可用，被类别中的新方法取代；

- 同名类别有唯一性，但是可以添加任意多的不同名类别。也就是说可以在创建 @interface MyClass (MyCategory1)、@interface MyClass (MyCategory2)…任意多个类别。

再来看一段代码：

```
@implementation MyClass (MyCategory)
-(void)newMethod{
        NSLog(@"new mehtod");
}
@end
```

NSLog 就像 C 语言中的 printf，用在 console 中输出显示结果。NSLog 可以格式化输出的形式有字符串、变量和对象等。下面是关于 NSLog 的几个用法。

（1）直接输出一个字符串的代码：

```
NSLog (@"this is a test");
```

（2）输出 string is :的代码：

```
NSLog (@"string is :%@", string);
```

（3）输出 x=10, y=20 的代码如下，其中%@对象为对象格式，%d 为整数格式。

```
NSLog (@"x=%d, y=%d", 10, 20);
```

NSLog 这个函数在以后的开发中会经常用到，主要用于显示信息，方便调试。

## 2.2 Objective-C 的重要部分

前面介绍了 Objective-C 是如何定义一个类的，包括其头文件（.h）和实现文件（.m）的语法规范，还介绍了 Objective-C 独特的属性（property）和类别（category）。协议（protocol）和委托（delegate）是下面将会学习到的重点内容，同时还会深入了解它的内存管理方式。

### 2.2.1 协议

协议（protocol）并不复杂，简单来说，就是使用了这个协议后便要遵守协议，协议要求实现的方法就一定要实现。协议声明了可以被任何类实现的方法。协议不是那些类本身，它们仅是定义了一个接口，其他的对象去负责实现。只要实现了协议里面的方法，就叫做符合协议。协议的关键字为 protocol，具体代码如下：

```
@protocol MyProtocol                            //协议声明
-(void)my Protocol:(NSString *)pra;             //协议方法
@end
```

声明了一个协议 MyProtocol，拥有一个带参数的函数 my Protocol:。具体使用方法如下：

```
@interface MyClass:NSObject < MyProtocol > //遵守协议
{
    NSString *result;
}
@property(retain,nonatomic) NSString *result;
-(void) setResult: (NSString *) _result;
-(NSString *)result;
@end
```

在@interface MyClass 后添加<MyProtocol> 表示 MyClass 要遵守 MyProtocol 协议，那么，MyClass 就必须要实现 MyProtocol 的方法。

```
@implementation MyClass
@synthesize result;
-(void) setResult: (NSString *) _result
{
    result= _result;
}
-(NSString *)result
{
    return result;
}
-(void)my Protocol:(NSString *)pra   //实现协议方法
{
    NSLog(@" my Protocol parm : %@", pra);
}
@end
```

在 MyClass 的实现文件里实现了 myProtocol 方法，这里简单的把 pra 输出。这是协议简单的使用方法。

> 注意：Objective-C 语言美中不足的一点是没有多重继承的概念，不过使用协议可以很好的解决这点不足。

## 2.2.2 委托

如果说协议相当于 C++中纯虚数类的概念，定义后只能靠其他类来实现，那么委托（delegate）就相当于 Java 中的接口。说一个常见的情景，对象 A 中拥有一个对象 B，在 B 中做某个操作时需要调用 A 对象的某个方法，这时，就需要用到 Objective-C 的委托机制。

一般协议都要与委托配合使用,利用协议实现委托,其实不用协议也完全可以实现委托。接下来将新建一个基于控制台的应用程序,为读者清晰的展示两者的使用方式,同时也初步学习下 Xcode 的使用。

### 2.2.3 创建第一个工程

首先,创建一个 Command Line Tool 工程,这是我们第一次使用 Xcode,本书会把所有的步骤进行详细地分解,方便初学者快速熟悉 Xcode。下面分 3 步完成,简要步骤如下:

(1)使用 Xcode 新建工程;
(2)为工程命名,并填写部分参数;
(3)选择存储位置。

**1. 新建工程**

打开 Xcode,依次选择位于屏幕顶部任务栏的 File|New|New Project 菜单,如图 2.2 所示。

图 2.2 使用 Xcode 新建工程

Xcode 会让我们为应用程序选择一个模板,模板里包含了快速开发所需的文件,在窗口左侧选择 Mac OS X 下的 Command Line Tool,如图 2.3 所示。

注意:Command Line Tool 生成的只是一个简单的控制台打印程序。而 iPhone 程序会有专门的模板供开发者选择,在下一章我们将会系统地学习。

**2. 设置工程参数**

单击 Next 按钮,接下来会弹出工程命名窗口,如图 2.4 所示。

此窗口有两个输入框和一个选择框,Product Name 框输入工程名"TestProtocol"。Company Identifier(公司标识符)输入框输入"com.iOS",此项主要是用于发布程序,由于本程序只是为了学习协议和委托的使用,用不到发布。灰色的 Bundle Identifier 是程序的标识符,由工程名和公司标识符组成,它会把自己和其他的程序区分开。Type 是一个下拉选择框,这里选择 Foundation 类型。

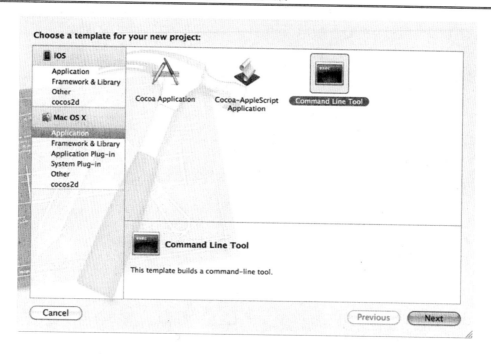

图 2.3　选择 Command Line Tool 程序

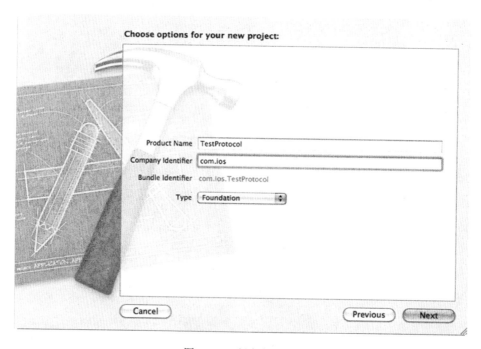

图 2.4　工程命名界面

## 3. 选择存储位置

单击 Next 按钮后，Xcode 会询问我们打算把程序放在哪个位置，如图 2.5 所示。

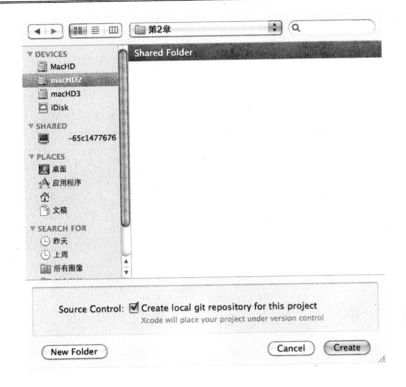

图 2.5　把工程文件存储到指定的位置

选择完工程路径后，单击 Create 按钮，工程就创建完毕了。建议读者把今后所有的工程都放在一个不易误删且路径清晰的地方，但不建议放在桌面。

> 注意：Source Control 复选框询问是否开启代码版本控制，本书不会对这方面进行讨论，默认状态下复选框是选中的，读者可以关闭。

### 2.2.4　简单介绍工程界面

创建完成后，Xcode 会自动打开工程，整个工程的运行界面如图 2.6 所示。第一次使用 Xcode 会感到不知所措，而且容易找不到某些功能按钮。

为了让读者有个大致的了解，我们先对 Xcode 做一个简单的介绍。

- 导航器：导航器位于 Xcode 左侧，默认显示工程的文件目录，main.m 文件里有程序的主函数；Supporting Files 文件夹下有一个 TestProtocol-Prefix.pch 文件，是程序运行时引入头文件的，无须理会；Frameworks 文件夹放置了程序的框架，目前只有一个 Foundation.framework，读者也暂时不需要关注；我们在这片区域可以管理文件、调试和查看项目的部分信息等。
- 编辑区：Xcode 中间部分是编辑区，会及时展现选中的文件内容，编辑代码就在这里。

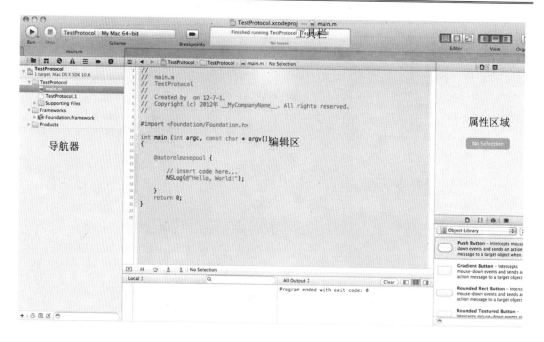

图 2.6　工程初始界面

- 工具栏：Xcode 最上方的部分，包含很多按钮（Run、Stop）和选项卡，主要用于实现一些实用的辅助功能。
- 属性区域：Xcode 右侧的那片区域，里面可以快速查看并配置文件的属性等等，这里在以后会经常用到。

单击 Xcode 左上方的 Run 按钮，程序就会开始运行，Xcode 下方的控制台就会输出信息，目前的程序输出结果只有"Hello, World!"。

注意：Xcode 的功能非常强大。现在只是简单地引导读者入门，随着学习的深入，会逐渐掌握 Xcode 的使用技巧和功能。

## 2.2.5　通过程序体会协议和委托

接下来将在工程里新建两个类文件，在类的实现文件中添加逻辑代码，为读者演示协议和委托是如何协同工作的。

### 1．新建类文件

右击 TestProtocol 文件夹下的任意文件，选择 New File 命令，弹出选择文件类型界面。左侧区域选择 iOS 下的 Cocoa Touch，文件类型选择 Objective-C class，如图 2.7 所示。

注意：新建的文件会自动排列在选中的文件后面。如果选中某个文件夹，那么文件就在该文件夹内创建，且排列在第一位。

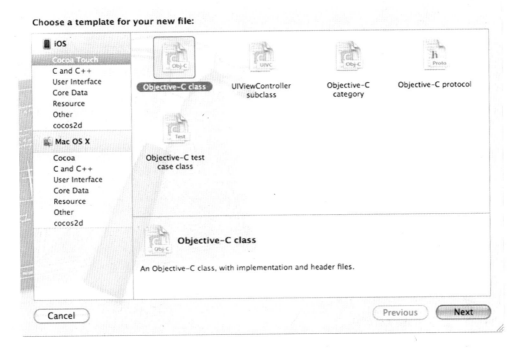

图 2.7　选择文件类型

单击 Next 按钮，弹出文件命名界面，在 Class 框里输入类名"ClassA"。Subclass of 是个下拉框，我们需要为 ClassA 选择父类，这里选择 NSObject，如图 2.8 所示。

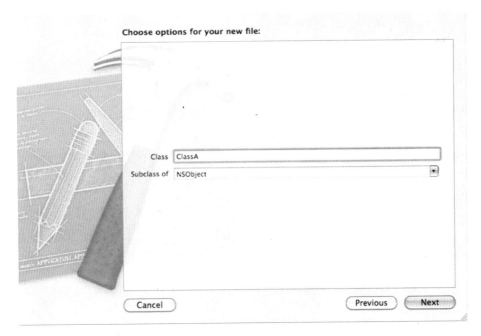

图 2.8　文件命名界面

单击 Next 按钮，随后弹出文件路径选择界面，如图 2.9 所示。

图 2.9 文件路径选择界面

文件路径无需修改，保持默认的路径就可以了。仍然要确保 Targets 的复选框已被选中。单击 Create 按钮，此时 Xcode 左侧的文件目录界面就多出了两个文件，就是创建完成的 ClassA.h 和 ClassA.m。

同样的方法，创建一个类 ClassB，类型和 ClassA 保持一致。

### 2．设置委托类

按照计划，我们希望把 ClassB 作为委托类，让 ClassA 成为 ClassB 的代理，实现 ClassB 的协议。首先修改 ClassB 的头文件，代码如下所示。

```
#import <Foundation/Foundation.h>

@protocol Mydelegate                        //协议声明
-(void)fun:(NSString *)_str;
@end

@interface ClassB : NSObject                //委托类
{
    id<Mydelegate> delegate;                //声明一个委托对象
}
@property(assign,nonatomic) id<Mydelegate> delegate;
-(void)bDoSomething;
@end
```

首先，在@interface 上方添加一个协议 Mydelegate，并定义一个方法 fun:。我们在

ClassB 类中定义一个成员变量 delegate，类型为 id。id 类似于 C 语言的 void*，可以指向任意类型的变量。设置代理的属性为 assign。

在实现文件里修改代码如下：

```
@implementation ClassB
@synthesize delegate;
-(void)bDoSomething{
    if (delegate) {                              //判断是否已经被代理
        [delegate fun:@"B do something"];        //执行代理方法
    }
}
@end
```

在 ClassB 的成员函数 bDoSomething 里先判断 delegate 是否已经被赋值，如果有值，代表已经有类实现了 ClassB 的委托，可以用 delegate 去直接调用委托中的方法。

> 注意：Objective-C 语言中引入头文件时采用了#import。如果熟悉 C 语言，应该知道 C 语言中用的是#include，不过#import 不会引起交叉编译。

### 3. 实现委托

修改 ClassA 的头文件，代码如下：

```
#import "ClassB.h"
@interface ClassA : NSObject<Mydelegate>    //实现协议
{
}
-(void)doSomething;                          //声明函数
@end
```

添加<Mydelegate>表示 ClassA 愿意实现协议 Mydelegate 中的函数。修改 ClassA.m 的代码如下：

```
#import "ClassA.h"

@implementation ClassA
-(void)doSomething{                          //函数实现
    NSLog(@"ClassA do something");
}

-(void)fun:(NSString *)_str                  //实现委托方法
{
    NSLog(@"A show B do something:%@", _str);
}

@end
```

上面的代码中，ClassA.m 中实现了 Mydelegate 的函数 fun:，并把参数打印在控制台上。接下来必须让 ClassA 成为 ClassB 的委托，否则 ClassA 不会去执行 fun:函数。打开

main.m，修改代码如下：

```
#import "ClassB.h"
#import "ClassA.h"
int main (int argc, const char * argv[])
{
    @autoreleasepool {
//      NSLog(@"Hello, World!");        //注释掉这段代码
        ClassB *b=[[ClassB alloc] init];
        ClassA *a=[[ClassA alloc] init];
        b.delegate=a;                   //让a成为b的委托

        [b bDoSomething];               //调用函数
    }
    return 0;
}
```

先注释掉原来的 NSLog 代码，然后创建并初始化了 ClassB 的类实例 b，ClassA 的类实例 a。在这段代码中，最重要的是这行代码，它让 a 成为 b 的委托：

```
b.delegate=a;                           //让a成为b的委托
```

最后 b 调用 bDoSomething。

运行程序，结果就会在调试台打印出来 "A show B do something:B do something"。协议和代理在以后的开发中会经常用到，所以读者务必理解并掌握。

### 2.2.6 内存管理

Objective-C 的内存管理机制是很灵活的，与.Net/Java 那种全自动的垃圾回收机制是不同的。它本质上还是 C 语言中的手动管理方式，还稍微加了一些自动方法。

#### 1. 引用计数

Objective-C 管理对象采取了一种叫做引用计数（retainCount）的机制。每个类对象内部都有一个 retainCount 的引用计数，它代表着被引用的次数，对象刚被创建时，retainCount 为 1，调用 release 方法后，此属性减 1，减到 0 时 dealloc 方法被自动调用，系统进行内存回收操作。举例来说，创建一个 ClassA 类实体变量：

```
ClassA *obj = [[ClassA alloc] init];
```

alloc 方式初始化类变量使得 obj 的引用计数为 1，为了防止内存泄露，必须要在使用完毕后，释放掉内存：

```
[obj release];
```

需要销毁对象的时候，不直接调用 dealloc，而是调用 release。release 对象就会让其

引用计数减 1，当引用计数为 0 的时候，对象所占的内存就会被释放。如果不释放，就会造成内存泄露。上一节的代码中，创建了 ClassA、ClassB 实体变量，却没有释放，内存就泄露了。因此正确的代码如下：

```
#import "ClassB.h"
#import "ClassA.h"
int main (int argc, const char * argv[])
{
    @autoreleasepool {

//      NSLog(@"Hello, World!");
        ClassB *b=[[ClassB alloc] init];       //创建 ClassB 类实例
        ClassA *a=[[ClassA alloc] init];       //创建 ClassA 类实例
        b.delegate=a;                          //让 a 成为 b 的委托

        [b bDoSomething];
        [b release];                           //释放对象
        [a release];
        b=nil;                                 //防止出现野指针
        a=nil;

    }
    return 0;
}
```

这样程序运行到 release 对象时就会销毁这两个变量。为了防止出现野指针，一定要把指针置空。

### 2. 自动释放池

Objective-C 中还引入了 autorelease pool（自动释放对象池）的概念。在遵守一些规则的情况下，可以自动释放对象。不过依然无法像 .Net/Java 那样完全自动的释放掉内存。

autorelease pool 的类型其实为 NSAutoreleasePool，它内部包含一个数组，用来保存声明为 autorelease 的所有对象。如果一个对象声明为 autorelease，系统所做的工作就是把这个对象加入到这个数组中去。例如：

```
ClassA *obj1 = [[[ClassA alloc] init] autorelease];  //retain count = 1
```

obj1 被加入 autorelease pool 中，autorelease pool 自身在销毁的时候，会遍历一遍这个数组，release 数组中的每个成员。如果此时数组中成员的 retain count 为 1，那么 release 之后，retain count 为 0，对象正式被销毁。如果此时数组中成员的 retain count 大于 1，那么 release 之后，retain count 大于 0，此对象依然没有被销毁，内存泄露。

> 注意：使用 autorelease pool 可以嵌套。例如，某个主函数创建了一个 autorelease pool，然后又调用了创建了 autorelease pool 实例的其他方法，根据嵌套的机制，最外层 pool 实例释放后，它的所有内部 pool 也将释放。

## 2.2.7 自动引用计数

Objective-C 语言的内存管理机制对初学者来说确实有些头痛。开发者在某个阶段必须时时刻刻的保持清醒，以保证在引用计数方面做出正确的选择。

从 Xcode 4.2 开始，开发者有了一个好消息，苹果提供了 ARC 功能，ARC 的全称叫做自动引用计数（Automatic Reference Counting）。ARC 可以无比强大的为程序分析出对象是如何分配和实现的，然后根据情景决定保留对象还是释放对象。这样就可以不去考虑什么时候 retain，什么时候 release。

如果在程序中启动 ARC，就不能在代码中使用 retain、release、dealloc 和 autorelease 了，否则程序会报编译错误。苹果最新的 LLVM 编译器引进了新的属性，如下所示。

- strong：作用与 retain 类似，这种类型的对象在运行时会被自动增加引用计数，使用结束后会被自动释放，而且指针会被置为 nil。
- weak：这是弱引用。例如，有一个 strong 属性的对象 A 和一个 weak 属性的对象 B，并将 B 的值设置为 A 的值，当 A 被销毁了（指向的内存被释放），那么 B 就会被设置为 nil。
- unsafe_unretained：简单的将一个变量指向另一个变量，和 weak 有点类似，也不会增加被引用对象的引用计数，不过它是不安全的。

注意：我们可以手动告诉 Xcode 某个对象需要被释放，只要将其置为 nil 就可以了，Xcode 在阅读到这段代码时会自动将其释放。

## 2.3 介绍 iOS SDK

SDK（Software Development Kit）全称叫做软件开发工具包。如果读者有其他平台的开发经验，那么应该对这个词语不陌生。iOS SDK 是苹果公司用来开发 iPhone 应用程序的软件开发包，包含 UIKit、多点触控、重力加速计、本地化、摄像头音频视频录制、地图位置和网络通信等。一个 iPhone SDK 主要包含 Xcode、Instruments、Simulator 和 Interface Builder 4 个组件。下面将详细介绍这几个组件。

### 2.3.1 Xcode

Xcode 是用来开发 iPhone 应用程序的工具，功能强大，提供了源代码编辑、文档查看和图形设计等功能。通过前面的操作，相信读者已经对这个工具有了一个初步的认识。

图 2.6 所示已经给出了 Xcode 的界面效果，这里不再赘述。

### 2.3.2 Instruments

此工具可以监测 iPhone 应用程序的内存运行情况，帮助开发者定位到程序出现内存泄露的位置。启动 Instruments 的方式非常简单，长按 Xcode 上方的 Run 按钮，在快捷菜单中选择最后一项"Analyze"就可以了，如图 2.10 所示。

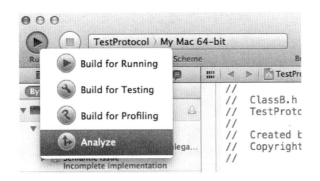

图 2.10　在 Xcode 中开启 Instruments

Instruments 还可以通过图形的形式展现程序性能的变化，这样就可以清楚地了解程序的资源使用情况，如图 2.11 所示。

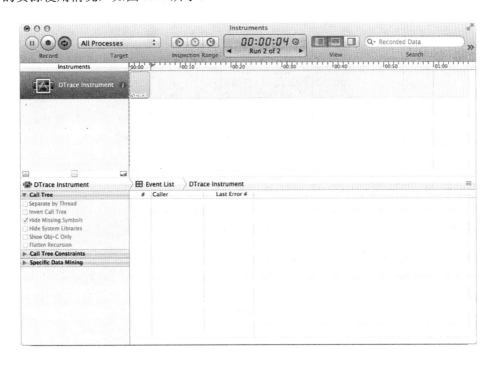

图 2.11　Instruments 操作界面

## 2.3.3　Simulator

Simulator 就是模拟器，通过它开发者在 Mac 操作系统下就可以创建、测试程序。模拟器的环境和真实设备一致，基本可以实现大部分的功能。iPhone 模拟器的外观看上去就是一部苹果手机，如图 2.12 所示，是否有非常亲切的感觉？

图 2.12　iPhone 模拟器

### 2.3.4　Interface Builder

　　Interface Builder 通过图形化的方式让开发者来创建布局程序的界面，高效直接。从 Xcode 4.0 开始，Interface Builder 不再作为一个单独的程序出现，而是集成到 Xcode 中。

　　2.3 节所介绍的这些组件都是苹果公司为开发者提供的用于开发、调试的工具。SDK 中还提供了用于开发 iPhone/iPad 上软件的类库，它叫做 Cocoa Touch。在 iOS 中，它是以 framework 的形式供开发者使用。Cocoa Touch 把复杂的操作都封装好，开发者无需关心一些底层的实现，只要专注于自己的开发任务就可以了，大大的提高了效率。

## 2.4　iOS 核心部分

　　iOS 系统架构主要分为 4 个大的核心部分，从下到上依次为核心操作系统层（Core

OS）、核心服务层（Core Services）、媒体层（Media）和可触摸层（Cocoa Touch），整个结构如图 2.13 所示。

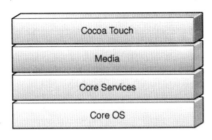

图 2.13　iOS 四大核心部分

## 2.4.1　Cocoa Touch（可触摸层）

Cocoa Touch 层包含了构建程序的基本结构，支持多任务、基于触摸的输入和消息推送等关键技术，以及很多上层系统服务。下面一起来看看 Cocoa Touch 层的关键技术点。

**1. 技术点**

（1）多任务

iOS SDK 4.0 以及更高 SDK 版本创建的程序开始支持多任务，用户按 Home 键的时候程序不会结束，而是转到后台运行，多个程序之间可以做到流畅的切换。

不过为了省电，大多数程序进入后台后马上就会被系统暂停。暂停的程序不会被系统结束，但是不执行任何代码了。程序重新回到前台的时候就会开始重新运行。

（2）打印

从 iOS 4.2 开始，iOS 引入了打印支持，允许程序把内容通过无线网路发送给附近的打印机。

（3）数据保护

iOS 4.0 起引入了数据保护功能，需要处理敏感用户数据的应用程序可以使用某些设备内建的加密功能。当程序指定某文件受保护的时候，系统就会把这个文件用加密的格式保存起来。设备锁定的时候，你的程序和潜在入侵者都无法访问这些数据。然而，当设备由用户解锁后，会生成一个密钥让你的程序访问文件。

（4）通知

从 iOS 3.0 开始，苹果发布了通知服务，推送功能在许多的 iPhone 软件中较常见。这一服务提供了一种机制，即便程序已经退出，仍旧可以发送一些新信息给用户。使用这种服务时，可以在任何时候，推送文本通知给用户的设备，可以包含程序图标作为标识，发出提示声音。例如，iPhone 上的 QQ，打开推送服务后，即使退出程序依旧可以收到好友发来的消息。

（5）本地通知

从 iOS 4.0 开始，苹果推出了本地通知，作为通知机制的补充，应用程序使用这一方法可以在本地创建通知信息，而不用依赖一个外部的服务器。运行在后台的程序，可以在重要时间发生的时候利用本地通知提醒用户注意。例如，一个运行在后台的导航程序可以利用本地通知，提示用户该转弯了，程序还可以预定在未来的某个时刻发送本地通知。

（6）手势识别

从 iOS 3.2 起，引入了手势识别器，开发者可以把它附加到 View 上，然后用它们检测通用的手势，如划过或者捏合。附加手势识别器到 View 后，设置手势发生时执行什么操作。手势识别器会跟踪原始的触摸事件，使用系统预置的算法判断目前的手势。手势识别不仅简化了代码实现，还大大丰富了用户操作。目前常用的手势识别器标准行为有点击（任何次数）、捏合缩放、平移或者拖动、划过（任何方向）、旋转（手指分别向相反方向）和长按等。

（7）文件共享支持

文件共享支持是从 iOS 3.2 开始引入的，利用它程序可以把用户的数据文件开发给 iTunes 9.1 及以后版本。程序一旦声明支持文件共享，那么它的/Documents 目录下的文件就会开放给用户。用户可以用 iTunes 放文件进去，或者取出来。要打开文件共享支持，需要在程序的 Info.plist 文件内加入键 UIFileSharingEnabled，值设置为 YES。设备插到用户电脑时，用户可以在桌面上增加和删除文件。

（8）点对点对战服务

从 iOS 3.0 起引入的 Game Kit 框架提供了基于蓝牙的点对点对战功能。开发者可以使用点对点连接和附近的设备建立通信，虽然这主要是用于游戏的，但是也可以用于其他类型的程序中。

（9）外部显示支持

一些 iOS 设备可以连接到外部的显示器上。连接时，程序可以用对应的屏幕来显示内容。屏幕的信息，包括它支持的分辨率，都可以用 UIKit 框架提供的接口访问。

再来看看介绍 Cocoa Touch 层的框架和它们提供的服务。

**2．框架与服务**

（1）Address Book UI 框架：显示创建联系人、编辑和选择已有联系人的标准系统界面。

（2）Event Kit UI 框架：用来显示和编辑事件，基于 Event Kit 框架提供的事件相关数据结构。

（3）Game Kit 框架：通过这个框架可以实现点对点的连接和游戏内的语音通话功能。这个框架提供的网络功能是构建在 Bonjour 之上几个简单的类实现的。这些类抽象了很多网络细节，让没有网络编程经验的开发者也可以轻松地在程序中加入网络功能。

（4）iAd 框架：从 iOS 4.0 开始，引入了 iAd 框架（iAd.framework）。支持程序中显示 banner 广告。广告由标准的 view 构成，你可以把它们插入到你的用户界面中，恰当的时候显示。现在 AppStore 上许多的免费应用都是通过在程序中添加 iAd 来盈利。

（5）Map Kit 框架：此框架的接口提供了可缩放的地图 view，可标记定制的信息，编程设置地图的属性，保存当前显示的地图区域和用户的位置。

（6）Message UI 框架：可以通过此接口设置收信人、主题、内容以及附件。用户可以选择信息的优先级。选定后，信息就会在用户的发件箱里面排队等待发送。

## 2.4.2 Media（媒体层）

Media 层负责图片、音频和视频等多媒体功能。其中，使用 Quartz2D 框架处理 2D 图像，OpenglES 处理 3D 图像，Core Audio 和 OpenAL 处理音频，Media Player 负责视频播放，Core Animation 负责动画效果。

### 1．图像

（1）Quartz：在 CoreGraphics.framework 框架中包含了 Quartz 2D 画图 API，Quartz 支持基于路径画图、坐标空间转换、pdf 文档创建、显示和解析。这个框架的 API 是基于 C 语言的。

（2）Core Animation：在 Quartz 核心框架中包含了 Core Animation 接口。Core Animation 是一种高级动画和合成技术，可以实现复杂的动画和虚拟效果。在 UIKit 的 UIView 里就集成了许多此框架的动画，方便开发者在自己的应用中添加动画效果。

（3）OpenGL ES：OpenGLES.framework 提供了一种绘画 2D 和 3D 内容的工具。OpenGL ES 框架也是基于 C 语言的框架。此框架一般用于开发 3D 游戏应用。

### 2．音频

（1）核心音频（Core Audio Family）：顾名思义，这是由许多框架组成的，就像一个"家族"一样，它们提供了音频的本地支持，Core Audio 是一个基于 C 语言的接口。开发者采用可以通过此框架录制、混合和播放音频，也能通过此框架触发设备的震动。

（2）OpenAL：这个框架的全称是开放音频库（Open Audio Library）。开发者能应用 OpenAL 在游戏或其他应用中实现高性能、高质量的音频输出。OpenAL 是一个跨平台的标准，采用 OpenAL 的代码模块可以平滑地移植到其他平台。

### 3．视频

媒体播放框架：MediaPlayer.framework 可以实现全屏播放视频，支持的视频格式有.mov、.mp4、.m4v 和.3gp。

### 2.4.3 Core Services（核心服务层）

Core Services 包含了 Foundation.Framework 和 Core Foundation.Framework 两个框架，功能十分丰富和强大。

（1）电话本：AddressBook.framework 提供了针对通讯录的相关接口。可以访问和修改用户联系人资料、列表等。

（2）核心基础框架：CoreFoundation.framework 也是基于 C 语言的，主要负责基本数据管理和服务功能，如数组（NSArray）、采集束（Bundles）、字符串（NSString）、日期和时间管理、线程（NSThread）、端口和 Socket 通信。

（3）CFNetwork：CFNetwork.framework 提供了 FTP 和 HTTP 通信的操作。CFNetwork 专注于网络协议，开发者只需要理解通信协议而不需要实现底层的细节。

（4）核心位置框架：CoreLocation.framework 可以通过 GPS、蜂窝、Wifi 获得设备当前的经纬度。目前许多的应用程序都带有定位功能，就是利用的这个框架。

（5）安全框架：Security.framework 用来确保应用数据的安全性。该框架提供了管理证书、公钥/私钥对和信任策略等的接口。

（6）SQLite：iPhone 应用中可以嵌入一个小型 SQL 数据库。开发者可以创建本地数据库文件，并管理这些文件中的表格和记录。

（7）XML：在基础框架中，使用 NSXMLParser 类可以解析 XML 文档元素。libXML2 库提供操作 XML 内容的功能，这个开放源代码的库可以快速解析和编辑 XML 数据。

### 2.4.4 Core OS（核心操作系统层）

Core OS 层位于 iOS 系统架构的最下面，它的底层功能是很多其他技术的构建基础。通常情况下，这些功能不会直接应用于应用程序，而是应用于其他框架。它可以直接和硬件设备进行交互，因此当程序和某个外设通讯的时候，就必须要应用到该层的框架了。Core OS 层包括内存管理、文件系统、电源管理以及一些其他的操作系统任务，框架主要有以下几种：

- Accelerate 框架：从 iOS 4.0 引入的，这个框架提供的接口可以处理复杂的数学或图形计算，框架名为 Accelerate.framework。
- External Accessory 框架：程序与外部设备通信会用到这个框架，框架名为 ExternalAccessory.framework。
- Security 框架：除了 iOS 系统的内建安全功能，Security 框架还能保证应用程序所管理之数据的安全。该框架提供的接口可用于管理证书、公钥、私钥以及信任策略，框架名为 Security.framework。

## 2.5 小结

Objective-C 语言是我们开发 iPhone 程序的基础,它对我们以后开发工作的重要性不言而喻。学习过本章后,读者应该知道了怎么创建类,如何定义成员函数及方法,如何初始化对象以及调用方法。本章的重点内容是协议、委托和内存管理。

读者还了解了 iOS 系统的核心架构,SDK 中包含的类和框架实在太多了,我们会在以后的学习中边用边学。

## 2.6 习题

【简答题】
1. 类声明的关键字是什么?
2. 如何创建协议?
3. 自动引用计数的功能是什么?

【实践题】
尝试使用 Xcode 创建一个基础命令行工程,并在项目中新建类文件,熟悉 Xcode 开发界面。

# 第 3 章　iOS 开发起航

掌握了 iPhone 的开发语言 Objective-C，并且对 iOS SDK 有了一定的了解，那么就可以开始 iPhone 应用程序的学习了。本章将会从通过一个最简单的程序 "Hello World" 入手，貌似所有的编程语言入门程序都是这个。读者将会学习如何使用 Xcode 创建、编写、运行和调试程序，并学习用 SDK 自带的可视化编译工具 Interface Builder 设计界面。

本章主要涉及到的知识点如下。
- 开发工具使用：学习利用 Xcode 创建 iPhone 程序，熟悉 Xcode 的基本操作。
- iPhone 程序：了解一个完整的 iPhone 项目各个组成部分。
- Interface Builder：学习 Interface Builder 组件的构成、变量的关联。
- 程序完善：为程序添加图标、标题。

> 注意：本章的程序只需要在模拟器上演示即可，不需要 iPhone、iTouch 等真机设备。如果想要把自己的程序运行在真实设备上，必须保证已经加入苹果开发者计划中，具体操作流程，可以参考苹果的相关指南。

## 3.1　创建项目 HelloWorld

本节首先带领读者学习如何使用 Xcode 创建 iPhone 项目，并对其中涉及到的知识点进行详细说明，还会为读者介绍 Xcode 各工作面板的基本组成部分。在创建和编写程序的过程中，具体讲解 Xcode 的使用，以及 iPhone 应用程序的基本架构和组成部分。

### 3.1.1　应用程序模板

Xcode 为开发者提供的几种应用程序模板，它们可以满足常见的 iPhone 开发，我们在这些预先配置好的工程上修改就可以了。

**1. Master-Detail Application**

如果想要在初始创建的 iPhone 程序中实现导航控制，或者想在创建的 iPad 程序里拥有切割视图，可以选择这个模板。iPad 自带的 "邮件" 程序就是一个典型的例子，界面如图 3.1 所示。

这是一个分割视图，左侧是导航界面，显示收件人和账户。右侧是内容界面，展现邮件的具体内容或账户信息。

# 第 3 章　iOS 开发起航

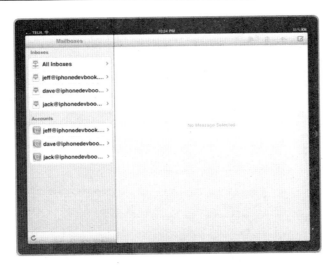

图 3.1　iPad 邮箱界面

**注意**：开发 iPad 应用程序时，可以使用 UISplitViewController 类实现切割视图。

## 2. OpenGL Game

这个模板用于创建 3D 游戏或者图形。它会创建一个配置好的视图，专门用来显示 GL 场景，并提供了一个例子计时器可以令其演示动画，如图 3.2 所示。

图 3.2　3D 图型效果

## 3. Page-Based Application

这个是 iOS 5 引入的一个新模板，选择此项目模板就可以创建一种"基于页"的应用程序，实现翻页效果，如图 3.3 所示。

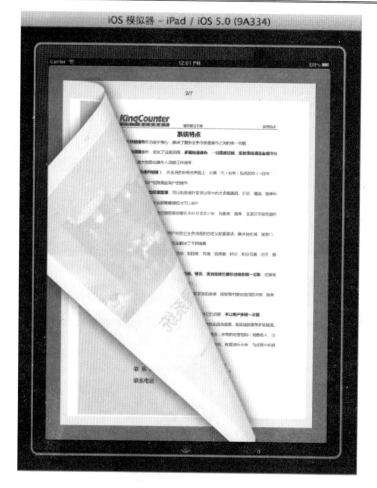

图 3.3 翻页程序界面

### 4．Single View Application

此模板拥有一个单页面的视图界面，并提供一个视图控件来管理界面显示。较早的 Xcode 版本的 View-Based Application 模板和这个是一致的。本章节的程序就要从这个模板开始。选择此模板后，程序运行在模拟器里的外观如图 3.4 所示，看起来像是什么也没有，其实只有一个空空的视图。

注意：某些版本的 Xcode 会为这唯一的视图加点背景色，看起来不至于太过单调。

### 5．Tabbed Application

此模板会在底部显示一行标签，提供一系列的快捷方式。iPhone 的"时钟"就采用了这样的样式，如图 3.5 所示。

"闹钟"程序包含 World Clock、Alarm、Stopwatch 和 Timer 4 个标签页，它们在层级关系上彼此平等且独立。

第 3 章　iOS 开发起航

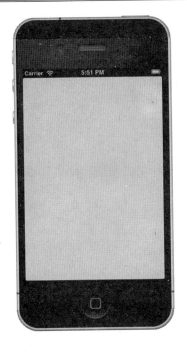

图 3.4　带有背景色的单视图程序

图 3.5　iPhone 自带的闹钟程序

6．Utility Application

这个模板提供了一个主视图和一个切换视图，主视图有按钮，单击后视图之间会相互切换。iPhone 的 "天气" 采取了这种样式，如图 3.6 所示。

主视图显示天气的详情信息，单击右下角的 "i" 按钮，页面会翻转到城市设置界面，如图 3.7 所示。

图 3.6　"天气" 主视图界面

图 3.7　"天气" 城市设置界面

#### 7. Empty Application

如果其他模板都不适合自己的需求，可以考虑这个模板。基于此模板的应用程序只包含了一个主窗口。

### 3.1.2 新建 iPhone 工程

本小节将分 5 个步骤为读者详细介绍如何创建一个 iPhone 应用程序。读者将了解创建新项目的流程，同时提高使用 Xcode 的熟练度。

#### 1．新建工程

打开 Xcode，单击 File|New|Project 命令，如图 3.8 所示。

图 3.8　创建新工程

#### 2．选择模板

此时弹出工程模板选择界面，窗口左侧罗列了很多模板类别。选择 iOS 下的 Application，面板上就会出现当前类别的所有模板，选中某个模板后，Xcode 会展示相关的模板描述。我们选择 Single View Application，如图 3.9 所示。

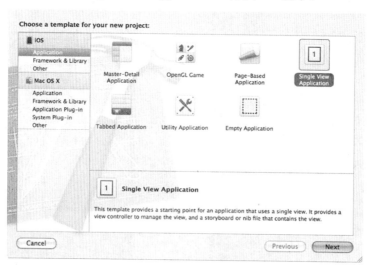

图 3.9　工程模板选择界面

前面介绍过，Single View Application 模板会带一个默认的视图，选择 Single View Application 模板，单击 Next 按钮。

**3．输入产品名称等信息**

选择完模板后，Xcode 会弹出一个工程信息的配置界面，在这里必须输入产品的名称和公司标识符等信息，如图 3.10 所示。

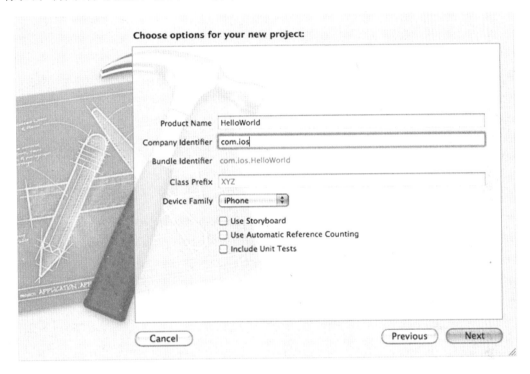

图 3.10　工程配置界面

- Product Name 为工程名称，输入"HelloWorld"。
- Company Identifier 为公司标识符，一般命名规则为"com.公司名"。
- Bundle Identifier 为包标识符，用于唯一标识应用程序，默认的会根据 Company Identifier 和 Product Name 生成。
- Class Prefix 不能输入，不用理会。Device Family 为程序支持的设备类型，分为 iPhone、iPad 和 Universal（兼容）3 种，选择"iPhone"。
- 下面有 3 个复选框，Use Storyboard 表示使用 iOS 5 新增的故事版功能来创建 UI，Use Automatic Reference Counting 表示内存的释放是否交给系统自动处理，Include Unit Tests 如果被选中，工程下多出一个单元测试代码模块。这里全部都不选。

注意：上面所有的配置项除了产品名称在工程创建完毕后，还可以再修改。所以，即使这里设置错了，也不必担心。

## 第1篇 基础篇

### 4. 选择存储位置

单击Next按钮，然后选择工程文件的保存路径，如图3.11所示。

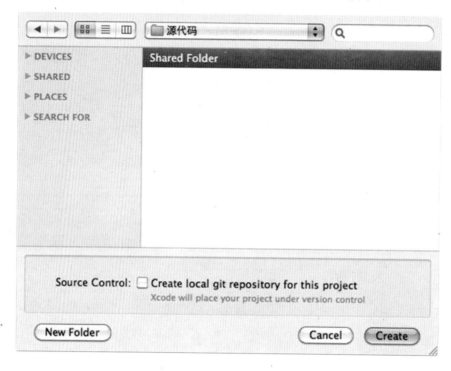

图3.11 工程路径保存界面

💡提示：这里不选择Source Control复选框，它主要用于代码的本地版本控制。

### 5. 完成创建

单击Create按钮，接下来弹出Xcode工程面板，待所有文件加载完成后，工程就算创建完毕了。工程界面如图3.12所示。

💡注意：退出程序后，在项目文件夹中单击HelloWorld.xcodeproj文件能重新打开工程。

### 3.1.3 详解Xcode的各个部分

上一章大致介绍了Xcode。接下来将会更具体地分析Xcode，这个工具上面太多眼花缭乱的按钮和图标会让不熟悉它的人感到晕头转向，因此对它了解的越深入，越有助于开发工作。Xcode内置Interface Builder设计工具，并且与Apple LLVM编译器进行深度整合。Instruments分析工具也包含于工具包之中，另外还有其他很多提供各种支持的开发者工具。

# 第 3 章　iOS 开发起航

图 3.12　Xcode 工程面板

（1）单窗口：Xcode 4 以前的版本中，开发任务的窗口是分散在多个窗口中的，如今全部合并成一个。这样即使同时打开多个工程，也不会让开发者产生工作区混乱的感觉了。

（2）导航栏：Xcode 的左上方是导航栏，如图 3.13 所示。

图 3.13　Xcode 导航栏

导航栏包括一个工程文件列表、已排序的符号、搜索界面、正在跟踪的问题、调试数据、断点以及开发日志。通过这些功能，开发者便可对工程的内容以及搜索结果进行过滤。

（3）跳转栏：位于 Xcode 中上方，显示正在编辑文件的相对位置，单击路径中的某一位置就可立刻跳转过去。跳转栏可有效应用于不同文件的快速跳转，如图 3.14 所示。

图 3.14　Xcode 跳转栏

（4）界面编辑器：Xcode 的中间部分就是界面编辑器，如图 3.15 所示。从 Xcode 4 开始，编辑器就有了代码补全和消息泡泡等功能，消息泡泡会在代码出现警告或者错误的时候自动弹出。

图 3.15 我们在这里编写代码，编辑区上方显示当前文件的路径

（5）Assistant Editor：位于 Xcode 右上方，如图 3.16 所示。

图 3.16 Assistant Editor

Assistant 按键可以把编辑器一分为二，其中一个是辅助面板。它会根据当前的工作自动显示最有帮助的文件。假设当前正在编辑的某个源文件，则它会显示与之对应的头文件，如图 3.17 所示。

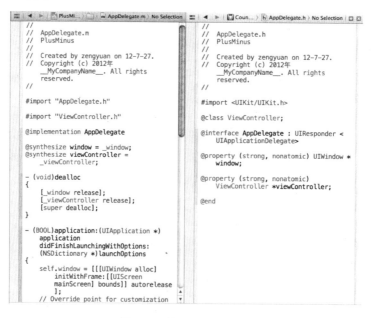

图 3.17 编辑区双屏效果

说明：编辑区左侧是实现文件，右侧是头文件。

（6）内置 Interface Builder：Xcode 4 中，Interface Builder 整合到了 Xcode 中，不再是独立的应用程序，如图 3.18 所示。

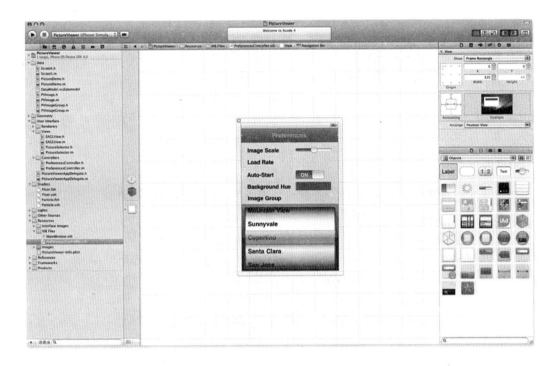

图 3.18　Interface Builder 界面

选中一个界面文件（具有.nib 或者.xib 后缀的文件），中间的编辑区就会打开 Xcode 的 Interface Builder 编辑器。打开右手边的工具区，就可以看到控件库以及 UI 对象等。Interface Builder 使用起来很有意思，非常直观，稍后会使用它来设计程序界面。

（7）文档查看器：单击 Xcode 工具栏的"Help"菜单，打开文档查看器，如图 3.19 所示。

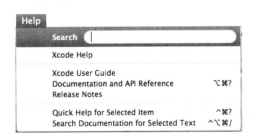

图 3.19　文档查看器

文档查看器帮助开发者搜索某个框架、类或变量的说明使用，还可以下载官方源代码。

（8）调试区：位于 Xcode 的最下方，代码运行的信息显示在调试区。程序调试时，可以把某个类成员或者临时变量的值打印在控制台上。

### 3.1.4 详解项目的各个部分

现在，我们最关心的是 Xcode 会为项目生成哪些文件。导航栏的第一个标签页下罗列着项目的 3 个文件目录。

1. HelloWorld

展开工程目录下的 HelloWorld 文件夹，可以看到程序包含了几个初始文件。
- AppDelegate：执行了程序的入口函数等一系列方法。
- ViewController：初始加载的视图控制类，对 ViewController 界面的修改都会在程序运行的时候显现出来。
- Supporting Files 子文件夹：里面包含了 HelloWorld-Info.plist、InfoPlist.strings、main.m 和 HelloWorld-Prefix.pch 四个文件。HelloWorld-Info.plist 包含了应用程序一些属性信息，InfoPlist.strings 用于应用程序本地化，main.m 包含应用程序的 main()方法。
- HelloWorld-Prefix.pch：Xcode 预编译包含在此文件中的头文件，这会减少使用程序运行所需的时间，通常不需要编辑或修改此文件。

2. Frameworks

在此文件夹中添加的任何框架或库都将链接到应用程序中，并且代码将能够使用包含在该框架或库中的对象、函数和资源。项目中默认链接了最常用的框架和库。

Xcode 4 添加框架或者库相较以前的版本还是差别很大的，先选中导航栏下的工程图标，再选中"TARGETS"，找到"Linked Frameworks and Libraries"，如图 3.20 所示。

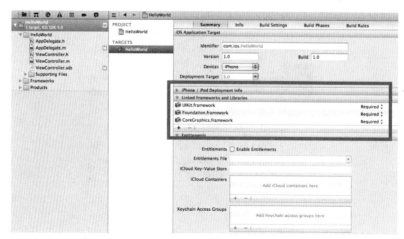

图 3.20  如何为项目添加框架和库

单击"+"按钮，弹出"框架和库列表"对话框，如图 3.21 所示。

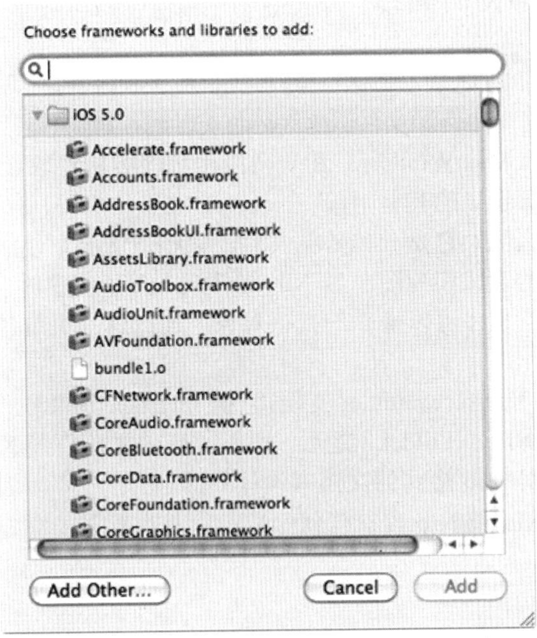

图 3.21 框架和库列表

选中想要添加的框架或者库后，单击 Add 按钮就可以了。单击 Add Other 按钮，可以手动添加框架。

注意：选中 Linked Frameworks and Libraries 栏下的某个框架，单击"-"按钮，就可以将其从工程中移除。

### 3. Products

展开 Products，可以看到一个名称为 Hello World.app 的项。Hello World.app 是项目的唯一产品。编译成功后，可以在 Finder 中查看这个具体的文件。

## 3.2 解密 Interface Builder

Interface Builder（IB）是 Mac OS X 平台下用于设计和测试用户界面（GUI）的应用程序，开发者也可以选择完全用代码的方式来创建界面。但熟悉了 Interface Builder 的使用后就会发现，只需要简单地拖曳和布局就可以设计出复杂的界面。

在 Xcode 4 以前的版本，Interface Builder 是独立于 Xcode 存在的。Xcode 4 以后，Interface Builder 都集成在 Xcode 中。

## 3.2.1 掀开 Nib 神秘的面纱

学习 Interface Builder 之前必须要了解下 Nib 和 Xib 内容。

Nib 文件是基于磁盘的资源文件。在 Xcode 4 以前，iPhone 应用程序的主 nib 文件通常包含一个窗口对象（MainWindow）和一个应用程序委托对象（AppDelegate），还可能包含一个或多个管理窗口的其他对象。

那 Nib 究竟是什么呢？它是一种数据文件，大多数情况下，应用程序使用 Nib 文件来存储构成用户界面的窗口和视图。当 Nib 文件载入应用程序时，Nib 装载代码会将文件中的内容转化为应用程序可以操作的真正对象。通过这个机制，Nib 文件省去了用代码创建那些对象的工作。

总之，Nib 文件是 Interface Builder 文档，它被 Interface Builder 用来设计窗口或视图，即程序的界面。从 Interface Builder 3 之后，引入了新的文档格式 Xib，从此以后，Xcode 在创建项目时，都使用 Xib 格式的文档来设计界面。

从本质上来讲，Xib 和 Nib 没有任何区别，只是在苹果的官方文档里习惯性地使用"nib"作为统一术语。

## 3.2.2 详解 Interface Builder 的组成部分

在工程目录下，有一个 ViewController.xib 文件。选中 ViewController.xib，Xcode 的编辑区域就会自动展现 Xib 文件的详细信息，如图 3.22 所示。

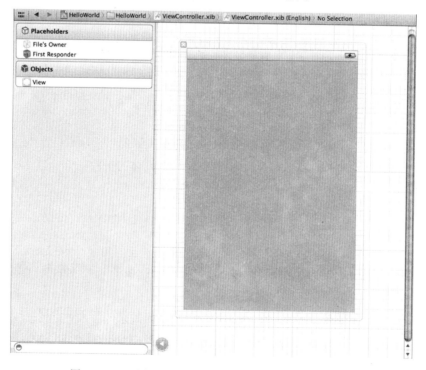

图 3.22 Xib 详细信息显示在 Interface Builder 编辑区内

下面介绍下 Xib 文件的构成。

### 1. 场景对象

整个 Interface Builder 编辑器左侧的区域是场景对象。

- Files's Owner：顾名思义，Files's Owner 是拥有此 nib 文件的对象，当前 nib 文件的拥有者就是 ViewController 这个类。File's Owner 负责管理 Interface Builder 中的控件与实例 IBOutlet 变量的关联。
- First Responder：用户当前正在与之交互的对象。例如，如果正在一个登录框输入密码，那么这个登录框就是当前的 First Responder。First Responder 将随着用户与界面的交互而变化。
- View：Files's Owner 和 First Responder 放在了 Placeholders 图标下，View 单独放在了"Objects"图标下，View 用于图形化设计用户界面。

### 2. 编辑区域

中间的部分是 View，它是一个可视化的操作区域。这里所说的 View 都是 UIView 实例，它负责视图控制器显示在设备屏幕上时的布局和界面。在本章所创建的程序里，只包含一个视图，所有和界面有关的操作都要发生在这个 View 上。更多视图、更复杂的程序在以后的章节里会讲到。

### 3. 属性区域

Xcode 有一个带有 3 个按键的工具栏，位于 Xcode 面部的右上角，如图 3.23 所示。单击最右边的按键，此时位于 Xcode 最右侧的属性区就会被打开，属性区上面部分可以用来设置类和变量的各个属性，如图 3.24 所示。

图 3.23　Xcode 工具栏

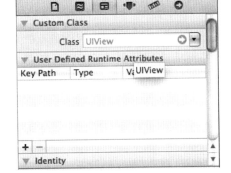

图 3.24　属性设置面板

> 注意：这部分也被称之为属性查看器（File Inspector）。

下面的部分是资源库（Library），如图 3.25 所示。资源库包含 IB 支持的所有的 Cocoa Touch 对象，如"Label"表示一个标签，"Round RectButton"表示一个带有圆角的矩形按钮。

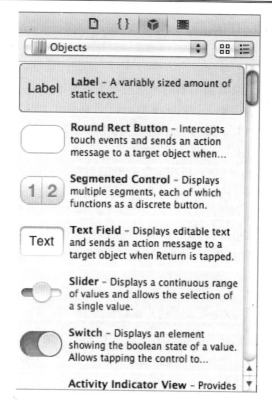

图 3.25　资源库

如果需要特定类型的控件，可以从"Objects"下拉列表里选择控件类型，下拉列表如图 3.26 所示。

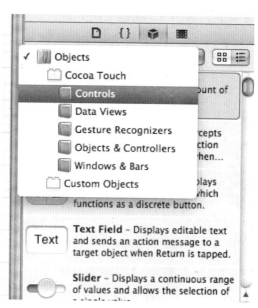

图 3.26　控件分类列表

## 第 3 章　iOS 开发起航

- Controls：基本的 UI 控件，如标签、按钮。
- Data Views：有数据交互的控件，如选择器、地图。
- Gesture Recognizers：手势操作，如滑动、放大、缩小。
- Objects & Controllers：控制器，如标签控制器和导航控制器。
- Windows & Bars：窗口和功能条，如工具条和导航条。

> **注意**：不仅当前的窗口是一个视图，资源库中的 UI 控件都属于视图，单视图程序是说当前和用户交互的主视图只有一个。

### 3.2.3　在视图中添加第一个 UI 控件

把控件对象添加到视图中的方法非常简单，选中一个 Label（标签）控件，直接拖曳到 View 视图中，如图 3.27 所示。

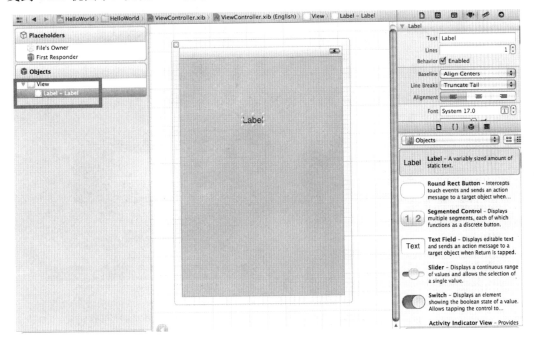

图 3.27　Interface Builder 界面

可以看到左侧的 View 下多了一个 Label-Label，界面对象之间是具有层次结构的，Label 是显示在 View 之上的。

### 3.2.4　设置 UI 控件的属性

我们已经将一个 Label 控件添加到界面视图上了，接下来需要修改它的相关属性。选中 Label 后，单击 Xcode 右侧的属性面板上像一个小茶杯一样的图标，如图 3.28 所示。

图 3.28  属性面板工具条

选中以后，属性面板就会把 Label 的基本属性都展现出来，如图 3.29 所示。Label 是使用频率最高的控件之一，比较常用的属性有这么几个。Text 表示 Label 的标题；Lines 表示 Label 的文本行数；Alignment 表示文字对齐方式，默认是左对齐；Font 是 Label 的字体；Text Color 表示 Label 的文本颜色，默认是黑色。

下面分 4 步设置 Label 的属性。

（1）修改 Label 的标题为"Hello World"，设置 Label 的颜色为红色。

（2）下面让 Label 的显示位置居中，选中工具条上的倒数第 2 个图标，从"Arrange"下拉框中选择"Center Horizontally In Container"，如图 3.30 所示。

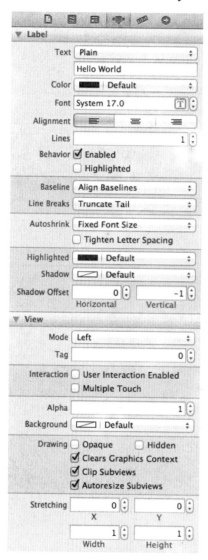

图 3.29  属性设置界面

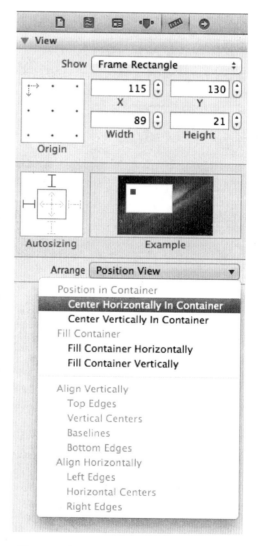

图 3.30  让 Label 控件在视图上居中显示

也可以根据 X、Y 坐标点设置 Label 的位置。这里只需要把 Label 居中就可以了。设置完毕，不要忘记按住快捷键 command+S 保存当前的修改。

（3）因为程序运行在 iPhone 环境下，所以要确定选择的是 Simulator，如图 3.31 所示。除了 Simulator，还可以选择 device，不过只有在真机调试或者打包发布时才会用到。

图 3.31　选择目标环境

（4）单击 Xcode 左上方的 Run 按钮，运行程序，模拟器就会自动启动运行，可以看到程序运行效果如图 3.32 所示。

图 3.32　模拟器运行效果

## 3.2.5　变量的关联

在视图层添加了一个 Label 控件，但还无法通过代码控制它，所以下一步需要在控制层利用一个变量与其关联起来。具体操作前，先介绍几个概念。

### 1．输出口（IBOutlet）

控制器使用 IBOutlet 来引用 nib 中的对象。本程序中，如果需要在代码对文本标签（Hello World）进行修改操作，这时就需要声明一个输入口，并将其指向该标签，这样就可以通过输入口来操作该标签了。

IBOutlet 的定义如下：

```
#ifndef IBOutlet
#define IBoutlet                        //宏定义
#endif
```

对编译器来说，IBOutlet 并未执行任何操作，它仅仅是告诉 Interface Builder，被 IBOutlet 修饰的实例变量将被连接到 nib 中的对象。

**2. 操作（IBAction）**

IBAction 是用来修饰控制器类中的函数，该关键字告诉 Interface Builder，此方法是一个操作，并且可以被某个控件触发。

本章主要学习如何使用 IBOutlet 来关联变量，暂时用不到 IBAction 的操作。

（1）添加变量

打开 ViewController.h，添加代码如下：

```
#import <UIKit/UIKit.h>

@interface ViewController : UIViewController
{
    IBOutlet UILabel *mylabel;         //定义一个变量
}
@end
```

首先定义一个变量，类型为 UILabel，在变量前添加 IBOutlet。按住组合键 command+S 保存。

（2）查看 Files's Owner 内容

打开 ViewController.xib，右击 Files's Owner，在弹出的内容列表中可以看到 Outlets 下有了 myLabel，这就是刚创建的实体变量，如图 3.33 所示。

图 3.33　Files's Owner 内容信息

（3）关联对象

鼠标左键按住 myLabel 右侧的小圆圈，拖曳到 Hello World 这个 Label 上。拖曳的时候，会出现一条蓝色的指引线。在 Files's Owner 下看到 myLabel 右侧多出了一个 Label，那说明关联成功了，如图 3.34 所示。

图 3.34  标签已经关联成功

## 3.2.6  通过代码设置属性

此时 IBOutlet 和控件已经成功关联了，相信读者已经掌握了通过 Interface Builder 设置 Label 属性的方式。接下来换个方式，利用代码来设置 Label 的属性。打开 ViewController.m，添加代码如下：

```objc
#import "ViewController.h"

@implementation ViewController

- (void)didReceiveMemoryWarning
{
    [super didReceiveMemoryWarning];              //内存警告函数
}

#pragma mark - View lifecycle

- (void)viewDidLoad
{
    [super viewDidLoad];

    mylabel.text=@"Say Hello to World";           //设置文本
    mylabel.font=[UIFont systemFontOfSize:20];    //设置字体
    [mylabel sizeToFit];                          //自适应大小
    mylabel.center=self.view.center;              //居中
}
```

```
- (void)viewDidUnload
{
    [super viewDidUnload];
    mylabel=nil;                                    //取消关联
}
```

当 View 从 nib 文件初始化时会调用 viewDidLoad。这里对已经添加到 View 上的 mylabel 做出进一步修改。修改 mylabel 的文本内容为"Say Hello to World",修改文本字体为 20 号。sizeToFit 的作用让视图自适应大小,mylabel 的长宽就会随着文本内容的多少自动改变。center 是一个坐标点,这里让 mylabel 位于整个窗口的中心。

注意:通过某些其他的属性,还可以让 Label 的宽度保持不变,字体和行数随着文本内容的多少发生变化。

运行程序,显示效果如图 3.35 所示。

图 3.35　当前程序的运行效果

## 3.3 为应用添加图标

程序已经在模拟器上运行起来了,单击模拟器 Home 键,可以看到 Hello World 程序图标是空白的,如图 3.36 所示。

图 3.36 空白图标

程序需要一个图标,iPhone 将自动把图标的边缘圆角化并让它具有玻璃质感。iPhone 和 iPad 的图标根据不同的功能显示都有一定的尺寸要求。

注意:图标尽量选择标准 png 格式的图片。Xcode 会自动优化 png 图像,效率相比其他格式要高。

### 3.3.1 iPhone 图标介绍

iPhone 4 屏幕是高分辨率,所以采用的图片的大小也会和 3GS 等不同。iPhone 程序包需要以下尺寸的图片。

- 57×57 像素：用于 App Store 和在 iPhone 中应用程序图标显示，这个是必须要有的。
- 29×29 像素：用于 Spotlight 搜索，如图 3.37 所示。如果程序有设置功能，图片还会用于设置界面，如图 3.38 所示。

图 3.37　Spotlight 搜索界面

图 3.38　iPhone 系统设置界面

- 114×114 像素：用于 iPhone 4 的应用程序图标显示，像 iPhone 4、4S 等设备都采用了 Retina 高清屏幕，图标尽量选择这个尺寸。
- 58×58 像素：用于 iPhone 4 的 Spotlight 搜索和设置界面。

### 3.3.2　iPad 图标介绍

iPad 程序需要以下尺寸的图片。
- 72×72 像素：用于在 iPad 桌面应用程序图标显示，这是必须要有的。
- 50×50 像素：用于 iPad 中的 Spotlight 搜索。
- 29×29 像素：显示在 Setting 应用程序中。

### 3.3.3　图标的命名和设置

一个良好的应用程序应该考虑到图标的多样性。例如，一个在 iPhone 3GS 上显示正常的图标在 iPhone 4 这样的高分率设备上就会显得模糊且粗糙。所以，应该尽量为自己的程序准备各种尺寸的图标文件，图标文件的命名最好遵守苹果的规范，图标列表介绍如下。
- Icon.png：57×57 像素，iPhone 应用图标。
- Icon@2x.png：114×114 像素，iPhone Retina 显示屏应用图标。

- Icon-72.png：72×72 像素，iPad 应用图标。
- Icon-72@2x.png：144×144 像素，iPad Retina 显示屏应用图标。
- Icon-Small.png：29×29 像素，iPhone 系统设置和搜索结果图标。
- Icon-Small@2x.png：58×58 像素，iPhone Retina 显示屏系统设置和搜索结果图标。
- Icon-Small-50.png：50×50 像素，iPad 系统设置和搜索结果图标。
- Icon-Small-50@2x.png：100×100 像素，iPad Retina 显示屏系统设置和搜索结果图标。

图片文件的设置是在 info.plist 文件中，就本程序来说，需要在 Supporting Files 中的 HelloWorld-Info.plist 中进行修改。

下面分两步讲解下如何添加图标。读者会发现设置图标的操作几乎没有任何难度。

### 1．添加图标文件

准备符合尺寸要求的图片，把图片直接拖曳到工程文件夹下，文件引用方式全部采取复制，勾选 Copy items into destination group's folder(if needed)复选框，如图 3.39 所示。

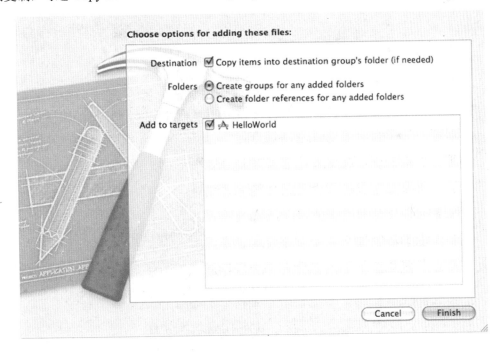

图 3.39　文件引用方式提示框

另外，Folders、Add to targets 选项保持默认。单击 Finish 按钮，图片文件就被复制到工程中了。

### 2．设置Icon files

打开 HelloWorld-Info.plist 文件，右击任意一行，添加"Icon files"文件字段，如图

3.40 所示。

HelloWorld > HelloWorld > Supporting Files > HelloWorld-Info.plist > No Selection

| Key | Type | Value |
|---|---|---|
| Localization native development region | String | en |
| Bundle display name | String | ${PRODUCT_NAME} |
| Executable file | String | ${EXECUTABLE_NAME} |
| ▶ Icon files | Array | (2 items) |
| Bundle identifier | String | com.ios.${PRODUCT_NAME:rfc1034identifier} |
| InfoDictionary version | String | 6.0 |
| Bundle name | String | ${PRODUCT_NAME} |
| Bundle OS Type code | String | APPL |
| Bundle versions string, short | String | 1.0 |
| Bundle creator OS Type code | String | ???? |
| Bundle version | String | 1.0 |
| Application requires iPhone environme | Boolean | YES |
| ▶ Required device capabilities | Array | (1 item) |
| ▶ Supported interface orientations | Array | (3 items) |

图 3.40　HelloWorld-Info.plist

选中 Icon files 字段，单击浮现出来的加号，添加子字段，如图 3.41 所示。

| | | |
|---|---|---|
| Executable file | String | ${EXECUTABLE_NAME} |
| ▼ Icon files | Array | (0 items) |
| Bundle identifier | String | com.ios.${PRODUCT_NAME |
| InfoDictionary version | String | 6.0 |
| Bundle name | String | ${PRODUCT_NAME} |

图 3.41　Icon files 添加子字段

然后在 Icon files 里添加 6 个子字段，使其同时适应 iPhone 和 iPad 的图标要求，如图 3.42 所示。

| | | |
|---|---|---|
| Executable file | String | ${EXECUTABLE_NAME} |
| ▼ Icon files | Array | (6 items) |
| Item 0 | String | Icon.png |
| Item 1 | String | Icon@2x.png |
| Item 2 | String | Icon-72.png |
| Item 3 | String | Icon-Small-50.png |
| Item 4 | String | Icon-Small.png |
| Item 5 | String | Icon-Small@2x.png |
| Bundle identifier | String | com.ios.${PRODUCT_NAME:rfc1034ider |
| InfoDictionary version | String | 6.0 |
| Bundle name | String | PRODUCT_NAME |

图 3.42　增加可能会用到的图标字段

设置完成后，保存文件。以上的文件除了 57×57 和 72×72 像素的两个图标，其他的都不是必须的。如果程序中没有相关的图标，系统会自动把已有的图片进行拉伸以适应要求。

## 3.3.4　程序名称的设置

当前应用程序在 iPhone 模拟器中显示的名称是“HelloWorld”，默认的采用工程名称作为程序名称。如果要自定义程序名称，需要在 HelloWorld-Info.plist 文件里修改设置。

打开 HelloWorld-Info.plist 文件，修改 Bundle display name 字段，我们设置程序显示名称为"你好世界"，如图 3.43 所示。

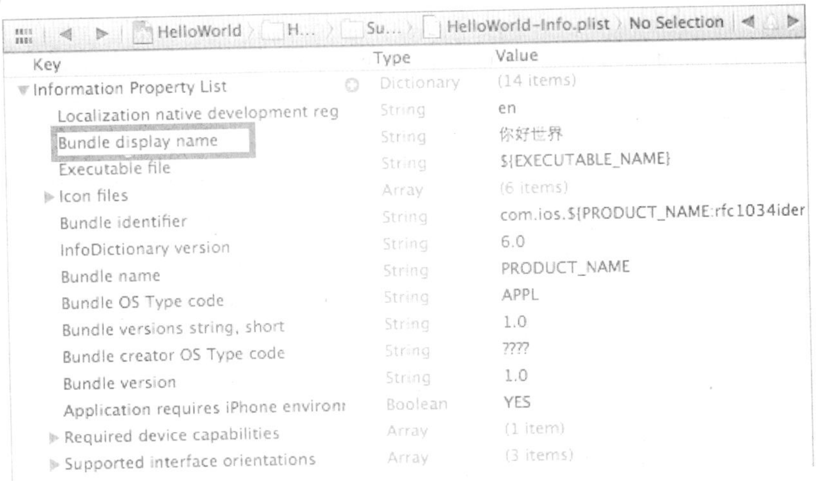

图 3.43　修改 Bundle display name 字段

保存设置，运行程序，效果如图 3.44 所示。

图 3.44　程序已经有了名称

## 3.4 小　　结

　　本章带领读者初步了解了 iPhone 开发的工作原理。通过一个最简单的代码示例演示了开发工具 Xcode 的基本使用以及 iPhone 开发代码的编程方式。读者需要熟悉输入口（IBOutlet）的使用方法，至于操作（IBAction）的内容将在下一章学到。

　　熟练使用 Interface Builder，可以帮助读者在未来的工作中提高 UI 界面的操作，把更多的精力放在业务逻辑上，所以读者可以在本章的程序基础上加强这方面的操作。本章的程序只设置了几个简单的属性，建议读者尝试改变其他的属性，或者添加代码，查看不同的效果。

## 3.5 习　　题

【简答题】

1．如何更改 Label 控件的字体大小？
2．输出口可以关联任意的控件？
3．iPhone 4 的标准图标像素是多少？
4．应用程序图标建议采用＿＿格式的图标。

【实践题】

1．创建一个基于 Single View Application 模板的应用程序，在视图上放置多个 Label 控件，尝试更改字体样式和行数。
2．为程序准备不同大小的图标，然后根据本章介绍的方法显示图标。

# 第2篇 UI开发篇

- 第4章 用户交互基础
- 第5章 掌握更多交互控件
- 第6章 多视图应用
- 第7章 Tab Bar Controller 和 Picker View
- 第8章 表视图
- 第9章 Navigation Controller（导航控制器）

# 第 4 章 用户交互基础

iPhone 在用户交互上做出了巨大的创新，从某种程度上说打破了以往人机交互的模式，带来了一场体验的革命。iPhone 充分模拟了人操作物体的固有习惯和思维方式。例如，当用户利用 iBook（iPhone 上的一款电子书应用）翻看一本书的下一页时候，它会模拟出一个翻书的动作。用户在熟悉了 iBook 操作方法后就很容易理解和学习，即使隔了很长一段时间也不会忘记。因此，开发者在设计软件时也要充分考虑用户正常的操作方式和思维习惯，尽可能使得软件的操作方式与用户的心理模型保持一致。这也是苹果提倡的用户体验第一位原则。

本章将为读者讲解 iPhone 上 MVC 设计模式和视图控制器，学习使用 Interface Builder 实现用户与界面的交互，以及使用代理来完成数据传递。

本章主要涉及到的知识点如下。
- MVC：了解 iOS 上的 MVC 架构。
- 视图控制器：学习视图控制器的创建、使用，分析其原理。
- 交互：学习在交互中使用连接、动作。
- 代理：掌握如何使用代理获取事件。

## 4.1 介绍 View Controller（视图控制器）

在上一章创建的程序中我们已经接触过 View Controller，显示"Hello World"的标签正是依附于 View Controller 的界面之上的。在具体深入学习 View Controller 之前，十分有必要了解下 iOS 程序的设计方法——MVC 模型。

### 4.1.1 MVC 模型

MVC 是模型（Model）、视图（View）和控制（Controller）的缩写。MVC 是 20 世纪 80 年代出现的一种软件设计模式，如今已经被广泛使用。

其中 Model 层实现系统中的业务逻辑，View 层用于与用户的交互，Controller 层是 Model 与 View 之间沟通的桥梁。MVC 三层关系如图 4.1 所示。

- 视图：视图是用户看到和直接操作的界面。它只接受用户操作，并把数据输出。视图和程序的代码逻辑是彼此独立的，它们之间有明显的界限。
- 模型：这是应用程序的主体部分，模型为视图提供数据，应用于模型的代码只需写一次就可以被多个视图重用，所以减少了代码的重复性。

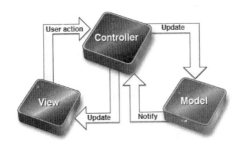

图 4.1 MVC 架构图

❏ 控制：控制器接受用户的输入并调用模型和视图去完成用户的需求，控制器本身不输出任何东西和做任何处理。它只接收用户请求并决定调用哪个模型去处理请求，然后再确定用哪个视图来显示返回的数据。

MVC 中模型、视图和控制器被强制分开，各自处理自己的任务。Cocoa Touch 库也采用 MVC 泛型作为指导原则。下面介绍下 iPhone 上的 MVC 架构是如何运转的。

在 iPhone 的模型-视图-控制器模型主要分为以下几个内容。

❏ 视图：窗口、控件和其他用户可以看到并能与之交互的元素。
❏ 控制器：控制器主要通过委托、时间和通知来实现。
❏ 模型：保存应用程序数据的类。

对于初学者来讲，一般还无法较深入的理解 MVC 的架构和思想。简单的来说，一个 iPhone 程序的 MVC 基本结构如图 4.2 所示。

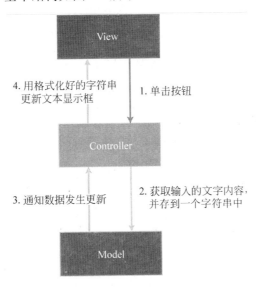

图 4.2 iPhone MVC 关系图

例如，计算器应用，Controller 根据用户在 View 上的操作，把输入的数字回传给 Model，Model 保存数字和加减乘除，并进行数据分析，再把得到的结果回传给 Controller，由 Controller 交给 View，把结果显示出来。

💡 **注意**：初学者可以先对 MVC 有一个初步的了解，在以后的编程学习中再去不断地实践和加深理解。

## 4.1.2 View Controller（视图控制器）

View Controller 是视图控制器，在 iOS 中对应的类是 UIViewController。打开上一章创建的应用程序，查看 Classes 下的文件，其中 ViewController 继承自 UIViewController，负责控制功能，ViewController.xib 则负责视图显示。ViewController 分成两类，如下所示。

（1）主要用于展示内容：这种 ViewController 主要用于展示内容，并与用户进行交互。"HelloWorld"中的 ViewController 类就属于这种类型。

（2）用于控制和显示其他 ViewController：如 UINavigationController（导航视图控制器）和 UITabbarController（选项卡栏控制器）。

不管是哪一类，它们都有一个属性，包含有许多的 ViewController。本章主要介绍第 1 种 ViewController，至于 UITabbarController 和 UINavigationController 会分别在第 7 章和第 9 章专门学习。

打开 HelloWorld 工程下的 ViewController.m 可以看到几个基本的函数，这些函数都是父类 UIViewController 的成员函数，下面进行重点讲解。

### 1．didReceiveMemoryWarning

当程序收到内存警告的时候，会触发此函数，在这个函数里面可以自己手动释放一些内存。从 iOS 3.0 开始，这个函数就不是必须要重载的了，可以把释放内存的代码放到 viewDidUnload 中去。

### 2．initWithNibName

这是一个初始化函数，表示从 nib 文件中初始化视图控制器。在 ViewController.m 中找不到这个方法的实现，打开 AppDelegate.m，看到如下代码：

```
- (BOOL)application:(UIApplication *)application didFinishLaunc-
hingWithOptions:(NSDictionary *)launchOptions
{
    self.window = [[[UIWindow alloc] initWithFrame:[[UIScreen mainScreen]
bounds]] autorelease];
    self.viewController = [[[ViewController alloc]
                     initWithNibName:@"ViewController" bundle:nil]
                     autorelease];
    self.window.rootViewController = self.viewController;
    [self.window makeKeyAndVisible];
    return YES;
}
```

在程序初始化运行的时候会调用 didFinishLaunchingWithOptions 这个函数。在上面的代码中，先从 ViewController.xib 中创建一个 ViewController 对象，加载到程序的主视图（window）上。

initWithNibName 的第一个参数表示加载的 nib 文件名称，第二个参数表示查找 nib 文件的范围，传 nil 就可以。如果想要重写 initWithNibName，可以在 ViewController.m 中添加代码如下：

```
- (id)initWithNibName:(NSString *)nibNameOrNil bundle:(NSBundle *)nibBundleOrNil{
    if (self=[super initWithNibName:nibNameOrNil bundle:nibBundleOrNil])
{
        //自定义操作
    }
    return self;
}
```

### 3．viewDidLoad

当从 nib 创建的一个视图的时候，如果重写了控制器父类 UIViewController 中的 viewDidLoad 方法，系统会调用此函数。Interface Builder 中可以实现界面设计的绝大部分工作，不过依然可以在 viewDidLoad 中做一些额外的操作。在 "HelloWorld" 程序中，我们正是在 viewDidLoad 中修改了 Label 的部分属性。

### 4．viewDidUnload

系统紧张内存时，在 iOS 3.0 之前重载 didReceiveMemoryWarning 是释放无用内存的唯一方式，但 iOS 3.0 及以后在 viewDidUnload 里处理会更好。

在该方法中将所有 IBOutlet 变量置为 nil，系统在释放 View 的时候就会自动把变量释放掉。

一般在该方法中释放其他与 View 有关的对象、其他在运行时创建的对象、在 viewDidLoad 中被创建的对象和缓存数据等。这里还有一点要注意，当出现内存警告的时候，系统会去调用正在显示的 ViewController 的父类的 viewdidUnload 方法，而非当前正在显示的 ViewController 的 viewDidUnload 方法。因为如果调用了正在显示的 ViewController 的 viewDidUnload 方法，那么用户正在看的界面就会消失，显然不是一个良好的体验。

> **注意**：在此函数中释放内存有个原则，那就是被 release 的对象必须是很容易被重新创建的对象（比如在 viewDidLoad 或其他方法中创建的对象），不要 release 用户数据或其他很难被重新创建的对象。

### 5．viewWillAppear

View（视图）即将可见时调用这个函数，而且只有视图加载到主窗口上时才会被调用。

### 6. shouldAutorotateToInterfaceOrientation

此函数用于设置是否支持屏幕旋转。

```
- (BOOL)shouldAutorotateToInterfaceOrientation:
(UIInterfaceOrientation)interfaceOrientation {
    // Return YES for supported orientations
    return (interfaceOrientation == UIInterfaceOrientationPortrait);//
系统默认不支持旋转功能
}
```

在上面的代码中，interfaceOrientation == UIInterfaceOrientationPortrait 表示屏幕只支持正常的竖向方向，其他方向不发生旋转。

### 7. dealloc

当前 viewController 被释放的时候，可以在此函数中清空所有当前的实体和数据，该方法也是自动调用的，无需手动执行。viewDidUnload 和 dealloc 的区别在于：viewDidUnload 是程序中所有的 viewController 同时执行，当前正在显示的 viewController 不执行；dealloc 只是当前 viewController 执行。

dealloc 的使用方式如下所示。

```
-(void)dealloc{
    [super dealloc];
}
```

父类内存也要释放，所以不要忘记调用父类的 dealloc。UIViewController 在 MVC 设计模式中扮演控制层的角色，所以相关的成员函数还有很多，这里就不一一介绍了，读者想要了解的话，可以查阅相关开发文档。

## 4.1.3 生命周期

UIViewController 有一个完整的生命周期，如图 4.3 所示。

具体过程可以分为以下几步。

（1）创建 UIViewController

可以直接手写代码生成一个 UIViewControlle，也可以通过 XIB 生成一个 UIViewController。

（2）UIViewController 初始化完毕

如果用 IB 生成的 ViewController，当执行-(void)viewDidLoad 这个方法的时候，说明此 ViewController 的视图已经绘制成功。可以在此方法中添加或者修改视图。

（3）显示视图

ViewController 加载完毕后，程序开始显示 ViewController 的可视化部分视图。ViewWillAppear 和 ViewDidAppear 函数会被调用。

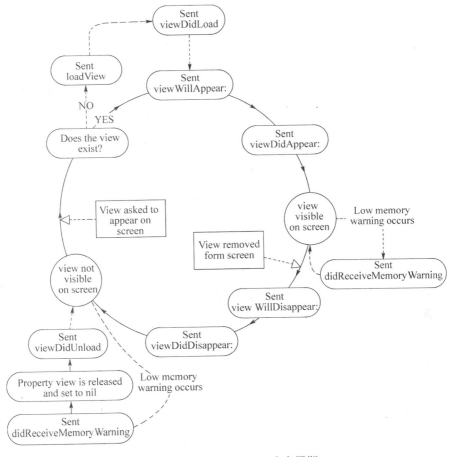

图 4.3 UIViewController 生命周期

（4）视图消失

程序进入后台或者当前 ViewController 被其他 ViewController 覆盖时，系统会调用 ViewWillDisappear 和 viewDidDisappear 函数。

（5）销毁

当 UIViewController 里面的视图全部移除的时候，此时 UIViewController 彻底从内存中销毁。

（6）内存警告

如果本视图不是当前屏幕上正在显示的视图，viewDidUnload 将会被执行，其所有子视图将被销毁,同时释放内存。因此当这个视图再次显示在屏幕上的时候，viewDidLoad 再次被调用，重新生成视图，重复上面所有的过程。

## 4.2 使用 View Controller 编写计算器

本节将编写一个简单数字计算的应用程序，界面主要包含两个按钮和一个输入框。用户输入相关数字，单击按钮进行计算并把结果输出，效果如图 4.4 所示。

图 4.4 将要实现的程序效果图

## 4.2.1 创建项目 PlusMinus

现在开始创建项目,共分两步完成。到目前的内容还属于入门的内容,所以操作都非常简单,就两步:新建工程和设计界面。

### 1. 新建工程

打开 Xcode 并新建 iPhone 工程,选择 Single View Application 模板,然后为工程命名"SimpleNote",并设置相关参数,如图 4.5 所示。

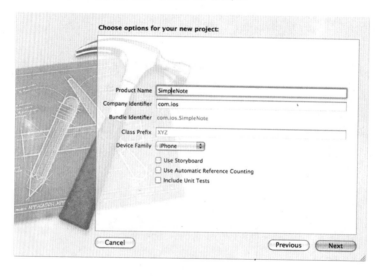

图 4.5 设置工程参数

根据提示，为程序选择存储位置，然后单击 Create 按钮创建项目。

### 2．设计界面

现在开始设计界面，单击 ViewController.xib，在 Interface Builder 中打开它。从资源库拖动 2 个 Label、2 个 Rounded Rect Button（圆角矩形按钮）和一个 Text Field（输入框）到 View 上，摆放位置如图 4.6 所示。

双击 Label 和 Button，修改它们的标题，如图 4.7 所示。

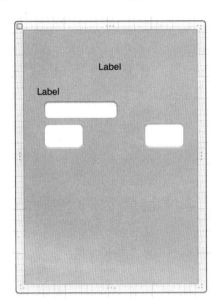 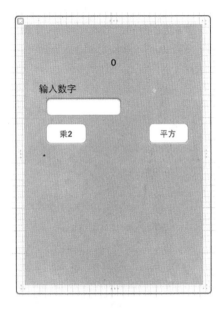

图 4.6　在 View 上放置几个 Label 和 Button 控件　　图 4.7　完成界面布局

这样，程序的界面就设计完毕。如果此时运行程序，就会在模拟上把上面的界面呈现出来。Label 标签我们在上一章已经使用过，接下来学习下 Button（按钮）和 Text Filed（输入框）的内容。

## 4.2.2　Button（按钮）

Button 对应的类为 UIButton。当触摸一个按钮时，具体事件和动作消息会发送到目标对象。这个类提供了方法来设置标题、图像和按钮等外观属性。下面介绍下 UIButton 的几个重要的函数。

### 1．初始化

如果不想用 Interface Builder 添加按钮，可以通过代码的方式创建一个 Button。它的初始化函数代码如下：

```
UIButton *btn = [[UIButton alloc]initWithFrame:CGRectMake(10, 10, 80, 44)];
```

UIButton 也是继承自 UIView，所以可以直接用 UIView 的初始化函数 initWithFrame 来创建。CGRectMake(10, 10, 80, 44)表示控件在视图中的绝对坐标点和宽高。

或者利用 UIButton 的一个类方法，代码如下：

```
UIButton *btn= [UIButton buttonWithType:UIButtonTypeRoundedRect];
```

直接创建一个 UIButtonTypeRoundedRect（圆角矩形）类型的按钮。

按钮的风格还有很多，总体来说有以下几种。

（1）UIButtonTypeCustom：用于自定义按钮，如图 4.8 所示。

这个样式允许自定义按钮的风格和外观，是用得最多的按钮样式。

（2）UIButtonTypeRoundedRect：白色圆角矩形。本程序中创建的两个按钮就是这种风格，如图 4.9 所示。不过这个 iOS 原生的按钮样式实在不够美观，一般在产品中都会重新修饰。

图 4.8　UIButtonTypeCustom 按钮　　　图 4.9　UIButtonTypeRoundedRect 按钮

（3）UIButtonTypeDetailDisclosure：一种蓝色样式的按钮，如图 4.10 所示。

（4）UIButtonTypeInfoLight：浅色背景的信息按钮，如图 4.11 所示。

图 4.10　UIButtonTypeDetailDisclosure 按钮　　　图 4.11　UIButtonTypeInfoLight 按钮

（5）UIButtonTypeInfoDark：深色圆圈信息按钮，如图 4.12 所示。

（6）UIButtonTypeContactAdd：蓝色加号按钮，如图 4.13 所示。

图 4.12　UIButtonTypeInfoDark 按钮　　　图 4.13　UIButtonTypeContactAdd 按钮

### 2．设置样式

（1）设置标题：为按钮设置标题，可以调用 setTitle:forState:函数，第 1 个参数为标题，第 2 个参数为控件状态。

```
[button setTitle:title forState:UIControlStateNormal];
```

（2）设置标题颜色：调用 setTitleColor:forState:函数，第一个参数传递 UIColor 颜色对象。

```
[button setTitleColor:[UIColor blackColor] forState:
UIControlStateNormal];
```

（3）设置背景图片：调用 setBackgroundImage: forState:设置背景图片，不会影响按钮的标题。

```
[button setBackgroundImage:newImage forState:UIControlStateNormal];
```

（4）设置背景颜色：对属性 backgroundColor 赋值就可以改变背景色了，也可以根据需要设置为透明色。

```
button.backgroundColor = [UIColor clearColor];
```

#### 3．添加响应

当单击按钮时，我们一定是希望它触发某个操作的，因此基本所有的按钮都会添加响应事件。

```
[button addTarget:self action:@selector(action:)] forControlEvents:
UIControlEventTouchUpInside];
```

self 为响应的类，action 为响应的动作，forControlEvents 为单击的事件。有时候根据业务逻辑需要，要求按钮失去效应，可以取消 Enabled 或 User Interaction Enabled 复选框，如图 4.14 所示。

图 4.14　修改 Enabled 或 User Interaction Enabled 属性可以让按钮失效

### 4.2.3　Text Field（输入框）

Text Field 对应的类是 UITextField，一起来了解下 UITextField 几个常用的属性。

#### 1．文本框的边框风格

文本框的边框默认是带圆角矩形的，其输入部分背景为白色。除此之外，还有几种样式可供选择，如图 4.15 所示。

图 4.15　系统为文本框提供了 4 种边框风格

如果选择最左边的那个样式，输入框会消失不见，不过只是看不见而已，所有的功能和属性依然存在。左边第 2 个样式会让输入框的边框成为一条窄线，第 3 种样式使得输入框产生嵌入式效果，最后一个就是默认的，也是最常用的。

通过设置 UITextField 的 borderStyle 属性就能更改属性：

```
UITextField *textField = [[UITextField alloc] initWithFrame:
CGRectMake(20, 20, 130, 30)];
textField.borderStyle = UITextBorderStyleRoundedRect;
```

### 2．自动提醒更正功能

决定文本是否使用 iOS 系统的自动更正功能，如图 4.16 所示。这个功能非常智能且实用。例如搜索某个名称时，系统会根据已经输入的字母自动筛选出一些单词，如图 4.17 所示。有了这个人性化的功能，即使记不住某些名称的正确拼写也没问题了。

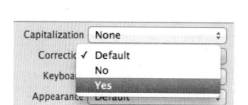

图 4.16　选择 Correction 项的 Yes 可以开启
　　　　自动提醒更正功能

图 4.17　系统自动更正搜索内容

通过代码来设置的话，操作 UITextField 的 borderStyle 属性：

```
number.autocorrectionType = UITextAutocorrectionTypeYes;
```

### 3．默认的文本显示

这个属性的英文名为 placeholder，就是文本框中显示灰色的字，用于提示用户应该在这个文本框输入什么内容。当这个文本框中输入了数据时，它将会自动消失。例如，iPhone 的通讯录，新建联系人时几乎所有的信息输入框都拥有 placeholder 提示，如图 4.18 所示。

### 4．键盘完成的按钮

当输入框准备接收输入的时候，系统会自动弹出键盘。例如，在 iPhone 浏览器地址栏输入网址时，系统就会自动弹出键盘，如图 4.19 所示。

键盘右下方的 Go 按钮就是返回键，这个键是可以托付给开发者定制的。系统也为我们提供了几种样式，如 Search、Return 和 Done 等。

图 4.18　通讯录新建联系人界面

图 4.19　键盘的完成按钮也可以定制

### 5．安全密码

当文本框用做密码输入框时，可以选择这个选项，此时字符显示为黑色圆点。例如，加入一个有密码的无线网络，会提示输入密码，如图 4.20 所示。

图 4.20　密码输入框

> 注意：输入框还有某些特有的属性，像首字母大小写（autocapitalizationType），不过此功能使用不广泛。

### 4.2.4 添加 Outlet（连接）

回到 PlusMinus 程序中，界面上已经拥有了控件，接下来需要在程序中添加 IBOutlet 变量来连接和操纵这些控件。

#### 1. 在头文件中声明IBOutlet

打开 ViewController.h 添加如下代码。

```
#import <UIKit/UIKit.h>

@interface ViewController : UIViewController
{
    IBOutlet UILabel *resultLabel;          //标签
    IBOutlet UIButton *leftBtn;             //左侧按钮
    IBOutlet UIButton *rightBtn;            //右侧按钮
    IBOutlet UITextField *number;           //数字框
}
@end
```

resultLabel 用来显示计算得出的结果，单击 leftBtn 把输入的数字乘以 2，单击 rightBtn 把数字平方。number 是一个输入框，用来接收用户的输入。

#### 2. 关联IBOutlet

选中 ViewController.xib，在 Interface Builder 编辑区鼠标右击 File's Owner，可以看到已经设为 IBOutlet 属性的变量，如图 4.21 所示。

图 4.21　File's Owner 下查看所有的 Outlets

把 leftBtn 连接到 View 左侧的按钮，number 连接输入框，resultLabel 连接最上方的标签，rightBtn 连接右侧的按钮，如图 4.22 所示。

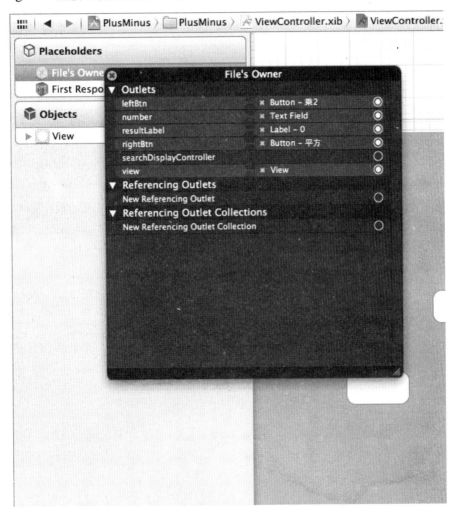

图 4.22 在 File's Owner 中检查 Outlets 是否正确关联

注意：如果不是同类型的变量无法连接到一起的。例如无法将 rightBtn 按钮连接到 number 输入框上。

### 4.2.5 添加 Action（动作）

单击按钮的时候，如果要获悉按钮的事件，就需用到 Action（动作）。IBAction 修饰控制器类中的方法，该关键字告诉 Interface Builder，此方法是一个操作，可以被某个控件触发。操作方法的声明如下所示。

```
- (IBAction)doSomething:(id)sender;
```

sender 代表触发此响应的对象，当然也可以不传递参数。在 iPhone 平台上，通过在变量前增加 IBOutlet 来说明该变量将与界面上的某个 UI 对象对应，在方法前增加 IBAction 来说明该方法将与界面上的事件对应。下面就为按钮添加 IBAction 方法。

### 1. 在头文件中声明IBOutlet

打开 ViewController.h，添加如下代码。

```
#import <UIKit/UIKit.h>

@interface ViewController : UIViewController
{
    IBOutlet UILabel *resultLabel;        //标签
    IBOutlet UIButton *leftBtn;           //左侧按钮
    IBOutlet UIButton *rightBtn;          //右侧按钮
    IBOutlet UITextField *number;         //数字框
}
-(IBAction)leftBtnAction:(id)sender;      //左按钮响应
-(IBAction)rightBtnAction:(id)sender;     //右按钮响应
@end
```

我们总共添加了两个响应函数。在返回值的位置用 IBAction 进行修饰，函数要放在 @end 之前。为了养成良好的代码写作习惯，一般都把函数声明写在变量声明后。

### 2. 添加实现函数

打开 ViewController.m，添加两个函数实现的代码。

```
#pragma mark - View lifecycle
- (void)viewDidLoad
{
    [super viewDidLoad];
}

-(IBAction)leftBtnAction:(id)sender       //函数实现
{
}

-(IBAction)rightBtnAction:(id)sender      //函数实现
{
}

- (void)viewDidUnload
{
    [super viewDidUnload];
}
```

先不用添加具体内容，这样在 ViewController 中声明和实现就都写好了。

### 3. 关联IBAction

选择 ViewController.xib，在 Interface Builder 编辑区鼠标右击 File's Owner，可以看

到 Received Actions 多了两个函数 leftBtnAction 和 rightBtnAction，如图 4.23 所示。

图 4.23　File's Owner 中可以查看到那两个 Action

连接两个方法到各自对应的按钮，方法和连接控件一样。不同的是，当连接到按钮时，按钮上会弹出事件窗口，如图 4.24 所示。

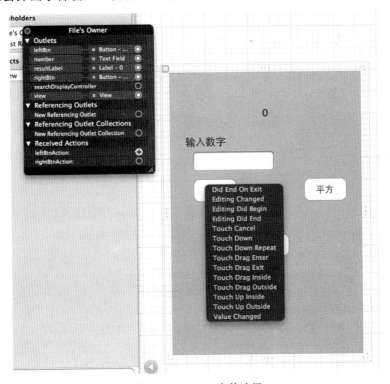

图 4.24　Action 事件选择

选择 Touch Up Inside，这表示只有当用手指单击按钮，并在按钮的区域内弹起手指时，才会触发该响应。连接完毕后，查看下 File's Owner，确保 IBAction 都已经连接好，如图 4.25 所示。

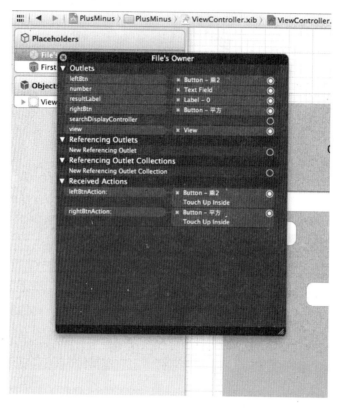

图 4.25　保证 Action 和各自的按钮事件正确关联

△注意：也可以右击 View 上的控件选择响应事件拖曳到 File's Owner 上。

## 4.2.6　设计用户交互

现在补充两个按钮的响应函数。我们希望方法被执行时，程序会进行简单的数学计算。打开 ViewController.m，修改 leftBtnAction 方法，添加代码如下：

```
-(IBAction)leftBtnAction:(id)sender
{
    double num=[number.text doubleValue];          //获取输入数字
    double result=num*2;
    resultLabel.text=[NSString stringWithFormat:@"%.2lf", result];
                                                    //显示结果，保留两位小数
}
```

先获取输入框的字符串，转化为数字，考虑到带小数的情况，转化类型为 double。

乘以 2 后，把结果显示在 resultLabel 上。

然后，修改函数 rightBtnAction 代码如下：

```
-(IBAction)rightBtnAction:(id)sender{
    double num=[number.text doubleValue];        //获取输入数字
    double result=pow(num, 2);                   //求平方
    resultLabel.text=[NSString stringWithFormat:@"%.2lf", result];
                                                 //显示结果，保留两位小数
}
```

pow 是一个 C 语言数学函数，用于求方。相关的数学函数还有很多，例如 ceil(x)返回不小于 x 的最小整数值，floor(x)返回不大于 x 的最大整数值，round(x)返回 x 的四舍五入整数值。

## 4.2.7 编译并运行程序

程序界面和逻辑处理都完成了，下面运行程序看看效果。单击 Run 按钮，弹出模拟器，在输入框里输一个数字，单击"乘 2"按钮，可以看到结果准确的显示在屏幕上，如图 4.26 所示。

图 4.26　程序实现了预期的数学计算

## 4.3 优化交互体验

程序可以正确地把我们想要计算的结果输出出来，但这不意味着程序就已经完美了。用户和输入框交互的时候，系统键盘会自动弹出，但交互完毕，系统键盘却无法自动关闭。这显然不是良好的用户体验。键盘右下方有个 return 按钮，单击它是不会有任何效果的，还需要做一些额外的处理。

### 4.3.1 键盘关闭

系统之所以会弹出键盘，是因为某个输入框获得了焦点，因此关闭键盘的思路就是让输入框失去焦点，不再担当第一响应者的角色。我们按照以下步骤进行操作。

**1. 添加关闭键盘函数**

打开 ViewController.h，在头文件里再添加一个函数声明，实际上是一个 IBAction 操作，其中 closeTextFiledKeyBoard:函数用于关闭键盘。

```objc
#import <UIKit/UIKit.h>

@interface ViewController : UIViewController
{
    IBOutlet UILabel *resultLabel;          //标签
    IBOutlet UIButton *leftBtn;             //左侧按钮
    IBOutlet UIButton *rightBtn;            //右侧按钮
    IBOutlet UITextField *number;           //数字框
}
-(IBAction)leftBtnAction:(id)sender;        //左按钮响应
-(IBAction)rightBtnAction:(id)sender;       //右按钮响应
-(IBAction) closeTextFiledKeyBoard:(id)sender; //关闭键盘函数
@end
```

然后，打开 ViewController.m 添加函数实现：

```objc
- (void)viewDidLoad
{
    [super viewDidLoad];
}

-(IBAction)leftBtnAction:(id)sender
{
    double num=[number.text doubleValue];   //获取输入数字
    double result=num*2;
    resultLabel.text=[NSString stringWithFormat:@"%.2lf", result];
```

```objc
                                            //显示结果,保留两位小数
}

-(IBAction)rightBtnAction:(id)sender{
    double num=[number.text doubleValue];   //获取输入数字
    double result=pow(num, 2);              //求平方
    resultLabel.text=[NSString stringWithFormat:@"%.2lf", result];
                                            //显示结果,保留两位小数
}

-(IBAction)closeTextFiledKeyBoard:(id)sender{
    [number resignFirstResponder];          //取消输入框的第一响应
}
```

resignFirstResponder 本身是 UIResponder 的函数,那么为什么 UITextField 的实例 number 可以直接调用此函数呢?这是因为在继承关系上,UITextField 继承自 UIControl,UIControl 继承自 UIView,UIView 继承自 UIResponder,所以 number 是可以执行 resignFirstResponder 方法的。它表示取消自己作为第一响应者的身份,这样当前焦点就会从输入框移走,键盘就会自动关闭。

### 2. 关联事件

打开 ViewController.xib,在 File's Owner 里把 closeTextFiledKeyBoard 连接到输入框上。在弹出的事件选择栏里选择 Did End On Exit,如图 4.27 所示。

图 4.27 选择事件 Did End On Exit

查看 File's Owner，确保事件响应关联起来，如图 4.28 所示。

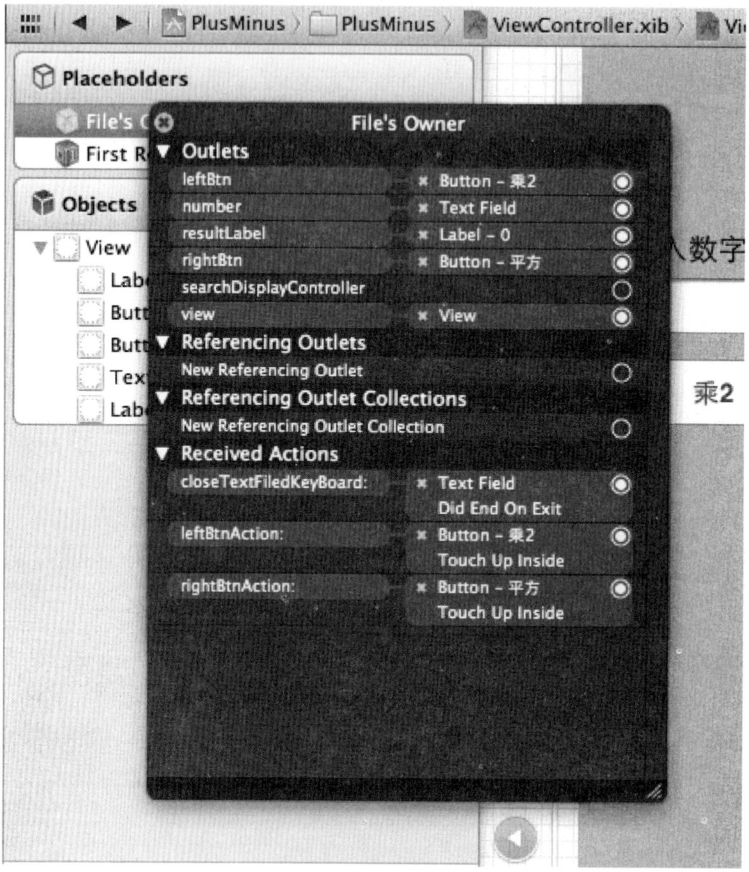

图 4.28　保证关闭键盘响应和事件关联正确

运行程序，触发键盘，再单击键盘右下角的 return 按钮，发现键盘就可以收回去了。

### 4.3.2　数字键盘

在模拟器上，我们可以通过电脑的键盘直接在应用里做输入操作，在真实的 iPhone 设备里就只有系统虚拟键盘这一种方式可以输入数据。程序默认弹出的键盘是英文键盘，只有单击左下角的切换按钮后才可以切换到数字键盘。

就本程序而言，用户希望第一眼看到的一定是数字键盘，而非一堆字母，就像用 iPhone 打电话时候的键盘那样，如图 4.29 所示。

下面学习下如何设置让程序显示数字键盘。

**1．设置键盘类别**

打开 ViewController.xib，在 View 中选中 Text Field，右侧的属性面板里找到 Keyboard 一项，如图 4.30 所示。

第 4 章　用户交互基础

图 4.29　iPhone 拨号界面

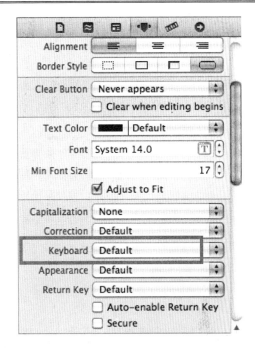

图 4.30　TextField 属性设置

这个参数控制输入框弹出键盘的类型，当前的 Keyboard 设置为 Default，默认的键盘。单击下拉框，可以看到全部的键盘类型，如图 4.31 所示。

很明显 Number Pad（纯数字键盘）是最适合我们的。保存设置，运行程序，发现键盘变成我们需要的样式了，如图 4.32 所示。

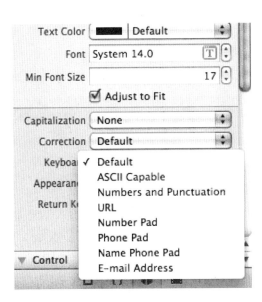

图 4.31　键盘类型列表

图 4.32　输入框触发数字键盘

但很快就会发现一个新的问题，数字键盘没有可以执行关闭操作的按钮。现在需要考虑下关闭数字键盘的问题。通过前面的代码可以分析出，关闭键盘的方式就是让输入框失去焦点。既然数字键盘没有关闭按钮，那我们可以在程序界面某一位置摆放一个按钮，当单击按钮的时候，执行 closeTextFiledKeyBoard 函数。

### 2. 关闭键盘

这个方案是可以是实现的，但在界面上放置一个专门用来关闭键盘的按钮，显然不太美观，我们决定采取另一种方案。当用户单击界面的任一空白位置的时候，键盘自动关闭。目前这也是一种较为流行的关闭键盘方式。

打开 ViewController.m，修改代码如下：

```
- (void)viewDidLoad
{
    [super viewDidLoad];
}

-(void)touchesBegan:(NSSet *)touches withEvent:(UIEvent *)event{
    [number resignFirstResponder];                          //关闭键盘
}

-(IBAction)leftBtnAction:(id)sender
{
    double num=[number.text doubleValue];        //获取输入数字
    double result=num*2;
    resultLabel.text=[NSString stringWithFormat:@"%.2lf", result];
                                                 //显示结果，保留两位小数
}

-(IBAction)rightBtnAction:(id)sender{
    double num=[number.text doubleValue];        //获取输入数字
    double result=pow(num, 2);                   //求平方
    resultLabel.text=[NSString stringWithFormat:@"%.2lf", result];
                                                 //显示结果，保留两位小数
}

-(IBAction)closeTextFiledKeyBoard:(id)sender{
    [number resignFirstResponder];
}
```

当手指接触屏幕时，就会调用 touchesBegan:withEvent 方法。触摸的对象是视图，而视图的类 UIView 继承了 UIResponder 类，要对事件作出处理，就要重写 UIResponder 类中定义的事件处理函数。检测触摸的函数有 4 种。

- 开始触摸：当手指接触屏幕时，调用 touchesBegan:withEvent 方法。
- 触摸移动：当手指在屏幕上移时，调用 touchesMoved:withEvent 方法。

❏ 结束触摸：当手指离开屏幕时，调用 touchesEnded:withEvent 方法。
❏ 触摸取消：当手指离开屏幕时，就会调用 touchesEnded:withEvent 方法。

我们根据程序的需要，在用户手指触摸输入框以外的屏幕范围时，关闭键盘。运行程序，在键盘弹起的时候，单击屏幕的空白区域，数字键盘也可以顺利关闭了。

注意：触摸的内容是否有种意犹未尽的感觉，当然还远远不止这些，本书第 14 章会进行详细的讲解。

## 4.4 详解 Delegate（委托）

前面的章节介绍过委托的原理和实现方式。总体来说，委托是把某个对象要做的事情交给别的对象去做。那么别的对象就是这个对象的代理，由它来处理要做的事。下面在程序中添加 UITextField 委托来详细讲解在 iPhone 中如何实现该功能。

### 4.4.1 UITextField 委托方法

UITextField 常用的代理方法主要有以下几种。
（1）将要开始编辑

```
- (BOOL)textFieldShouldBeginEditing:(UITextField *)textField{
    return YES;
}
```

返回 BOOL 值，指定是否允许文本框开始编辑。
（2）开始编辑

```
- (void)textFieldDidBeginEditing:(UITextField *)textField{
}
```

文本框开始编辑时触发。
（3）将要结束编辑

```
- (BOOL)textFieldShouldEndEditing:(UITextField *)textField{
    return NO;
}
```

想要保持输入框始终是第一响应者，返回 NO。
（4）内容发生变化

```
- (BOOL)textField:(UITextField*)textField
 shouldChangeCharactersInRange:(NSRange)range
            replacementString:(NSString *)string{
```

```
        return YES;
}
```

参数 range 是被改变文字的位置，参数 string 是将要被替换的字符串。

（5）内容将要清除

```
- (BOOL)textFieldShouldClear:(UITextField *)textField{
        return YES;
}
```

返回一个 BOOL 值决定是否允许根据用户请求清除内容。

## 4.4.2 实现委托功能

打开 Interface Builder 可以快速地设置 Text Field 的代理，然后在 ViewController.m 里实现代理方法。

### 1．设置代理

打开 ViewController.xib，鼠标右击 View 上的 Text Field，弹出 Text Field 对象的关联和动作信息等，在 Outlets 下可以看到 delegate 一项，如图 4.33 所示。

图 4.33　Text Filed 代理设置

用鼠标拖曳 Text Field 的 delegate 到 File's Owner，这样 Text Field 的代理就由 ViewController 来实现。在 File's Owner 可以看到设置好的代理，如图 4.34 所示。

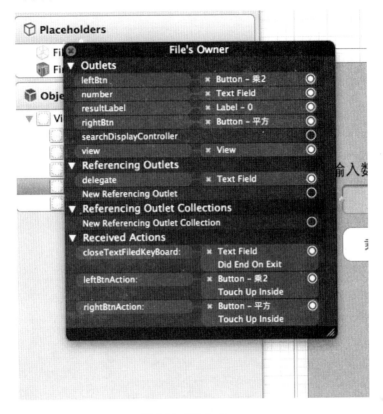

图 4.34　File's Owner

## 2．实现代理方法

ViewController 既然已经成为了 Text Field 的代理，那么接下来就要在 ViewController.m 中实现代理方法，添加代码如下：

```
#pragma mark - View lifecycle


- (void)viewDidLoad
{
    [super viewDidLoad];                    //视图加载完成
}

-(void)touchesBegan:(NSSet *)touches withEvent:(UIEvent *)event{
    [number resignFirstResponder];          //关闭键盘
}

- (BOOL)textField:(UITextField *)textField
```

```
shouldChangeCharactersInRange:(NSRange)range
replacementString:(NSString *)string
{
    resultLabel.text=textField.text;      //标签与输入框内容同步改变
    return YES;
}
```

在 ViewController 中实现 Text Field 的一个方法，当输入框的内容发生变化，显示结果的标签就会同步发生变化。运行程序，效果如图 4.35 所示。

图 4.35　程序运行效果

## 4.5　小　　结

iPhone 应用的界面和交互方式一定要尽可能的简化，不要太复杂了，否则用户不知道怎么用。作为开发者，应该始终把 iPhone 的用户体验放在第一位，要有清晰的定位，注重产品细节，任何一个好的产品在细节上面都是要精雕细琢的。

委托（delegate）是 iPhone 中广泛采用的一种编程方法，作为一种常用的面向对象设计模式，它可以快捷地把程序逻辑处理从应用中分离了出来。读者一定要好好掌握其使用要领。

## 4.6 习　　题

【简答题】

1．想要修改按钮的标题颜色怎么办？

2．怎么让输入框显示密文？

3．输入框引起的键盘可以自动关闭吗？

4．手动关闭键盘的方法是什么？

【实践题】

1．尽量扩展本章的程序，通过 Interface Builder 体会更多的控件属性，如更改输入框的样式、为按钮添加背景图等。

2．建立一个新的工程，定义变量并关联输出口，定义操作并关联按钮的响应事件，增强熟练度。

3．重载输入框的所有代理方法，在每个函数内添加 NSLog 函数，直观地分析函数调用顺序和出发环境。

# 第 5 章　掌握更多交互控件

在前面章节创建的 iPhone 程序中，我们已经使用过 Label（标签）、Text Field（文本框）和 Button（按钮）3 种控件。本章会创建 3 个 iPhone 示例程序：第 1 个程序添加 Image View（图像控件）和 Alert View（警告框）；第 2 个程序添加 Slider（滑动控件）和 Progress View（进度条）；第 3 个程序添加 Switch（开关）和 Segment（分段按钮）。

本章的所有程序会继续使用 Interface Builder 来构建用户界面。通过本章的学习，读者会对 Interface Builder 的操作更加熟练，掌握更多的 iPhone 控件，充分了解并合理设置控件属性。

本章主要涉及到的知识点如下。

- ❑ Image View 和 Alert View：学习为 Image View 添加图像和设置属性，学习 Alert View 的交互方式。
- ❑ Slider 和 Progress View：学习利用滑动控件控制数据、进度条的展现。
- ❑ Switch 和 Segment：学习切换开关和改变分段值。

注意：本章的示例程序涉及到控件属性较多，读者可以在设置完一项属性后，立即运行程序查看效果，不用等到代码全部写完。

## 5.1　使用 Image View（图像视图）和 Alert View（警告框）

本节创建的程序将会包含 1 个 Image View 和 2 个按钮，通过用户的操作，来切换显示的图像，程序要实现的效果如图 5.1 所示。

图 5.1　呈现图片效果

当用户单击"上一张"按钮的时候,图片切换到前一张图像,单击"下一张"按钮时,对应的后一张图像就会显示出来。当没有符合条件的图像时,程序弹出提示框,如图 5.2 所示。

图 5.2  弹出提示框效果

读者会发现,这个程序和以往的程序有所不同,前两章的程序视图都是竖屏的,而本章是横屏。iPhone 内置重力加速计,能够很灵敏地感觉到手机的状态,所以我们在开发应用的时候,也要考虑到屏幕旋转的问题。从用户体验角度来说,本程序采用横屏可以达到更好的效果。

在开始创建程序之前,先学习程序中会用到的两个控件 Image View 和 AlertView。

## 5.1.1  Image View 控件

Image View 是 iPhone 中使用频率最高的控件之一,通常用来加载图片,加载后可以指定控件的位置和大小。打开 iPhone 中的"照片"程序,单击任一张照片,照片就会从预览模式变为全屏模式。此时照片就是通过 Image View 展现出来的,如图 5.3 所示。

图 5.3  Image View 全屏展现照片

Image View 是 UIView 的子类，如果要把图片显现出来，还需要创建一个 UIImage 对象，UIImage 存储具体的图像对象。

### 1. UIImage

获取图片 UIImage 对象的方式有以下几种。

（1）imageNamed

```
UIImageView *imageView = [[UIImageView alloc] initWithFrame:CGRectMake(0,
100,150,150)];
imageView.image = [UIImage imageNamed:@"test.png"];    //初始化
[self.view addSubview:imageView];                       //显示图像视图
[imageView release];
```

先初始化一个 UIImageView 变量，设置坐标点和宽高。

[UIImage imageNamed:@"test.png"]表示创建一个 UIImage 对象，加载 test.png 这张图片，然后把创建好的 UIImage 赋值给 UIImageView 的成员变量 image。

设置完成，把 UIImageView 对象加载到视图上就可以了。为保证引用计数始终为 1，不要忘记添加[imageView release]。

（2）imageWithData

```
NSString *filePath = [[NSBundle mainBundle] pathForResource:@ "test"
ofType: :@ "png"];
NSData *image = [NSData dataWithContentsOfFile:filePath];
                                                //从文件路径初始化
UIImage *image=[UIImage imageWithData:image];   //显示图像视图
```

首先获取到工程下图片的绝对路径，转化为 NSData 对象，再转化为 UIImage 对象。当通过网络下载一个很大的图像时，尽量使用 imageWithData 的方式加载图像。

（3）imageWithContentsOfFile

```
NSString *filePath = [[NSBundle mainBundle] pathForResource:fileName
ofType:@"图片扩展名"];
UIImage *image= [UIImage imageWithContentsOfFile:aImagePath];
```

根据工程下图片的绝对路径，直接创建 UIImage 对象。

### 2. Image View重要属性

Image View 有些属性是需要我们在使用时注意的。

（1）Mode：用于设置图像在 Image View 内部的对齐方式，以及是否缩放以适应视图。图像缩放会增加内存使用，也会影响效果，因此最好在导入图像之前就调整好它们的大小。

（2）Alpha：定义图像的透明度，设置透明度小于 1.0 时，图像背后的任何视图都是可见的。当 Alpha 为 0 的时候，图像就完全透明了。

（3）Tag：这个属性不止属于 Image View，任何继承自 UIView 的对象都有这个属性，它相当于唯一标识符。如果为某个对象分配了一个 Tag 值，那么系统将始终保存这个值，除非手动改变。在程序里，通过 Tag 值可以找到对象。

（4）Drawing 复选框：打开 Image View 的属性面板，可以看到 Drawing 复选框的默认设置如图 5.4 所示。

图 5.4　Drawing 复选框设置

假设图像没有完全填充 Image View，或者图像上存在洞（Alpha 通道和剪贴板路径导致的），那么图像下方的内容就可以看见。选中 Opaque 后，Image View 视图背后的内容都不会绘制。

Hidden 选中后 Image View 会隐藏，一般没有特殊要求都不用隐藏控件。如果选中 Clears Graphics Context，程序会先使用透明黑色绘制控件覆盖的所有区域，然后再绘制控件。Clip Subviews 决定子视图在父视图中的绘制方式，如果选中，子视图超出父视图的部分就会被"切割"，如图 5.5 所示。不选中，子视图就会完全显示出来，效果如图 5.6 所示。

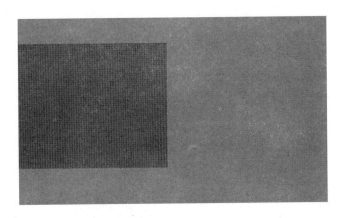

图 5.5　选中 Clip Subviews

图 5.6　不选中 Clip Subviews

Interaction 决定用户能否对此对象进行操作。对于大多数控件，此复选框都是选中的，因为如果不这样的话，控件将永远不能触发操作方法。就本程序而言，我们只是在屏幕上显示一张图像，因此不需要启用它。

> 注意：Drawing 复选框的属性除非特殊需要，否则全部保持默认，这是对性能最优化的。

### 5.1.2　UIAlertView 控件

程序有时需要给用户发出提示，如接收到新消息，或者系统状态发生改变。通过 AlertView 控件，程序可以和用户在这些情况发生的时候进行直接交互。UIAlertView 对象包含一个标题、一个具体内容和若干按钮。不过按钮的数目最好不要超过 2 个。按钮越少，效果越好，1 到 2 个是最好的。

AlertView 控件上不仅可以显示文本，还可以添加输入框、进度条或者自定义控件，如图 5.7 所示。

图 5.7　AlertView 评分

在 AlertView 控件上添加了一个自定义 5 星评级的视图，用户可以通过方便、直观地单击，快速实现评分操作。

> 注意：如果不添加按钮，按钮在 AlertView 中所占的空间不会消失，会导致界面结构失衡。可以通过设置消息标题格式的方式来平衡底部和顶部按钮的空间。

### 5.1.3　创建项目 ImageSwitch

现在开始创建一个展示图片的工程，程序界面将包括 Image View 和两个控制前进后退的按钮,初步实现界面的布局,并添加按钮动作响应。一共分4步完成,步骤如下。

(1) 新建项目工程;
(2) 设置屏幕方向;
(3) 添加图像视图;
(4) 在主视图上添加 Image View。

### 1. 新建工程

打开 Xcode,新建一个 iPhone 工程,工程命名为 ImageSwitch,模板依旧选择 Single View Application,工程参数设置和前两个程序一样,如图 5.8 所示。

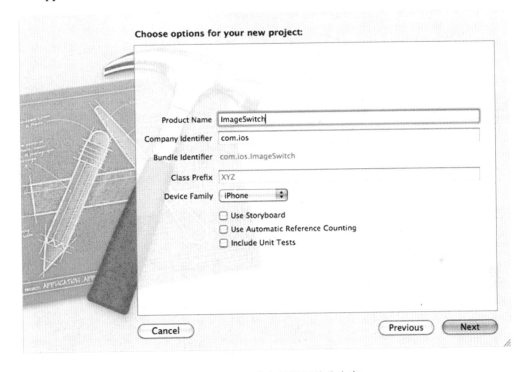

图 5.8 为工程命名并设置某些内容

### 2. 设置屏幕方向

打开 ViewController.xib,在 View 的属性面板上找到 Orientation 项,当前选择为默认的 Portrait(竖屏),修改为 Landscape(横屏),如图 5.9 所示。

此时 View 就会自动从竖屏变为横屏,如图 5.10 所示。

### 3. 添加Image View控件

从系统库中拖曳两个 Round Rect Button 和一个 Image View 到 View 上。修改按钮的标题,修改 Image View 的坐标点为(80,37)、宽高为(300,200)。界面布局如图 5.11 所示。

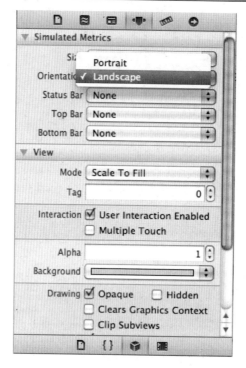

图 5.9　修改 Orientation 为 Landscape

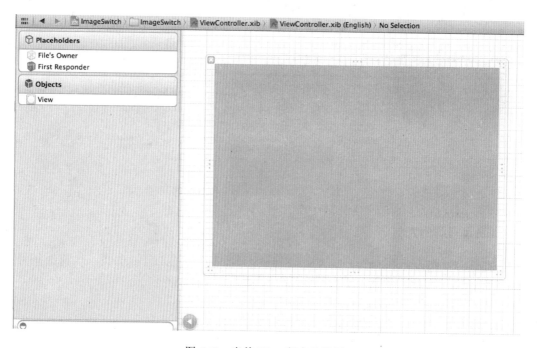

图 5.10　当前 View 朝向为横屏

### 4．添加IBOutlet关联图像视图

打开 ViewController.h，添加代码如下：

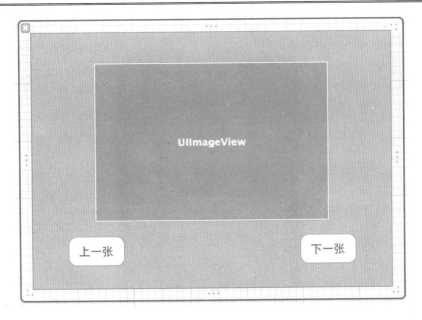

图 5.11　View 布局

```
#import <UIKit/UIKit.h>

@interface ViewController : UIViewController
{
    IBOutlet UIButton *frontPageBtn;      //"上一张"按钮
    IBOutlet UIButton *behindPageBtn;     //"下一张"按钮
    IBOutlet UIImageView *imageview;      //图像视图
}
-(IBAction)switch:(id)sender;             //图像切换函数
@end
```

打开 ViewController.m，添加函数实现：

```
@implementation ViewController

-(IBAction)switch:(id)sender              //函数实现
{
}
```

switch 函数里面暂时没有添加具体代码。图像视图和标签一样都属于静态视图，如果不会在应用程序运行时发生改变，那么可以不设置 IBOutlet。如果需要改变属性或者更换图像，就需要设置 IBOutlet，很明显本节需要设置。

把按钮变量、图像视图变量和 View 上的控件关联起来，把动作响应和事件关联起来，具体操作就不再描述了。

## 5.1.4　设置界面朝向

保存对代码文件和 xib 文件的修改，运行程序，可以看到此时模拟器运行效果如图

5.12 所示。

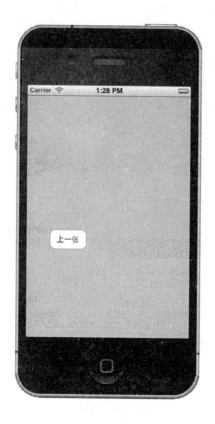

图 5.12　程序运行效果

程序的运行效果是否有些意外。首先程序没有按照预期那样的横屏显示，而且"下一张"按钮也不见了。既然程序没有横屏显示，那么我们就手动让它旋转一个方向看看。在模拟器的任务栏上单击"硬件"|"向左旋转"命令，模拟器就会向左旋转 90°，此时程序的效果如图 5.13 所示。

图 5.13　程序横屏效果

"下一张"按钮出现了，但我们希望程序在初始运行的时候就是以横屏显示。设想用户在运行 iPhone 应用时，还要再旋转下自己手机才能看到最佳的效果，那一定是糟糕的体验。在前面设置的 View 方向，只是为了方便设计某一方向的 UI 界面，但这并不能让手机屏幕在程序运行的时候固定在某个方向。

打开 ViewController.m，添加 shouldAutorotateToInterfaceOrientation:实现方法，代码如下：

```
- (BOOL)shouldAutorotateToInterfaceOrientation:(
UIInterfaceOrientation)interfaceOrientation
{
    //支持横屏旋转
    return interfaceOrientation == UIInterfaceOrientationLandscapeRight
    ||interfaceOrientation == UIInterfaceOrientationLandscapeLeft;
}
@end
```

前面的章节介绍过 shouldAutorotateToInterfaceOrientation:是控制屏幕旋转的函数，返回值为 YES 表示允许屏幕旋转。这里我们设置只有设备从竖屏往横屏旋转的时候，屏幕才可以旋转。

> **注意**：某些版本的 Xcode 创建 UIViewController 时，会自动补充该函数的代码，只需针对自己需要修改就可以了，而有些则需要自己手动添加该函数。

接下来设置屏幕的初始方向，单击 TARGETS，选择 Summary 栏，在 Supported Device Orientations 选择支持的设备方向，如图 5.14 所示。方向支持数目不做限制，也就是可以选择多个方向。

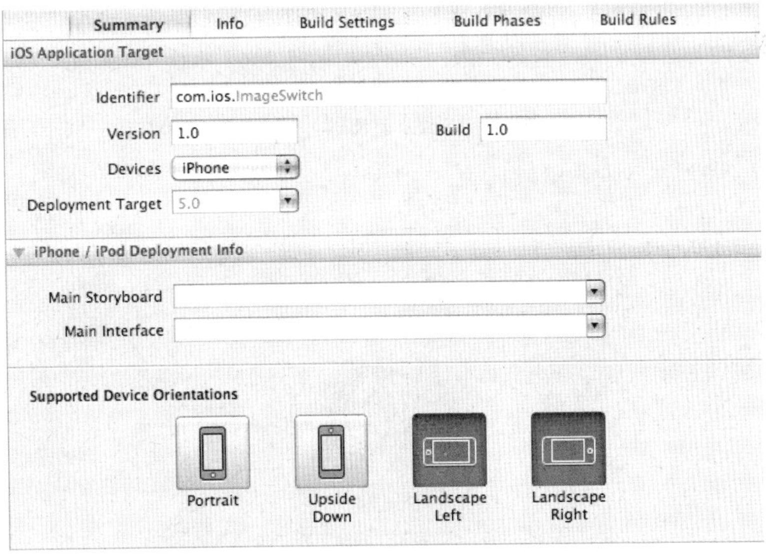

图 5.14 选择设备方向

这里选择 Landscape Left 和 Landscape Right 两种方向。好了，重新运行程序，模拟器初始状态为横屏，而且屏幕不会在竖屏时发生旋转，实现了预期的效果。

第 2 篇　UI 开发篇

🔔注意：旋转模拟器的快捷键是 command+方向键。

## 5.1.5　设置 UIImageView 属性

打开随书光盘中所带的素材图片，把 4 张图片拖曳到工程下，最好在工程下建一个文件夹，专门放置图片。工程文件较多时，这样会使工程目录十分清晰，如图 5.15 所示。接下来打开 ViewController.xib，选中 View 下的 Image View，修改部分属性如图 5.16 所示。

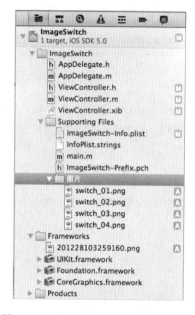

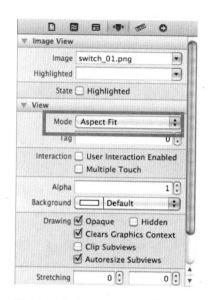

图 5.15　"图片"文件夹用来存放图片　　　图 5.16　修改 Image View 的部分属性

Image 表示要加载的图片名称，选择 "switch_01.png"。Mode 常用的属性值主要有 3 种，如下所示。

（1）Aspect Fit：属性效果如图 5.17 所示。

图 5.17　Aspect Fit 效果

• 106 •

（2）Scale To Fill：图片会被拉伸，填充满 Image View，效果如图 5.18 所示。

图 5.18　Scale To Fill 效果

注意：在图片和 Image View 比例不合适的情况下，Scale To Fill 可能会造成图片的变形。

（3）Aspect Fill：效果如图 5.19 所示。

Aspect Fill 不会让图片变形，但填充满 Image View 后，图片的某些部分看不到了。

图 5.19　Aspect Fill 效果

注意：开发者应该尽量选择合适尺寸的图片，图像被拉伸或压缩都会降低程序运行效率。

## 5.1.6 数组的概念

目前的程序已经可以显示图片,但我们的目的是让程序切换3张图片。图片文件已经添加到工程里,图片的存储和操作就需要用到数组(NSArray)。

在 iPhone 开发中用于存储对象(NSObject 对象)的集合一般有3种,分别如下所示。
- NSArray:用于对象有序集合(数组);
- NSSet:用于对象无序集合;
- NSDictionary:用于键值映射。

以上3种集合类是不可变的,也就是说一旦初始化后,内容是无法更改的。如果需要更改,可以用对应的 3 种可变集合类 NSMutableArray、NSMutableSet 和 NSMutableDictionary,它们都是上面3种集合的子类。

**注意**:本节主要带领读者学习 NSArray。NSSet 和 NSDictionary 暂时不去详细介绍。

下面介绍下 NSArray 的主要使用方法以及注意事项。

### 1. 方法

(1) 初始化

```
NSArray *array = [NSArray alloc] initWithObjects:@"北京",@"上海",@"伦敦",@"巴黎",nil];
```

array 包含了4个元素,都是 NSString 类型的。

(2) 添加元素

```
NSMutableArray *array=[[NSMutableArray alloc]init];
[arr addObject:@"北京"];
[arr addObject:@"上海"];
```

创建一个 NSMutableArray 数组,它是可变的,初始状态下没有元素。addObject:表示添加一个元素到数组的最后一位。

(3) 获取元素

```
NSArray *array = [[NSArray alloc] initWithObjects:@"北京",@"上海",@"伦敦",@"巴黎",nil];
NSString*city=[arr objectAtIndex:1];
```

objectAtIndex:表示根据下标取元素。在上面的代码中,city 为"上海"。

(4) 元素数目

```
NSArray *array = [[NSArray alloc] initWithObjects:@"北京",@"上海",@"伦敦",@"巴黎",nil];
int count = [array count];
```

count 返回数组的元素个数。

（5）删除元素

```
NSMutableArray *array = [NSMutableArray arrayWithObjects:@"One",
@"Two",@"Three",nil];
[array removeObjectAtIndex:1];
```

arrayWithObjects:属于 class 初始化方法，不用手动释放。

[array removeObjectAtIndex:1]删掉下标为 1 的元素，就是@"Two"。元素的增、删和改操作都只针对 NSMutableArray 有效。

（6）是否包含元素

```
-(BOOL)containsObject:(id)object
```

检查数组中是否包含 object 对象，返回 BOOL 值。

**2．注意事项**

NSArray 真是管理数据的好工具，不过它也有些自己的例外，主要是存储的元素类型和结尾，如果使用不当，可能会直接导致程序崩溃。

（1）元素类型

NSArray 无法把非 NSObject 对象添加进去，如果需要保存一些原始的 C 数据（如 int、float、double 和 BOOL 等），则需要将这些原始的 C 数据封装成 NSNumber 类型的。NSNumber 对象属于 NSObject 对象，可以被保存在集合类中。

```
NSArray *array = [[NSArray alloc] initWithObjects:[NSNumber
numberWithInt:6],[NSNumber numberWithInt:19],nil];
```

array 保存了 6 和 9 两个数字对象。

（2）结尾方式

在使用 NSArray 时，需特别注意，像 arraryWithObjects:这样的函数必须以 nil 结尾，举例如下：

```
NSArray * array;
array = [ NSArray arraryWithObjects: @"one", @"two", @"three",nil ] ;
@"One",
```

> 注意：NSArray 的某些初始化函数并不要求 nil 结尾，具体的使用区别可以查看其头文件的函数声明。而且现在主流版本的 Xcode 版本编译时都能检测到这个容易被遗漏的问题，以报警的形式出现。

## 5.1.7 切换图片

明白了 NSArray 是怎么回事以后，我们继续程序的开发。图片的切换原理很简单，用数组保存所有的图片对象，然后根据下标依次取数组中的图片元素，把取出的图片显示在屏幕上。下面分两步实现功能，步骤如下。

（1）创建一个数组保存所有的图像；

（2）添加图像切换的逻辑代码。

### 1. 创建数组保存图像

打开 ViewController.h，添加两个成员变量，代码如下：

```
#import <UIKit/UIKit.h>

@interface ViewController : UIViewController
{
    IBOutlet UIButton *frontPageBtn;      //按钮
    IBOutlet UIButton *behindPageBtn;     //按钮
    IBOutlet UIImageView *imageview;      //图像视图

    NSArray *switchimgArray;              //数组
    int index;                            //当前图标下标

}
-(IBAction)switch:(id)sender;
@end
```

创建一个整形变量 index 来标识当前显示图片的下标。然后，打开 ViewController.m，在数组中初始化图像变量。

```
#pragma mark - View lifecycle
- (void)viewDidLoad
{
    [super viewDidLoad];
    UIImage *image1=[UIImage imageNamed:@"switch_01.png"];//创建图像对象
    UIImage *image2=[UIImage imageNamed:@"switch_02.png"];//创建图像对象
    UIImage *image3=[UIImage imageNamed:@"switch_03.png"];//创建图像对象
    UIImage *image4=[UIImage imageNamed:@"switch_04.png"];//创建图像对象
    //保存图像对象到数组中
    switchimgArray=[[NSArray alloc] initWithObjects:image1,
    image2,image3,image4, nil];
}

- (void)viewDidUnload
{
    [super viewDidUnload];
}
```

首先创建 4 个 UIImage 对象，分别对应切换显示的 4 张图片。创建完成后，把它们全部保存到数组 switchimgArray 中。initWithObjects:是 NSArray 的初始化函数，传递的参数为要保存到数组中的对象。

### 2. 实现图片切换

在 ViewController.m 中把 go:函数补全，代码如下：

```
@implementation ViewController

-(IBAction)go:(id)sender
{
```

```objc
    if (sender==frontPageBtn) {
        index--;                                    //下标减1
        
        if (index<0) {
            index=0;                                //设定下标下限
            return;
        }
        
    }
    else if(sender==behindPageBtn){
        index++;                                    //下标加1
        if (index>=[switchimgArray count]) {
            index=[switchimgArray count]-1;         //设定下标上限
            return;
        }
        
    }
    UIImage *image=[switchimgArray objectAtIndex:index];
    imageview.image=image;                          //显示图片
}
```

"上一张"、"下一张"按钮的响应函数都是 go:,参数 sender 是函数的目标对象，所以通过 sender 来判断当前是单击哪个按钮处罚的响应。通过 index 来控制显示图片的下标，要防止越界的情况，如果 index 超过数组中的图片个数，程序会出现崩溃异常。

现在运行程序，单击"上一张"或"下一张"按钮，当前程序显示的图片就会随之发生变化。

> **注意：** 同时按住 command+control+方向键可以快速的在头文件和源文件之间切换。

## 5.1.8 添加 UIAlertView

当计数器 index 的下标为 0 时，单击"上一张"按钮，程序不会发生任何界面的变化或者数据的变化。同样的，当 index 为[switchimgArray count]-1 的时候，单击"下一张"按钮，程序也不会有任何反应。这样的设定会让用户产生误解，以为程序在某一个地方卡住了，而用户对这种情况往往会采取"极端"的手段解决，如退出程序，甚至删除应用。所以我们要在相应的地方加入提示。

在 iPhone 应用程序中，一般用 UIAlertView 来向用户发出提示和警告。它不会阻塞程序的进程，并且有极好的扩展性。下面修改 ViewController.m 的 go:函数，在适当的位置增加输入框。

```objc
-(IBAction)go:(id)sender
{

    if (sender==frontPageBtn) {
        index--;                                    //下标减1
        
        if (index<0) {
            index=0;                                //设定下标下限
```

```
            //弹出警告框,提示已到第一张
            UIAlertView *alert=[[UIAlertView alloc] initWithTitle:@"提示"
                        message:@"已经是第一张"
                        delegate:nil cancelButtonTitle:@"确定"
                        otherButtonTitles:nil];
            [alert show];
            [alert release];
            return;
        }
    }
    else if(sender==behindPageBtn){
        index++;                          //下标加1
        if (index>=[switchimgArray count]) {
            index=[switchimgArray count]-1;  //设定下标上限
            //弹出警告框,提示已到最后一张
            UIAlertView *alert=[[UIAlertView alloc] initWithTitle:@"提示"
                        message:@"已经是最后一张"
                        delegate:nil cancelButtonTitle:@"确定"
                        otherButtonTitles:nil];
            [alert show];
            [alert release];
            return;
        }
    }
    UIImage *image=[switchimgArray objectAtIndex:index];
    imageview.image=image              //显示图片
}
```

在初始化 UIAlertView 时可以根据需要设置标题、内容、代理,按钮内容。我们不需要针对提示框做额外的操作,所以设置第 3 个参数代理(delegate)为 nil。这个提示框只是为了在图片下标越界的时候发出提醒,所以只保留一个"确定"按钮。重新编译并运行程序,程序首先显示的是第一张图片,单击"上一张"按钮,此时程序效果如图 5.20 所示。

图 5.20  第一张图片提示

当图片显示到最后一张时，提示效果如图 5.21 所示。

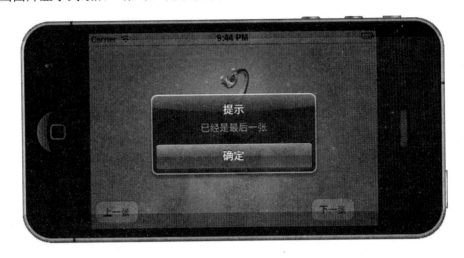

图 5.21 最后一张图片提示

注意：设置 UIAlertView 的代理并实现其代理方法，可以监测到警告框的消失过程，还能获悉用户单击了警告框上哪个按钮。

## 5.2 使用 Slider（滑块）和 Progress View（进度条）

Slider 控件让用户通过左右拖动滑块来选择一个值。默认情况下，滑块的最小值为 0.0，最大值为 1.0，可以设置 minimumValue 和 maximumValue 两个参数来进行定制这两个值。例如，iPhone 设置屏幕亮度就是通过 Slider 控件实现的，如图 5.22 所示。

当用户调节亮度时，Slider 会触发一个滑动操作，程序会根据当前滑块的值按照一定的比例计算出屏幕亮度。Progress View（进度条）在涉及下载和上传的程序中应用较多，用户的耐心都是有限的，他们需要知道自己当前的操作走到哪一步了。

本节创建的示例程序将主要包含一个 Slider 控件和一个 Progress View 控件。用户可以通过滑动选择时间，时间的长短决定进度条的完成速度，效果如图 5.23 所示。

在本程序中，滑动控件负责控制时间的长短，下方的进度条会在这个时间内走完，也就是说时间越短，进度条前进的速度也就越快。程序中唯一的按钮负责进度条的开始和暂停。

注意：Slider 控件的滑块可以采用自定义的图片，两侧的样式也可以设置图片。

### 5.2.1 添加 UISlider 和 UIProgressView

本程序的界面包含一个 Slider 和 Progress View 控件，3 个 Label 以及一个触发进度

第 2 篇　UI 开发篇

条前进的按钮。接下来就在 View 上添加这些控件并完成界面的布局。

图 5.22　Slider 控件调节屏幕亮度

图 5.23　程序运行效果图

打开 ViewController.xib，在 Library 中找到 Slider 和 Progress View 控件，如图 5.24 所示。拖曳这 2 个控件到 View 上，再添加 3 个 Label（标签）和 1 个 Button（按钮）。摆放控件位置，让标签和按钮居中，如图 5.25 所示。

### 5.2.2　设置控件属性

Slider 和 Progress View 的长度明显太短。在前面的章节介绍过，通过拉伸可以调整控件的大小，不过尝试后发现，无论怎么拉伸，这两个控件的高度是不会发生变化的。

选中 Slider 控件，打开属性面板，找到 Slider 的坐标位置信息，如图 5.26 所示。Slider 的 X 是 52，Y 是 50，Width 是 118，它们都是黑色的，表示可以直接编辑。Height 是灰色的，而且默认是 23，不可编辑，这表示 Slider 控件的高度是无法改变的。这也就是为什么无论怎样拉伸它，高度都不会发生变化的原因。

查看 Progress View 的属性，发现也是这样的。在 iPhone SDK 中，许多的系统控件都是无法改变高度的，像 Navigation Bar（导航条）等。把 Slider 和 Progress View 居中并对齐，修改左侧标签的标题，效果如图 5.27 所示。

我们还需要为进度条设置初始值，进度条的默认初始值是 0.5，也就是进度的一半。在 Progress View 的属性栏里修改 Progress 项，设置为 0，如图 5.28 所示。

# 第 5 章 掌握更多交互控件

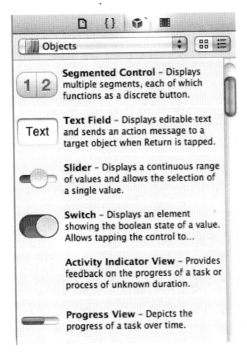

图 5.24 Slider 和 Progress View

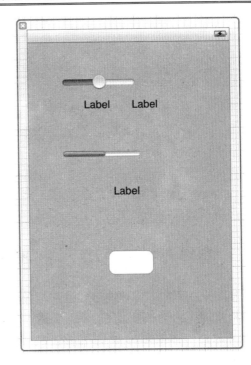

图 5.25 界面初始布局

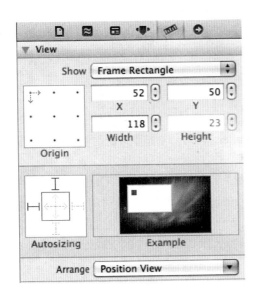

图 5.26 Slider 坐标位置

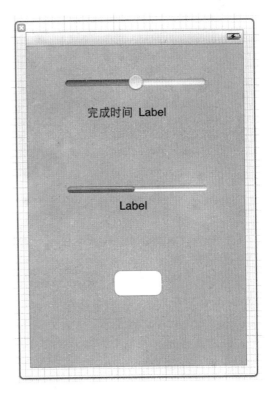

图 5.27 界面布局

## 第 2 篇 UI 开发篇

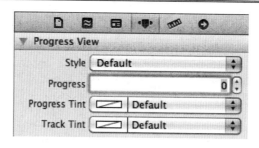

图 5.28 修改进度条初始值

Progress Tint 项可以设置进度条的颜色，Track Tint 项可以设置背景颜色。这里我们不需要改变什么，全部保持默认。

### 5.2.3 创建 Action（动作）和 Outlet（连接）

接下来在程序中创建变量和控件相关联。滑块被触发后，操作方法可以通过 sender 参数检索滑块的值，因此我们不需要通过输出口来获取滑块的值，因此没有必要为滑块本身再定义一个输出口。不过为了让读者更加熟练 IBOutlet 的使用，本程序依然添加滑块的 IBOutlet。

打开 ViewController.h，添加滑动条等控件的输出口以及响应事件，代码如下：

```
#import <UIKit/UIKit.h>

@interface ViewController : UIViewController
{
    IBOutlet UISlider *slider;                  //滑块
    IBOutlet UIProgressView *progressview;      //进度条
    IBOutlet UILabel *timelabel;                //时间标签
    IBOutlet UILabel *percentlabel;             //百分比标签
    int time;
    NSTimer *progresstimer;                     //计时器
}
-(IBAction)action:(id)sender;                   //按钮动作
-(IBAction)slideChange:(id)sender;              //滑动动作
@end
```

我们在 ViewController 类里声明了一个 NSTimer 指针，这是时间定时器，程序的时间需要靠它来控制。

保存修改。现在打开 ViewController.xib，关联所有的 Action 和 Outlet。slider 和 progressview 对应 View 上的滑动控件和进度条，timelabel 对应"完成时间"Label 右侧的 Label，Percentlabel 对应进度条上方的 Label。time 保存进度条需要用的时间。

action:和 Button 的单击事件关联好。slideChange:和 slider 控件的 Value Changed 事件关联起来，如图 5.29 所示。

当我们滑动 slider 的时候，slideChange:函数就会被调用，这样就可以获取到 slider 的当前值。

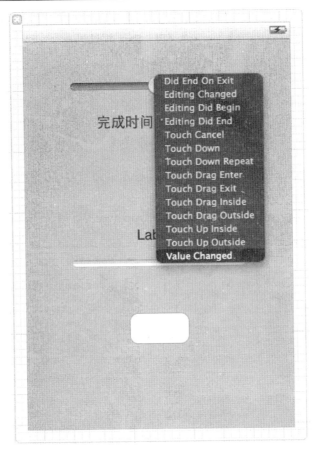

图 5.29 slideChange:和 Value Changed 相关联

## 5.2.4 实现 Action 方法

接下来实现 slideChange:和 action:方法。当滑动 Slider 控件时，slideChange:函数就会同步执行。因此根据 slider 的值计算出进度条的完成时间，规定完成最大时间为 10 秒，最小为 5 秒，这个值读者可以自由修改。

### 1．实现slideChange:方法

打开 ViewController.m，修改 slideChange:函数。

```
-(IBAction)slideChange:(id)sender{
    NSLog(@"slider.value=%f", slider.value);              //打印当前值
    time= (int)((10-5)*slider.value+5;                    //计算时间
    timelabel.text=[NSString stringWithFormat:@"%d 秒", time];//显示时间
}
```

slider 的值是 float 类型的。NSLog 会把信息打印在控制台上，Xcode 4 以上的版本是默认隐藏控制台的，我们需要手动打开。选中 Xcode 面板右上方 View 栏的中间键，

如图 5.30 所示。

图 5.30　打开控制台

Xcode 的控制台位于 Xcode 的下方，所有的调试（Bebug）信息都在这里打印出来。运行程序，在模拟器里滑动 slider 控件，可以看到值都被打印在控制台上了，如图 5.31 所示。

```
was configured as "x86_64-apple-darwin".Attaching to proces
18:31:26.853 TimingRun[9275:207] slider.value=0.497340
18:31:26.901 TimingRun[9275:207] slider.value=0.497340
18:31:26.918 TimingRun[9275:207] slider.value=0.486702
18:31:26.949 TimingRun[9275:207] slider.value=0.481383
18:31:26.966 TimingRun[9275:207] slider.value=0.476064
18:31:27.006 TimingRun[9275:207] slider.value=0.470745
18:31:27.014 TimingRun[9275:207] slider.value=0.465426
18:31:27.050 TimingRun[9275:207] slider.value=0.460106
18:31:27.066 TimingRun[9275:207] slider.value=0.454787
18:31:27.101 TimingRun[9275:207] slider.value=0.449468
18:31:27.116 TimingRun[9275:207] slider.value=0.444149
```

图 5.31　打印出来的 slider 当前值

默认的情况下，slider 的最小值是 0，最大值是 1.0。读者可以根据自己的需要在属性里修改。(int)((10-5)*slider.value+5)表示根据 5 到 10 的范围计算出时间大小，最后把时间转化为 int 类型：

```
time= (int)((10-5)*slider.value+5;                    //计算时间
```

最后把计算出的时间显示在程序界面上。stringWithFormat:在前面的学习中介绍过，它是用来格式化字符串的函数，读者可以根据自己的要求拼接任意格式的字符串：

```
timelabel.text=[NSString stringWithFormat:@"%d 秒", time];  //显示时间
```

### 2. 实现 action:函数

进度条的前进需要定时器的推动，修改 action:函数：

```
-(IBAction)action:(id)sender
{
//初始化计时器，每 0.5 秒触发一次
    progresstimer=[NSTimer scheduledTimerWithTimeInterval:0.5
                        target:self selector:@selector(go)
    userInfo:nil repeats:YES];
    [progresstimer fire];                              //启动计时器
}
```

scheduledTimerWithTimeInterval:target:selector:userInfo:repeats:是 NSTimer 的一个初始化函数，第 1 个参数是时间间隔，第 2 个是响应对象，第 3 个是触发动作，第 4 个是

传递需要的参数，最后一个是否重复。初始化完成后，调用 fire 函数，计时器就会开始循环的触发动作了。

### 3．让进度条前进

在 action:下面添加一个 go 函数。它作为定时器的触发动作处理进度条如何前进，这个函数不需要在头文件里写声明。实现 go 函数：

```
-(void)go{
    progressview.progress+=1.0/time;    //累加进度条的进度值
    //显示进度条百分比
    percentlabel.text=[NSString stringWithFormat:@"%%%d",
                                    (int)(progressview.progress*100)];
}
```

进度条的进度值会每隔 0.5 秒递加。time 越短，进度条的值增长幅度就越大。进度条的进度值是位于 0~1 之间的小数，我们将其转化为百分比后显示在 percentlabel 标签上。

编译并运行程序，调节 slide 选择完成时间，单击按钮后，就可以看到进度条在规定的时间内向前"走动"，程序运行效果如图 5.32 所示。

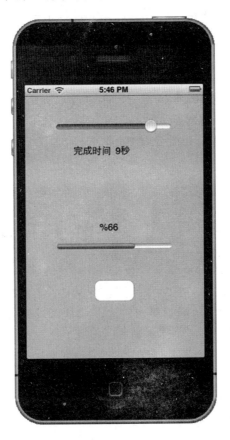

图 5.32　进度条在 9 秒内完成走动

> 注意：把完成时间调高，定时器间隔时间调低，视觉效果上进度条就会十分流畅的前进了。

## 5.2.5 添加定时器控制

进度条已经按照我们预期的那样前进了，但程序还没有结束，仔细分析会发现程序存在两个严重的问题。

- 当前程序可以触发定时器让进度条前进，但进度条达到100%后定时器貌似也没有停止下来。对于循环调用的定时器，它的关闭是要手动完成的，否则它就会一直不停的循环触发。
- 进度条开始走动后，就无法再受我们的控制。试想用户在体验一个应用，却发现无法控制进度条时，那感觉一定是糟糕的。

既然已经发现了问题，就要解决它。首先在程序中添加关闭定时器的代码。

### 1. 修改go函数

在 go 函数中增加进度条"走完"状态的处理，代码如下：

```
-(void)go{
    progressview.progress+=1.0/time;      //累加进度条的进度值
    //显示进度条百分比
    percentlabel.text=[NSString stringWithFormat:@"%%%d",(int)
    (progressview.progress*100)];
    if (progressview.progress>=1) {
        [progresstimer invalidate];        //关闭定时器
        progresstimer=nil;                 //指针置空
    }
}
```

invalidate 是 NSTimer 的关闭函数，也就是说调用此函数后定时器就不会再触发了。按照一般的逻辑，我们认为当进度条的值为 1 时，计时器就应该停止了。初始化 progresstimer 时并没有用到 alloc 或者 init，因此不需要执行 release 操作，系统会自动释放该变量的内存，为防止野指针，还是要把 progresstimer 置为 nil。

进度条的前进是受定时器控制的，因此只要在中途停止了定时器，进度条就会呈现一种"暂停"状态，再触发定时器进度条就又前进了。

### 2. 修改action:函数

在 action:函数中增加定时器开启状态的判断处理，代码如下：

```
-(IBAction)action:(id)sender
{
    if (!progresstimer) {                          //没有开启计时器
```

```
    [button setTitle:@"暂停" forState:UIControlStateNormal];
                                            //更新按钮状态
//初始化计时器,每0.5秒触发一次
    progresstimer=[NSTimer scheduledTimerWithTimeInterval:0.5
                    target:self selector:@selector(go) userInfo:
                    nil repeats:YES];
    [progresstimer fire];                   //启动计时器
    }
    else{
        [button setTitle:@"继续" forState:UIControlStateNormal];
        [progresstimer invalidate];         //关闭定时器
        progresstimer=nil;
    }
}
```

通过 progresstimer 是否为 nil 来判断定时器是否已经开启。如果当前定时器没有开启,那么设置 button 按钮的标题为 "暂停",并开启定时器。如果已经开启,关闭定时器,并设置 button 标题为 "继续"。

### 3. 更新按钮状态

按钮的标题要在结束后变成 "完成",修改 go 函数:

```
-(void)go{
    progressview.progress+=1.0/time;        //累加进度条的进度值
    //显示进度条百分比
    percentlabel.text=[NSString stringWithFormat:@"%%%d",
    (int)(progressview.progress*100)];
    if (progressview.progress>=1) {
        [progresstimer invalidate];         //关闭定时器
        progresstimer=nil;
    }
    [button setTitle:@"完成" forState:UIControlStateNormal];//更新按钮状态
}
```

接下来修改程序的初始运行界面,打开 ViewController.xib,修改 button 的初始标题为 "开始"。滑动条默认是 50%的,设置 timelabel 的标题为 "7.5 秒",percentlabel 为 "%0",如图 5.33 所示。

保存所有修改,运行程序,可以看到在进度条的前进过程中,通过单击按钮给人一种 "暂停" 和 "继续" 的效果。

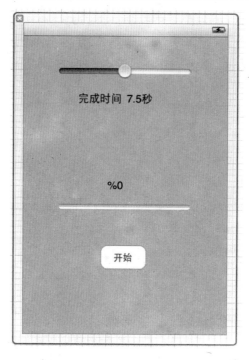

图 5.33 修改 button、timelabel 和 percentlabel 的标题

## 5.3 使用 Switch（开关）和 Segment（分段控件）

Switch 控件是开关控件，Segment Control 是分段控件了，两者都用于让用户做出选择。先介绍 Switch 控件，它操作起来非常简单，就像灯的开关一样，只有打开和关闭两种状态。例如，iPhone 开启定位服务，如图 5.34 所示。

Segmented Control 控件代替了传统的单选按钮。不过它的选项个数非常有限，因为 iPhone 设备屏幕是有限的，当需要使用选项非常少的单选按钮时它很合适。iPhone "日历"程序的最下方有一个 Segmented Control 控件，包含列表、日和月 3 个分段按钮，如图 5.35 所示。

接下来创建的示例程序将模拟台灯的操作。Switch 控件作为开关，Segmented Control 控件负责调节灯光亮度。

### 5.3.1 Navigation Bar（导航条）的样式

创建 iPhone 工程"Light"，模板选择 Single View Application。接下来要选择控件和调整界面布局了，不过这次的控件不直接拖放到 View 上了，我们先添加 1 个导航条，再把 Switch 和 Segmented Control 放在上面。例如，使用 iPhone "备忘录"新建备忘时，导航条上就会有两个按钮，如图 5.36 所示。

图 5.34　iPhone 开启定位服务开关 　　　图 5.35　日历的 Segmented Control 控件

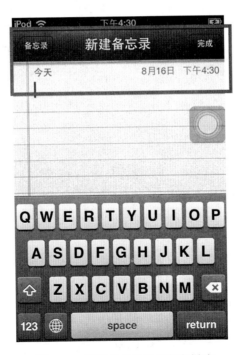

图 5.36　新建备忘录的导航条样式

导航条一般包含 3 部分。

❑ leftBarButtonItem：左侧按钮项，一般用做返回按钮。
❑ rightBarButtonItem：右侧按钮项，如图 5.36 的"完成"按钮。
❑ title：标题，位于中间位置，可以自定义样式。

Navigation Bar（导航条）的样式可以自由定制，iPhone 浏览器的导航条包含的就是 1 个输入框和搜索框，如图 5.37 所示。

图 5.37　浏览器的导航条样式

用户打开浏览器，习惯性地动作基本都是输入自己要访问的网址。浏览器的地址栏放在 Navigation Bar 上，可以方便用户找到并快速的输入网址。接下来，我们的程序也会采用相同的界面样式，由导航条管理 Switch 和 Sement Control。

## 5.3.2　添加 UISwitch 并实现 Action 方法

下面我们将在 View 上放置 1 个 Navigation Bar，并添加 Switch 控件，然后在 Switch 动作里增加逻辑代码，初步实现"灯亮"和"灯灭"的效果。共分 4 步完成，如下所示。

（1）在视图上添加导航条；
（2）在导航条上添加开关控件；
（3）添加输出口关联对象并添加响应；
（4）运行程序。

### 1．添加导航条

打开 ViewController.xib，在 Library 中找到 Navigation Bar，如图 5.38 所示。

和以往一样，拖曳 Navigation Bar 到 View 上。我们会发现一个有趣的现象，当 Navigation Bar 位于 View 的区域时，Navigation Bar 自动变得和 View 一样宽。调整 Navigation Bar 的位置，让它位于 View 的最上方。

查看 Navigation Bar 的坐标位置属性，我们发现 Navigation Bar 的 X、Y 和宽度都是可调节的，只有高度是不可调节的，默认 44。确保 Navigation Bar 的 X、Y 坐标都是 0，宽度为 320（iPhone 屏幕的宽度），如图 5.39 所示。

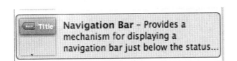

图 5.38　Navigation Bar

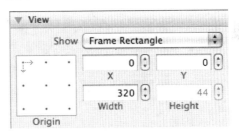

图 5.39　Navigation Bar 的位置坐标设置

### 2．添加开关控件

从 Library 拖曳一个 Switch 到 Navigation Bar 上，放在它左侧，Interface Builder 会自动调整 Switch 的位置，如图 5.40 所示。选中 Switch，查看它在 Navigation Bar 的位置信息，如图 5.41 所示。

图 5.40　把 Switch 放在 Navigation Bar 左侧

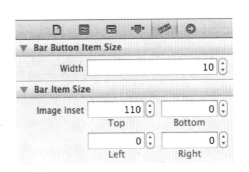

图 5.41　Switch 在 Navigation Bar 的位置信息

Switch 现在已经变成了 Navigation Bar 的 leftBarButtonItem。X、Y 坐标都无法修改，而且 Switch 本身的宽度也是不能改变的，即使在 Bar Item Size 栏中输入别的数值，Switch 的大小和在 Navigation Bar 上的位置也不会改变。

### 3．关联对象并添加响应

打开 ViewController.h，添加 UISwitch 对象和动作声明，代码如下：

```
#import <UIKit/UIKit.h>

@interface ViewController : UIViewController
{
IBOutlet UISwitch *lightSwitch;
}
-(IBAction)lightToggle;              //开关动作
@end
```

打开 ViewController.xib，把输出口 lightSwitch 和开关控件相关联，响应 lightToggle 和 Switch 的 Value Changed 事件关联。

在 ViewController.m 中实现 lightToggle 函数：

```
-(IBAction)lightToggle
{
    if (lightSwitch.on) {
        self.view.backgroundColor=[UIColor whiteColor]; //设置背景色为白色
    }
    else
    {
        self.view.backgroundColor=[UIColor blackColor]; //设置背景色为黑色
    }
}
```

上面这段代码的含义相信读者一目了然。当开关开启的时候，程序背景色变成白色；开关关闭，背景变成黑色；简单的模拟了台灯打开和关闭的效果。接着，设置 Switch 控件的初始值为关闭，相对的，程序背景色设置为黑色，修改 viewDidLoad 函数：

```
- (void)viewDidLoad
{
    [super viewDidLoad];
    lightSwitch.on=NO;                                    //开关为"开"
    self.view.backgroundColor=[UIColor blackColor];       //设置背景色为黑色
}
```

### 4．运行程序

拨动 Switch 开关，程序的视图就随着开关的闭合产生"开灯关灯"效果，如图 5.42 所示。关闭开关，屏幕变成黑色，如图 5.43 所示。

图 5.42 "开灯"效果　　　　　　图 5.43 "关灯"效果

## 5.3.3 添加 UISegment 并实现 Action 方法

下面为程序添加亮度调节功能。我们使用 Segment Control 来控制不同的亮度级别，Segment Control 和 Switch 一样，都是放置在 Navigation Bar 上，唯一的不同是，Switch 在左边，Segment Control 在右边。共分 4 步完成，步骤如下。

（1）在导航条上添加分段控件；
（2）修改分段控件的属性；
（3）关联对象并实现代码逻辑；
（4）测试程序效果。

### 1. 添加Segment Control

从 Library 拖曳一个 Segment Control 到 Navigation Bar 的右侧，和 Switch 控件一样。Interface Builder 会自动调整 Segment Control 在 Navigation Bar 的位置，如图 5.44 所示。

### 2. 修改Segment Control属性

Segment Control 目前只有两段，我们需要设为三段，分别对应着 0、1 和 2 共 3 个亮度档位。选中 Segment Control，在属性面板里找到 Segments 项，当前为 2，修改为 3。接下来修改每一段的标题，Segment 下拉框选择 Segment 0（第一段），设置 Title 为"1档"，如图 5.45 所示。

图 5.44　添加 Segment Control

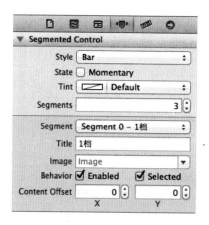

图 5.45　设置 Segments 的内容

每一段的标题都要添加，Segment Control 的宽度会随着标题的多少自动改变，不过也可以手动设置的，在坐标位置面板中调整宽度为 100，如图 5.46 所示。修改完以上 Segment Control 的属性后，View 的界面如图 5.47 所示。

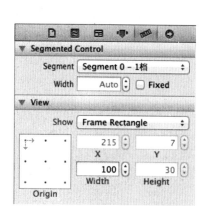

图 5.46　设置 Segment Control 宽度

图 5.47　View 界面

### 3. 关联对象并添加响应

打开 ViewController.h，添加 UISegmentedControl 对象和动作声明，代码如下：

```
#import <UIKit/UIKit.h>

@interface ViewController : UIViewController
{
    IBOutlet UISwitch *lightSwitch;
    IBOutlet UISegmentedControl *segment;
}
-(IBAction)lightToggle;                        //开关动作
-(IBAction)lightLevelChange:(id)sender;        //亮度档位切换

@end
```

在 ViewController.xib 里把输出口 segment 与分段控件关联，而与动作 lightLevelChange:关联的事件依然选择 Value Changed。打开 ViewController.m，在里面实现 lightLevelChange 函数，以及修改 lightToggle 函数。

```
-(IBAction)lightToggle
{
    if (lightSwitch.on) {
        //恢复上一次亮度
        if (segment.selectedSegmentIndex==0) {
            //修改背景色，对应1档
            self.view.backgroundColor=[UIColor colorWithWhite:0.45 alpha:1];
        }
        else if (segment.selectedSegmentIndex==1) {
            //修改背景色，对应2档
            self.view.backgroundColor=[UIColor colorWithWhite:0.7 alpha:1];
        }
        else if (segment.selectedSegmentIndex==2) {
            //修改背景色，对应3档
            self.view.backgroundColor=[UIColor colorWithWhite:1 alpha:1];
        }
    }
    else
    {
        self.view.backgroundColor=[UIColor blackColor];
    }
}

-(IBAction)lightLevelChange:(id)sender{
    //调节背景颜色
    if (lightSwitch.on) {
        if (segment.selectedSegmentIndex==0) {
            //修改背景色，对应1档
```

```
            self.view.backgroundColor=[UIColor colorWithWhite:0.45 alpha:1];
        }
        else if (segment.selectedSegmentIndex==1) {
            //修改背景色，对应 2 档
            self.view.backgroundColor=[UIColor colorWithWhite:0.7 alpha:1];
        }
        else if (segment.selectedSegmentIndex==2) {
            //修改背景色，对应 3 档
            self.view.backgroundColor=[UIColor colorWithWhite:1 alpha:1];
        }
    }
}
```

首先在 lightLevelChange 函数中判断当前开关是否开启，再根据 Segment Control 的下表来控制程序背景色。通过 colorWithWhite: alpha:创建一个指定灰度的白色对象，0 表示全黑，1 表示全白。

同时也修改了 lightToggle 里面的相关逻辑，开关打开后，程序的亮度是根据当前档位决定的。这是符合目前台灯的使用习惯。

### 4．运行程序

开关关闭时，调节亮度档位屏幕始终是黑的。开关开启后，屏幕亮度会随着档位的变化发生变化，如图 5.48 所示。

图 5.48　2 档屏幕亮度

## 5.3.4 添加"台灯"

程序似乎还无法让我们产生"台灯"的感觉,目前仅仅是有亮度改变而已。接下来我们就在程序中添加"台灯"。

(1) 添加"台灯"

打开随书光盘中所带的素材图片,把台灯原始图片添加到工程里。打开 ViewController.xib,添加一个 Image View 控件,让它显示台灯图片。

(2) 设置图片属性

图片的宽、高都是 320,让 Image View 的大小和图片尺寸一致。上下调整 Image View 的位置,让 Image View 大体上居中。View 上会自动出现校准线,它很有用,帮助我们调整控件的坐标位置。设置完成后,View 的样式如图 5.49 所示。

(3) 添加标题

选中导航条,在属性面板中的 Title 项输入"台灯",如图 5.50 所示,这样导航条就拥有标题了,位于 Navigation Bar 的正中间,字体为白色。

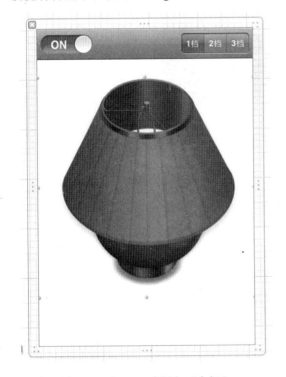

图 5.49 在 View 中添加"台灯"

图 5.50 设置导航条 Title

(4) 查看效果

再次尝试切换档位,此时程序的效果如图 5.51 所示。

程序明显有了台灯的效果,读者可以试着在界面、操作性多做些优化。

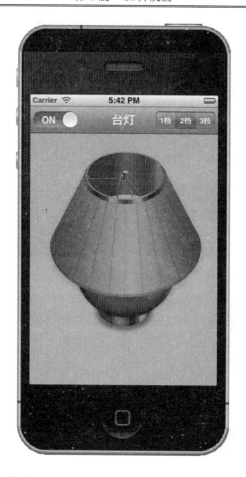

图 5.51 完善后的"台灯"效果

## 5.4 小　　结

本章的内容较多，主要介绍了 iPhone 开发中会经常用到的几个控件。读者在本章学习完后，应该对输出口和动作的用法更加熟悉，对视图的层次和布局有了一定的了解。读者可以在本章的 3 个示例程序基础上，修改控件的属性，完善和美化程序，可以快速了解某个属性具体的效果。

在下一章，我们将会学习到视图控制器，它负责控制视图界面和逻辑操作。

## 5.5 习　　题

【简答题】

1. 必须保证 Image View 的大小与图像一致，否则会让图片变形？

2．写一段遍历数组中元素的代码。

3．滑块控件的默认最大值为多少？

4．查看分段按钮当前下标的属性是什么？

【实践题】

1．在程序中添加更多的图像，做出类似照片墙一样的效果，但是图片的显示需要能够通过交互来控制。

2．创建一个新程序，切换 Segment 弹出不同的警告框。

# 第 6 章 多视图应用

前几章创建的程序都只有一个视图控制器，但是 iPhone 上几乎所有的应用都是基于多视图。多视图设计可以在有限的物理屏幕上实现复杂的功能，可以有良好的用户体验，也能为以后程序功能扩展提供便捷。

首先为读者统一下视图的概念，按钮或图像任何一个控件都是视图，只不过它们占据屏幕的尺寸较小。视图都是 UIView 的子类，当一个视图以全屏显示时，它就有足够的空间向用户传达信息和执行交互。当我们需要查看更多的内容或者执行某些必要的操作时，就要从当前视图跳转到另一个视图，这样一个多视图应用就产生了。

本章主要涉及到的知识点如下所示。
- 视图控制器的基础结构：了解视图控制器的构造与原理。
- 创建视图：如何利用 Interface Buider 创建视图控制器。
- 委托：实现类间的回调函数。
- 视图跳转：实现多视图之间的跳转。
- 切换动画效果：实现切换的动画效果。

> 注意：从本章开始，读者在掌握基本操作的同时，应多多了解 iPhone 人机交互的方式，加强设计的功底。

## 6.1 什么是多视图

视图本质就是多个 View 相互叠加。下面首先介绍几个概念。
- superView（父视图）：View1 上添加 View2，那么 View1 就是 View2 的 superView；View2 上可以再加多个 View3、View4…，View2 就是这些 View 的 superView。
- subView（子视图）：如上所述，View3 是 View2 的 subView，View2 是 View1 的 subView。

添加与删除：调用[View1 addSubview: View2]，View2 变成 View1 子类，调用[View2 removeFromSuperview]，两者不再具备层次关系。

简单地说，一个宽度为 320、高度为 460（iPhone 4、4S 手机的屏幕尺寸大小）的 View1 展现在手机上，再添加一个相同大小 View2 到 View1 上，呈现出的效果便是从 View1 切换到 View2。这就是视图切换的基本原理。

View（视图或者某个控件）一般都是依托于 ViewController（视图控制器）来实现，遵守着 Model-View-Controller（MVC）原则。视图控制器与 MVC 架构的对应关系如图

6.1 所示。Controller 就是 Model-View-Controller 架构中的控制器，通常使用时，都会手动创建其子类，来实现相应的功能。

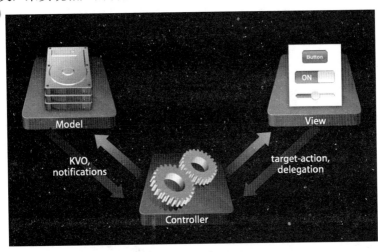

图 6.1　视图控制器对应的 MVC 架构图

View 是如何和 Model 进行通信的呢，一般有以下两种机制。
- 事件：将 View 的 action、event 和 Model 相连，利用事件的方式交互。
- 代理：通过代理（delegate）回调的方式实现。

这里只对 MVC 的原理进行简单剖析，随着学习的深入，读者会有更深的理解。

注意：ViewController 的子类还包括 TabController（分页视图）和 SplitController (切割视图)等。

## 6.2　多视图应用的结构

iPhone 为开发者提供开发了几种多视图应用的模型。例如，新建工程时选择 Utility Application 模板，程序会自动生成两个视图，一个负责主界面的显示，另一个用于配置或者提供信息。不过这种模板使用的较少，iPhone 开发中常用基于导航和基于标签的多视图模型。

### 6.2.1　导航和标签的多视图模型

#### 1. NavigationController（导航视图控制器）

导航视图控制器（UINavigationController）是 UIViewController 的一个重要子类，主要用于构建程序的架构。它维护了一个视图控制器栈（stack），任何类型的视图控制器都可以放入到栈中，为用户提供了分层信息。iPhone 本身的设置就是由导航控制器组成和维护的，设置的第一层界面会罗列出所有的主设置选项，如图 6.2 所示。

单击任一设置项，程序都会进入到第二层界面。例如，单击"通用"项，iPhone 网络和蓝牙等子设置项就会跳转出来，界面如图 6.3 所示。

图 6.2　打开设置后第一层界面　　　　图 6.3　设置第二层界面，通用第一层界面

单击左上角"设置"按钮，当前界面就会返回到上一层。iPhone 的 Mail 和通讯录也使用了 NavigationController。

### 2．TabBarController（标签控制器）

基于这种模型的应用程序底部会有一条标签栏。当选择一个标签会打开一个新的视图界面，如 iPhone 音乐和电话都是基于 TabBarController，如图 6.4 所示。

图 6.4　iPhone 音乐界面

本书后面的章节会分别介绍这两种模型。本节程序将使用视图的添加和删除实现多视图功能。

> 注意：TabBarController 包含一个标签栏，位于程序的底部。NavigationController 包含一个导航栏，位于程序的顶部。

## 6.2.2 根视图（Root View）和内容视图（Content View）

我们还需要了解下多视图应用程序的组成方式，理解根视图和内容视图的概念，稍后开始开发本章的应用程序。

### 1. 根视图

在以往创建的基于 Single View Application 模板的工程中，都会包含一个默认的视图控制器类，苹果一般都命名为 ViewCntroller。界面操作都是在它上面进行的。程序运行时，主窗口（window）会首先加载 ViewCntroller，用户第一眼看到的就是这个视图，它就相当于程序的根视图。

TabBarController 和 NavigationController 这两个控制器都拥有根视图，在创建的时候就会要求确定，本章我们用一个普通的视图控制器作为根视图。

### 2. 内容视图

只要是展现在界面上的、可见的视图都可以称之为内容视图。它们负责程序的主要内容展示，如 iPhone 股票程序主界面的内容视图展现的是股票走势。前面介绍过，iPhone 的音乐程序是基于 TabBarController，那么它的内容视图就是中间的歌曲列表或者歌手列表，如图 6.5 所示。

图 6.5　iPhone 音乐的内容视图

主界面上也许包含了许多的控件，它们也是内容视图，因为它们组成了整个完整的内容视图。

## 6.3 创建多视图应用

本章创建的应用程序共包含三个界面，初始界面（根视图）会显示输入的字符串和选中的颜色，如图 6.6 所示。单击"输入文字"按钮，程序切换到输入文字的视图，如图 6.7 所示。

图 6.6　初始界面　　　　　　　图 6.7　输入文字界面

在输入框输入文字，单击"返回"按钮，将数据回传给主视图。在主视图单击"选择颜色"按钮会切换到颜色选择视图，如图 6.8 所示。选择其中某种颜色，单击"返回"按钮，主视图会显示出选中的颜色。

图 6.8　选择颜色界面

## 6.3.1 创建工程

相信读者此时应该对于多视图的原理有了一定的了解。接下来就通过程序来创建多视图的应用。

打开 Xcode，新建 iPhone 工程，这次我们不再选择 Single View Application 模板，而是要创建一个没有初始界面的程序。选择名为 Empty Application 的工程模板，如图 6.9 所示。

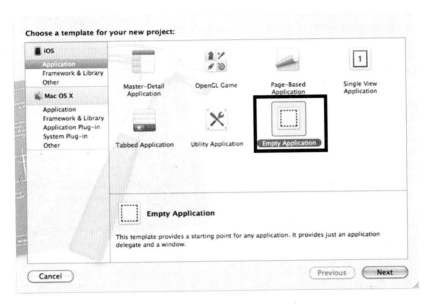

图 6.9　选择 Empty Application 模板

为工程命名为"ViewSwitch"。打开 ViewSwitch 目录，可以看到当前工程只有 application 的 delegate 文件，没有 ViewController 文件，如图 6.10 所示。

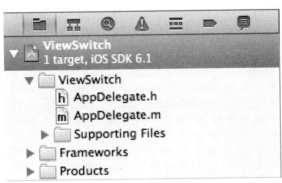

图 6.10　当前工程下没有视图文件

确保 Xcode 左上方选择的是 Simulator，单击 Run 按钮运行程序，编译完成后就会弹出模拟器。不过此时界面是个空空的白板，什么内容都没有，因为程序还没有添加任何的视图文件。

## 6.3.2 创建视图控制器和 Nib 文件

接下来在工程里新建一个视图控制器文件。单击 File|New|New File 菜单，Xcode 弹出新建文件界面。选择 iOS-Cocoa Touch UIViewController subclass，如图 6.11 所示。

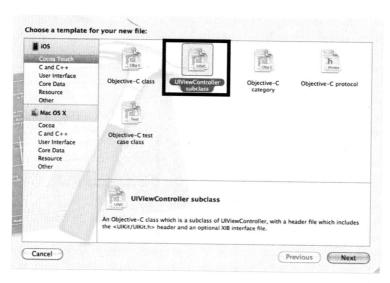

图 6.11 创建 ViewController

单击 Next 按钮，在弹出的文件命名界面里将视图命名为"BaseViewController"。在下方可以看到一个名为 With XIB for user interface 的复选框。如果选中，该视图控制器文件被创建的同时还会带着一个和此视图控制器相关的 nib 文件，我们选中该复选框，如图 6.12 所示。

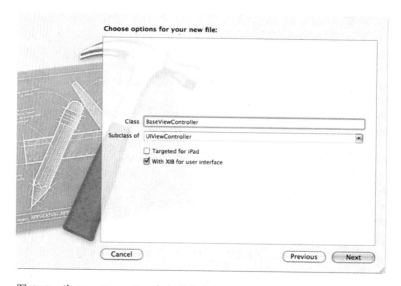

图 6.12 为 ViewController 命名并选中 With XIB for user interface 复选框

单击 Next 按钮，接下来 Xcode 会提示我们为文件选择路径，如图 6.13 所示。

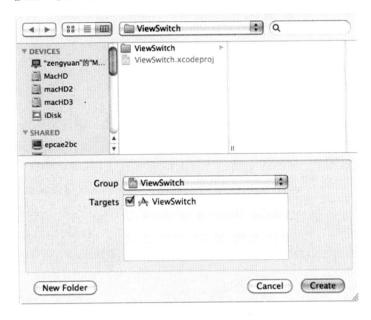

图 6.13 为新建文件选择保存路径

文件默认路径都是工程目录下，保持默认选择，单击 Create 按钮。此时在工程左侧的 Classes 文件下多出了 BaseViewController.h、BaseViewController.m 和 BaseViewController.xib 3 个文件。

注意：从 Xcode 4.5 开始，新建 UIViewController subclass 的选项挪到了 Objective-C class 下面。随着 Xcode 版本的更新，苹果可能对界面作出一些变化和调整，这是开发者无法决定的，不过核心内容不会改变，目的也只是让 Xcode 更易于操作。

## 6.3.3 修改应用委托类（App Delegate）

BaseViewController 将作为程序的根视图用于初始画面的显示。我们可以通过代码的方式把 BaseViewController 添加到程序主窗口中，也可以利用 Xcode 对程序进行直接设置。

### 1. 利用代码加载BaseViewController

在工程目录下找到 AppDelegate.h 文件，修改代码如下。

```
#import <UIKit/UIKit.h>

@class ViewController;
```

```objc
@interface AppDelegate : UIResponder <UIApplicationDelegate>
@property (strong, nonatomic) UIWindow *window;
@property (strong, nonatomic) BaseViewController *viewController;   //声明一个视图控制器

@end
```

创建一个 BaseViewController 对象，BaseViewController 继承自 UIViewController。程序 window（主窗口）的属性默认为 strong 和 nonatomic，strong 表示强引用。

在 iOS 开发过程中，属性的定义往往与 retain、assign 和 copy 有关。iOS 5 中新增加了关键字 strong、weak 和 unsafe_unretained。我们在 iOS 5 中用这些新的关键字，就可以不用手动管理内存了。

打开 AppDelegate.m 文件，添加如下代码：

```objc
@implementation AppDelegate

@synthesize window = _window;
@synthesize baseviewcontroller;

- (BOOL)application:(UIApplication *)application
didFinishLaunchingWithOptions:(NSDictionary *)launchOptions
{
    //初始化窗口
    self.window = [[UIWindow alloc] initWithFrame:[[UIScreen mainScreen] bounds]];
    self.window.backgroundColor = [UIColor whiteColor];     //设置窗口颜色
    [self.window makeKeyAndVisible];
    //初始化根视图
    baseviewcontroller =[[BaseViewController alloc] initWithNibName:
                                                    @"BaseViewController"
                                                    bundle:nil];
    [self.window setRootViewController:baseviewcontroller];  //设置根视图
    return YES;
}
```

首先初始化 baseviewcontroller，把 baseviewcontroller 赋值给主窗口（self.window）的根视图。

### 2. Interface Builder修改

除了编写代码，设置根视图也可以采取操作输出口（IBOutlet）的方式。在 Xcode 4 之前需要转到 Interface Builder 在 MainWindow.xib 中添加视图对象，执行过程有些复杂。从 Xcode 4 开始，这个操作就要简单的多了。

选中 TARGETS，在 Summary 中找到 iPhone/iPod Deployment Info，可以看到有两个下拉框，从 Main Interface 中选中 BaseViewController，这样程序的主窗口就会自动加载 BaseViewController，如图 6.14 所示。

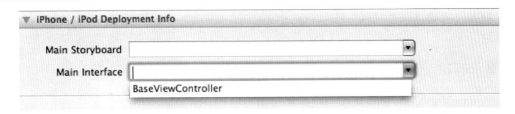

图 6.14　选择 Main Interface

本章的程序不采取这种方式，不过对开发者来说，最好对所有的程序结构设计方法都有一定的了解。

**注意**：向用户显示的视图必须添加到窗口中或者成为其子窗口。

## 6.3.4　实现根视图界面与操作

接下来设计 BaseViewController 的界面，并添加相应的输出口变量等。

### 1．设计界面

打开 BaseViewController.xib，设计界面如图 6.15 所示。

读者对上面的控件都很熟悉了吧，只是在 View 上有一个蓝色的小方块，这是什么呢？这是一个 View。Button 和 Label 都是继承自 UIView，所以我们也可以直接在 View 上添加一个 UIView 视图，如图 6.16 所示。

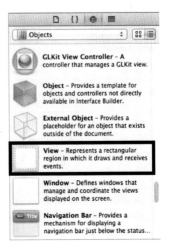

图 6.15　设计 BaseViewController 界面　　　　图 6.16　从 Library 中找到 View

根据它的描述，单独的一个 View 主要用于描绘和接受事件，我们用它来表现选取的颜色。

### 2．关联对象

在 BaseViewController.h 添加变量和函数声明。

```
#import <UIKit/UIKit.h>

@interface BaseViewController : UIViewController
{
    IBOutlet UILabel *text;              //文本标签
    IBOutlet UIView *colorView;          //颜色视图
}

-(IBAction)switchTextView;               //切换文本视图函数
-(IBAction)switchColorView;              //切换颜色视图函数

@end
```

打开 BaseViewController.xib，把对象和控件关联起来。text 关联标题为"您输入的文字为"标签下的那个标签，colorView 关联标题为"您选择的颜色"标签下的 View，两个响应函数和和各自的按钮的 Touch Up Inside 事件关联。

现在编译并运行程序，可以看到模拟器中的效果如图 6.17 所示。

图 6.17　只有一个根视图时程序的运行效果

🔔注意：如果那个小 View 的背景色和主视图的背景色一样，会让人误以为不存在。

## 6.3.5 创建子视图

接下来创建子视图，分别对应输入文字和选择颜色，然后实现从主视图切换到子视图，步骤如下：
（1）在工程下再新建两个视图控制器文件；
（2）分别完成这两个视图控制器的界面。

### 1．创建两个新的视图控制器文件

选中工程目录下 BaseViewController.m，和前面采取一样的步骤，新建视图控制器文件，分别命名为"TextViewController"和"ColorViewController"，而且每个都要选择携带 xib 文件，创建完毕后，工程下就拥有了 3 个 UIViewController。

🔔注意：使用 Xcode 创建文件时，新建的文件自动排列在选中的文件后或目录中。因此按照此操作新建类文件后，TextViewController 和 ColorViewController 的.h 文件以及.m 文件都添加到 BaseViewController.m 后。

### 2．设计界面布局

打开 TextViewController.xib，界面设计如图 6.18 所示。我们在辅助牵引线的指引下让输入框居中显示，具体坐标和宽度设置如图 6.19 所示。

图 6.18　TextViewController 界面布局

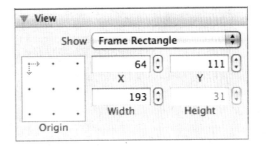

图 6.19　输入框的坐标和宽度

更改完 TextViewController 的界面后，打开 ColorViewController.xib，界面设计如图 6.20 所示。在 View 上添加了一个分段控件，这个分段控件包含 5 段，每段的标题代表一种颜色。为了防止某一段的标题显示不全，最好拉伸的宽一些。具体的坐标和宽度设置如图 6.21 所示。

图 6.20　ColorViewController 界面布局

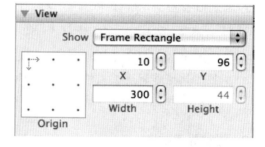

图 6.21　Segment Control 坐标和宽度

注意：控件的大小和位置读者可以根据自己的喜好自由设定。

### 3．关联输出口和操作

修改 TextViewController.h，添加一个 UITextField 的输出口以及操作，代码如下：

```
#import <UIKit/UIKit.h>

@interface TextViewController : UIViewController
{
    IBOutlet UITextField *textfield;                //输入框
}
-(IBAction)sure:(id)sender;                         //确认方法
@end
```

打开 TextViewController.xib，把 textfield 和 View 上的输入框关联起来，sure:和"返回"按钮的 Touch Up Inside 事件关联。

保存对 xib 文件的修改，打开 ColorViewController.h，添加一个 UISegmentedControl 输出口和操作，而且还添加了一个 NSArray 指针，代码如下：

```
@interface ColorViewController : UIViewController
{
```

```
    IBOutlet UISegmentedControl *segment;        //分段按钮
    NSArray *colorArray;                         //颜色数组
}
-(IBAction)sure:(id)sender;                      //确认方法
@end
```

我们计划用 colorArray 来存储 5 种颜色。打开 ColorViewController.xib，把 segment 和 Segmented Control 控件关联起来，操作 sure: 和 "返回" 按钮的 Touch Up Inside 事件关联，目前不需要什么响应动作来连接 Segmented Control 的事件。

## 6.3.6　实现视图的切换

下面我们分 3 步实现主视图与子视图的切换功能，步骤如下：
（1）实现 ColorViewController 类；
（2）实现主视图到子视图的切换；
（3）运行程序查看具体切换效果。

### 1. 实现ColorViewController类

在 viewDidLoad 函数里创建 5 种颜色的 UIColor 对象，全部保存到 colorArray 中，代码如下：

```
#pragma mark - View lifecycle

- (void)viewDidLoad
{
    [super viewDidLoad];
    //存储5种颜色对象
    colorArray=[[NSArray alloc] initWithObjects:
             [UIColor redColor],
             [UIColor yellowColor],
             [UIColor blueColor],
             [UIColor greenColor],
             [UIColor blackColor]
             , nil];
}
```

colorArray 是用 alloc 创建的，在视图对象销毁的时候不要忘记释放内存，添加 dealloc 函数：

```
-(void)dealloc{
    [colorArray release]; //释放内存
    [super dealloc];
}
```

### 2. 实现主视图与子视图的切换

BaseViewController 作为程序的根视图，就像一个管理员一样，集中处理各个子视图的界面呈现、消失和数据传递等。

（1）添加成员变量

首先在 BaseViewController 中新建两个子视图的成员变量，代码如下：

```objc
#import <UIKit/UIKit.h>
#import "TextViewController.h"
#import "ColorViewController.h"

@interface BaseViewController : UIViewController
{
    IBOutlet UILabel *text;                    //文本标签
    IBOutlet UIView *colorView;                //颜色视图
    TextViewController *textvc;                //子视图对象指针
    ColorViewController *colorvc;              //子视图对象指针
}

-(IBAction)switchTextView;                     //切换文本视图函数
-(IBAction)switchColorView;                    //切换颜色视图函数

@end
```

不要忘记导入两个视图类的头文件。

（2）实现与 TextViewController 的切换

修改 BaseViewController.m 的函数，代码如下：

```objc
-(IBAction)switchTextView{

    if (textvc.view.superview==nil) {                    //输入文本视图没有被加载
        if (textvc==nil) {
            //初始化输入文本视图
            textvc=[[TextViewController alloc]
                    initWithNibName:@"TextViewController" bundle:nil];
        }
    }
    if (colorvc.view.superview!=nil) {                   //已经加载了颜色视图，
        [colorvc.view removeFromSuperview];              //从当前主视图中删除

    }
    [self.view addSubview:textvc.view];                  //把输入文本视图加载到主视图中
}
```

首先根据 textvc.view 的父类来判断 textvc.view 是否已经加载到主视图中。colorvc.view 如果已经显示在主视图上，就从主视图卸载掉。我们通过 addSubview:把 textvc.view 加载到主视图中。

相同的函数还有许多，例如：

## 第6章 多视图应用

- 插入到指定视图下方

```
- (void)insertSubview:(UIView *)view belowSubview:(UIView *)
siblingSubview;
```

表示在指定的下标位置插入子视图，因为视图都是分层级关系的。

- 交换视图

```
- (void)exchangeSubviewAtIndex:(NSInteger)index1 withSubviewAtIndex:
(NSInteger)index2;
```

用这个函数可以交换两个子视图的位置。

- 前置视图

```
- (void)bringSubviewToFront:(UIView *)view;
```

把某个子视图放在层级关系的最上面。

> **注意**：按住"command"，单击 insertSubview:atIndex:，可以打开 UIView.h，查看具体类和函数的声明，这个方法对于所有的系统函数都有效。

（3）实现与 ColorViewController 的切换

按照相同的方式修改 switchColorView 函数。

```
-(IBAction)switchColorView{
    if (colorvc.view.superview==nil) {        //颜色选择视图没有被加载
        if (colorvc==nil) {
            //初始化颜色选择视图
            colorvc=[[ColorViewController alloc] initWithNibName:
                    @"ColorViewController" bundle:nil];
        }
    }
    if (textvc.view.superview!=nil) {         //已经加载输入文本视图，
        [textvc.view removeFromSuperview];    //从当前主视图中删除
    }
    [self.view addSubview:colorvc.view];      //把选择颜色视图加载到主视图中
}
```

在 dealloc 中添加 release 处理。

```
-(void)dealloc{
    [textvc release];       //释放内存
    [colorvc release];      //释放内存
    [super dealloc];
}
```

### 3. 运行程序

运行程序，单击"输入文字"按钮，可以看到主界面成功切换到输入文字界面。不过程序目前还无法返回到主界面，要是想查看单击"选择颜色"按钮的效果，我们只能重新运行程序。也可以像真实的 iPhone 那样，双击 Home 键，在后台中关闭程序，在主屏幕中单击程序，让程序重新运行，如图 6.22 所示。

图 6.22　在模拟器中关闭程序

> 注意：在模拟器中关闭程序会让 Xcode 中断对程序的控制。

## 6.4　委　　托

输入文字视图和选择颜色视图都提供了一个"返回"按钮，我们需要做一些操作，让子视图可以返回到主视图，与此同时还要把相关数据传递给主视图。利用委托（delegate），主视图可以加载和删除子视图，并获取到子视图的数据。

### 6.4.1　创建 protocal 类

代理函数都包含在协议（protocal）里，可以把协议写在视图控制器的头文件里，不过为了方便文件的管理，我们单独创建一个协议文件。

### 1. 创建协议类

打开新建文件窗口，选择 Objective-C protocol，如图 6.23 所示。

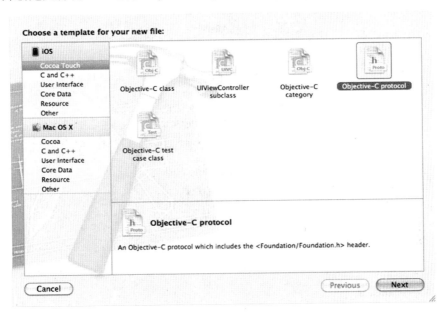

图 6.23　新建 Objective-C protocol 文件

单击"Next"按钮，为协议命名为"ViewBackDelegate"，如图 6.24 所示。

单击"Next"按钮，选择文件保存路径，这样协议文件就添加到了工程下，它只有一个头文件，如图 6.25 所示。

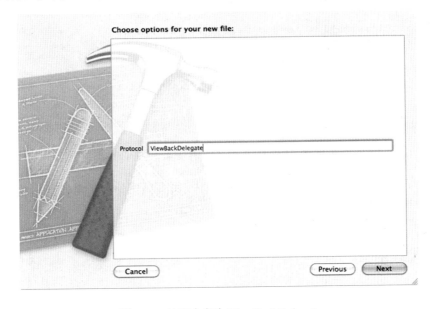

图 6.24　协议命名为 ViewBackDelegate

## 第 2 篇　UI 开发篇

图 6.25　ViewBackDelegate 只有头文件

### 2．添加协议变量

首先在 TextViewController.h 中添加协议变量。

```
#import <UIKit/UIKit.h>
#import "ViewBackDelegate.h"                          //引入头文件
@interface TextViewController : UIViewController
{
    IBOutlet UITextField *textfield;
    id<ViewBackDelegate> delegate;
}
@property(assign)id<ViewBackDelegate> delegate;       //声明协议变量
-(IBAction)sure:(id)sender;
@end
```

不要忘记在 ViewBackDelegate.m 添加@synthesize。

```
@implementation TextViewController
@synthesize delegate;                                 //属性访问器
```

在 ColorViewController 类中添加同样的协议变量，我们就不再重复了。

> 注意：代理的属性设置为 assign，类型为 id。读者可以回顾下本书介绍 Objective-C 基础语法的部分。

## 6.4.2　代理函数

在继续下一步的代码开发工作之前，我们先回顾下协议的某些理论知识，代理的格式一般如下：

## 第 6 章 多视图应用

```
@protocol Animal        //协议名称
-(void)eat;             //协议方法
@optional
-(void)think;           //可选方法
@end;
```

@protocol 用来声明这是一个协议，@optional 下边的方法是可以选择实现的，还可以通过 @required 属性来声明这个方法是必须实现的。如果没有声明默认都是 @required。

创建 ViewBackDelegate 的时候，系统就已经写好了初始的协议格式，只需要添加函数就可以了。打开 ViewBackDelegate.h，添加代理函数，代码如下：

```
#import <Foundation/Foundation.h>

@protocol ViewBackDelegate <NSObject>
-(void)textHasFininshed:(NSString*)text;      //已输入文本
-(void)colorHasSelected:(UIColor *)color;     //已选择颜色
@end
```

textHasFininshed:用来传递输入的字符串，colorHasSelected 用来传递选中的颜色。同时还可以根据这两个函数来处理子视图的返回。

### 6.4.3 实现委托功能

下面分 5 步实现委托功能，步骤如下：
（1）在 BaseViewController 声明里遵守协议；
（2）在 BaseViewController 里实现 ViewBackDelegate 协议方法；
（3）在 TextViewController.m 和 ColorViewController.m 里调用协议方法；
（4）设置 BaseViewController 成为代理；
（5）运行程序。
前 4 步基本上是不同类之间使用委托相互通信的基本步骤。

#### 1．在声明里遵守协议

打开 BaseViewController.h，在@interface 后添加<ViewBackDelegate>，这就告诉编译器本类要实现 ViewBackDelegate 中定义的方法，代码如下：

```
#import <UIKit/UIKit.h>
#import "TextViewController.h"
#import "ColorViewController.h"

@interface BaseViewController : UIViewController<ViewBackDelegate>
{
    IBOutlet UILabel *text;           //文本标签
    IBOutlet UIView *colorView;       //颜色视图
    TextViewController *textvc;       //文本选择视图控制器
    ColorViewController*colorvc;      //颜色选择视图控制器
```

```
}
-(IBAction)switchTextView;              //切换文本视图函数
-(IBAction)switchColorView;             //切换颜色视图函数
@end
```

### 2. 实现代理方法

打开 BaseViewController.m，实现两个代理函数：

```
-(void)textHasFininshed:(NSString*)_text{

    text.text=_text;                              //更新文本标签
    if (textvc.view.superview!=nil) {
        [textvc.view removeFromSuperview];  //从当前主视图中删除 textvc
    }
}
-(void)colorHasSelected:(UIColor *)color{
    colorView.backgroundColor=color;              //更新背景色
    if (colorvc.view.superview!=nil) {
        [colorvc.view removeFromSuperview];//从当前主视图中删除 colorvc
    }
}
```

当 textHasFininshed:函数被调用时，主界面把传递过来的文本显示在 text 标签上。text.text=_text;第 1 个 text 是标签，第 2 个是它的一个属性，_text 表示参数。同时主界面删除掉 textvc。

colorHasSelected:被调用的时候执行相似的操作，通过设置 colorView 的背景色来显示选中的颜色。

### 3. 调用代理

TextViewController 和 ColorViewController 这两个类都包含了返回按钮，因此调用代理的地方就写在返回按钮的响应里。

（1）修改 TextViewController 类

首先打开 TextViewController.m，在 sure:函数中添加代码如下：

```
-(IBAction)sure:(id)sender{

    NSString *text=textfield.text;
    //判断输入框是否输入了内容
    if (text==nil || [text length]==0) {
        //弹出警告框
        UIAlertView *alert=[[UIAlertView alloc]
                initWithTitle:@"警告" message:@"您没有输入文本,是否仍要返回主界面？"
                delegate:self cancelButtonTitle:nil
                otherButtonTitles:@"继续",@"取消" nil];
        [alert show];
```

```
        [alert release];
        return;
    }
    [delegate textHasFininshed:text];      //执行代理函数,把字符串回传到主界面
}
- (void)alertView:(UIAlertView *)alertView clickedButtonAtIndex:
(NSInteger)buttonIndex{
    if (buttonIndex==0) {
        [delegate textHasFininshed:nil];
//在 alertView 代理函数中传递字符串
    }
}
```

当我们单击"返回"按钮时,首先判断输入框是否有内容,如果没有弹出警告框;如果有内容则把数据回传给主界面。

这里用到了 UIAlertView 的代理方法,在初始化 UIAlertView 的时候 delegate 为 self,这样我们就可以控制单击 UIAlertView 按钮时的动作。如果用户单击"继续"按钮,代理方法还是会被执行,否则不作任何操作。

当向 delegate 发送 textHasFininshed: 消息时,也就是执行 [delegate textHasFininshed:text];这行代码时,在 BaseViewController.m 文件中实现的 textHasFininshed:函数就被调用。

(2) 修改 ColorViewController 类

打开 ColorViewController.m,同样修改 sure:函数,代码如下:

```
-(IBAction)sure:(id)sender
{
    int index=segment.selectedSegmentIndex;          //获取选中的下标
    UIColor *color=[colorArray objectAtIndex:index];
    //取出数组中对应的颜色
    [delegate colorHasSelected:color];   //根据 segment 选择下标回传颜色
}
```

根据 segment 当前的下标,把选中的颜色回传到主界面。

### 4. 设置代理

保证编写的代码没有错误,运行程序,我们发现从主界面进入到二级界面后,单击"返回"按钮,还是无法返回。检查程序,原来两个视图控制器类的 delegate 没有赋值。

在初始化视图控制器类的时候,为 delegate 赋值,修改 BaseViewController.m 代码如下:

```
-(IBAction)switchTextView{
    if (textvc.view.superview==nil) {        //输入文本视图没有被加载
        if (textvc==nil) {
            //初始化输入文本视图
            textvc=[[TextViewController alloc]
                initWithNibName:@"TextViewController" bundle:nil];
            textvc.delegate=self;             //设置代理
        }
```

```objc
}
if (colorvc.view.superview!=nil) {            //已经加载了颜色视图
    [colorvc.view removeFromSuperview];       //从当前主视图中删除
}

    [self.view addSubview:textvc.view];       //加载到主视图中
}

-(IBAction)switchColorView{
    if (colorvc.view.superview==nil) {        //颜色选择视图没有被加载
        if (colorvc==nil) {
        //初始化颜色选择视图
            colorvc=[[ColorViewController alloc] initWithNibName:
                    @"ColorViewController" bundle:nil];
            colorvc.delegate=self;            //设置代理
        }
}

if (textvc.view.superview!=nil) {             //已经加载输入文本视图
    [textvc.view removeFromSuperview];        //从当前主视图中删除
    }
    [self.view addSubview:colorvc.view];      //把选择颜色视图加载到主视图中
}
```

### 5. 运行程序

运行程序，进入到输入文字界面，在输入框里输入"今天天气不错"。单击"返回"按钮，此时视图马上返回到了主界面，并且文字也显示出来了，如图 6.26 所示。

再试试选择颜色，选中 Segment Control 控件的第 3 段（蓝色），单击"返回"按钮，效果如图 6.27 所示。

图 6.26 输入的文字正确显示在主界面上　　图 6.27 选择的颜色正确显示在主界面上

> 注意：为了让切换效果更明显，读者可以修改视图的背景色。

## 6.5 动画效果

iPhone 支持许多的动画效果，我们的程序也可以更优美。查看 UIView 的头文件，可以看到它提供许多动画特效函数。接下来，我们就用 UIView 的动画函数来丰富视图切换过程。

### 6.5.1 添加视图转换动画特效

修改 BaseViewController.m，添加动画代码：

```
-(IBAction)switchTextView{
    if (textvc.view.superview==nil) {           //输入文本视图没有被加载
        if (textvc==nil) {
            //初始化输入文本视图
            textvc=[[TextViewController alloc]
                        initWithNibName:@"TextViewController"
                        bundle:nil];
            textvc.delegate=self;                //设置代理
        }
    }

    [UIView beginAnimations:@"turn" context:nil];                    //开启动画
    [UIView setAnimationDuration:0.75];                              //动画时间
    [UIView setAnimationCurve:UIViewAnimationCurveEaseInOut];//动画曲线
    //从右侧开始水平翻转
    [UIView setAnimationTransition: UIViewAnimationTransition
    FlipFromRightforView:self.view cache:YES];

    if (colorvc.view.superview!=nil) {           //已经加载了颜色视图
        [colorvc.view removeFromSuperview];      //从当前主视图中删除
    }

    [self.view addSubview:textvc.view];          //加载到主视图中
    [UIView commitAnimations];                   //执行动画
}
```

运行程序，从主界面切换进入二级视图时，有一个明显的水平翻转动画效果，如图 6.28 所示。

下面介绍下这几个动画函数。

图 6.28 水平翻转动画效果

（1）beginAnimations:context

开始一个动画块，具体的函数声明如下：

`+ (void)beginAnimations:(NSString *)animationID context:(void*)context`

参数 animationID 表示动画块内部标识，用来传递动画代理消息。

参数 context 为附加的信息用来传递给动画代理消息，我们传 nil 就可以了。

（2）setAnimationDuration

设置动画块中的动画持续时间，单位为秒，函数声明如下：

`+ (void)setAnimationDuration:(NSTimeInterval)duration`

参数 duration 表示动画持续的时间。

这个方法在动画块外没有效果。使用 beginAnimations:context:类方法来开始一个动画块并用 commitAnimations 类方法来结束一个动画块，动画持续时间的默认值是 0.2 秒。

（3）setAnimationCurve

设置动画块中的动画属性变化的曲线。

`+ (void)setAnimationCurve:(UIViewAnimationCurve)curve`

默认情况下，动画曲线是一条线性曲线，动画匀速的进行。设置动画曲线的值为

UIViewAnimationCurveEaseInOut，使动画的开头和结尾速度较慢，中间较快。

（4）setAnimationTransition:forView:cache

指定所要使用的转换类型（即两个视图间的过渡效果）。

```
+(void)setAnimationTransition:(UIViewAnimationTransition)transition
forView:(UIView *)view cache:(BOOL)cache;
```

有4种效果，具体如下所示。
- 左翻转：UIViewAnimationTransitionFlipFromLeft；
- 右翻转：UIViewAnimationTransitionFlipFromRight；
- 往上卷：UIViewAnimationTransitionCurlUp；
- 往下卷：UIViewAnimationTransitionCurlDown。

（5）commitAnimations

结束一个动画块。

```
+ (void)commitAnimations
```

（6）setAnimationDelegate

设置动画消息的代理。

```
+ (void)setAnimationDelegate:(id)delegate
```

> 注意：使用 UIView 还可以实现许多动画效果，如改变视图大小、改变透明度、改变状态、改变视图层次顺序和旋转等。

## 6.5.2　更多效果

除了 UIView 动画，iPhone 还支持 Core Animation。Core Animation API 为 iPhone 应用程序提供了高度灵活的动画解决方案。不过它只针对图层，不针对视图。图层是 Core Animation 与每个 UIView 产生联系的工作层面。使用 Core Animation 时，应该将 CATransition 应用到视图的默认图层（layer）而不是视图本身。

使用 Core Animation 实现动画，只需要建立一个 Core Animation 对象，设置它的参数，然后把这个带参数的过渡添加到图层即可。使用时需要添加 QuartzCore.framework 并引入 QuartzCore/QuartzCore.h 头文件。下面分 4 步为程序增加 Core Animation，步骤如下：

（1）添加 QuartzCore 框架；
（2）实现动画函数；
（3）修改子视图界面；
（4）运行程序，查看动画效果。

## 1. 添加QuartzCore.framework

这个框架是必须要添加的，否则无法调用 Core Animation 的 API。找到 QuartzCore.framework，选中后单击 Add 按钮，如图 6.29 所示。

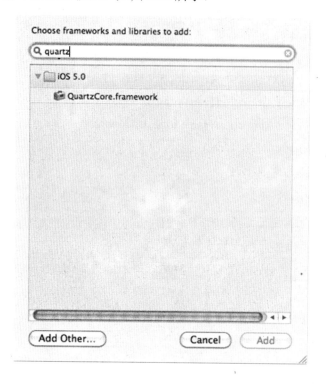

图 6.29　添加 QuartzCore.framework

## 2. 实现动画函数

下面为切换到选择颜色界面添加动画效果，修改 switchColorView 函数：

```
-(IBAction)switchColorView{
    CATransition *transition = [CATransition animation];
    transition.duration = 10;                               //持续 10 秒
    transition.timingFunction=[CAMediaTimingFunction
            functionWithName:kCAMediaTimingFunctionEaseInEaseOut];
    transition.type = kCATransitionMoveIn;                  //动画过渡的种类
    transition.subtype = kCATransitionFromBottom;           //动画过渡的方向
    [self.view.layer addAnimation:transition forKey:nil];
    //在主界面 View 的 layer 添加动画
    
    if (colorvc.view.superview==nil) {                      //颜色选择视图没有被加载
        if (colorvc==nil) {
```

```
                //初始化颜色选择视图
                colorvc=[[ColorViewController alloc] initWithNibName:
                    @"ColorViewController" bundle:nil];
                colorvc.delegate=self;          //设置代理
        }
    }

    if (textvc.view.superview!=nil) {           //已经加载输入文本视图
        [textvc.view removeFromSuperview];      //从当前主视图中删除
    }
        [self.view addSubview:colorvc.view];    //把选择颜色视图加载到主视图中
}
```

type 为动画过渡的类型，iPhone 提供了四种类型，具体如下所示。

- kCATransitionFade：淡出；
- kCATransitionMoveIn：覆盖原图；
- kCATransitionPush：推出；
- kCATransitionReveal：底部显出来。

subtype 也有四种类型，如下所示。

- kCATransitionFromRight：从右侧翻转；
- kCATransitionFromLeft：从左侧翻转，这是默认值；
- kCATransitionFromTop：从顶部开始；
- kCATransitionFromBottom：从底部开始。

我们还可以使用一些苹果没有公开的动画效果，例如：

```
[animation setType:@"suckEffect"];
```

这里的 suckEffect 是效果名称，可以用的效果主要如下所示。

- pageCurl：向上翻一页；
- pageUnCurl：向下翻一页；
- rippleEffect：滴水效果；
- suckEffect：收缩效果，如一块布被抽走；
- cube：立方体效果；
- oglFlip：上下翻转效果。

### 3. 修改子视图界面

为了让效果更明显，我们修改选择颜色视图的背景色。设置 ColorViewController 的 View 的背景色为 Scroll View Textured Background Color，如图 6.30 所示。

Scroll View Textured Background Color 是 iOS 5 新增的系统颜色，此时 View 的效果如图 6.31 所示。

第 2 篇　UI 开发篇

 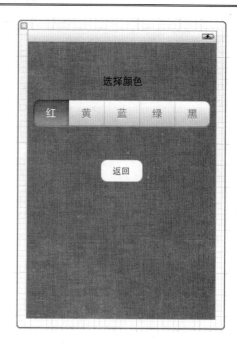

图 6.30　设置 ColorViewController 背景色　　图 6.31　ColorViewController 新的背景色

### 4．运行程序

运行程序，可以看到从主视图切换到子视图时，程序有了一个自下而上的动画效果，如图 6.32 所示。

图 6.32　从上方覆盖效果

⚠**注意**：某些苹果没有公开的动画效果，如果被使用在了 iPhone 应用上，可能无法通过 Apple Store 的审核。

## 6.6 小　　结

现在通过本章程序的练习，读者应该掌握了如何创建多视图应用程序。iPhone 为我们提供了很多视图的模板，后面的章节我们还会学到，通过它们可以快速的创建多视图程序。本章的重点内容是利用委托实现了数据的回传。对于初学者而言，使用起来还有些别扭，不过只要加强练习和使用，就会发现委托的强大。

下章我们将会学习使用标签控制器创建更为复杂的多视图应用，并且加强读者对委托和数据源的理解和运用。

## 6.7 习　　题

【简答题】
1．向父视图加载子视图调用哪个函数？
2．导航视图控制器内视图之间的前进、后退都需要手动实现，是这样吗？
3．协议文件的类型是什么？
4．委托（所述 delegate）的属性可否设置为 retain？

【实践题】
1．新建一个程序，使用导航控制器完成多级页面的跳转，试着改变导航条的背景颜色和标题内容。
2．更改示例程序中 Core Animation 动画的参数，尝试更多的效果。

# 第7章 Tab Bar Controller 和 Picker View

上一章我们学习了如何创建多视图应用并操作视图之间的切换,本章将介绍另一种多视图模型——Tab Bar Controller。读者可以叫它标签控制器或者选项卡栏控制器,这是因为 Tab Bar Controller 包含多个并列的内容视图,通过标签页的切换,快速实现内容视图在主界面的展现。通过本章的学习,读者能够了解这种控制器的原理,并熟悉具体的使用方式。

另外还会介绍一个新的控件——Picker View(选择器),用户通过旋转这个控件的刻度,选择数值。例如,iPhone 的日期、闹钟程序定制时间就采用了这个控件。

本章主要涉及到的知识点如下所示。
- ❑ TabController:了解原理和组成部分,以及如何使用。
- ❑ 日历选择器:学习创建日历选择器,设置时间。
- ❑ Picker View:学会创建自定义数据的选择器。

注意:选择器和其他基本 UI 控件相比,对委托和数据源的使用更多。

## 7.1 Tab Bar Controller

Tab Bar Controller 可以实现复杂、强大的多视图功能。它自身就是一个根视图,管理着所有的内容视图。上一章简单地介绍了 Tab Bar Controller,下面将详细地介绍 Tab Bar Controller 的组成和使用方法。

### 7.1.1 UITabBarController 组成部分

Tab Bar Controller 对应的类是 UITabBarController,它各个组成部分之间的关系如图 7.1 所示。

#### 1. Tab Bar

Tab Bar 位于屏幕最下方,由许多的 Tab 项组成,它就像一个工具栏,拥有绝大部分体征为黑色的外貌。例如,iPhone 的音乐,包含了专辑和表演者等 5 个 Tab 项,如图 7.2 所示。用户单击 Tab Bar 的某一项,Tab Bar Controller 就会切换当前视图。

# 第 7 章　Tab Bar Controller 和 Picker View

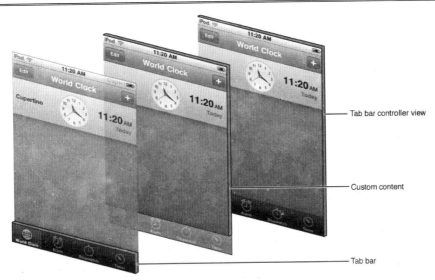

图 7.1　UITabBarController 各组成部分的层级关系

图 7.2　iPhone 音乐的 Tab Bar

Tab Bar 最多可以容纳 5 个 Tab 项，超出了这个数量，多出的部分就会自动和第 5 个 Tab 项合并，以"更多"的方式显示。当单击"更多"项的时候会进入一个选择界面，选择未显示的 Tab 项。例如，单击音乐的"更多"项，可以看到风格和选集等隐藏 Tab 项，如图 7.3 所示。

图 7.3　"更多"对应的 tab 项

## 2．内容视图

Tab Bar 上面显示的每一个 Tab 项都对应着一个 ViewController，如"播放列表"项的内容视图为"我的最爱"和"音乐视频"等列表，如图7.4所示。

图7.4 "播放列表"对应的内容视图

"表演者"项的内容视图显示的就是歌手列表。各个视图之间呈并列关系，不会相互影响。

### 3．tabBarItem

Tab Bar 上面显示的每一个 Tab 项都对应着一个 ViewController。ViewController 本身具有一个 tabBarItem 属性，只要设置它，就能改变 Tab Bar 上对应的显示内容。

如果不主动设置，系统将会根据 viewController 的标题自动创建一个，该 tabBarItem 只显示文字，没有图像。当自己创建 UITabBarItem 的时候，可以指定显示的图像和对应的文字描述。

UITabBarItem 还有一个属性 badgeValue，通过设置该属性可以在其右下角显示一个小的角标，通常用于提示用户有新的消息，如 App Store 的更新提示，如图7.5所示，用户可以快速地知道自己的 iPhone 有程序可以更新。

图7.5 App Store 提示用户有11个程序可以更新

> 注意：假如用户切换到其他选项卡，都不会影响到"更新"选项卡中 badge 数目的计算，这样执行其他操作时，还能方便地观察选项卡中场景的变化。

## 7.1.2 UITabBarController 使用方式

下面概括性的为用户介绍下 UITabBarController 的使用方式和某些注意事项，某些具体的操作我们会在后面的程序里体现。

（1）加载方式

最常见的加载方式是在 application delegate 中的 applicationDidFinishLaunching:方法中创建并加载，因为 UITabBarController 通常是作为整个程序的 rootViewController（根视图）的，因此在程序运行时就需要显示它。

（2）旋转问题

UITabBarController 默认只支持竖屏，当设备方向发生变化时，如果当前内容视图支持旋转，UITabBarController 才会发生旋转，否则保持默认的竖向。

（3）与 UINavigationController 结合

和 UINavigationController 类似，UITabBarController 也是用来控制多个页面之间的导航。不同的是，UINavigationController 通过栈的方式推入和推出视图，UITabBarController 的视图全部是平级的。许多的程序设计都是基于两者结合，让 UINavigationController 作为 UITabBarController 的内容视图，如 iPhone 音乐和 App Store。

> 注意：现在很多的 iPhone 程序都是上面有导航栏、下面有标签栏。在本书后面的章节学习 UINavigationController 时，读者可以试着创建这种设计模式。

## 7.2 创建项目并配置 TabBarController

本章的示例程序基于 TabBarController，包含 3 个标签栏，如下所示。

（1）第 1 个标签对应的视图控制器包含一个日期选择器，如图 7.6 所示。用户可以转动滚轮选择具体的日期和时间，单击"当前日期"，日期选择器对应的日期和时间就会显示在界面上。

（2）第 2 个标签的选择器包含了一组数据，通过转动选择器滚轮的方式选取，如图 7.7 所示。

（3）第 3 个标签的选择器和前面相比稍有复杂，因为这个选择器包含了两个滚轮，而且后面的选择器的数值会根据左面那个的数值发生改变，如图 7.8 所示。

图 7.6 第 1 个标签包含日期选择器

图 7.7 第 2 个标签的选择器

图 7.8 第 3 个标签的选择器

## 7.2.1 创建视图控制器

Xcode 为开发者提供了基于标签分页的应用程序模板,如图 7.9 所示,可以通过这种模板方便的创建一个根视图为 TabBarController 的 iPhone 程序。

本章的示例程序和上章一样,依然采取 Empty Application 空模板,我们会一步步地创建和添加 TabBarController,这样读者会对程序构建的每一步都十分清晰。在创建 TabBarController 之前,需要创建几个内容视图。

(1)新建工程:新建一个 iPhone 工程,选择 Empty Application 模板,工程命名为 "TabPicker"。

(2)新建视图文件:在工程中新建 3 个 UIViewController,分别命名为 "FirstViewController"、"SecondViewController" 和 "ThirdViewController",全部选择带着 xib 文件。

此时工程目录下应该包含了 3 个视图控制器,如图 7.10 所示。

图 7.9  Tabbed Application 模板                图 7.10  工程下 3 个视图控制器创建成功

## 7.2.2 创建根视图控制器

接下来的工作是创建根视图控制器。我们希望用户刚进入程序首先看到的是 Tab Bar Controller,然后由根视图控制器分管其他视图控制器。

### 1. 添加Tab Bar Controller

打开 AppDelegate.h,添加一个 UITabBarController 类型的指针成员变量,代码如下:

```
打开#import <UIKit/UIKit.h>

@interface AppDelegate : UIResponder <UIApplicationDelegate>
```

```objc
@property (retain, nonatomic) UIWindow *window;
//窗口
@property (retain, nonatomic) UITabBarController *myTabBarController;
//选项卡栏控制器
@end
```

添加初始化代码:

```objc
#import "AppDelegate.h"
#import "FirstViewController.h"                      //引入头文件
#import "SecondViewController.h"
#import "ThirdViewController.h"

@implementation AppDelegate

@synthesize window = _window;
@synthesize myTabBarController;                      //属性访问器
- (void)dealloc
{
    [_window release];
    [self.myTabBarController release];               //及时释放
    [super dealloc];
}

- (BOOL)application:(UIApplication *)application
didFinishLaunchingWithOptions:(NSDictionary *)launchOptions
{
    //初始化窗口
    self.window = [[[UIWindow alloc] initWithFrame:[[UIScreen mainScreen]
    bounds]] autorelease];
    self.window.backgroundColor = [UIColor whiteColor];
    [self.window makeKeyAndVisible];
    
    myTabBarController = [[UITabBarController alloc] init];
    //创建 UITabBarController 实例
    
    //初始化 3 个内容视图
    FirstViewController *ViewController1 = [[FirstViewController alloc]
    init];
    SecondViewController *ViewController2 = [[SecondViewController
    alloc] init];
    ThirdViewController *ViewController3= [[ThirdViewController alloc]
    init];
    
     //设置选项卡图片、标题
    ViewController1.tabBarItem = [[UITabBarItem alloc] initWithTitle:
    @"时间"
    image:[UIImage imageNamed:@"calendar.png"] tag:0];
```

```
    ViewController2.tabBarItem=[[UITabBarItem alloc] initWithTitle:
    @"国家"
    image:[UIImage imageNamed:@"datashow.png"] tag:1];
    ViewController3.tabBarItem=[[UITabBarItem alloc] initWithTitle:
    @"城市"
    image:[UIImage imageNamed:@"number.png"] tag:2];
     //存储这3个视图控制器
    NSArray *controllers = [NSArray arrayWithObjects:
    ViewController1, ViewController2, ViewController3,nil];
    [ViewController1 release];
    [ViewController2 release];
    [ViewController3 release];
    myTabBarController.viewControllers = controllers;
     //3个视图保存到tabBarController

     //加载tabBarController到主窗口
     [self.window setRootViewController:myTabBarController];
     return YES;
}
```

为了加强读者的记忆,这里详细解释上面的代码。

(1) 创建 UITabBarController 实例:

```
myTabBarController = [[UITabBarController alloc] init];
//创建UITabBarController实例
```

(2)创建3个ViewController的实体变量,每个ViewController都有一个UITabBarItem(标签),UITabBarItem初始化时会传递一个标题和图像,图标大小为24*24像素,iPhone程序会自动设置图标的外观,不过图片最好还是选择拥有透明背景的。

(3)存储这3个视图控制器。UITabBarController的viewControllers是一个NSArray,用来保存内容视图:

```
//存储这3个视图控制器
NSArray *controllers = [NSArray arrayWithObjects:
            ViewController1, ViewController2, ViewController3,nil];
```

(4) 加载 myTabBarController,现在把 myTabBarController 作为主窗口的根视图加载到窗口上:

```
//加载tabBarController到主窗口
[self.window setRootViewController:myTabBarController];
```

💡提示:从本书附带的光盘中可以找到3个tabBarItem需要的图片素材,加载到工程里。

本章是通过代码的方式加载 Tab Bar Controller,当然也可以通过 Interface Builder 来加载,加载方法和基本 UI 控件一样,从系统库中找到 Tab Bar Controller,如图 7.11 所示。

## 第 2 篇　UI 开发篇

> 注意：使用 Interface Builder 不仅可以完成设计界面，还能搭建稍微复杂的程序架构。不过还是建议读者尽量使用代码，这样可以在初学的阶段更好地熟练代码，丰富开发经验。

### 2. 运行程序

现在编译并运行程序，如果没有错误，可以看到模拟器中程序的最下方多出一个 Tab Bar，此刻一共有 3 个 tabBarItem。当前选中的选项卡会以高亮显示，如图 7.12 所示，这说明我们创建的 Tab Bar Controller 成功了。

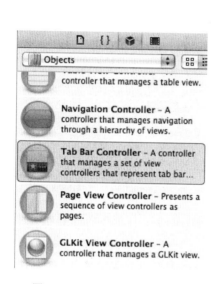

图 7.11　Tab Bar Controller

图 7.12　Tab Bar Controller 的选项卡在选中时变成高亮

## 7.3　使用日期选择器（UIDatePicker）

程序的第 1 个标签视图包含一个日期选择器，用户可以选择具体的日期和时间。日期时间选择器是一种特殊的选择器，它为用户提供了一种简单的选择特定日期或时间的方式。日期时间选择器最多可以有 4 个独立的转轮，每个轮只显示一种类型的值，如月份或小时。用户通过单击或拖曳使转轮转动，直到它将用户想要的值显示在选择器中间的一条突出显示的选择栏上。最终的值由各个轮上的值组合而成。

### 7.3.1　选择器在 iPhone 中的使用

iPhone 的时钟用到了很多选择器，如设定闹钟时选择小时和分钟，如图 7.13 所示。

# 第 7 章　Tab Bar Controller 和 Picker View

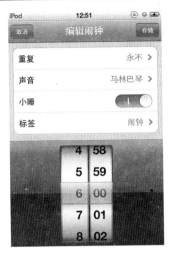

图 7.13　利用选择器设定闹钟

这个选择器只有两个滚轮，左边是小时，右面是分钟。

## 7.3.2　实现日期选择器

下面就在第一个视图界面里添加日期选择器。系统的资源库里提供了这种控件，因此添加方式非常简单，直接拖曳到主视图上就可以了。这次除了基本的设计界面和编写代码以外，还需要在 iPhone 设置里对语言环境做一些修改。

### 1．添加日期选择器

打开 FirstViewController.xib，在 View 上添加 Date Picker，再放置一个用于显示时间的 Label 和 Button。选中 Date Picker，在属性面板里找到 Locale 项，可以看到默认是英文的，我们选择中文，如图 7.14 所示。

拖曳标签和按钮的位置，使其居中。修改按钮的标题为"当前日期"，界面设计如图 7.15 所示。

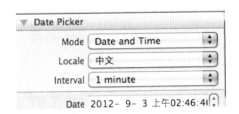

图 7.14　设置 Date Picker 内容为中文显示

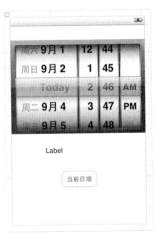

图 7.15　FirstViewController 界面

## 2. 关联输出口和操作

打开 FirstViewController.h，添加 Date Picker 和 Label 的输出口，以及一个操作 action:，代码如下：

```
#import <UIKit/UIKit.h>

@interface FirstViewController : UIViewController{
    IBOutlet UIDatePicker*datePicker;           //日期选择器
    IBOutlet UILabel *dateLabel;                //日期标签
}
-(IBAction)action:(id)sender;                   //按钮对应的响应
@end
```

然后，打开 Interface Builder 把 datePicker 与日期选择器控件、dateLabel 和标签控件关联起来，操作 action:与"当前日期"按钮的 Touch Up Inside 事件关联。

## 3. 实现action:函数

在 action:函数中添加如下代码：

```
-(IBAction)action:(id)sender{
    NSDate *selected = [datePicker date];                        //获取日期对象
    NSDateFormatter *formatter=[[NSDateFormatter alloc] init];
    [formatter setDateFormat:@"yyyy-MM-dd HH:mm:ss"];//设置日期时间格式
    NSString *date=[formatter stringFromDate:selected];
    //转化日期时间为字符串
    NSLog(@"%@", date);
dateLabel.text=date;                                             //更新界面显示
}
```

通过 UIDatePicker 的 date 可以获取到一个 NSDate 变量，通过 NSDateFormatter 可以为 NSDate 设置我们需要的格式，stringFromDate:函数把 NSDate 转化为可以打印的 NSString 类型。

运行程序，我们发现日期时间选择器的星期还是英文的，看来只设置 Locale 还不行。iPhone 的日期时间选择器会自动根据手机的时区选择显示原因，打开模拟器的 Setting（设置），进入到 International（通用），当前 Region Format（时区）为 United States（美国），如图 7.16 所示。

## 4. 设置系统区域格式

进入到 Region Format 中，选择"Chinese China"，如图 7.17 所示。

## 第 7 章 Tab Bar Controller 和 Picker View

图 7.16 在模拟器中设置时区

图 7.17 选择中文（中国）

现在运行程序，日期选择器终于可以显示"星期一"和"星期二"了。选择 9 月 9 号 9 点，单击"当前日期"按钮，Label 的显示如图 7.18 所示。

图 7.18 选择器的日期和时间正确显示在界面上

> 注意：本程序的日期选择器显示月日时分秒，我们可以在属性中设置具体显示的内容项。

• 175 •

## 7.4 使用单组件选择器（Single Component Picker）

第 1 个内容视图比较简单，不需要做太多的工作。接下来学习下从单组值中进行选择的选择器。这个选择器需要被加载到程序第 2 个标签对应的控制器视图上，不一样的是，我们即将用到一些新的方法，实现选择器的委托（delegate）和数据源（dataSource）来为它提供并显示数据。

### 7.4.1 创建 Outlet 和 Action

和上个视图的开发步骤一样。首先需要在 xib 中放置控件并且布置界面，再在源文件里添加变量的输出口和动作，进行关联。SecondViewController 要充当选择器的委托和数据源，因此在@interface 符合选择器协议。

（1）修改 SecondViewController.h

打开 SecondViewController.h，添加所需的输出口以及操作，代码如下：

```
#import <UIKit/UIKit.h>
@interface SecondViewController:UIViewController
<UIPickerViewDelegate, UIPickerViewDataSource>{
    IBOutlet UIPickerView *singlePicker;      //选择器
    NSArray *data;                             //数据数组
}
-(IBAction)action:(id)sender;                  //按钮对应的响应
@end
```

（2）修改 SecondViewController.xib

在 View 上添加 Picker View，界面布局和 FirstViewController 类似，如图 7.19 所示。这次用到的 Picker View 只显示一列，所以调整下宽度和大小，位置信息如图 7.20 所示。

图 7.19 SecondViewController 界面布局

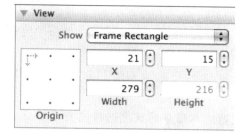

图 7.20 Picker View 位置信息

把 Picker View 控件和 singlePicker 关联，action:函数和按钮的 Touch Up Inside 事件关联起来。选中 Picker View，打开属性栏最右边的一项，可以看到在 Outlets 下对应着 Picker View 的 dataSource 和 delegate，把它们旁边的空白小圆圈拖曳到 File's Owner 上，当圆圈变成实心，Picker View 的代理和数据源就设定好了，如图 7.21 所示。

也可以右击 View 上的 Picker View，在弹出的 Outlets 列表中连接 dataSource 和 delegate。Picker View 的事件一般不需要开发者来处理，所以列表里没有 Action，如图 7.22 所示。

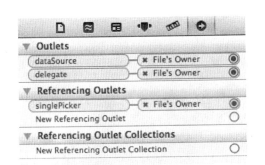

图 7.21　设定 Picker View 的 dataSource 和 delegate　　图 7.22　右击 Picker View 查看 Outlets 列表，没有 Action

注意：如果在头文件不添加对协议的符合，Xcode 会提示警告，但不会报错。

## 7.4.2　实现数据源和委托

接下来在 SecondViewController.m 中实现选择器的委托和数据源方法，代码如下：

```
#pragma mark -
#pragma mark Picker Data Source Methods
- (NSInteger)numberOfComponentsInPickerView:(UIPickerView *)pickerView
{
    return 1;                     //组件个数，即列数
}

-(NSInteger)pickerView:(UIPickerView*)pickerView
numberOfRowsInComponent:(NSInteger)component
{
    return [data count];          //行数
}
#pragma mark -
#pragma mark Picker Delegate Methods
-(NSString*)pickerView:(UIPickerView*)pickerView titleForRow:(NSInteger)row forComponent:(NSInteger)component
{
    return [data objectAtIndex:row];   //行的标题
}
```

选择器可以包含多个旋转滚轮或者组件，通过 numberOfComponentsInPickerView: 的返回值可以设定选择器的组件数目。

选择器通过 pickerView: numberOfRowsInComponent:来确定每个组件包含的行数。当前的选择器只有一个组件，直接返回数组 data 的个数。

这两个方法都是数据源方法，接下来我们实现一个委托方法。pickerView:titleForRow: forComponent:会返回一个字符串，这个字符串就是显示在对应的 component（组件）和 row（行）的标题。

注意：#pragma 是一条编译器指令，它会在编译器窗格产生一个分隔符，不会对代码产生任何影响。

### 7.4.3 弹出选中的数据

这次我们不再让数据显示在 Label 上，换成一种更直观的方式，当用户单击"选择完成"按钮时，弹出一个警告框，在上面显示出选择的数据。

#### 1．初始化数据

```
#pragma mark - View lifecycle

- (void)viewDidLoad
{
    [super viewDidLoad];
    //初始化数组
    data=[[NSArray alloc]initWithObjects:@"中国",@"美国",@"意大利",
    @"法国",@"新加波", @"瑞士", nil];
}

-(void)dealloc{
    [data release];                    //内存释放
    [super dealloc];
}
```

data 里包含了 6 个 NSString，各代表一个国家。[data release];在 dealloc 里及时释放掉申请的内存。

#### 2．实现响应

补充 action:方法中的代码：

```
-(IBAction)action:(id)sender
{
    NSInteger row = [singlePicker selectedRowInComponent:0];
    //当前选择的行下标
```

## 第 7 章　Tab Bar Controller 和 Picker View

```
    NSString *selected = [pickerData objectAtIndex:row];
    //当前下标对应的数据
    //格式化标题
    NSString *title = [[NSString alloc] initWithFormat:@"当前选中的国家是%@!", selected];
    //弹出警告框
    UIAlertView *alert = [[UIAlertView alloc] initWithTitle:title
    message:nil
                        delegate:nil cancelButtonTitle:@"确定"
                        otherButtonTitles:nil];
    [alert show];
    [alert release];
    [title release];
}
```

selectedRowInComponent:的返回值就是选择器当前选中的哪一行（下标从 0 开始），然后根据 row 取出 pickerData 中对应的字符串，在 UIAlertView 中展现出来。

### 3. 运行程序

把选择器拨到意大利，单击"选择完成"按钮，程序弹出的警告框里会提示我们做出的选择，如图 7.23 所示。

图 7.23　警告框弹出选择的国家

## 7.5 多组件选择器（Multi Component Picker）

接下来创建本章节的最后一个应用程序，将包含两个滚轮的选择器，滚轮之间相互依赖。左侧的滚轮包含了我国的几个省，右侧的滚轮则会根据省份显示相关的城市。其中会涉及到一些数据，省份保存在 NSArray 中，城市和省份是对应的，需要用到 NSDictionary（字典）。NSDictionary 是一个字典，功能强大且扩展性极强，下面将详细地介绍它。

### 7.5.1 NSDictionary（字典）

字典就是关键字及其定义（描述）的集合。NSDictionary 的关键字通常是一个 NSString，对应存储一个数值（可以是任何类型的对象），然后就可以用这个关键字来查找相应的数值。不同于数组，字典使用的是键查询的优化存储方式。它可以立即找出要查询的数据，而不需要遍历整个数组进行查找。

下面介绍几个 NSDictionary 常用的函数。

（1）初始化

```
NSDictionary *myDictionary = [NSDictionarydictionaryWithObjectsAndKeys:
@"Jack",@"Name",@"Man",@"Sale",nil];
```

dictionaryWithObjectsAndKeys:一个 Class 初始化方法，初始化的方法还有很多。

（2）快速取值

```
NSString *name = [myDictionary objectForKey:@"Name"];
```

objectForKey:根据键查询到值。

NSDictionary 拥有一个可变的子类 NSMutableDictionary，可以对包含的键值进行增删改查操作。假设现在拥有一个可变字典 mutableDictionary，而且已经初始化完毕，添加和删除键值的方式如下：

（3）添加键值

```
[mutableDictionary setObject:@"21" forKey:@"Age"];
```

调用 setObject:forKey:函数向字典中添加新元素，如果关键字已存在，则用新值替换旧值。

（4）删除键值

```
[mutableDictionary removeObjectForKey:@"Age"];
```

调用 removeObjectForKey:函数就可以把指定键的一项从字典中删除。

注意：NSDictionary 的键必须是唯一的。

## 7.5.2 定义 Outlet 和 Action

首先在 ThirdViewController 类中添加某些成员变量和方法，然后在视图界面上增加一个选择器控件，并进行相应的关联。

（1）修改 ThirdViewController.h

把下面的代码添加到 ThirdViewController.h 中：

```
#import <UIKit/UIKit.h>
@interface ThirdViewController : UIViewController
{
    IBOutlet UIPickerView *picker;          //选择器
    NSDictionary *dic;                       //字典
    NSArray *provinces;                      //省份数组
    NSArray *cities;                         //城市数组
}
@property (retain, nonatomic) NSDictionary *dic;
@property (retain, nonatomic) NSArray *provinces;
@property (retain, nonatomic) NSArray *cities;
-(IBAction)action:(id)sender;
@end
```

（2）设计界面

界面和上一节的视图类似，如图 7.24 所示。

图 7.24　ThirdViewController 界面布局

调整好界面后，把 IBOutlet 和 IBAction 关联起来。

## 7.5.3 选择器数据

这次的选择器显示的数据和上节相比要多了些，也更复杂。我们不再把数据放在内存里读取，在数据量较大的时候，明显会增加维护成本。那怎么做呢？工程下将会包含一个属性列表，所有的省份和城市都放在这里面，这样在未来如果要修改程序的数据，只要修改属性列表就可以了。

### 1. 属性列表

属性列表是一个后缀名为 plist 的文件，我们已经用过工程下的 Info.plist 来设置程序信息。plist 文件本身是标准的 xml 文件，plist 通常和 NSDictionary 一起使用进行数据的读写，这里介绍一下基本使用方法。

（1）写入

首先调用 initWithContentsOfFile:函数，这是 NSDictionary 的一个初始化函数，传入 plist 文件的路径就可以把数据读取出来封存到字典里：

```
NSMutableDictionary*dict=[[NSMutableDictionary alloc]
initWithContentsOfFile:@"/Sample.plist"];
```

然后在 dict 中新增了一个键 Name，对应的值为 Kate。

```
[dict setObject:@"Kate" forKey:@"Name"];
```

最后把 dict 中的数据重新保存为 plist 文件就可以了：

```
[dict writeToFile:@"/Sample.plist" atomically:YES];
```

（2）读取

```
NSMutableDictionary* dict = [[NSMutableDictionary alloc]
initWithContentsOfFile:@"/Sample.plist"];
NSString* object=[dict objectForKey:@"Name"];
```

把属性列表的数据读取出来保存到字典里，通过键查找。

> **注意**：本程序所使用的属性列表文件不要求修改和写入，只要能够读取就可以了，因此我们会把文件加载到工程目录下。

### 2. 添加属性列表

打开随书附带的光盘找到属性列表 cities.plist，导入到工程下，记住选择复制文件，如图 7.25 所示。

打开 cities.plist，列表下一共包含了 6 个省份，每个城市是一个数组，数组中包含 5 到 6 个城市，为 NSString 类型，如图 7.26 所示。

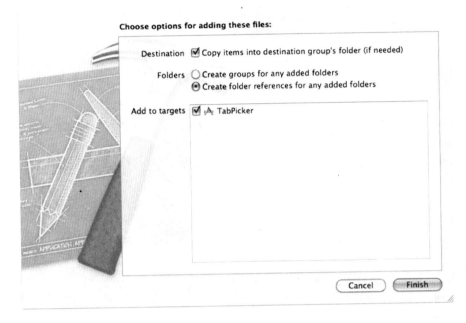

图 7.25　把 cities.plist 复制到工程下

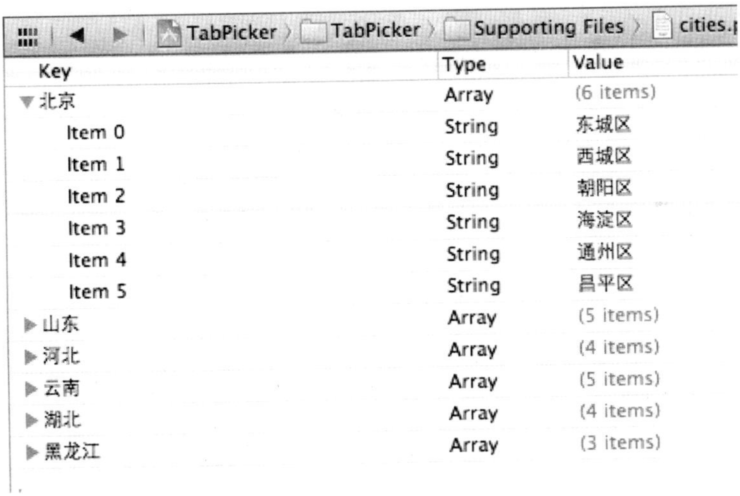

图 7.26　cities.plist 的结构

>注意：编辑属性列表时，建议先完成一个省份的数据，然后通过复制、粘贴快速地补充其他省份的资料。如果编辑错误，可以按 Command+Z 组合键撤销操作。

### 7.5.4　实现选择器的数据显示

接下来的功能分 4 步完成。
（1）实现选择器的数据源和委托方法；

(2)初始化即将显示的省份、城市数据；
(3)实现按钮响应；
(4)运行程序查看是否成功。

### 1. 添加数据源和委托方法

打开 ThirdViewController.m，添加数据源和委托方法的实现：

```objc
#pragma mark -
#pragma mark Picker Data Source Methods
- (NSInteger)numberOfComponentsInPickerView:(UIPickerView *)pickerView
{
    return 2;                                          //两个滚轮
}
-(NSInteger)pickerView:(UIPickerView*)pickerView
                    numberOfRowsInComponent:(NSInteger)component
{
    if (component == 0)
        return [provinces count];                      //省份数目
    else
        return [cities count];                         //城市数目
}
#pragma mark Picker Delegate Methods
- (NSString *)pickerView:(UIPickerView *)pickerView
                    titleForRow:(NSInteger)row forComponent:
                    (NSInteger)component
{
    if (component == 0)
        return [provinces objectAtIndex:row];          //省份名称
    else
        return [cities objectAtIndex:row];             //城市名称
}

-(void)pickerView:(UIPickerView*)pickerView
didSelectRow:(NSInteger)row  inComponent:(NSInteger)component
{
    if (component == 0)
    {
        NSString *selectedState = [provinces objectAtIndex:row];
                                                       //获取选中的省份
        NSArray *array = [dic objectForKey:selectedState];
                                                       //获取选中的省份对应的城市
        self.cities = array;
        [picker selectRow:0 inComponent:1 animated:YES];
                                                       //选中第一个城市
        [picker reloadComponent:1];
                                                       //重新载入城市列表
    }
}
-(CGFloat)pickerView:(UIPickerView*)pickerView
```

```
widthForComponent:(NSInteger)component
{
    if (component == 0)
        return 200;                                    //第一个滚轮的宽度
    else
        return 120;                                    //第二个滚轮的宽度
}
```

前两个数据源方法比较容易理解，选择器包含两个滚轮，第一个滚轮显示省份列表，第二个滚轮显示城市列表。调用 NSDictionary 的 objectForKey:方法，根据 key 获取到 value。

当我们拨动滚轮，系统会自动调用 pickerView:didSelectRow:inComponent:代理方法。首先根据第一个滚轮的当前 row 获取到省份名称，然后从 dic 中取出城市列表，调用 [picker reloadComponent:1]; 选择器会重新载入城市列表。

在方法 pickerView:widthForComponent:里我们设定第一个滚轮宽度是 200，第二个是 120。

**2. 初始化选择器数据**

在 viewDidLoad 函数中把属性列表中的数据读取出来，代码如下：

```
#pragma mark - View lifecycle

- (void)viewDidLoad
{
    [super viewDidLoad];

    //读取 cities.plist 属性列表中的数据
    NSBundle *bundle = [NSBundle mainBundle];
    NSString *plistPath = [bundle pathForResource:@"cities" ofType:
    @"plist"];
    NSDictionary *dictionary = [[NSDictionary alloc] initWithContents
    OfFile:plistPath];
    self.dic = dictionary;
    [dictionary release];

    NSArray *components = [dictionary allKeys];
    //获取字典的 key 值，即省份
    //把省份按照首字母顺序排序
    self.provinces = [components sortedArrayUsingSelector:
    @selector(compare:)];
    NSString *selectedState = [self.provinces objectAtIndex:0];
    self.cities = [dic objectForKey:selectedState];  //取出省份对应的城市
}
```

我们首先获取属性列表在工程目录下的绝对路径：

```
NSBundle *bundle = [NSBundle mainBundle];
NSString *plistPath = [bundle pathForResource:@"cities" ofType:
@"plist"];
```

属性列表位于工程目录下，因此在文件束（Bundle）下通过文件名搜索就可以了。然后，根据路径把属性列表的数据读取出来，转化为 NSDictionary 对象。

```objc
NSDictionary *dictionary = [[NSDictionary alloc] initWithContentsOfFile:plistPath];
```

随后从字典中取数据就可以了，不要忘记在 ThirdViewController.m 里添加 @synthesize 和释放代码：

```objc
#import "ThirdViewController.h"

@implementation ThirdViewController
@synthesize dic,provinces,cities;                              //属性访问器
- (id)initWithNibName:(NSString *)nibNameOrNil bundle:(NSBundle *)nibBundleOrNil
{
    self = [super initWithNibName:nibNameOrNil bundle:nibBundleOrNil];
    if (self) {
    }
    return self;
}
- (void)dealloc {
    [dic release];                                //释放内存
    [cities release];                             //释放内存
    [provinces release];                          //释放内存
    [super dealloc];
}
```

### 3. 添加按钮响应

现在去实现 action:函数，代码如下：

```objc
-(IBAction)action:(id)sender
{
    NSInteger row1 = [picker selectedRowInComponent:0];
//第一个滚轮的选中下标
    NSInteger row2 = [picker selectedRowInComponent:1];
//第二个滚轮的选中下标
    NSString *province = [provinces objectAtIndex:row1];   //选中的省份
    NSString *city = [cities objectAtIndex:row2];          //选中的城市

    NSString *title = [[NSString alloc] initWithFormat:@"你选择的省份是%@", province];
    NSString *message = [[NSString alloc] initWithFormat:@"所在城市是%@", city];
    //弹出提示框
    UIAlertView *alert = [[UIAlertView alloc]
            initWithTitle:title message:message delegate:nil
            cancelButtonTitle:@"确定" otherButtonTitles:nil];
    [alert show];
    [alert release];
```

```
    [title release];
    [message release];
}
```

在按钮的响应事件里,获取当前选中的省份和城市,在警告框里显示出来。

**4.运行程序**

拨动第一个滚轮,第二个滚轮的城市就会随之发生变化。单击"选择完成"按钮,弹出警示框,如图 7.27 所示。

图 7.27 弹出选择的省份和城市

## 7.6 小 结

在本章学习了标签视图控制器,读者需要了解从开始创建一个带选项卡的多视图应用程序的过程,并创建了三个内容视图。而且还探索了一个新的控件:选择器。选择器和其他的控件类似,但是使用它必须要实现 UIPickerViewDelegate 和 UIPickerViewDataSource 方法。相信编写了三种选择器应用程序后,加深了读者对委托和数据源的理解。本章用到的选择器本质都是一样的,基本都是根据数据的不同来控制界面的显示。

在下一章我们就开始学习表视图,这是一个使用非常广泛,无比吸引人的控件,开始学习吧！

## 7.7 习　　题

【简答题】

1．UITabBarController 有哪几部分组成？

2．iOS 库中有一个工具栏控件，它和选项卡栏（tab bar）是一回事吗？

3．创建 NSDictionary 实例后，可以修改其中的键值。

【实践题】

新建一个主界面为 UITabBarController 的工程，加强对其的使用，建立多余 5 个选项卡，观察 iOS 对超过的选项卡是如何处理的。

# 第 8 章 表 视 图

表视图是用于 iPhone 应用里结构化的显示数据列表的一种最常见的机制。它们是高度可配置的对象，可以配置为用户所需的任何形式。一个表是一个整体，表中又包含了一行行的单元格，它们又是一个个独立的个体。例如，App Store 使用表视图展示程序的图标、名称和价格等信息，如图 8.1 所示。

图 8.1 App Store 的表视图样式

"设置"也采用了表视图，根据不同的设置项，外观又有不同的地方。"飞行"模式右侧是一个开关，"无线局域网"右侧是一个标题，如图 8.2 所示。

本章将会带领读者学习表视图和单元格的概念。学习创建表视图，介绍表视图的某些属性和重要的代理方法，实现自定义的表视图，最后再学习为表视图添加索引。

本章主要涉及到的知识点如下所示。

- ❑ UITableView：学会创建表视图和基本概念。
- ❑ 自定义表视图：实现自定义样式的表视图。
- ❑ 索引：为表视图添加索引。

图 8.2 "设置"的表视图样式

> 注意：表视图控制器（UITableViewController）是一个标准的视图控制器，它显示的是表视图已经自动设置了代理和数据源属性。对于某些情景，使用它可以省去大量的代码，不过损失的是一部分的灵活性。

## 8.1 介绍 UITableView（表视图）

如果我们的应用需要显示大量数据，就像 iPhone 的通讯录一样拥有上百个联系人，采用表视图，用户就可以通过上下滚动来查看更多的数据。表没有行的限制，但是却只有一列。表视图的对象是 UITableView，表的每行通过 UITableViewCell 来实现。

UITableView 靠委托（UITableViewDelegate）和数据源（UITableViewDataSource）来表现数据。UITableViewCell 是表的单元格，可以自定义，也可以用系统提供的样式。下面介绍下 UITableView 类。

> 注意：表视图虽然不限行数，但如果一次加载过多的数据，会影响表的流畅性，消耗内存。

### 8.1.1 UITableView（表视图）

UITableView 是 UIScollView 的子类，不过只能上下滑动，无法左右滑动。它有两个重要的代理，分别是 UITableViewDelegate 和 UITableViewDataSource。UITableView 并不负责存储表中的数据，它从遵循 UITableViewDelegate 和 UITableViewDataSource 协议的对象获取配置数据。

下面介绍下几个常用的代理方法。

（1）分区数

```
-(NSInteger)numberOfSectionsInTableView:(UITableView*)tableView;
```

这个方法决定表视图采取几个分区（section）来显示数据。

（2）每个分区的行数

```
-(NSInteger)tableView:(UITableView*)tableViewnumberOfRowsInSection:(NSInteger)section;
```

这个方法返回每个分区的行数。

（3）返回单元格

```
-(UITableViewCell*)tableView:(UITableView*)tableViewcellForRowAtIndexPath:(NSIndexPath *)indexPath;
```

这个方法通过 section 和 row 返回对应的单元格，我们可以在里面自定义单元格的界面。默认的有一个主标题 textLabel，一个副标题 detailTextLabel，还有一个 imageView 位于最左侧，通常用于显示图标。

（4）行高

```
-(CGFloat)tableView:(UITableView*)tableView heightForRowAtIndexPath:(NSIndexPath*)indexPath;
```

返回指定的 row 的高度。

（5）选中某一行

```
-(void)tableView:(UITableView *)tableView didSelectRowAtIndexPath:(NSIndexPath *)indexPath;
```

系统可以检测到单击某一行的响应动作，在这里可以执行自己的逻辑操作。

> ⚠ 注意：这些代理方法里面必须设置分区的函数和返回单元格，其他的有默认值或者可以不实现。

## 8.1.2 分组（Grouped）表和无格式（Plain）表

表视图有两种基本样式，一种是分组表，这种表视图的组都是嵌入在圆角矩形的框里，如图 8.3 所示；另一种是无格式表，它属于默认的样式，例如 iPhone 的通讯录，行之间用一条灰色的间隔线分开，如图 8.4 所示。

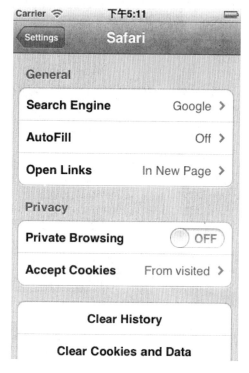

图 8.3　分组表

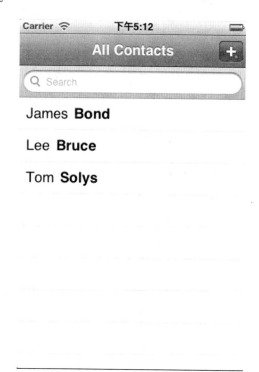

图 8.4　无格式表

> 注意：从外观上看，两种表区别较明显，而且无格式表可以拥有索引，分组表无法拥有。

## 8.1.3　单元格

表的所有数据都要放在单元格里才能展现，配置单元格操作 UITableViewCell 类。默认情况下，单元格显示图标、标题和信息详情，有时还会携带一个附属视图，也许是一个简约的小箭头，也可以是一个蓝色的可单击的按钮，它会告诉用户还有更深一层次的信息，如图 8.5 所示。

图 8.5　单元格

单元格在创建的时候必须传递一个重用标志符（一个做标记性的字符串），基本上相同样式或者一类的单元格采用同一个标志符。

## 8.2 实现一个简单的表视图

下面我们就创建本章的示例程序,并添加一个表视图,显示一段文字列表,如图 8.6 所示。接着会做些稍微复杂的操作,我们会定制自己希望的单元格,并通过设置表视图的某些属性修改其样式,如图 8.7 所示。

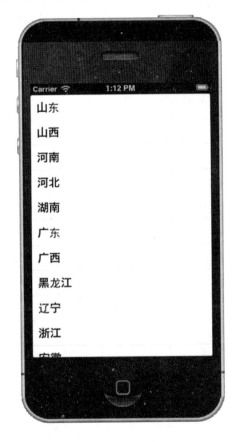

图 8.6　这是一个最简单的表视图　　　　图 8.7　经过自定义后的表视图

### 8.2.1　设计视图

打开 Xcode,新建 iPhone 工程,选择基于 Single View Application 的模板,工程命名为"SimpleTable"。

**1. 添加表视图**

打开 ViewController.xib,在系统库中找到表视图,如图 8.8 所示。把 Table View 拖曳到 View 上,Table View 会自动撑开到全屏大小,如图 8.9 所示。

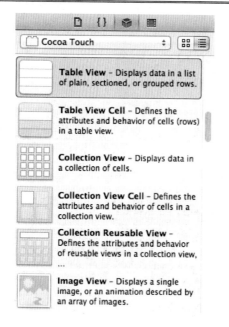

图 8.8 从库中找出表视图控件

图 8.9 在 View 上放置 Table View

## 2．设置表视图属性

选中 Table View，打开属性面板。Table View 的属性如图 8.10 所示。Style 下拉框可以选择 Table View 的样式，当前默认的是 Plain，如果选择 Grouped，可以看到 Table View 的样式变化如图 8.11 所示，在本程序中我们采用 Plain 表。

图 8.10 Table View 属性

图 8.11 Grouped 样式的 Table View

Separator 决定分割线的样式,这个属性主要针对 Plain 表的。在下方的颜色框我们可以选择分割线的颜色,保持默认不变。

### 3．运行程序

由于还没有处理 Table View 的数据源和代理,所以程序上只有一个光秃秃的表,如图 8.12 所示。

图 8.12　当前的表没有任何的数据

## 8.2.2　编写视图控制器

接下来需要让 ViewController 实现表的数据源和代理,实现方式和上一章使用过的选择器很相似,描述表视图包含多少分区、多少行和供显示的单元格等。一共分 4 步完成,步骤如下所示。

(1) 设置 ViewController 成为表视图的代理;
(2) 初始化数据;
(3) 实现数据源和委托方法;
(4) 运行程序。

1. 设置代理

回到 Interface Builder 界面，右击 Table View，把 dataSource、delegate 连接到 File's Owner，让 ViewController 实现 Table View 的数据源和代理。这是最方便的方式，如果希望通过代码实现，在适当的位置添加如下代码：

```
tableView.delegate=self;              //设置委托
tableView.dataSource=self;            //设置数据源
```

tableView 是表视图的对象或输出口，self 是代理类，一般都是本类。如果这样做的话，还需要创建一个表视图的对象或者声明输出口，操作起来多了几步，稍显啰嗦。

打开 ViewController.h，修改代码如下：

```
#import <UIKit/UIKit.h>

//使 ViewController 类符合表视图的数据源和委托
@interface ViewController : UIViewController<UITableViewDataSource,
UITableViewDelegate>
{
    NSArray*data;                     //数组
}
@property(retain,nonatomic)NSArray*data;
@end
```

ViewController 遵从 UITableViewDataSource 和 UITableViewDelegate 协议，数组 data 保存数据。

2. 初始化数据

打开 ViewController.m，创建一份数据并保存到成员变量 data 中，代码如下：

```
#import "ViewController.h"

@implementation ViewController
@synthesize data;                     //属性访问器
- (void)didReceiveMemoryWarning
{
    [super didReceiveMemoryWarning];
}

-(void)dealloc{
    [data release];                   //释放内存
    [super dealloc];
}

#pragma mark - View lifecycle
- (void)viewDidLoad
{
```

```objc
[super viewDidLoad];
//初始化数组数据
NSArray*provinces=[[NSArray alloc] initWithObjects:@"山东",@"山西",@"河南",@"河北",@"湖南",@"湖北",@"广东",@"广西",@"黑龙江",@"辽宁",@"浙江",@"安徽",nil];
self.data=provinces;
[provinces release];
}
```

### 3. 实现数据源和委托方法

需要显示的数据已经初始化完成，下面实现数据源和代理方法，在 viewDidLoad 函数下方添加下面的代码：

```objc
#pragma mark -
#pragma mark UITableViewDataSource

- (NSInteger)numberOfSectionsInTableView:(UITableView *)tableView
{
    return 1;                                        //分区数
}

- (NSInteger)tableView:(UITableView *)tableView
        numberOfRowsInSection:(NSInteger)section
{
    return [self.data count];                        //行数
}

#pragma mark -
#pragma mark UITableViewDelegate
-(UITableViewCell*)tableView:(UITableView*)tableView
            cellForRowAtIndexPath:(NSIndexPath *)indexPath{

    static NSString *CellTableIdentifier = @"CellTableIdentifier";
    //单元格 ID
    //重用单元格
    UITableViewCell *cell = [tableView dequeueReusableCellWithIdentifier:
                                        CellTableIdentifier];
    //初始化单元格
    if (cell == nil) {
        cell = [[[UITableViewCell alloc] initWithStyle:UITableViewCellStyleDefault
                                        reuseIdentifier:CellTableIdentifier]
                                        autorelease];
    }
    cell.textLabel.text=[self.data objectAtIndex:indexPath.row];
    //设置单元格标题
    return cell;
}
```

前面介绍过 numberOfSectionsInTableView:返回分区的数目，在这里配置了一个分区。tableView:numberOfRowsInSection:返回分区的函数，因为只有一个分区，所以直接返回 data 数组中的元素个数就可以了。

当 Table View 绘制某一行的时候，会调用 tableView:cellForRowAtIndexPath:函数，第 2 个参数是一个 NSIndexPath 类，通过 indexPath.section 和 indexPath.row 可以获取到当前行的分区下标和行下标。CellTableIdentifier 作为一个唯一标识符，来区别不同种类的单元格。

表视图显示在界面时首先会加载当前可见的行。UITableViewCell 就是一个表视图单元格，当表视图滑动到新的部分，那些刚刚被显示出来的行就会被创建；当表视图在回滚到前部分，已经被创建过的行不用再被重复初始化。通过 CellTableIdentifier 去生产它：

```
//重用单元格
UITableViewCell *cell = [tableView dequeueReusableCellWithIdentifier:
                                    CellTableIdentifier];
```

这样重新显示已经创建过的行，但不是通过重新创建的方式，利用此机制，系统可以最大限度的节省内存开销。如果当前行无法重复利用，说明该行还没有被创建，那么就需要执行初始化操作：

```
//初始化单元格
cell = [[[UITableViewCell alloc] initWithStyle:UITableViewCellStyleDefault
                            reuseIdentifier:CellTableIdentifier]
                            autorelease];
```

单元格也有几种不同的样式，我们采用 UITableViewCellStyleDefault 即默认的，第二个参数传递唯一标识符。

单元格创建完后，还需要让单元格实现显示文字的效果。在单元格左侧有一个 Label，使用数组中的数据填充单元格：

```
cell.textLabel.text=[self.data objectAtIndex:indexPath.row];
//设置单元格标题
```

这个代理方法是不是有些复杂？读者可以先学会如何使用，至于 UITableView 更底层的实现方式可以查阅官方的一些文档。

> **注意**：如果不实现 numberOfSectionsInTableView:这个数据源方法，表视图默认只有一个分区。

### 4．运行程序

效果如图 8.13 所示，表视图从上到下列出 data 中的省份，顺序和 data 中元素顺序一致。当前的数据一屏无法全部显示，用手指上下滑动。

第 8 章 表视图

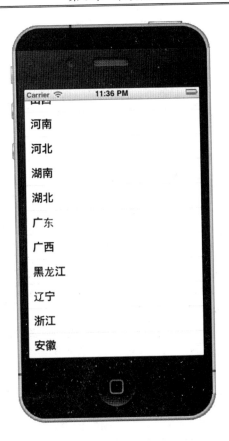

图 8.13 程序运行效果

## 8.2.3 在表单元中添加图片

我们说过 Table View 具有高度的定制性，这表示可以随意设计自己需要的样式。如果要让 Table View 显示一个图片该如何实现呢？一般的思路是在单元格上加载一个 UIImageView，这个方法是没有问题的。当然还有更省事的方法，UITableViewCell 有一个默认的 UIImageView，可以直接引用进行某些赋值或修改操作。下面就学习下如何在单元格中显示图片。

（1）添加素材

打开随书附带的光盘，把名为 "talk.png" 的图片添加到工程中，记得选择复制，把文件放在 Supporting Files 文件夹下。

（2）在单元格中显示图片

打开 ViewController.m，修改 tableView:cellForRowAtIndexPath:函数，代码如下：

```
#pragma mark -
#pragma mark UITableViewDelegate
- (UITableViewCell *)tableView:(UITableView *)tableView
```

```
                      cellForRowAtIndexPath:(NSIndexPath *)indexPath{
    static NSString *CellTableIdentifier = @"CellTableIdentifier ";
    //单元格 ID
    //重用单元格
    UITableViewCell *cell = [tableView dequeueReusable
    CellWithIdentifier:
                                CellTableIdentifier];
    //初始化单元格
    if (cell == nil) {
        cell = [[[UITableViewCell alloc] initWithStyle:UITableView
        CellStyleDefault
                                reuseIdentifier: CellTableIdentifier]
                                autorelease];
    }

    UIImage *img=[UIImage imageNamed:@"talk.png"];
    cell.imageView.image=img;                            //显示图片
    cell.textLabel.text=[self.data objectAtIndex:indexPath.row];
    //设置标题
    return cell;
}
```

UITableViewCell 自带一个 UIImageView，如果有图像，它会自动出现在单元格的左边。原来的 textLabel 就会自动的往后边靠，挨着图像。

在输入 cell.imageView.代码的时候，Xcode 的自动匹配功能会根据当前已经输入的字母弹出提示，如图 8.14 所示。

图 8.14　Xcode 会自动弹出代码匹配框

imageView 的上方 image 多了一道红线，这代表什么？通常表示这个属性在当前的 SDK 版本中已经被弃用，所以我们应该选择使用 imageView 属性。

（3）查看效果

运行程序，每个单元格的左侧都出现了一个图片，大小和位置都是系统自动设置，如图 8.15 所示。

**注意**：imageNamed:使用基于图片名称的缓存机制，不会重复创建新的图片，而是使用缓存中的图片，适合在表视图中使用。

第 8 章 表视图

图 8.15 Table View 在单元格左侧显示图片

## 8.2.4 介绍表单元的几种样式

表本身承担一个管理和装载的工作，具体的显示还要交给表单元（UITableViewCell）。首先介绍下单元格的几个基本元素，目前已经使用过标题和图像了。

- imageView：用于显示图像，位于单元格左侧。
- textLabel：显示主要的文本内容。
- detailTextLabel：显示辅助的文本内容。

采用 UITableViewCellStyleDefault 样式，单元格只会显示一个 textLabel。大多数情况下，单元格只靠一个标签难以满足较多的数据显示，除此之外，表视图单元格还有 UITableViewCellStyleValue1、UITableViewCellStyleValue2 和 UITableViewCellStyleSubtitle 三种样式。

### 1. UITableViewCellStyleValue1

textLabel 位于左侧，和单元格左对齐，detailTextLabel 位于右侧，和单元格右对齐。下面我们演示下这种样式。修改 tableView:cellForRowAtIndexPath:函数，把初始化单元格时调用的函数（initWithStyle: reuseIdentifier:）的第一个参数置换为

UITableViewCellStyleValue1，代码如下：

```
#pragma mark -
#pragma mark UITableViewDelegate
- (UITableViewCell *)tableView:(UITableView *)tableView cellForRow
AtIndexPath:(NSIndexPath *)indexPath{

    static NSString *CellTableIdentifier = @"CellTableIdentifier ";
    //单元格 ID
    //重用单元格
    UITableViewCell *cell = [tableView dequeueReusableCellWith
    Identifier:
                                        CellTableIdentifier];
    //初始化单元格
    if (cell == nil) {
        cell = [[[UITableViewCell alloc] initWithStyle:
        UITableViewCellStyleValue1
                                    reuseIdentifier:
                                    CellTableIdentifier] autorelease];
    }

    UIImage *img=[UIImage imageNamed:@"talk.png"];
    cell.imageView.image=img;                   //设置图像
    cell.textLabel.text=[self.data objectAtIndex:indexPath.row];
                                                //设置标题
    cell.detailTextLabel.text=@"省份";          //显示省份
    return cell;
}
```

程序运行效果如图 8.16 所示。

### 2. UITableViewCellStyleValue2

textLabel 变成右对齐，detailTextLabel 变成左对齐，这两个文本框有一种紧紧挨着的感觉。这种样式下 imageView 无法显示，把样式修改为 UITableViewCellStyleValue2，代码如下：

```
//初始化单元格
if (cell == nil) {
    cell = [[[UITableViewCell alloc] initWithStyle:
    UITableViewCellStyleValue2
                                reuseIdentifier: CellTableIdentifier]
                                autorelease];
}
```

具体的效果如图 8.17 所示。

第 8 章 表视图

图 8.16　UITableViewCellStyleValue1 样式　　图 8.17　UITableViewCellStyleValue2 样式

### 3．UITableViewCellStyleSubtitle

textLabel 和 detailTextLabel 都变成左对齐，只是 textLabel 在上方，detailTextLabel 在下方。把样式修改为 UITableViewCellStyleSubtitle：

```
//初始化单元格
if (cell == nil) {
    cell = [[[UITableViewCell alloc] initWithStyle: UITableView
    CellStyleSubtitle
                            reuseIdentifier: CellTableIdentifier]
                            autorelease];
}
```

效果如图 8.18 所示。

图 8.18　UITableViewCellStyleSubtitle 样式

注意：系统默认的 detailTextLabel 颜色是蓝色，textLabel 是黑色，这个也可以自由定制。

## 8.2.5 处理行选择事件

表视图能够感知某些触摸事件，当单击表视图的某一行时，该行的背景色会变成深蓝色，标签变成白色，如图 8.19 所示。

当单击表视图时，代理方法 tableView:didSelectRowAtIndexPath:会被调用。通过第 2 个参数 NSIndexPath 可以确定是哪一行被选中。接下来在 tableView: didSelectRowAtIndexPath:中弹出提示框：

```
#pragma mark -
#pragma mark UITableViewDelegate
//表视图中某行被选中
-(void)tableView:(UITableView *)tableView
didSelectRowAtIndexPath:(NSIndexPath *)indexPath{
    //弹出警告
    UIAlertView*alert=[[UIAlertView alloc]
                            initWithTitle:[NSString stringWithFormat:
                            @"省份:%@", [self.data objectAtIndex:
                            indexPath.row]]
                            message:
                            [NSString stringWithFormat: @"第%d行",
                            indexPath.row+1]
                            delegate:nil cancelButtonTitle:nil
                            otherButtonTitles:@"确定", nil];
    [alert show];
    [alert release];
}
```

运行程序，单击某一行，程序会弹出提示框，如图 8.20 所示。

图 8.19　单元格选中的样式　　图 8.20　选中表视图的任一行弹出提示框

只有当有新的一行被选中时，原先被选中的行才会从蓝色高亮状态变回正常状态。

## 8.2.6 调整表单元中文字的字体和位置

单元格的 textLabel 和 detailTextLabel 都是文本标签，也许系统默认的样式还不能满足要求，其实可以尝试着修改标签的字体，调整位置或者设置自己喜欢的文本颜色。看下面这个示例，修改 tableView:cellForRowAtIndexPath:函数：

```
- (UITableViewCell *)tableView:(UITableView *)tableView
                cellForRowAtIndexPath:(NSIndexPath *)indexPath{
    static NSString *CellTableIdentifier = @"CellTableIdentifier ";
    //单元格 ID
    //重用单元格
    UITableViewCell *cell = [tableView dequeueReusableCellWithIdentifier:
    CellTableIdentifier];
    //初始化单元格
    if (cell == nil) {
        cell = [[[UITableViewCell alloc] initWithStyle:
        UITableViewCellStyleDefault
                reuseIdentifier: CellTableIdentifier] autorelease];
    }

    UIImage *img=[UIImage imageNamed:@"talk.png"];
    cell.imageView.image=img;                    //设置图像

    cell.textLabel.text=[self.data objectAtIndex:indexPath.row];
    cell.detailTextLabel.text=@"省份";           //显示省份

    cell.textLabel.font=[UIFont systemFontOfSize:22];
    CGRect rect = cell.textLabel.frame;          //textLabel 初始位置
    rect.origin.x+=20;
    cell.textLabel.frame=rect;                   //设置新的位置
    return cell;
}
```

单元格的样式重新设定为 UITableViewCellStyleDefault，所以无法显示 detailTextLabel。修改 textLabel 的字体为 22，修改坐标位置，向右移动 20 个坐标点。运行程序，可以看到 textLabel 的字体明显大了很多，位置也向右发生了偏移，如图 8.21 所示。

读者可以试试对比更强烈的效果，为了能感受更直观，我们把字体的大小改为 50。

```
cell.textLabel.font=[UIFont systemFontOfSize:50];
```

再运行程序，此时单元格的样式如图 8.22 所示。

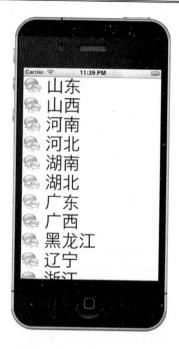

图 8.21 修改 textLabel 的字体和坐标　　　图 8.22 设置 textLabel 字体为 50 后的样式

现在每行的标签字体都很大,是不是产生了一种拥挤的感觉?临近两行的标签似乎都要撞在一起了。下面就为单元格设置行高,让单元格更大一些。

## 8.2.7 设置表单元的高度

设置行高有两种方式,一种是设置 Table View 的属性 rowHeight;另一种是重写数据源函数 tableView:heightForRowAtIndexPath:。通过这种方式可以自由定制每一行的高度,灵活性较高。

### 1. 设置rowHeight属性

我们需要一个 Table View 对象来设置 rowHeight,所以首先要创建 IBOutlet 并关联。
(1) 修改 ViewController.h

```
#import <UIKit/UIKit.h>
@interface ViewController : UIViewController
<UITableViewDataSource,UITableViewDelegate>
{
    IBOutlet UITableView *tableview;        //表视图
    NSArray*data;                            //数据数组
}
@property(retain,nonatomic)NSArray*data;
@end
```

打开 ViewController.xib,把 IBOutlet 和 Table View 关联起来。
(2) 设置 rowHeight

修改 ViewController.m 的 viewDidLoad 函数：

```
#pragma mark - View lifecycle
- (void)viewDidLoad
{
    [super viewDidLoad];
    //初始化数据
    NSArray*provinces=[[NSArray alloc] initWithObjects:@"山东",@"山西
",@"河南",@"河北",
                       @"湖南",@"湖北",@"广东",@"广西",@"黑龙江",@"辽宁",
                       @"浙江",@"安徽",nil];
    self.data=provinces;
    [provinces release];

    tableview.rowHeight=90;    //行高为 90
}
```

为 rowHeight 属性赋值，设置 Table View 的行高为 90，这样所有的单元格高度都是 90。

（3）运行程序

很明显单元格高了不少，如图 8.23 所示。

**2．设置数据源函数**

设置行高属性的方式对于高度统一的表较为有利，而且在内存方面更加有效率。不过如果行之间高度不一致，就只能重写函数 tableView:heightForRowAtIndexPath:，在灵活度上优势明显。

（1）把单元格 textLabel 的字体大小设置为 25

```
cell.textLabel.font=[UIFont systemFontOfSize:25];                    //设置字体
```

（2）设置行高

既然都是数据源函数，就把返回行高的函数放在 tableView: numberOfRowsInSection: 的下方。

```
- (NSInteger)tableView:(UITableView *)tableView
 numberOfRowsInSection:(NSInteger)section
{
   return [self.data count];        //行数
}

-(CGFloat)tableView:(UITableView*)tableView
                    heightForRowAtIndexPath:(NSIndexPath *)indexPath{
   if ((indexPath.row+1)%2==0) {
        return 60;                  //偶数行
   }
   return 30;                       //奇数行
}
```

如果(indexPath.row+1)%2==0，当前行一定是偶数行（下标为 1、3、5），高度设置为 60，奇数行就设置为 30。

（3）运行程序

行的下标从 0 开始，所以第 1 行（下标为 0），第 3 行（下标为 2）高度都是 30。

其余的偶数行都是 60，如图 8.24 所示。

图 8.23　表视图的每一行高度为 90 像素　　图 8.24　表视图的偶数行行高为 60，奇数行行高为 30

🔔 **注意**：通过 rowHeight 可以获取到表视图默认的行高大小。

## 8.3　实现自定义的表单元

大多数情况下，表视图自带的几种样式不能满足一般性 iPhone 产品的需求，所以需要自己定制表视图，通常是在表视图里添加子视图。

### 8.3.1　在表单元中添加子视图

接下来会新建一个程序，界面和 SimpleTable 一致，不同的是我们会在返回单元格的函数里实现自定义界面。一共分 4 个步骤实现该功能，如下所示。

（1）新建工程，并在视图上添加表视图；
（2）初始化基础数据；
（3）实现表视图的数据源和委托方法；
（4）运行程序。

## 1. 新建工程

新建 iPhone 程序，选择 Single View Application 模板，工程命名为"CustomTable"。然后打开 ViewController.xib，在视图上添加 Table View 控件。界面设计和 SimpleTable 一样，把 dataSource 和 delegate 连接到 File's Owner。

打开 ViewController.h，添加 UITableView 的 IBOutlet，代码如下：

```objc
#import <UIKit/UIKit.h>

@interface ViewController : UIViewController
{
    IBOutlet UITableView *tableview;            //表视图
    NSArray *data;                              //数据数组
}
@property(retain, nonatomic)NSArray *data;
@end
```

> **注意**：两个代码文件可以互相复制粘贴，xib 文件上的界面设计样式也可以直接复制。本程序的代码以及界面部分和前一个程序有很多相似处，读者可以用 Xcode 同时操作两个工程，在文件之间快速复制。

## 2. 初始化数据

在 ViewController.m 中的 viewDidLoad 里设计数据：

```objc
#import "ViewController.h"

#define PROVINCEKEY @"PROVINCEKEY"              //省份宏
#define CAPTAINKEY @"CAPTAINKEY"                //省会宏

@implementation ViewController
@synthesize data;

-(void)dealloc{
    [data release];                             //释放内存
    [super dealloc];
}

#pragma mark - View lifecycle

- (void)viewDidLoad
{
    [super viewDidLoad];
```

```objc
//山东城市数据
NSArray*city1=[NSArray arrayWithObjects:@"济南",@"淄博",@"青岛",nil];
NSDictionary*dictionary1=[NSDictionary dictionaryWithObjectsAndKeys:
@"山东",PROVINCEKEY, city1, CITY,nil];

//河北城市数据
NSArray*city2=[NSArray arrayWithObjects:@"石家庄",@"承德",nil];
NSDictionary*dictionary2=[NSDictionary
dictionaryWithObjectsAndKeys:@"河北",
    PROVINCEKEY,city2,CITY,nil];

//山西城市数据
NSArray*city3=[NSArray arrayWithObjects:@"太原",@"大同",nil];
NSDictionary*dictionary3=[NSDictionary dictionaryWithObjectsAndKeys:
@"山西",PROVINCEKEY,city3,CITY,nil];

//辽宁城市数据
NSArray*city4=[NSArray arrayWithObjects:@"沈阳",@"大东",@"东陵",nil];
NSDictionary*dictionary4=[NSDictionary dictionaryWithObjectsAndKeys:
@"辽宁",PROVINCEKEY,city4, CITY,nil];

//浙江城市数据
NSArray*city5=[NSArray arrayWithObjects:@"杭州",@"宁波",@"温州",@"绍兴",nil];
NSDictionary*dictionary5=[NSDictionary dictionaryWithObjectsAndKeys:@"浙江",
PROVINCEKEY,city5,CITY,nil];

//安徽城市数据
NSArray*city6=[NSArray arrayWithObjects:@"合肥",@"芜湖",@"淮南",nil];
NSDictionary*dictionary6=[NSDictionary dictionaryWithObjectsAndKeys:
@"安徽",PROVINCEKEY, city6,CITY,nil];
//保存数组数据
NSArray*array=[NSArray arrayWithObjects:
    dictionary1,dictionary2,dictionary3,dictionary4,dictionary5,
    dictionary6,nil];
self.data=array; }
```

在 data 数组里保存 6 个 NSDictionary,每个 NSDictionary 对应一个省份和城市数组。

PROVINCEKEY 和 CITY 是两个查询键。

### 3．实现数据源方法

在 ViewController.m 中实现表视图的数据源方法，代码如下：

```objc
#pragma mark -
#pragma mark Table Data Source Methods

- (NSInteger)numberOfSectionsInTableView:(UITableView *)tableView{
    return [self.data count];                    //几个省就有几个分区
}

- (NSInteger)tableView:(UITableView *)tableView
 numberOfRowsInSection:(NSInteger)section
{
    NSDictionary*dictionary=[self.data objectAtIndex:section];
    NSArray*citys=[dictionary objectForKey:CITY];
    return [citys count];            //每个省的数组元素个数为每个分区的行数
}

-(NSString*)tableView:(UITableView *)tableView titleForHeaderInSection:
(NSInteger)section{
    NSDictionary*dictionary=[self.data objectAtIndex:section];
    return [dictionary objectForKey:PROVINCEKEY];//省份为每个分区的标题
}

- (UITableViewCell *)tableView:(UITableView *)tableView
        cellForRowAtIndexPath:(NSIndexPath *)indexPath
{
    static NSString *CustomCellIdentifier = @"CustomCellIdentifier ";
    //单元格ID
    //重用单元格
UITableViewCell*cell=[tableView
        dequeueReusableCellWithIdentifier: CustomCellIdentifier];
//初始化单元格
    if (cell == nil) {
        cell = [[[UITableViewCell alloc] initWithStyle:UITableView
        CellStyleDefault
                                reuseIdentifier:CustomCellIdentifier]
                                autorelease];
    }

    UILabel*province=[[UILabel alloc] initWithFrame:CGRectMake(71, 24,
```

```
    51, 21)];
    province.text=@"城市:";
    [cell.contentView addSubview:province];        //在单元格中添加省份标签
    [province release];

    NSDictionary*dictionary=[self.data
    objectAtIndex:indexPath.section];
    NSArray*citys=[dictionary objectForKey:CITY];
    UILabel*city=[[UILabel alloc] initWithFrame:CGRectMake(137, 24, 51,
    21)];
    city.text=[citys objectAtIndex:indexPath.row];
    [cell.contentView addSubview:city];            //在单元格中添加城市标签
    [city release];

    return cell;
}
```

下面对这段代码进行分析说明。

（1）设定分区数目

本程序拥有不止一个分区，分区的数目和 data 里的元素个数保持一致，有几个省就有几个分区。

```
- (NSInteger)numberOfSectionsInTableView:(UITableView *)tableView{
    return [self.data count];          //几个省就有几个分区
}
```

（2）设定分区的行数

然后需要设置每个分区下的行数。根据分区下标取出对应的 NSDictionary，再根据 CITY 取出存储城市的数组，数组元素的个数设定为当前分区的行数：

```
-(NSInteger)tableView:(UITableView*)tableView
          numberOfRowsInSection:(NSInteger)section
{
    NSDictionary*dictionary=[self.data objectAtIndex:section];
    NSArray*citys=[dictionary objectForKey:CITY];
    return [citys count] ;             //每个省的数组元素个数为每个分区的行数
}
```

（3）设定分区的标题

每个分区的左上角会有一个标题，具体的内容为省份名称：

```
-(NSString*)tableView:(UITableView*)tableView
             titleForHeaderInSection:(NSInteger)section{
    NSDictionary*dictionary=[self.data objectAtIndex:section];
    return [dictionary objectForKey:PROVINCEKEY];    //省份为每个分区的标题
}
```

注意：分区上方不仅可以显示文本标题，还可以显示任何自定义的视图。

（4）自定义单元格界面

前面介绍过 UITableViewCell 有默认的 textLabel 和 detailLabel，不过这次都不用。我们在返回单元格时创建两个 Label，第一个显示的文本 province 固定的显示"城市"，第二个 city 显示城市名称。设置为 Label 自定义的视图都要加载在 cell.contentView 里。

**4．运行程序**

程序运行效果如图 8.25 所示。

图 8.25　自定义表视图样式

## 8.3.2　创建 UITableViewCell 的子类

相信读者已经习惯了用 Interface Builder 来创建界面，用代码的方式自定义表视图单元格效率明显要低很多，那能不能用 Interface Builder 来绘制 UITableViewCell 呢？答案是确定的。首先需要在工程下新建一个 UITableViewCell 文件。右击 CustomTable 文件夹，在弹出的菜单中选择 New File，接着弹出新建文件面板，左侧的窗格选择 Cocoa Touch，右侧选择 Objective-C class，如图 8.26 所示。

第 2 篇　UI 开发篇

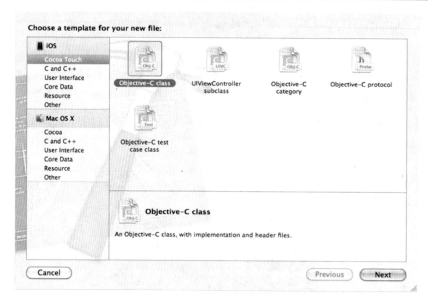

图 8.26　新建 Objective-C class 类型文件

单击 Next 按钮，把文件命名为 CustomCell，Subclass of 选择 UITableViewCell，如图 8.27 所示。继续单击 Next 按钮，文件创建完毕。

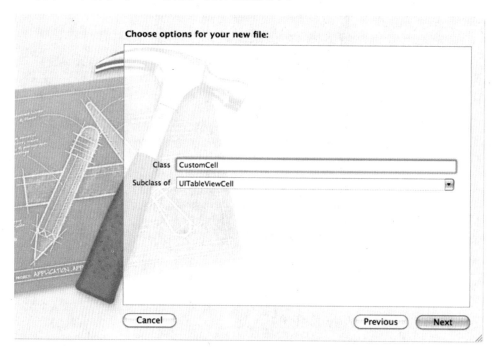

图 8.27　选择 UITableViewCell 类型文件

打开 Xcode 下新创建的 CustomCell.h。从头文件的声明可以看出 CustomCell 继承自 UITableViewCell，所以它拥有 UITableViewCell 的所有基本特性。

```
@interface CustomCell : UITableViewCell
```

```
@end
```

打开 CustomCell.m 文件，系统默认只有两个函数，代码如下：

```
- (id)initWithStyle:(UITableViewCellStyle)style reuseIdentifier:
(NSString *)reuseIdentifier
{
    self = [super initWithStyle:style reuseIdentifier:reuseIdentifier];
    //初始化单元格
    if (self) {
    }
    return self;
}
- (void)setSelected:(BOOL)selected animated:(BOOL)animated
//单元格被选中
{
    [super setSelected:selected animated:animated];
}
```

请读者观察这两个函数，第 1 个函数是表视图的初始化函数，我们可以在里面添加代码自定义样式。第 2 个函数 setSelected:animated:会在单元格被选中或取消选中时调用。下面，在头文件里添加两个标签的 IBOutlet，代码如下：

```
#import <UIKit/UIKit.h>

@interface CustomCell : UITableViewCell            //声明自定义单元格
{
    IBOutlet UILabel *cityLabel;                   //城市标签
}
@end
```

> 注意：单元格选中时默认背景色为蓝色，标题字体为白色，重写 setSelected:animated: 函数就可以定制选中样式。

### 8.3.3 使用 Nib 实现自定义的表单元

IBOutlet 已经定义好了，还需要一个 xib 文件与之相关联。创建 UITableViewCell 类时，Xcode 不会同时提供 xib 文件，这需要手动创建并绑定。也许未来的版本 Xcode 会优化这个操作，但是目前只能自己动手。下面分 4 步完成。

（1）新建一个空的 xib 文件；
（2）在 xib 文件上添加 Table View Cell；
（3）关联单元格对象；
（4）定制单元格样式。

#### 1. 新建CustomCell.xib文件

打开新建文件面板，左侧窗格选择 User Interface，右侧选择 Empty，如图 8.28 所示。

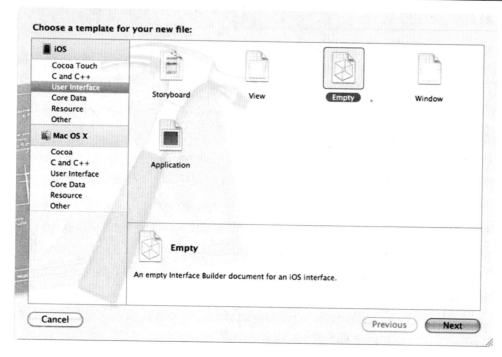

图 8.28　新建一个空的 xib 文件

单击 Next 按钮，Xcode 会询问该 xib 文件支持的设备，选择 iPhone，如图 8.29 所示。

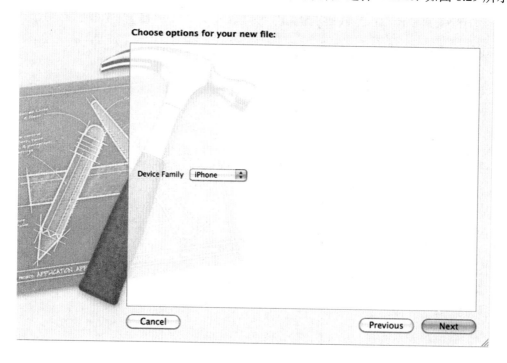

图 8.29　选择 xib 的支持设备为 iPhone

单击 Next 按钮，为文件命名为 CustomCell.xib。单击 Create 按钮，如图 8.30 所示。

第 8 章 表视图

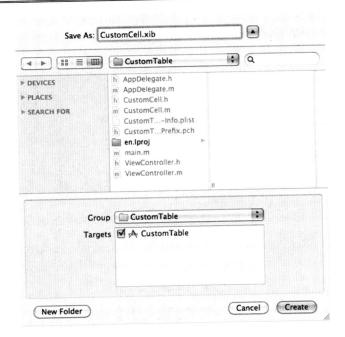

图 8.30 xib 文件命名为 CustomCell.xib

打开 CustomCell.xib，Xcode 编辑区域什么都没有，如图 8.31 所示。CustomCell.xib 现在是一个空白的 xib 文件，下面为它添加视图文件。

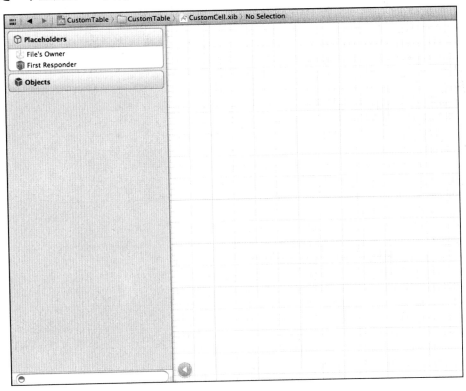

图 8.31 CustomCell.xib 文件为空，当前编辑区域也是空白的

## 2. 添加 Table View Cell

从库中找到 Table View Cell，这就是表视图单元格 UITableViewCell 对应的可视化控件，如图 8.32 所示。

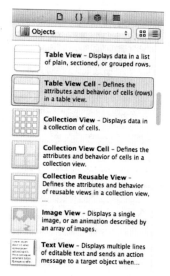

图 8.32　选择 Table View Cell

把 Table View Cell 拖曳到左侧 Objects 下，此时编辑区域也会出现一个单元格，如图 8.33 所示。

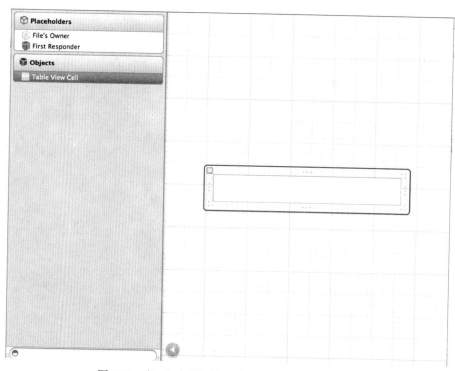

图 8.33　在 xib 上添加了一个 Table View Cell 文件

接下来的操作我们就很熟悉了。从库里拖出两个 Label 控件到 Table View Cell 上，一个用来静态显示，另一个用来显示城市名称，如图 8.34 所示。

图 8.34　设计单元格界面

### 3．关联CustomCell

右击 File's Owner，发现在弹出的菜单里找不到 cityLabel 的 IBOutlet，可是在 CustomCell.h 里我们的确定义过 IBOutlet UILabel *cityLabel，这是很奇怪的现象，是不是意味着无法关联变量呢？当前 CustomCell.xib 只是和 CustomCell 类名字一样，但 Xcode 不会就这么简单的认为 CustomCell.xib 是 CustomCell 的可视化文件，因此还需要进行一步单元格的关联。

选中 Objects 下的 Table View Cell，打开属性面板，把 Class 修改为 CustomCell，如图 8.35 所示。

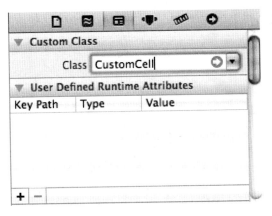

图 8.35　设置 Class 为 CustomCell

此时右击 File's Owner，弹出的菜单还是没有变化。原因很简单，CustomCell 属于 UIView 的子类，关联变量时不能像 UIViewController 那样操作。右击 Objects 下的 Table View Cell，弹出熟悉的 Outlets 菜单，这让我们感到很欣喜，如图 8.36 所示。

把 cityLabel 和对应的标签关联好，这些操作做完后，不要忘记保存。

### 4．定制单元格样式

选中 Table View Cell，在属性面板中可以看到它的 X、Y 是无法改变的，宽度默认为 320，高度默认为 44，修改高度为 60，如图 8.37 所示。

图 8.36　右击 Table View Cell 弹出 Outlets 菜单

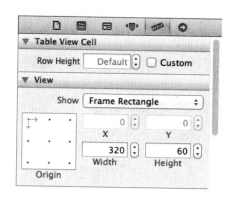

图 8.37　修改单元格高度为 60

调整两个 Label 的位置，使其上下居中。修改左边 Label 文本颜色为蓝色，右侧 Label 的字体改为 System Bold 17.0，整个单元格的样式如图 8.38 所示。

图 8.38　重新定制单元格的样式

## 8.3.4　加载自定义单元格

现在要使用已经设计好的单元格视图。下面对 tableView:cellForRowAtIndexPath:做一些大的修改，代码如下：

```
- (UITableViewCell *)tableView:(UITableView *)tableView
                    cellForRowAtIndexPath:(NSIndexPath *)indexPath
{
    static NSString *CustomCellIdentifier = @"CustomCellIdentifier ";
    //单元格 ID
    //重用单元格
    CustomCell*cell=(CustomCell*)[tableView
            dequeueReusableCellWithIdentifier: CustomCellIdentifier];
    if (cell == nil)
    {
        //从 nib 文件中加载单元格视图
        NSArray *nib = [[NSBundle mainBundle] loadNibNamed:@"CustomCell"
                                    owner:self options:nil];
        cell = [nib objectAtIndex:0];
    }

    NSDictionary*dictionary=[self.data objectAtIndex:indexPath.
    section];
    NSArray*citys=[dictionary objectForKey:CITY];            //取出数据
    cell.cityLabel.text=[citys objectAtIndex:indexPath.row];
    //显示数据

    return cell;
}
```

在 ViewController.m 文件顶部添加引用：

```
#import "CustomCell.h"
```

下面讲解这段代码的含义。因为已经在 nib 文件中设计了单元格，所以当判断出没有可重复使用的单元格时，从 nib 文件中加载：

```
//从 nib 文件中加载单元格视图
NSArray *nib = [[NSBundle mainBundle] loadNibNamed:@"CustomCell"
owner:self options:nil];
```

nib 数组里包含 xib 文件的元素，[nib objectAtIndex:0]取出第一个元素，即 CustomCell 单元格。由于更改了表视图单元默认的高度值，我们必须通知表视图，否则表视图单元不会留下足够的显示空间。为此，在 CustomCell.m 中添加以下返回高度方法：

```
-(CGFloat)tableView:(UITableView*)tableView
heightForRowAtIndexPath:(NSIndexPath *)indexPath
{
    return 60;                                              //设置单元格高度
}
```

使用自定义的表单元后，程序效果如图 8.39 所示。

第 2 篇　UI 开发篇

图 8.39　使用自定义的表单元程序运行效果

## 8.4　实现支持索引的分组表

下面将为读者讲解另一种风格的表视图，类似 iPhone 通讯录里面通过索引快速定位联系人。本节仍然会新建一个项目，详细地介绍如何创建带有索引的表视图。

### 8.4.1　创建视图

新建 iPhone 工程，命名为"IndextTable"，和前面的两个程序一样。首先添加 UITableView 的 IBOutlet，并在 xib 文件添加 Table View 控件并关联，把 Table View 的 dataSource 和 delegate 指向 ViewController。先不用急着在 ViewController.m 添加具体的 dataSource 和 delegate 实现。

### 8.4.2　导入数据

索引表一般用于数据量很多的表视图中，因此我们就不再通过代码创建数据了。打开随书附带的光盘,把 index.plist 文件添加到工程里。打开该文件,可以看到里面包含 26 个字母,每个字母又对应了大量以该字母开头的单词,如图 8.40 所示。

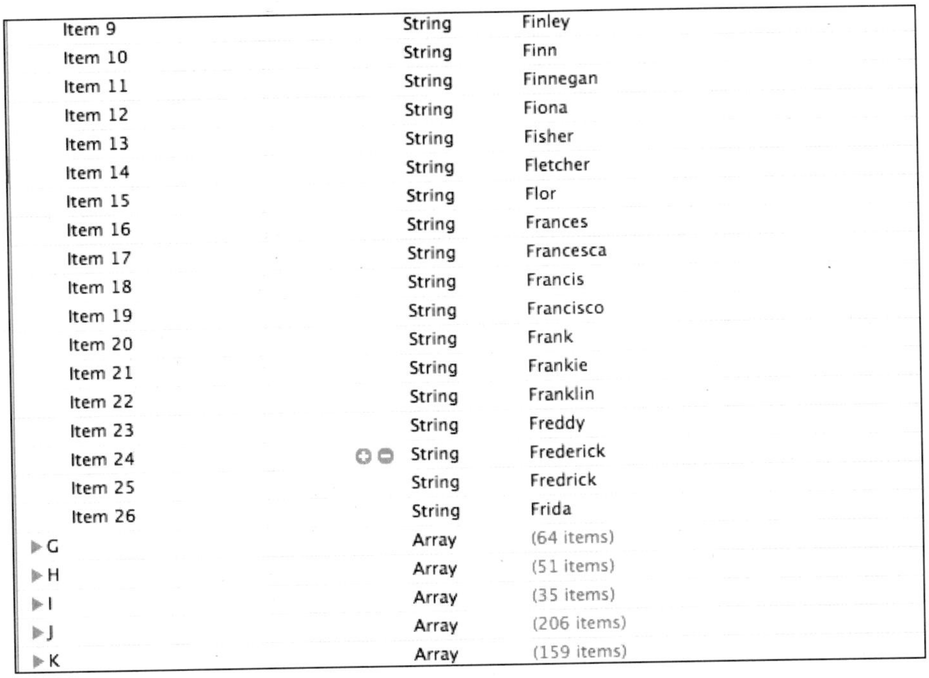

```
Item 9          String    Finley
Item 10         String    Finn
Item 11         String    Finnegan
Item 12         String    Fiona
Item 13         String    Fisher
Item 14         String    Fletcher
Item 15         String    Flor
Item 16         String    Frances
Item 17         String    Francesca
Item 18         String    Francis
Item 19         String    Francisco
Item 20         String    Frank
Item 21         String    Frankie
Item 22         String    Franklin
Item 23         String    Freddy
Item 24         String    Frederick
Item 25         String    Fredrick
Item 26         String    Frida
▶ G             Array     (64 items)
▶ H             Array     (51 items)
▶ I             Array     (35 items)
▶ J             Array     (206 items)
▶ K             Array     (159 items)
```

图 8.40  index.plist 包含大量的单词数据

### 8.4.3  实现视图控制器

接下来就让 index.plist 的数据显示在表视图上,分析 index.plist 文件,26 个字母代表 26 个分区,每个字母对应的 Array 就是每个分区下对应的行。程序中涉及到的大部分代码对于读者而言都是很熟悉的了,不会有太大难度,唯一算是新接触的就是返回表分区标题的函数。

#### 1. 读取配置文件数据

打开 ViewController.h,添加一个 NSDictionary 类型的成员指针变量,同时设置属性,代码如下:

```
#import <UIKit/UIKit.h>

@interface ViewController : UIViewController
{
    NSDictionary *words;                           //单词字典
}
@property (nonatomic, retain) NSDictionary *words;
@end
```

然后，打开 ViewController.m，在 viewDidLoad 函数中读取 plist 文件的数据：

```
@implementation ViewController
@synthesize words;

-(void)dealloc{
    [words release];                                    //释放内存
    [super dealloc];
}

#pragma mark - View lifecycle

- (void)viewDidLoad
{
    [super viewDidLoad];
    //读取数据
    NSString *path=[[NSBundle mainBundle] pathForResource:@"index"
    ofType:@"plist"];
    NSDictionary *dictionary=[NSDictionary dictionaryWithContents
    OfFile:path];
    self.words=dictionary;
}
```

### 2. 实现代理和数据源方法

打开 ViewController.m，添加代码如下：

```
#pragma mark -
#pragma mark UITableViewDataSource
- (NSInteger)numberOfSectionsInTableView:(UITableView *)tableView
{
    NSArray *array = [[words allKeys] sortedArrayUsingSelector:
                @selector(compare:)];     //获取 key 数组，并排序
    return [array count];
}
- (NSInteger)tableView:(UITableView *)tableView
 numberOfRowsInSection:(NSInteger)section
{
    NSArray *array = [[words allKeys] sortedArrayUsingSelector:
                @selector(compare:)];     //获取 key 数组，并排序
    NSString *key = [array objectAtIndex:section];
//根据 section 取出当前 key
//根据当前 key，获取对应的单词数组
NSArray *wordsSection = [words objectForKey:key];
return [wordsSection count];                         //行数
}
- (UITableViewCell *)tableView:(UITableView *)tableView
     cellForRowAtIndexPath:(NSIndexPath *)indexPath
```

```objc
{
    static NSString *SectionsTableIdentifier = @"SectionsTableIdentifier";   //单元格 ID
//重用单元格
    UITableViewCell *cell = [tableView dequeueReusableCellWithIdentifier:
                                  SectionsTableIdentifier ];
//初始化单元格
    if (cell == nil) {
        cell = [[[UITableViewCell alloc] initWithStyle:
                             UITableViewCellStyleDefault
                             reuseIdentifier: SectionsTableIdentifier ]
                             autorelease];
    }

    NSArray *array = [[words allKeys] sortedArrayUsingSelector:
                      @selector(compare:)];    //获取 key 数组,并排序
    NSString *key = [array objectAtIndex:indexPath.section];
//根据 section 取出当前 key
//根据当前 key,获取对应的单词数组
    NSArray *wordsSection = [words objectForKey:key];

    cell.textLabel.text = [wordsSection objectAtIndex:indexPath.row];
//设置标题
    return cell;
}
- (NSString *)tableView:(UITableView *)tableView
titleForHeaderInSection:(NSInteger)section
{
    NSArray *array = [[words allKeys] sortedArrayUsingSelector:
                      @selector(compare:)];
    NSString *key = [array objectAtIndex:section];
    //key 作为 section 前的标题
    return key;
}
```

分析下 tableView:cellForRowAtIndexPath:函数中的这段代码。[words allKeys]表示通过数组的形式获取 NSDictionary 的所有键,不过这种方式获取的元素顺序是乱的,我们希望保持 A、B、C、D 这样的顺序。因此调用 sortedArrayUsingSelector:函数对数组元素进行排序,传递参数@selector(compare:)排序时会调用系统默认的比较方法。然后根据当前的 section 获取对应的 key:

```objc
NSString *key = [array objectAtIndex:section];
```

根据 key 取出对应的单词数组:

```objc
NSArray *wordsSection = [words objectForKey:key];
```

这样依次设置分区数、行数、行内容和标题。

### 3. 运行程序

现在程序的数据非常多,如果想看下一个字母需要翻好多页,如图 8.41 所示。

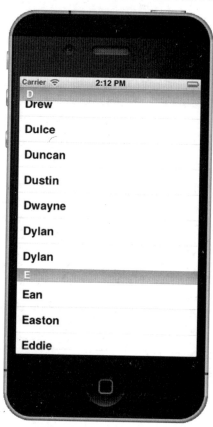

图 8.41 当前表视图没有索引

## 8.4.4 为表视图添加索引支持

为表视图添加索引很简单,只需要重载 sectionIndexTitlesForTableView:函数,在方法 tableView:titleForHeaderInSection:下方实现这个函数,代码如下:

```
- (NSArray *)sectionIndexTitlesForTableView:(UITableView *)tableView
{
    NSArray *array = [[words allKeys] sortedArrayUsingSelector:
                  @selector(compare:)];         //为数组排序
    return array;                                //索引表
}
```

运行程序,在表视图的右侧多出了一列索引表,如图 8.42 所示。单击索引表里的字母,表视图就会迅速定位到对应的表图部分。

🔔 **注意**:虽然每个索引项所占区域都很小,但 iPhone 优秀的触摸技术让定位变得非常准确。

图 8.42 带有索引表的表视图

## 8.5 小　　结

本章的内容不少,表在 iPhone 程序中实在是太重要了,不过读者应该已经掌握了表视图的基本使用。我们详细介绍了表视图的几个常用的数据源和委托方法,还学习了自定义单元格的方法。目前本书也无法涵盖到方方面面,还希望读者能在学习完本章后继续加深对表视图的研究探讨。

## 8.6 习　　题

【简答题】

1. 表视图有几种样式?

2. 默认情况下，表视图有几个分区？
3. 表视图的数据源和代理方法中常用 NSIndexPath 对象，主要操作哪两个属性？
4. 下面这个函数的作用是什么？

```
- (NSArray *)sectionIndexTitlesForTableView:(UITableView *)tableView;
```

【实践题】

1. 创建一个应用程序，增加表视图，尽量模仿 AppStore 应用排行列表样式。
2. 使用 Interface Builder 创建自定义表单元格。

# 第 9 章 Navigation Controller（导航控制器）

通过上一章的学习，读者已经掌握了表视图的基础知识。在 iPhone 开发中，除了 TabBar Controller，采用导航控制器（Navigation Controller）也是较常用的一种搭建多视图架构的模式。本章将学习如何利用导航视图控制器和表视图创建一个可导航的多视图应用。通过导航控制器，可以有效地把较多的表数据分隔开，实现一级级分层的效果。

我们会先在应用程序中加载导航视图控制器，再依次创建所有的内容子视图，通过导航控制器实现视图层级之间的跳转。还会学习运用更加复杂的表视图，例如如何选择一行来展现单元格的详细内容，以及增加、删除和移动单元格。

本章主要涉及到的知识点如下。
- ❑ 导航控制器的基础结构：了解视图控制器的构造与原理。
- ❑ 导航视图的实现：利用导航实现视图之间的逐级跳转。
- ❑ 更复杂的表视图效果：选择、删除、移动行。

## 9.1 介绍导航控制器

关于导航控制器（UINavigationController），在第 6 章有过简略的介绍，它在管理层次感较强的场景信息方面发挥着举足轻重的作用。

导航控制器主要用于构建程序的架构，它维护了一个视图控制器栈（stack），任何类型的视图控制器都可以放入到栈中，为用户提供了分层信息。iPhone 本身的设置就是由导航控制器组成和维护的，设置的第一层界面会罗列出所有的主设置选项，如图 9.1 所示。

单击任一设置项，程序就会进入到第二层界面。例如，单击"通用"项，iPhone 网络和蓝牙等子设置项就会跳转出来，界面如图 9.2 所示。然后，单击左上角"设置"按钮，当前界面就会返回到上一层。iPhone 的 Mail 和通讯录也使用了 Navigation Controller。

这些视图之间的切换全部都是导航控制器完成的，对于经常使用 iPhone 的用户，上面的操作一定十分熟悉。但对开发者而言，还需要了解具体的实现方式和原理。

> 注意：导航控制器非常适合展示分层数据，也可以实现类似模态对话框的效果。

图 9.1　打开设置后第一层界面

图 9.2　设置第二层界面

## 9.1.1　栈的概念

视图都是通过栈的方式存储在 NavigationController 中，栈的特点就是先进后出。读者如果以前接触过 C 或者 C++语言，应该对栈、链表等数据结构有一定的了解，栈的结构如图 9.3 所示。

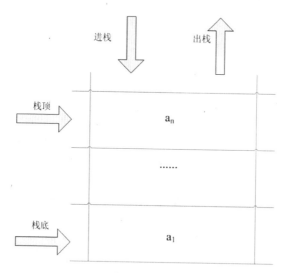

图 9.3　栈示意图

往栈中添加对象的操作叫做入栈（push），从栈中删除对象的操作叫做出栈（pop）。

> 注意：栈是一种数据结构，只能在一端进行插入和删除操作。它按照先进后出的原则存储数据，先进入的数据被压入栈底，最后的数据在栈顶。如果想更进一步地了解栈或数据结构的知识，读者可以查阅相关书籍。

## 9.1.2 视图控制器栈

Navigation Controller 拥有自己的结构，如图 9.4 所示。

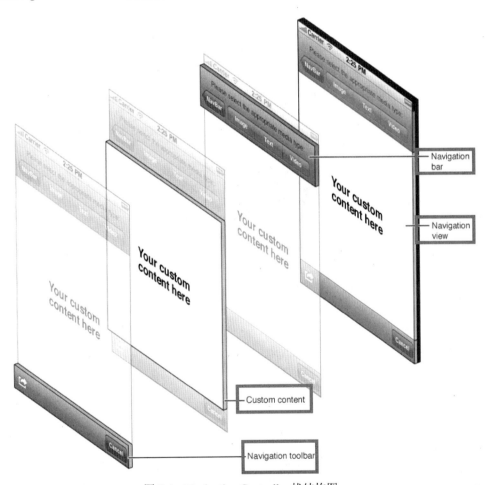

图 9.4 Navigation Controller 栈结构图

从图 9.4 中可以看到 Navigation Controller 包含了一个导航条（Navigation bar）、工具条（Navigation toolbar）、一个当前显示的视图（Navigation view）和内容视图（Custom content）。其中内容视图包含了所有压入导航控制器栈中的视图。

> 注意：导航条（Navigation bar）上还包含一个标题和返回按钮。在前面的章节曾经向导航条添加过其他控件，而且是以 UIBarButtonItem 的形式进行设置。

## 9.2 创建导航控制器应用

本节将通过 UINavigationController 来搭建程序,导航控制器的根视图,也就是程序的首界面包含了一个 UITableView,每行对应着一个二级视图的入口。单击某一行,就会跳转到相关的视图控制器。

我们会一个个的创建子视图,然后随时运行程序查看最新的效果,下面介绍下程序的结构。

### 9.2.1 应用结构

程序的主界面提供四个入口,可以跳转到对应的二级视图,如图 9.5 所示。首页面很简单,可以注意到在每行的右侧多出了一个小箭头图标,这是 UITableViewCell 自带的扩展按钮,稍后会为读者做详细地介绍。

图 9.5 程序的首页面

从主界面可以看出,程序拥有四个二级子视图。单击"详细列表"行,弹出第 1 个子视图,如图 9.6 所示,每行的右侧有一个细节展现按钮,如果单击它,程序进入到下一级视图展示细节。第 2 个二级视图可以做标记,如选择一部喜爱的电影,如图 9.7 所示。

# 第 9 章  Navigation Controller（导航控制器）

图 9.6　第 1 个二级视图

图 9.7　对某一行做出选择

后面的两个二级视图都是对表视图执行一些编辑操作，第 3 个子视图可以移动行，按住右侧的那个灰色按钮就可以把行拖动到新位置，像在车库里把这些豪车重新移动位置，如图 9.8 所示。最后一个子视图如图 9.9 所示，我们可以删除表中的行。

图 9.8　第 3 个子视图的行可以移动位置

图 9.9　单击 Delete 按钮删除某一行

## 9.2.2 添加导航控制器

如果创建基于导航控制器的应用程序，我们可以选择"Master-Detail Application"模板。不过为了更清楚地了解导航控制器的结构和创建过程，这次选择 Empty Application 的工程模板。

（1）添加导航控制器

新建 iPhone 工程，工程命名为"NavTab"。创建完成后，打开 NavTabAppDelegate.h 文件，添加代码如下：

```
#import <UIKit/UIKit.h>

@interface AppDelegate : UIResponder <UIApplicationDelegate>
{
    UINavigationController *navigationcontroller;          //导航控制器变量
}
@property (strong, nonatomic) UIWindow *window;

@end
```

在 AppDelegate 类中创建一个 UINavigationController 成员变量。

（2）加载导航控制器

打开 NavTabAppDelegate.m 文件，添加如下代码：

```
@implementation NavTabAppDelegate

@synthesize window;
#pragma mark -
#pragma mark Application lifecycle

- (void)dealloc
{
    [_window release];
    [navigationcontroller release];                        //释放内存
    [super dealloc];
}

- (BOOL)application:(UIApplication *)application
        didFinishLaunchingWithOptions:(NSDictionary *)launchOptions
{
    //初始化窗口
    self.window = [[[UIWindow alloc]
            initWithFrame:[[UIScreen mainScreen] bounds]] autorelease];
    self.window.backgroundColor = [UIColor whiteColor];    //设置窗口颜色
    [self.window makeKeyAndVisible];

    navgation=[[UINavigationController alloc] initWithRootViewController:];
    [self.window addSubview:navgation.view];               //设置根视图

    return YES;
}
```

# 第 9 章 Navigation Controller（导航控制器）

首先初始化一个导航控制器变量。UINavigationController 本身继承自 UIViewController，也具有 View 变量。所以直接把 navgation.view 添加到程序的主窗口（self.window）中。

如果此时运行程序，程序会提示编译错误。因为 initWithRootViewController 后面还必须要传递一个参数，这个参数就是根视图。

## 9.2.3 根视图（Root View）

下面在工程中新建一个 ViewController 文件，它会包含一个表视图，同以往的在 View 上添加 Table View 不一样，这次会采用的是 UITableViewController。这个类自动包含一个表视图，而且不需要去连接它的数据源和输出口，这些工作都是系统自动完成的。不过 UITableViewController 也有自己的局限性，其灵活性受到了部分限制，比如其包含的表视图默认采取无格式表，且不能修改。

### 1．新建UITableViewController文件

打开 Xcode，新建文件，选择 UIViewController subclass，文件命名为 RootViewController。Subclass Of 下拉框选择 UITableViewController，同时勾选 With XIB for user interface 复选框，如图 9.10 所示。

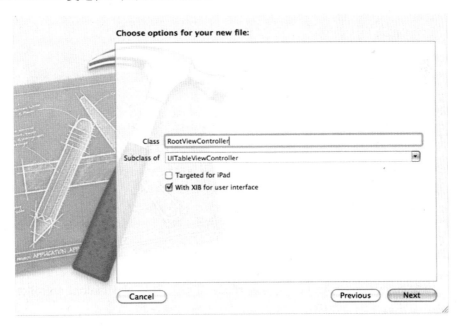

图 9.10　选择新建 UITableViewController 的子类

创建完成后，打开 RootViewController.xib，在 Objects 下是一个 Table View，也就是说 RootViewController 的 View 类型是 UITableView，如图 9.11 所示。

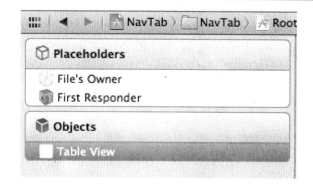

图 9.11　RootViewController 的 View 类型为 UITableView

### 2．设置为根视图

修改 AppDelegate.m，把 RootViewController 设置为导航控制器的根视图，代码如下：

```
#import "AppDelegate.h"
#import "RootViewController.h"
@implementation AppDelegate

@synthesize window = _window;

- (BOOL)application:(UIApplication *)application
didFinishLaunchingWithOptions:(NSDictionary *)launchOptions
{
    //初始化窗口
    self.window = [[[UIWindow alloc]
    initWithFrame:[[UIScreen mainScreen] bounds]] autorelease];
    self.window.backgroundColor = [UIColor whiteColor];//设置窗口颜色
    [self.window makeKeyAndVisible];

    RootViewController *root=[[RootViewController alloc] init];
    //初始化根视图
    //设置根视图
    navgation=[[UINavigationController alloc] initWithRootView
    Controller:root];
    [root release];
    [self.window addSubview:navgation.view];         //加载导航控制器

    return YES;
}
```

创建一个 RootViewController 类实例 root，并设置为 UINavigationController 的根视图。根据引用计数原则，在设置完成后对 root 进行一次释放。

### 3．运行程序

在程序上方有一个导航栏，导航控制器的内容视图是空表格。当前导航控制器只包含一个视图，所以显示的是 RootViewController，如图 9.12 所示。

第 9 章　Navigation Controller（导航控制器）

图 9.12　导航控制器当前只包含一个根视图

## 9.2.4　内容视图（Content View）

UINavigationController 以栈的方式管理所有的内容视图。我们已经创建完成第一个视图控制器 RootViewController，不过还要创建更多视图控制器，全部交给导航控制器统一管理。

### 1．实现RootViewController表样式

RootViewController 的.m 文件中已经默认添加了表视图的数据源函数和代理，下面修改部分代码如下：

```
#pragma mark - Table view data source

- (NSInteger)numberOfSectionsInTableView:(UITableView *)tableView
{
#warning Potentially incomplete method implementation.
```

```objc
    return 1;                                    //一个分区
}

- (NSInteger)tableView:(UITableView *)tableView numberOfRowsInSection:
(NSInteger)section
{
    return 1;                                    //一行
}

- (UITableViewCell *)tableView:(UITableView *)tableView
cellForRowAtIndexPath:(NSIndexPath *)indexPath
{
    static NSString *CellIdentifier = @"Cell";
    //重用单元格
    UITableViewCell *cell = [tableView dequeueReusable
    CellWithIdentifier:CellIdentifier];
    //初始化单元格
    if (cell == nil) {
        cell=[[[UITableViewCell alloc]
    initWithStyle:UITableViewCellStyleDefault
    reuseIdentifier:CellIdentifier] autorelease];
    }
    if (indexPath.row==0) {
        cell.textLabel.text=@"详细列表";          //设置单元格标题
    }
    cell.accessoryType = UITableViewCellAccessoryDisclosureIndicator;
    //指示器
    return cell;
}
```

设置 RootViewController 当前只有一个分区，且只有一行。在返回单元格时添加了一行代码：

```objc
cell.accessoryType = UITableViewCellAccessoryDisclosureIndicator;
//指示器
```

单元格的右面就会生成一个小箭头，叫做扩展指示器（disclosure indicator）。它一般是用来提醒用户触摸本行，程序会跳转到下一级视图，这在系统设置中很常见，如图 9.13 所示。

图 9.13　单元格拥有扩展指示器

为第 1 个视图设置标题，修改 viewWillAppear:函数：

```
- (void)viewWillAppear:(BOOL)animated
{
    [super viewWillAppear:animated];
    self.navigationItem.title=@"主界面";              //设置导航条标题
}
```

这次我们没有在 viewDidLoad 里设置标题，因为导航控制器在压栈和退栈时，可能会造成视图之间相互影响。而写在 viewWillAppear 里，RootViewController 界面每次显示出来时，都会执行 self.navigationItem.title=@"主界面"，这样可以保证 RootViewController 的标题不被意外修改。

### 2. 实现二级视图跳转

新建文件，文件类型和 RootViewController 一致，选择 UITableViewController 的子类，文件命名为"DetailViewController"。二级视图和根视图都是 UITableViewController 类型，这样可以省去大量的时间来搭建视图界面，我们只需要为每个 Table View 提供各自的数据。

稍后的小节里再去实现 DetailViewController 的表视图数据源方法，现在的目的先让程序成功地在两个视图之间跳转。在 RootViewController.m 文件最上方添加头文件的引用。

```
#import "RootViewController.h"
#import "DetailViewController.h"
```

修改 tableView:didSelectRowAtIndexPath:代理方法：

```
#pragma mark - Table view delegate

- (void)tableView:(UITableView *)tableView didSelectRowAtIndexPath:
(NSIndexPath *)indexPath
{
    //初始化视图控制器
    DetailViewController *detail=[[DetailViewController alloc] init];
    [self.navigationController pushViewController:detail animated:YES];
    //视图跳转
    [detail release];
}
```

当单元格被选中时，首先创建一个 DetailViewController 类实例，压入到导航控制器的栈中，pushViewController:animated:第 2 个参数设置为 YES，在跳转时，程序会有默认的动画效果。

### 3. 运行程序

程序的首界面目前只有一行，如图 9.14 所示。单击该行，程序跳转到 DetailViewController 视图，DetailViewController 的导航条左侧会默认提供一个返回按钮，按钮的标题就是它上一级视图的标题，如图 9.15 所示。

第 2 篇　UI 开发篇

图 9.14　主界面

图 9.15　程序跳转到 DetailViewController 视图

## 9.3　更复杂的表视图

　　使用导航控制器让数据和程序结构更清晰，相信读者现在已经有所感悟。iPhone 程序里绝大部分的数据操作要复杂些，只靠简单地显示在表视图上是不够的。下面介绍下如何把表视图变得更加强大，我们将会学会如何展现详细内容，如何对表进行选择以及在编辑模式下删除掉表的某一行。

### 9.3.1　第 1 个子视图：有详细内容的表视图

　　DetailViewController 视图的单元格会包含一个展示按钮（detail disclosure button），单击此按钮程序会跳转到详细内容视图。扩展指示器是一个图标，而展示按钮是一个可以被单击的按钮。下面分四步完成，步骤如下所示。

　　（1）初始化表视图要显示的数据；

　　（2）创建一个视图控制器类，并完成界面设计；

(3)添加扩展按钮响应;
(4)运行程序查看效果。

### 1. 初始化显示数据

首先在头文件添加一个数组声明:

```
#import <UIKit/UIKit.h>

@interface DetailViewController : UITableViewController
{
    NSArray *list;                              //声明数组
}
@property (nonatomic, retain) NSArray *list;
@end
```

在 DetailViewController.m 里初始化数据,修改 viewDidLoad 函数:

```
#import "DetailViewController.h"

@implementation DetailViewController
@synthesize list;

- (void)dealloc {
    [list release];                             //释放内存
    [super dealloc];
}

#pragma mark - View lifecycle

- (void)viewDidLoad
{
    [super viewDidLoad];
    //初始化数据
    NSArray *array = [[NSArray alloc] initWithObjects:@"白塔寺",
                      @"蓟县白塔", @"北戴河", @"呼伦贝尔草原",
                      @"八达岭长城", @"九华山", @"黄果树瀑布",
                      @"黄果树瀑布",@"开普敦", @"太阳金字塔",@"霍克斯湾",
                      @"狂欢节",@"伊瓜苏瀑布", @"热带雨林",@"达尼丁",
                      @"基督城",nil];
    self.list = array;
    [array release];
}
```

完成表视图的数据源方法:

```
#pragma mark - Table view data source

- (NSInteger)numberOfSectionsInTableView:(UITableView *)tableView
```

```objc
{
#warning Potentially incomplete method implementation.
    return 1;                              //返回分区数
}
- (NSInteger)tableView:(UITableView *)tableView numberOfRowsInSection:(NSInteger)section
{
#warning Incomplete method implementation.
    return [list count];                   //返回行数
}
-(UITableViewCell*)tableView:(UITableView*)tableView
cellForRowAtIndexPath:(NSIndexPath *)indexPath
{
    static NSString *CellIdentifier = @"Cell";        //单元格 ID
    //重用单元格
    UITableViewCell *cell = [tableView dequeueReusableCell
    WithIdentifier:CellIdentifier];
    //初始化单元格
    if (cell == nil) {
        cell = [[[UITableViewCell alloc]
            initWithStyle:UITableViewCellStyleDefault
            reuseIdentifier:CellIdentifier] autorelease];
    }
    int row = [indexPath row];                        //当前行
    NSString *rowString = [list objectAtIndex:row];
    cell.textLabel.text = rowString;                  //设置单元格内容
    //设置扩展按钮
    cell.accessoryType = UITableViewCellAccessoryDetail
    DisclosureButton;

    return cell;
}
```

马上就要用到一个新的代理方法：

```objc
- (void)tableView:(UITableView *)tableView
accessoryButtonTappedForRowWithIndexPath:(NSIndexPath *)indexPath;
```

当单击扩展按钮的时候，这个函数会被调用。在实现这个函数之前，我们先创建一个只显示单元格内容的视图控制器。

### 2. 创建新的视图控制器

新建一个继承自 UIViewController 的视图控制器类，命名为"CellDetail"。打开 CellDetail.xib，在界面添加一个 Label，如图 9.16 所示。

# 第 9 章 Navigation Controller（导航控制器）

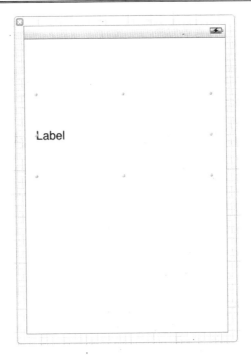

图 9.16 CellDetail 界面设计

在 CellDetail.h 添加 UILabel 的 IBOutlet：

```
#import <UIKit/UIKit.h>

@interface CellDetail : UIViewController
@property(nonatomic,retain)IBOutlet UILabel*label;      //声明标签
@end
```

在 CellDetail.m 添加@synthesize：

```
#import "CellDetail.h"

@implementation CellDetail
@synthesize label;                                       //属性访问器
```

接下来在 xib 上把 IBOutlet 和控件相关联。

### 3．添加扩展按钮响应

CellDetail 创建完毕了，下面可以在 DetailViewController.m 中实现扩展按钮代理函数了。把代码写在 tableView:didSelectRowAtIndexPath:函数下面：

```
#pragma mark - Table view delegate
- (void)tableView:(UITableView *)tableView didSelectRowAtIndexPath:
(NSIndexPath *)indexPath
{
}

-(void)tableView:(UITableView*)tableView accessoryButtonTappedForRow
```

```
WithIndexPath:(NSIndexPath *)indexPath{
   NSString*info=[list objectAtIndex:indexPath.row]; //对应的数据
 //初始化 CellDetail 视图控制器
 CellDetail *celldetail=[[CellDetail alloc] initWithNibName:
 @"CellDetail"
                                                    bundle:nil];
 [self.navigationController pushViewController:celldetail animated:
 YES];   //视图跳转
 celldetail.label.text=[NSString stringWithFormat:@"我去%@旅游！",
 info];//设置文本内容
 [celldetail release];
}
```

通过 indexPath 可以获悉具体是哪一行的扩展按钮被单击，取出在 list 中对应的内容，在导航控制器跳转时为 CellDetail 类实例的 label 赋值。

celldetail.label.text=[NSString stringWithFormat:@"我去%@旅游！"，info];不能写在 [self.navigationController pushViewController:celldetail animated:YES];之前，因为我们是直接操作 celldetail 视图的标签，在 celldetail 被压入栈之前，它的视图还没有加载完成，此时对界面元素的操作是不会有任何效果的。

### 4．运行程序

第 1 个子视图，也就是 DetailViewController 类，它的界面样式如图 9.17 所示。单击八达岭长城右侧的按钮，程序界面又往下跳了一级，如图 9.18 所示。DetailViewController 没有设置标题，所以第 3 级视图返回按钮的标题是系统默认的 Back。

图 9.17　DetailViewController 类界面

图 9.18　显示单元格的详细内容

> 注意：扩展按钮会告诉用户单击此按钮会触摸某个动作，跟单击整行是两回事。当单元格上有较多的交互控件时，采取这种方式的优势就很明显了。

## 9.3.2 第 2 个子视图：可选择单元格的表视图

下面要实现的子视图也是表视图，这次会在选中表视图的某一行时，为其添加另外一种标记类型——选中标记（check mark）。程序检测用户单击动作后，会及时反馈出当前选中哪一行。我们分四步完成，步骤如下所示。

（1）创建一个 UITableViewController 类文件，并初始化数据；
（2）实现表视图的代理和数据源方法；
（3）增加转入视图的代码；
（4）运行程序。

### 1. 创建UITableViewController类文件

新建 UIViewController 文件，依然选择继承自 UITableViewController，文件命名为"CheckViewController"，因为不需要再对 xib 文件进行其他的操作，在创建文件时可以不选择拥有 xib。打开 CheckViewController.h，在头文件中声明两个成员变量，代码如下：

```
#import <UIKit/UIKit.h>

@interface CheckViewController : UITableViewController
{
    NSArray *list;                              //声明数组
    NSIndexPath * markedIndexPath;              //声明 NSIndexPath 对象
}
@property (nonatomic, retain) NSArray *list;
@property (nonatomic, retain) NSIndexPath * markedIndexPath;
@end
```

markedIndexPath 记录当前选中的单元格行。

然后，打开 CheckViewController.m，初始化数据，修改 viewDidLoad 函数，代码如下：

```
#import "CheckViewController.h"


@implementation CheckViewController
@synthesize list, markedIndexPath;              //属性访问器

-(void)dealloc{
    [list release];
    [lastIndexPath release];                    //内存释放
    [super dealloc];
}

#pragma mark - View lifecycle

- (void)viewDidLoad
```

```objc
{
    [super viewDidLoad];
    //初始化数据
    NSArray *array=[[NSArray alloc] initWithObjects:@"小岛惊魂", @"加勒比海盗",
                    @"战争生活", @"我是传奇", @"世界大战", @"断臂山",
                    @"憨豆先生的假期", @"混合宿舍", @"哥斯拉",
                    @"超人特工队", @"哈利波特与火焰杯" , nil];
    self.list=array;
    [array release];
}
```

## 2. 实现表视图的代理和数据源方法

在 viewDidLoad 函数下方实现表视图的代理和数据源方法：

```objc
#pragma mark - Table view data source

- (NSInteger)numberOfSectionsInTableView:(UITableView *)tableView
{
#warning Potentially incomplete method implementation.
    return 1;                                        //一个分区
}

- (NSInteger)tableView:(UITableView *)tableView numberOfRowsInSection:
(NSInteger)section
{
#warning Incomplete method implementation.
    return [list count];                             //行数
}

- (UITableViewCell *)tableView:(UITableView *)tableView
         cellForRowAtIndexPath:(NSIndexPath *)indexPath
{
    static NSString *CellIdentifier = @"Cell";
    //重用单元格
    UITableViewCell *cell = [tableView dequeueReusableCellWithIdentifier:CellIdentifier];
    //初始化单元格
    if (cell == nil) {
        cell = [[[UITableViewCell alloc] initWithStyle:
        UITableViewCellStyleDefault
                       reuseIdentifier:CellIdentifier] autorelease];
    }
    cell.textLabel.text = [list objectAtIndex:indexPath.row];
    //设置单元格标题
    if (indexPath.row==markedIndexPath.row &&markedIndexPath) {
        cell.accessoryType = UITableViewCellAccessoryCheckmark;
        //设置标记
    }
    else{
        cell.accessoryType = UITableViewCellAccessoryNone;  //无标记
    }
    
    return cell;
}
```

和前面的程序一样，数据也是显示在单元格的 textLabel 上。不同的是，多了一个 if 语句判断。

```
if (indexPath.row==markedIndexPath.row &&markedIndexPath) {
    cell.accessoryType = UITableViewCellAccessoryCheckmark;//设置标记
}
else{
    cell.accessoryType = UITableViewCellAccessoryNone;//无标记
}
```

根据 markedIndexPath 的 row 判断当前是哪一行被选中，还要判断 markedIndexPath 是否为 nil。程序初始运行时，markedIndexPath 肯定是 nil，这时还没有行被选中。这两个条件都要考虑到。

选中的单元格扩展类型设置为 UITableViewCellAccessoryCheckmark，单元格的右侧就会有一个对号。没有选中的单元格不会有任何的标记。

下面修改 tableView:didSelectRowAtIndexPath:函数：

```
#pragma mark - Table view delegate

- (void)tableView:(UITableView *)tableView
didSelectRowAtIndexPath:(NSIndexPath *)indexPath
{
    self.markedIndexPath=indexPath;                 //保存标记行
    [self.tableView reloadData];                    //重载单元格
}
```

markedIndexPath 储存当前选中的行。接下来我们调用 tableView 的 reloadData，表视图数据就会重新加载，单元格也会重新生成。

> 注意：reloadData 是让整个表的单元格都重新生成一遍，也可以指定具体行、分区刷新。

### 3. 修改第一级视图

接下来就把 CheckViewController 添加到导航控制器中，修改 RootViewController.m。首先，修改表视图的行数为 2：

```
- (NSInteger)tableView:(UITableView *)tableView numberOfRowsInSection:
(NSInteger)section
{
#warning Incomplete method implementation.
    return 2;                                       //两行
}
```

然后，增加针对第 2 行单元格样式的处理：

```
- (UITableViewCell *)tableView:(UITableView *)tableView
cellForRowAtIndexPath:(NSIndexPath *)indexPath
{
    static NSString *CellIdentifier = @"Cell";
    //重用单元格
```

```
UITableViewCell *cell = [tableView dequeueReusableCellWithIdentifier:
CellIdentifier];
    //初始化单元格
    if (cell == nil) {
        cell = [[[UITableViewCell alloc]
            initWithStyle:UITableViewCellStyleDefault
            reuseIdentifier:CellIdentifier] autorelease];
    }
    if (indexPath.row==0) {
        cell.textLabel.text=@"详细列表";              //第1行标题
    }
    else if (indexPath.row==1) {
        cell.textLabel.text=@"标记列表";              //第2行标题
    }
    cell.accessoryType = UITableViewCellAccessoryDisclosureIndicator;
    return cell;
}
```

修改 tableView :didSelectRowAtIndexPath:函数:

```
#pragma mark - Table view delegate
- (void)tableView:(UITableView *)tableView
            didSelectRowAtIndexPath:(NSIndexPath *)indexPath
{
    if (indexPath.row==0) {
            //初始化视图控制器
        DetailViewController *detail=[[DetailViewController alloc] init];
        //跳转至第1个子视图
        [self.navigationController pushViewController:detail animated:
        YES];
        [detail release];
    }
    else if (indexPath.row==1) {
        //初始化视图控制器
        CheckViewController *check=[[CheckViewController alloc] init];
        //跳转至第2个子视图
        [self.navigationController pushViewController:check animated:
        YES];
        [check release];
    }
}
```

### 4. 运行程序

再次运行程序后，可以看到主界面上现在变成了两行。单击第2行"标记列表"，跳转到标记列表视图，如图9.19所示。

此时界面下第一次出现的时候，没有可选中的行，也就没有可见的选中标记。单击某一行，该行就会出现一个选中标记；单击别的行时，标记就会跳到新的行里了，如图9.20所示。

# 第 9 章 Navigation Controller（导航控制器）

图 9.19　第 2 个子视图

图 9.20　选中行的右侧出现选中标记

## 9.3.3　第 3 个子视图：可移动单元格的表视图

表视图的单元格是可以移动的，这又是苹果带来的一个神奇操作体验。iPhone 的 Table View 不仅可以移动，还可以实现删除、编辑和插入等操作。这些功能并不复杂，实现这些功能的原理是进入到表视图的编辑模式，在那里会有相应的函数来帮助我们实现希望的效果。

接下来就先一起学习下如何在 Table View 中移动单元格。共分五步完成，步骤如下所示。

（1）创建一个 UITableViewController 类文件，并初始化数据；
（2）增加表视图编辑状态的控制；
（3）实现表视图的代理和数据源方法；
（4）增加转入视图的代码；
（5）运行程序。

### 1. 创建UITableViewController类文件

新建 UITableViewController 子文件，文件命名为"MoveViewController"。这次存储数据不能用 NSArray 了，换成一个可变的数组 NSMutableArray，NSMutableArray 可以移动内部元素位置，这样正好和表视图对应起来。打开 MoveViewController.h，添加声明：

```objc
#import <UIKit/UIKit.h>

@interface MoveViewController : UITableViewController
{
    NSMutableArray *list;                          //声明数组
}
@property (nonatomic, retain) NSMutableArray *list;
@end
```

接下来打开 MoveViewController.m 文件，修改 viewDidLoad 函数：

```objc
#import "MoveViewController.h"

@implementation MoveViewController
@synthesize list;                                  //属性访问器

- (void)dealloc {
    [list release];                                //释放内存
    [super dealloc];
}

#pragma mark - View lifecycle

- (void)viewDidLoad
{
    [super viewDidLoad];
    //初始化数据
    NSMutableArray *array = [[NSMutableArray alloc] initWithObjects:
                    @"现代伊兰特",@"法拉利612" ,@"路虎",@"标致",
                    @"玛莎拉蒂 3200GT", @"奥迪 R8",@"劳斯莱斯",
                    @"美洲虎 MK2",nil];
    self.list = array;
    [array release];

    //创建一个按钮项
    UIBarButtonItem *moveButton = [[UIBarButtonItem alloc]
                                initWithTitle:@"移动"
                                style:UIBarButtonItemStyleBordered
                                target:self
                                action:@selector(Move)];
    self.navigationItem.rightBarButtonItem = moveButton;
    //在导航条右侧添加一个控制按钮
    [moveButton release];
}
```

表视图只有进入到编辑状态才可以调整单元格的位置，因此我们在导航条上添加了一个按钮，这个按钮对应的方法可以让表视图在编辑模式和普通模式下进行切换。

2. 控制编辑状态

在 viewDidLoad 下实现 Move 函数，代码如下：

```objc
-(void)Move{
    [self.tableView setEditing:!self.tableView.editing animated:YES];
```

```objc
        //改变编辑状态
    if (self.tableView.editing)
        [self.navigationItem.rightBarButtonItem setTitle:@"完成"];
        //修改按钮标题
    else
        [self.navigationItem.rightBarButtonItem setTitle:@"移动"];
        //修改按钮标题
}
```

UITableView 的成员变量 editing 是一个 BOOL 值，当 editing 被置为 YES，表视图就会收到通知，进入到编辑状态；相反的，回到普通状态。

当处于编辑状态时，设置 rightBarButtonItem 的标题为"完成"。

### 3．实现表视图的代理和数据源方法

在 Move 函数下方添加表视图代理和数据源方法的实现：

```objc
#pragma mark - Table view data source
- (NSInteger)numberOfSectionsInTableView:(UITableView *)tableView
{
#warning Potentially incomplete method implementation.
    return 1;                                              //一个分区
}

- (NSInteger)tableView:(UITableView *)tableView numberOfRowsInSection:
(NSInteger)section
{
#warning Incomplete method implementation.
    return [list count];                                   //行数
}

- (UITableViewCell *)tableView:(UITableView *)tableView cellForRowAt
IndexPath:(NSIndexPath *)indexPath
{
    static NSString *CellIdentifier = @"Cell";             //单元格 ID
    //重用单元格
    UITableViewCell *cell = [tableView dequeueReusableCellWith
    Identifier:CellIdentifier];
    //初始化单元格
    if (cell == nil) {
        cell = [[[UITableViewCell alloc] initWithStyle:UITableView
        CellStyleDefault
                      reuseIdentifier:CellIdentifier] autorelease];
    }
    cell.textLabel.text = [list objectAtIndex:indexPath.row];
    //设置单元格标题
    cell.showsReorderControl = YES;                        //显示重新排序按钮

    return cell;
}

- (BOOL)tableView:(UITableView *)tableView
            canMoveRowAtIndexPath:(NSIndexPath *)indexPath {
```

```
        return YES;                                    //允许移动行
}

- (void)tableView:(UITableView *)tableView
                         moveRowAtIndexPath:(NSIndexPath
                         *)fromIndexPath
                         toIndexPath:(NSIndexPath *)toIndexPath {
    NSString* car = [list objectAtIndex:fromIndexPath.row];
    [list removeObjectAtIndex:fromIndexPath.row];      //删除指定数据
    [list insertObject:car atIndex:toIndexPath.row];   //插入新数据
}

- (UITableViewCellEditingStyle)tableView:(UITableView *)tableView
         editingStyleForRowAtIndexPath:(NSIndexPath *)indexPath {
    return UITableViewCellEditingStyleNone;            //禁止编辑
}
```

在 tableView:cellForRowAtIndexPath:中有一行需要注意的代码：

```
cell.showsReorderControl = YES;                        //显示重新排序按钮
```

这是 UITableViewCell 的一个属性。如果设置为 YES，表视图也恰好是在编辑状态下的话，在单元格的右侧会出现一个按钮，叫做重新排序按钮（Reorder Control）。这个按钮和前面用过的扩展图标、标记图标都不一样，用手指按住该按钮，就可以在屏幕上随意拖动单元格了。

这段代码多了 3 个新的代理方法。通过 tableView:canMoveRowAtIndexPath:控制哪一行可以移动。如果返回 NO，那么该行不会显示重新排序控件，也就不能移动。这里直接返回 YES，所有行允许移动。

当移动某一行时，系统会通知表视图调用 tableView:move RowAtIndexPath:toIndexPath:函数，后两个参数都是 NSIndexPath 的实例，moveRowAtIndexPath 表示被移动的行，toIndexPath 表示行的新位置。实现这个函数时，一定要保证数据的同步。

（1）取出 list 里当前行位置的元素：

```
NSString* car = [list objectAtIndex:fromIndexPath.row];
```

（2）暂时从数组中删除该元素：

```
[list removeObjectAtIndex:fromIndexPath.row];
```

（3）在新的位置把元素插进去：

```
[list insertObject:car atIndex:toIndexPath.row];
```

理解了上面的操作，接下来看这个函数：

```
- (UITableViewCellEditingStyle)tableView:(UITableView *)tableView
         editingStyleForRowAtIndexPath:(NSIndexPath *)indexPath {
    return UITableViewCellEditingStyleNone;
}
```

我们希望当前的表视图能够进行移动，但不希望它可以删除和插入行，因此返回 UITableViewCellEditingStyleNone，这样表就只能进行移动操作，针对表的删除和插入在下一小节会介绍。

好了，准备工作都完成了，赶紧把 MoveViewController 加载到第一级视图中去吧！

### 4．修改第一级视图

打开 RootViewController.m，修改代码如下：

```
- (NSInteger)tableView:(UITableView *)tableView numberOfRowsInSection:
(NSInteger)section
{
#warning Incomplete method implementation.
    return 3;                                            //三行
}
-(UITableViewCell *)tableView:(UITableView *)tableView
    cellForRowAtIndexPath:(NSIndexPath *)indexPath
{
    static NSString *CellIdentifier = @"Cell";        //单元格 ID
    //重用单元格
    UITableViewCell *cell = [tableView dequeueReusableCellWithIden
tifier:CellIdentifier];
    //初始化单元格
    if (cell == nil) {
        cell = [[[UITableViewCell alloc] initWithStyle:UITable
        ViewCellStyleDefault
    reuseIdentifier:CellIdentifier] autorelease];
    }
    if (indexPath.row==0) {
        cell.textLabel.text=@"详细列表";                //第1行标题
    }
    else if (indexPath.row==1) {
        cell.textLabel.text=@"标记列表";                //第2行标题
    }
    else if (indexPath.row==2) {
        cell.textLabel.text=@"移动列表";                //第3行标题
    }
    cell.accessoryType = UITableViewCellAccessoryDisclosureIndicator;
    return cell;
}
- (void)tableView:(UITableView *)tableView didSelectRowAtIndexPath:
(NSIndexPath *)indexPath
{
    if (indexPath.row==0) {
        //跳转至第1个子视图
        DetailViewController *detail=[[DetailViewController alloc] init];
        [self.navigationController pushViewController:detail animated:
        YES];
        [detail release];
    }
    else if (indexPath.row==1) {
        //跳转至第2个子视图
        CheckViewController *check=[[CheckViewController alloc] init];
        [self.navigationController pushViewController:check animated:
        YES];
        [check release];
    }
```

```
else if (indexPath.row==2) {
    //跳转至第 3 个子视图
    MoveViewController *check=[[MoveViewController alloc] init];
    [self.navigationController pushViewController:check animated:
YES];
    [check release];
}
}
```

修改表的行数为 3，增加单击第 3 行单元格的响应，这些操作所有的子视图都是类似的。

**5．运行程序**

进入到移动列表二级视图，MoveViewController 的表在正常状态下如图 9.21 所示。单击右上角的"移动"按钮，每行单元格的文字都向右移，而且在最右侧多出了一个按钮，这就是重新排序按钮。按住它，就可以实现移动效果了，如图 9.22 所示。

图 9.21　表在正常状态下样式　　　　　图 9.22　把行移动到希望的位置

## 9.3.4　第 4 个子视图：可删除单元格的表视图

如果熟悉了上面对单元格的移动，那单元格的删除对读者而言就很轻松了。过程都是相似的，都需要让 Table View 进入到编辑状态下，然后通过某些代理函数实现这些操作。分五步完成，步骤如下所示。
(1) 创建一个 UITableViewController 类文件；
(2) 控制删除状态；
(3) 实现表视图的数据源和代理方法；
(4) 修改第一级视图；
(5) 运行程序，查看程序整体效果。

**1. 创建UITableViewController类文件**

新建 UITableViewController 子文件，文件命名为"DeleteViewController"。存储数据也是选择可变数组 NSMutableArray。修改 DeleteViewController.h 头文件，添加声明：

```objc
#import <UIKit/UIKit.h>

@interface DeleteViewController : UITableViewController
{
    NSMutableArray *list;                    //声明可变数组变量
}
@property (nonatomic, retain) NSMutableArray *list;
@end
```

打开 DeleteViewController.m，在 viewDidLoad 中初始化数据，代码如下：

```objc
#import "DeleteViewController.h"

@implementation DeleteViewController
@synthesize list;                            //属性访问器

- (void)dealloc {
    [list release];                          //释放内存
    [super dealloc];
}

#pragma mark - View lifecycle

- (void)viewDidLoad
{
    [super viewDidLoad];
    ///初始化数据
    NSMutableArray *array = [[NSMutableArray alloc] initWithObjects:
                             @"牡丹花",@"莲花",@"含羞草",@"月季花",@"恐龙
                             ",@"猫",@"海参", @"考拉",nil];
    self.list = array;
    [array release];
    //创建按钮项
    UIBarButtonItem *delButton= [[UIBarButtonItem alloc]
                                 initWithTitle:@"删除"
                                 style:UIBarButtonItemStyleBordered
                                 target:self
                                 action:@selector(Delete)];
    self.navigationItem.rightBarButtonItem = delButton;
    //设置导航条右键按钮
    [delButton release];
}
```

### 2. 控制删除状态

这些代码和上一小节创建移动表数据时基本是一样的,在导航条的右侧添加一个按钮,用于进入到编辑状态。实现 Delete 函数:

```
-(void)Delete{
    [self.tableView setEditing:!self.tableView.editing animated:YES];
//修改编辑状态

    if (self.tableView.editing)
        [self.navigationItem.rightBarButtonItem setTitle:@"完成"];
//修改按钮标题
    else
        [self.navigationItem.rightBarButtonItem setTitle:@"删除"];
//修改按钮标题
}
```

### 3. 实现表视图的数据源和代理方法

在 Delete 函数下方实现表视图的数据源和代理方法,代码如下:

```
#pragma mark - Table view data source
- (NSInteger)numberOfSectionsInTableView:(UITableView *)tableView
{
#warning Potentially incomplete method implementation.
    return 1;                                           //一个分区
}

- (NSInteger)tableView:(UITableView *)tableView numberOfRowsInSection:
(NSInteger)section
{
#warning Incomplete method implementation.
    return [list count];                                //分数
}

- (UITableViewCell *)tableView:(UITableView *)tableView
 cellForRowAtIndexPath:(NSIndexPath *)indexPath
{
    static NSString *CellIdentifier = @"Cell";          //单元格 ID
    //重用单元格
    UITableViewCell *cell = [tableView dequeueReusableCellWith
    Identifier:CellIdentifier];
    //初始化单元格
    if (cell == nil) {
        cell = [[[UITableViewCell alloc] initWithStyle:UITableView
        CellStyleDefault
                        reuseIdentifier:CellIdentifier] autorelease];
    }

    cell.textLabel.text = [self.list objectAtIndex:indexPath.row];
    //设置单元格标题
    return cell;
}
```

实现删除操作的代码如下，这又是一个第一次接触的代理方法：

```
-(void)tableView:(UITableView*)tableView
        commitEditingStyle:(UITableViewCellEditingStyle)editingStyle
        forRowAtIndexPath:(NSIndexPath *)indexPath
{
    if (editingStyle == UITableViewCellEditingStyleDelete) {
          [self.list removeObjectAtIndex:indexPath.row];
          //删除数据
          //删除表视图的一行
          [tableView deleteRowsAtIndexPaths:[NSArray arrayWithObject:
          indexPath]
                    withRowAnimation:UITableViewRowAnimationFade];
    }
    //插入操作时不执行任何代码
    else if (editingStyle == UITableViewCellEditingStyleInsert) {
    }
}
```

当用户删除或者插入一行时，系统会调用这个函数。我们观察到这个函数一共有三个参数，第 1 个参数就是执行操作的表视图，第 2 个参数是编辑类型，苹果提供了三种选择，如下所示。

- UITableViewCellEditingStyleNone：单元格不能被编辑，这是默认值。
- UITableViewCellEditingStyleDelete：表视图可以删除指定位置的行。
- UITableViewCellEditingStyleInsert：表视图可以在指定位置插入新行。

第 3 个参数就是要执行编辑的单元格位置，对删除操作来说，它代表要被删除掉的行；对于插入，它表示新行要插入的位置。删除的过程很简单，包括删除数据和行两步。

（1）首先，删掉数组中对应位置的元素，这很重要：

```
[self.list removeObjectAtIndex:indexPath.row];           //删除数据
```

（2）随后通知 UITableView 删掉这一行：

```
//删除表视图的一行
[tableView deleteRowsAtIndexPaths:[NSArray arrayWithObject:indexPath]
                    withRowAnimation:UITableViewRowAnimationFade];
```

把代表删除行位置的 NSIndexPath 变量都放在一个 NSArray 里，UITableView 就会把这些行全部删除，传递 UITableViewRowAnimationFade 让删除过程拥有一个渐变的效果，视觉上比较优雅。

> 注意：这里我们就不详细介绍插入操作了，在大部分的 iPhone 应用中，针对表的删除操作要更多些。

### 4. 修改第一级视图

```
- (NSInteger)tableView:(UITableView *)tableView numberOfRowsInSection:
(NSInteger)section
{
#warning Incomplete method implementation.
```

```objc
    return 4;                                    //4行
}

- (UITableViewCell *)tableView:(UITableView *)tableView cellForRowAt
IndexPath:(NSIndexPath *)indexPath
{
    static NSString *CellIdentifier = @"Cell";   //单元格ID
    //重用单元格
    UITableViewCell *cell = [tableView dequeueReusableCell
    WithIdentifier:CellIdentifier];
    //初始化单元格
    if (cell == nil) {
        cell = [[[UITableViewCell alloc]
        initWithStyle:UITableViewCellStyleDefault
        reuseIdentifier:CellIdentifier] autorelease];
    }
    if (indexPath.row==0) {
        cell.textLabel.text=@"详细列表";          //第1行标题
    }
    else if (indexPath.row==1) {
        cell.textLabel.text=@"标记列表";          //第2行标题
    }
    else if (indexPath.row==2) {
        cell.textLabel.text=@"移动列表";          //第3行标题
    }
    else if (indexPath.row==3) {
        cell.textLabel.text=@"删除列表";          //第4行标题
    }
    cell.accessoryType = UITableViewCellAccessoryDisclosureIndicator;
    return cell;
}
#pragma mark - Table view delegate

- (void)tableView:(UITableView *)tableView didSelectRowAtIndexPath:
(NSIndexPath *)indexPath
{
    if (indexPath.row==0) {
        //初始化视图控制器
        DetailViewController *detail=[[DetailViewController alloc] init];
        //跳转至第1个子视图
        [self.navigationController pushViewController:detail animated:
        YES];
        [detail release];
    }
else if (indexPath.row==1) {
        //初始化视图控制器
        CheckViewController *check=[[CheckViewController alloc] init];
        //跳转至第2个子视图
        [self.navigationController pushViewController:check animated:
        YES];
        [check release];
    }
else if (indexPath.row==2)
```

## 第9章 Navigation Controller（导航控制器）

```
        //初始化视图控制器{
        MoveViewController *check=[[MoveViewController alloc] init];
        //跳转至第 3 个子视图
        [self.navigationController pushViewController:check animated:
        YES];
        [check release];
    }
    else if (indexPath.row==3) {
        //初始化视图控制器{
        MoveViewController *check=[[MoveViewController alloc] init];
        //跳转至第 4 个子视图
        [self.navigationController pushViewController:check animated:
        YES];
        [check release];
    }
}
```

### 5．运行程序

单击"删除列表"单元格，跳转到删除列表子视图，界面和移动列表基本一致，如图 9.23 所示。单击"删除"按钮，表视图进入到编辑状态，每行的左边都会出现一个红色的小图标，如图 9.24 所示。

图 9.23　删除列表界面

图 9.24　每行左侧出现一个红色小图标

单击第 2 行"莲花"旁边的小图标,它立刻旋转 90 度,单元格的右侧也出现了一个 Delete 按钮,如图 9.25 所示,这个按钮会触发表视图的删除操作。单击 Delete 按钮,"莲花"这一行就消失了,删除成功!如图 9.26 所示。

当表视图处于编辑状态时,用手指轻轻滑过某一行,在行的右侧就会出现一个"Delete"按钮,操作起来更方便。在模拟器上,可以用鼠标来模拟这个操作。

图 9.25　单击 Delete 按钮触发删除操作　　　图 9.26　删除成功后还可以继续删除

## 9.4　小　　结

通过本章的学习,读者深入学习了导航控制器,包括它的原理和构成,并掌握了如何使用它来为程序构建框架和组织流程。接下来还学习了几种稍微复杂的表视图样式,当然表视图能实现的远远不止这些。本章介绍的内容都将成为读者日后开发工作的基础。

下一章我们将学习一种全新的管理视图对象的方式——Storyboard,它就像它的名字一样非常有趣,开始学习吧!

## 9.5 习　　题

【简答题】

1．初始化导航控制器时可否不设置根视图？
2．如何让单元格拥有打勾选中的样式？
3．移动或删除单元格前需要设置表视图的某个属性，是什么？

【实践题】

创建一个程序，使其同时拥有导航栏（Navigation bar）和选项卡栏（Tab bar），结合 Tab bar Controller 和 Navigation Controller 实现。

# 第 3 篇　高级篇

- 第 10 章　Storyboard
- 第 11 章　应用设置和用户默认项
- 第 12 章　iOS 数据存储基础
- 第 13 章　GCD 与后台处理进程
- 第 14 章　触屏和手势
- 第 15 章　Core Location 定位
- 第 16 章　重力感应和加速计
- 第 17 章　摄像头和相册
- 第 18 章　多媒体：音频和视频
- 第 19 章　本地化

# 第 10 章 Storyboard

通过前几章的积累，我们已经对 Interface Builder 的使用相当熟悉了。如果需要实现一个功能复杂、界面较多的程序，通常都是创建许多的 UIViewController 和 xib 文件，然后使用 UINavigationController 或者 UITabBarController 串接起来。本章会学习一个 iOS 5 的新特征——Storyboard。有了它，程序结构的设计会变得非常简单。

Storyboard 可以翻译为故事板，它也是在 Interface Builder 上操作，不同的是编辑区内可以设计多个视图，不用写一行代码就可以实现多个视图之间的切换。

图 10.1 展示的是一个复杂的、多界面的程序，使用 Storyboard 可以清楚的看到视图之间的关系，它能帮我们免去大量需要代码完成的跳转工作。本章会通过一个非常简单的程序来介绍如何使用 Storyboard 来构造程序。

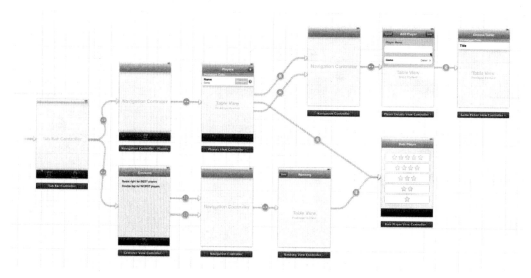

图 10.1　利用 Storyboard 实现复杂的程序设计

本章主要涉及到的知识点如下所示。

- ❑ Storyboard：了解基本构造和使用方法。
- ❑ 动态表格和静态表格：了解二者区别，并学习如何在 Storyboard 中使用静态表格。
- ❑ 视图切换：在 Storyboard 中建立视图的切换。

注意：Storyboard 和 xib 文件本质一样都是 XML 类型的文件，可以在 Xcode 中查看其源代码。

## 10.1 支持 Storyboard 的程序

本章的示例程序包含三个页面，其中首页包含一个表，一共有两条数据，效果如图 10.2 所示。

图 10.2　程序的首页

单击"节日"行时，程序跳转到一个新的界面，页面会罗列出中国的传统节日。而单击"出行"行时，程序跳转到出行旅游的信息界面，这就是我们即将要实现的程序功能。

读者是否还有印象，采用 Single View Application 模板新建工程时，Xcode 会提供 Storyboard 选项，只要选中该复选框就可以了，就可以免去自己创建的麻烦了。准备好了，就开始体验 Storyboard 吧！

### 10.1.1　创建新工程

打开 Xcode，创建一个基于 Single View Application 模板的 iPhone 工程，命名为"StoryBoardUse"，选中 Use Storyboard 复选框，如图 10.3 所示。以往的操作中它都是被忽略的，不过这次它会是主角。

第 3 篇 高级篇

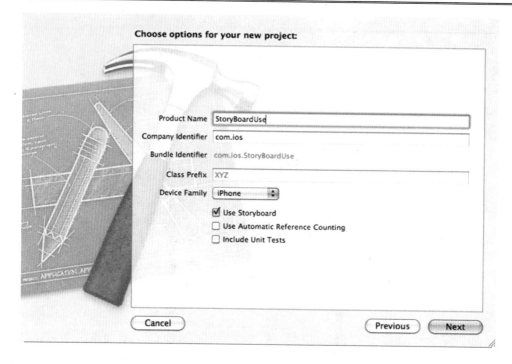

图 10.3 选中 Use Storyboard 复选框

剩下的步骤和以前一样，程序创建完毕。查看 Xcode 的文件目录，可以看到 StoryBoardUse 多出一个 MainStoryboard.storyboard 的文件，如图 10.4 所示。这就是我们即将探索和学习的 Storyboard。

图 10.4 工程文件中多了一个.storyboard 文件

注意：程序使用 Storyboard 后，就不能再使用 MainWindow.xib。

## 10.1.2 程序结构

打开 MainStoryboard.storyboard，Xcode 的编辑区会把它的操作界面展现出来，某些地方和以往的 xib 可视化界面类似，但多了不少新的东西。例如，在 View 的左侧多出了一个箭头，本该是 File'S Owner 的地方变成了 View Controller Scene，如图 10.5 所示。

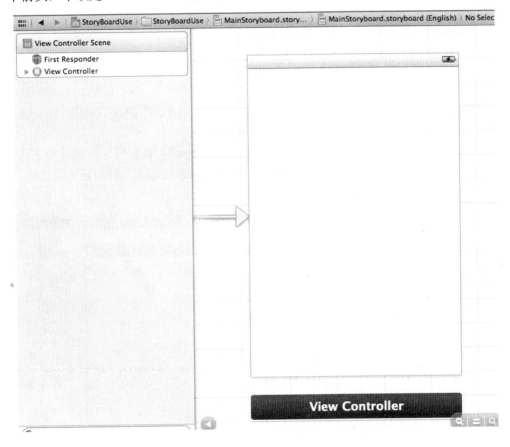

图 10.5　Storyboard 界面

读者可能正在思考一个问题而不得其解，MainStoryboard 是如何被加载的？工程目录下的几个类文件全都没有 MainStoryboard 的代码痕迹。这是因为程序的结构和以往的不同，在 Xcode 左侧单击蓝色的工程图标，打开 TARGETS 的 Summary 项，看到 Main Storyboard 下拉框里填的是 MainStoryboard，而 Main Interface 是空的，这说明工程启动时首先加载的是 MainStoryboard，如图 10.6 所示。

图 10.6　Main Storyboard 下拉框是 MainStoryboard

新的问题来了，ViewController 又是从哪里加载的呢？打开 AppDelegate.m，观察程序的启动函数，代码如下：

```
- (BOOL)application:(UIApplication *)application
 didFinishLaunchingWithOptions:(NSDictionary *)launchOptions
{
    return YES;                              //直接返回 YES
}
```

里面没有任何关于 Window 或者 ViewController 的代码,只有孤零零的一个 return YES。

工程下有一个 ViewController 类,它是程序的初始视图;一个 UIViewController 文件。不过在 AppDelegate 下没有找到任何与加载视图有关的代码,因此推测 ViewController 一定是在 MainStoryboard.storyboard 中被加载的。

为了证实这一点,再次打开 MainStoryboard.storyboard,在编辑区左侧发现了 View Controller Scene,如图 10.7 所示。选中 View Controller,可以在属性面板中看到它是和 ViewController 类关联起来的,如图 10.8 所示。

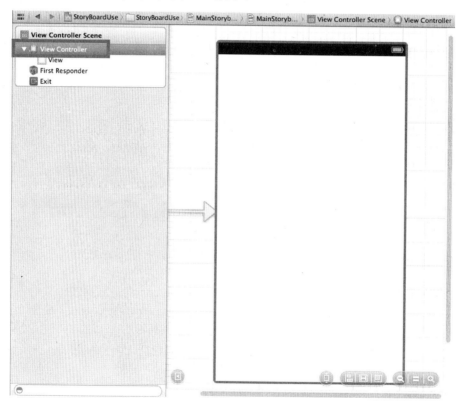

图 10.7　ViewController 位于 View Controller Scene

图 10.8　在属性面板中查看 Scene 关联的类

读者现在应该已经明白了，程序加载 MainStoryboard.storyboard 时，ViewController 就会作为根视图显示出来。在编辑区可以看到 Scene（场景）的全部结构，如图 10.9 所示。

上方是我们熟悉的 View 界面，下方是一个 dock，它是一个文档管理器的缩小版。如果放大 Scene，dock 就会显示 View Controller 和一个 First Reponder，如图 10.10 所示。

图 10.9　Scene 的组成结构图　　　　图 10.10　放大 Scene 后，dock 显示的内容

这样，整个程序的结构就清晰了许多，下面就开始学习如何使用 Storyboard。

注意：在 Info.plist 下，有个叫做 Main nib file base name 的键，它也指示应用程序首先载入 MainStoryboard.storyboard。

## 10.2　导航控制器

使用 Storyboard 最大的好处就是可以把一个复杂的程序结构轻松地实现，以往那些熟悉的架构控制器类，如 Navigation Controller，在 Storyboard 中也是易如反掌。

### 10.2.1　在 Storyboard 中添加导航控制器

读者一定记得在前面的章节中我们是如何把一个导航控制器设置为程序的根视图的。接下来将在 Storyboard 中添加一个 Navigation Controller，并把它设置为 Storyboard 的根视图，共分三步完成，步骤如下所示。

（1）添加导航控制器；
（2）设置初始场景；
（3）设置导航控制器的根视图。

**1．添加导航控制器**

从库中找到 Navigation Controller，如图 10.11 所示，直接拖曳到 Storyboard 上，此时编辑区会有三个可视化视图，一个是原先的 ViewController，一个是刚刚拖进去的 Navigation Controller，还有一个是 Navigation Controller 的根视图。把它们稍微分隔开，否则堆在一起会显得很乱，如图 10.12 所示。

图 10.11　库中找到 Navigation Controller

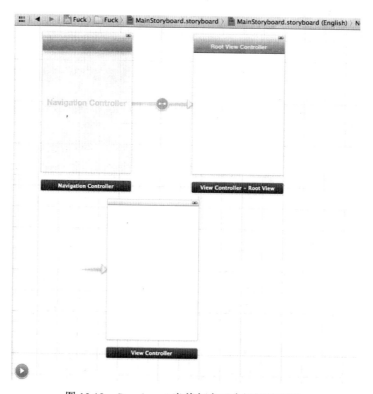

图 10.12　Storyboard 当前包含三个视图控制器

## 2．设置初始场景

View Controller 左侧的小箭头表示 Storyboard 会首先加载这个视图，把小箭头拖曳到 Navigation Controller 前。这样 Storyboard 的根视图就变成了 Navigation Controller 了，也就是说程序加载的初始场景已经成为了刚刚添加的导航控制器。

如果不小心"弄丢"了那个小箭头，没有关系，单击 Navigation Controller，打开属性面板，选中 Initial Scene 复选框，这样指定的视图控制器就会成为整个 Storyboard 的初始场景，如图 10.13 所示。

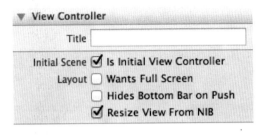

图 10.13　通过 Initial Scene 项设置初始场景

我们希望自己手动为导航控制器添加根视图，虽然这项工作系统已经周到地替开发者完成了。选中 View Controller 1 Root View，单击 delete 键，导航控制器的根视图就被删除掉了。原来指向 View Controller 的小箭头也已经指向了 Navigation Controller，那么 View Controller 场景也没有用处了，把 View Controller 也删除掉，此时编辑区就只剩下一个 Navigation Controller 了。

## 3．设置导航控制器的根视图

如果读者前面的操作是正确的，此时编辑区应该包含一个 Navigation Controller 和一个 Table View Controller，而且 Navigation Controller 左侧有一个指向它的小箭头。

导航控制器目前没有根视图，确切地说是被我们删掉了。如何利用 Storyboard 来为导航控制器设置根视图呢？操作依然非常简单，选中 Navigation Controller，打开属性面板最右侧的标签项，在 Storyboard Segues 下可以看到 Relationship 项，通过它可以关联 Navigation Controller 的根视图。把旁边的小圆圈连接到编辑区的 View Controller 上，如图 10.14 所示，此时 ViewController 类就成为 Navigation Controller 的根视图。

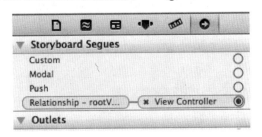

图 10.14　把 ViewController 类关联为 Navigation Controller 的根视图

仔细观察，Navigation Controller 和 Table View Controller 之间就会有一条线连接起来，如图 10.15 所示。

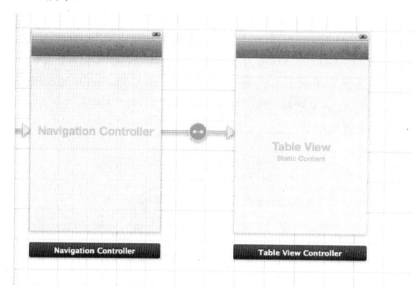

图 10.15　Navigation Controller 和 Table View Controller 之间出现一条带箭头的连接线

Storyboard 通过一条条带箭头的指示线来连接各个视图，可以称之为 Segue，它就像是高速公路上的路标一样。这样引导开发者来快速设计流程，最重要的一点是操作变得简单了。

还有一种更简单的方式关联视图，按住 Ctrl 键和鼠标左键，从 Navigation Controller 向 Table View Controller 划一条线，此时会弹出一个 Segues 选择框，我们选择 Relationship - rootViewController，如图 10.16 所示。

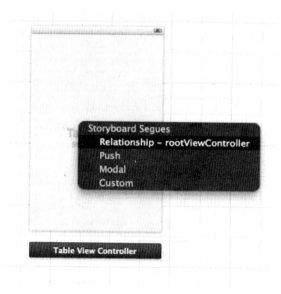

图 10.16　在 Segues 上关联视图

通过这几步的操作，现在可以对 Storyboard 做一个小小的总结。Storyboard 编辑器看起来很像 Interface Builder，它支持从库中拖动控件到 View Controller 中来设计布局。不同的是，Storyboard 不仅仅包含一个 View Controller，而是应用中所有的 View Controller。

在 Storyboard 中，View Controller 官方术语中叫做 Scene。它不仅仅包含 nib 中的组件，还显示了视图控制器中所有的内容，每个 Scene 的内容可以在 Storyboard 编辑区左侧查看。例如 Table View Controller 的全部内容，如图 10.17 所示。

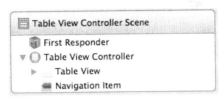

图 10.17　Table View Controller 的 Scene 内容

### 10.2.2　原型单元格和静态单元格

查看 Table View Controller，明显感觉出样式跟以前的表视图不太一样，如图 10.18 所示。

图 10.18　Table View Controller 的 Prototype Cells 样式

可以看到表视图现在只有一个单元格，分区头部（section header）标记显示为 Prototype Cells，这是一种单元格类型，除此之外，还有一种叫做 Static Cell，它们两个在 Storyboard 中才有：

- Dynamic Prototypes：通过代码动态更改单元格的内容。
- Static Cell：可以在 Storyboard 中直接设置分区和行。

通过重写 Table View 数据源函数来构建完整单元格的方法我们已经非常熟悉了，后面会采用 Static Cell。

## 10.3 表 视 图

不需要在 Table View Controller 上添加表视图，因为它本身就有一个。不过没有任何数据是个空表，读者可能会疑问，那怎么在上面显示表数据呢，是否需要写一个关联类，然后再写代理方法和数据源方法。

如果不需要针对表视图做复杂的操作，也不需要设计复杂的单元格界面，那么这些工作在 Storyboard 上就可以全部完成，不过有一个前提，单元格要选择 Static Cell 类型。

### 10.3.1 编辑表视图

首先设置表视图的相关属性，包括单元格类型和分区数目。选中 Table View Controller 上的 Table View，打开属性面板的第 4 个标签项，当前默认类型（Content）是 Dynamic Prototypes，也找不到设置分区的地方，如图 10.19 所示。

修改 Content 为 Static Cells，这时候 Sections 项也出现了，把分区数修改为 1，如图 10.20 所示。

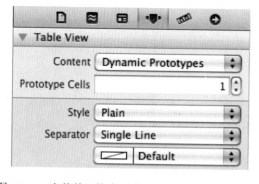

图 10.19　当前单元格类型默认为 Dynamic Prototypes

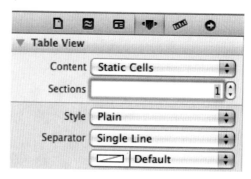

图 10.20　修改单元格类型和分区数

此时 Table View Controller 上表视图立刻有了一个分区，并默认有 3 行，如图 10.21 所示。

第 10 章 Storyboard

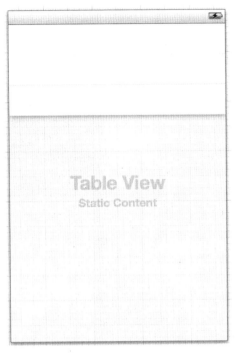

图 10.21　Table View 此时有 1 个分区和 3 行

我们只需要两个单元格，选中最后一个单元格，单击 delete 键。

> 注意：除了基本的单元格类型，还可以设置表视图的样式、分割线和背景色等样式，这和以往熟悉的操作一样。

## 10.3.2　编辑表单元原型

选中单元格，打开属性面板从右侧数第 2 个标签，把 Row Height 修改为 50，把两个单元格的高度都设定为 50，如图 10.22 所示。然后设置 Table View Cell 的 Accessory 属性为 Disclosure Indicator，如图 10.23 所示。

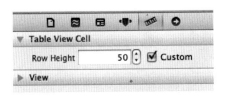

图 10.22　设置单元格的高度为 50

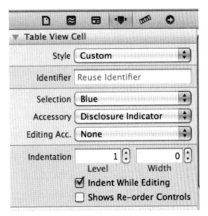

图 10.23　设置 Table View Cell 的 Accessory 属性

第 3 篇　高级篇

接下来就是对单元格做些事情了，从库中拖出两个 Label 到表单元格上。第 1 个标题设置为"节日"，第 2 个标题设置为"出行"，同时修改字体为 System 22.0，两个单元格的样式如图 10.24 所示。

做了这么多工作，赶紧运行看看效果吧。运行程序，程序界面如图 10.25 所示。

图 10.24　单元格的样式

图 10.25　程序的第 1 个界面

注意：设置单元格高度（Row Height）时要对 Custom 复选框打钩，这样系统才会允许接受自定义的高度。

## 10.4　视图的切换

已经看到了初步的成果，通过 Storyboard 添加和设置导航控制器非常的方便，节省了大量写代码的时间。下面要为导航控制器增加二级视图，这些操作依然会在 Storyboard 中实现。

### 10.4.1　创建节日列表视图

接下来就在 Storyboard 中创建节日列表视图，和导航控制器的根视图不同，我们会创建对应的 UViewController 类来动态生成数据。

### 1. 新建类文件并关联

新建 UViewController 文件，选择继承自 UITableViewController，文件命名为 Festivals。在 Storyboard 编辑区放置一个新的 Table View Controller，在属性面板中把 Class 项设置为 Festivals，如图 10.26 所示。

每一个控制器 Scene 下都有一个 Dock 条，会显示对应的类名称，关联成功后，Festivals 就显示在 Dock 上面，如图 10.27 所示。

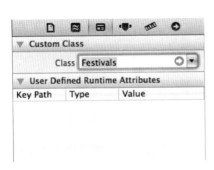

图 10.26　Table View Controller 和类文件相关联

图 10.27　Festivals 和场景成功关联

### 2. 修改类文件

打开 Festivals.h，声明一个 NSArray 类型的指针变量：

```
#import <UIKit/UIKit.h>

@interface Festivals : UITableViewController
{
    NSArray*list;                              //声明数组
}
@property(retain,nonatomic)NSArray*list;

@end
```

在 Festivals.m 创建数据、实现表视图数据源方法：

```
#import "Festivals.h"

@implementation Festivals
@synthesize list;                              //属性访问器

-(void)dealloc{
    [list release];                            //释放内存
    [super dealloc];
}
#pragma mark - View lifecycle
```

```objc
- (void)viewDidLoad
{
    [super viewDidLoad];
                                                    //初始化数据
    list=[[NSArray alloc] initWithObjects:
        @"元旦",@"春节",@"清明节",@"劳动节",@"端午节",@"中秋节",@"国庆节",nil];
}

#pragma mark - Table view data source

- (NSInteger)numberOfSectionsInTableView:(UITableView *)tableView
{
#warning Potentially incomplete method implementation.
    return 1;                                       //一个分区
}

-(NSInteger)tableView:(UITableView*)tableView numberOfRowsInSection:
(NSInteger)section
{
#warning Incomplete method implementation.
    return [list count];                            //行数
}

- (UITableViewCell *)tableView:(UITableView *)tableView
                cellForRowAtIndexPath:(NSIndexPath *)indexPath
{
    static NSString *CellIdentifier = @"Cell";      //单元格ID
                                                    //重用单元格
    UITableViewCell*cell=[tableView dequeueReusableCellWithIdentifier:
    CellIdentifier];
                                                    //初始化单元格
if (cell == nil) {
  cell=[[[UITableViewCellalloc]initWithStyle:UITableViewCellStyleDefault
                reuseIdentifier:CellIdentifier] autorelease];
    }

    cell.textLabel.text=[list objectAtIndex:indexPath.row];  //设置单元格
                                                             //标题
    return cell;
}
```

## 10.4.2 创建出行视图

这个视图比较简单，步骤和创建节日列表视图一致，不过不需要创建类文件。从库中拖出一个 View Controller 到 Storyboard 的编辑区。在 View 上添加一个 Label，内容设置为"祝您节日愉快！"，如图 10.28 所示。

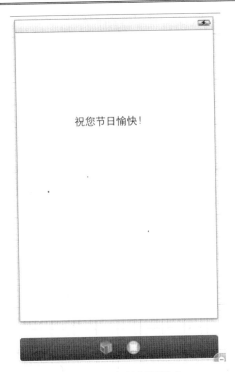

图 10.28　出行视图样式

## 10.4.3　在 Storyboard 中建立视图之间的转换

下面我们将在 Storyboard 中建立表视图和下一级视图之间的跳转关系。

在第 1 个单元格"节日"上同时按住 Ctrl 键和鼠标右键，画线连接到节目列表视图，如图 10.29 所示。在节日列表视图上弹出 Segues 选择框，选择 Push，如图 10.30 所示。

图 10.29　为第 1 个单元格建立跳转关系　　　图 10.30　选择 Push

然后建立第 2 个单元格"出行"的跳转，Segues 的设置和上面一致，如图 10.31 所示。

图 10.31　设置第 2 个单元格的 Segues

建立好以后，在 Storyboard 编辑区可以看到它们之间的关系，如图 10.32 所示。

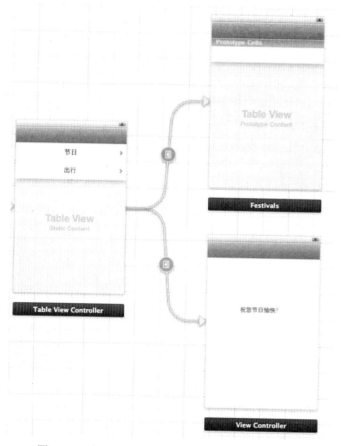

图 10.32　表视图和两个二级视图之间的跳转关系图

保存对 Storyboard 的操作，现在所有的工作都完成了，运行程序，模拟器首先弹出第一个页面，单击表视图第 1 行，程序成功跳转到节日列表界面，如图 10.33 所示。返回首页面，单击第 2 行，程序跳转到出行视图界面，如图 10.34 所示。

图 10.33　程序跳转到节日列表界面　　　图 10.34　程序跳转到出行界面

## 10.5　小　　结

本章的主要目的是介绍如何使用 Storyboard，所以程序的内容和逻辑都非常的简单。读者应该已经掌握了其基本使用，当然初始接触时可能会对以往的开发习惯产生一定的冲击，想要用好这个工具，就需要花点时间来慢慢探索。在以后的开发过程中，读者完全可以将 nib 和 Storyboard 配合起来使用，且两者的使用不冲突。

## 10.6　习　　题

【简答题】

1．Storyboard 可以处理一个还是多个可视化视图控制器文件？

2．视图控制器在 Storyboard 中被称作什么？

3．即使使用 Storyboard，显示表视图时也必须要在某个视图控制器中实现数据源和代理方法？

【实践题】

在本章示例程序的基础上扩展，修改单元格样式，根据个人喜爱增加某些自定义样式，尝试跳转更多的场景，所有操作都要在 Storyboard 中完成。

# 第 11 章　应用设置和用户默认项

打开 iPhone 的设置（Settings），可以调节屏幕亮度、选择来电铃声或者设置其他 iPhone 参数。所有的这些设置项都是操作系统自带的，那是否可以增加或者删除设置项呢？

系统自带的设置项就那么多，不能被更改，不过增加第三方程序的设置项是允许的。例如，iPod 设备的设置里可以找到 Nike+iPod 的设置项，如图 11.1 所示。喜欢健身的用户可以在设置里定制自己的操作，如设置运动热量和时间测定等。

图 11.1　Nike + iPod 的设置项位于系统自身设置项的下方

用户默认项对应的类是 NSUserDefaults，可以快速保存和读取数据，使用方法和 NSDictonary 一样，都是依靠键值操作，不过用户默认项会把数据持久性的保存到文件系统中，NSDictonary 是保存在内存中。本章将介绍如何在 Settings 中添加设置，以及从应用程序内部访问这些设置，学习读取并修改设置，同时学习 iPhone 开发中本地存储的一种重要方式——NSUserDefaults。本章主要涉及到的知识点如下所示。

❑ 设置束：学会如何创建和修改设置束。
❑ 自定义设置项：学习如何在 Settings 应用程序中加载、操作自定义设置。
❑ NSUserDefaults：使用用户默认项读取和保存数据。

注意：应用程序在 Settings 中的设置也称作用户默认项或用户首选项，它们都是同一概念。

## 11.1 什么是设置束（Setting Bundle）

所有的 iPhone 应用程序都可以在 Settings 主屏幕中添加首选项设置，它位于系统设置之后，外观上和系统自身的设置相同。自定义设置提供了多种数据交互风格，包括文本字段、开关和滑块。设置束（Setting Bundle）是系统提供的一个专门用来配置 Setting 的文件，程序运行时只要检测到这个文件的存在，就会默认添加首选项，系统就会提供编辑这些首选项的用户界面。

应用程序的首选项不需要开发者去设计用户界面，只要对设置束文件添加或修改相应的值，Setting 应用程序就会自动生成交互界面。程序添加设置后，在程序内部通过 NSUserDefaults 进行查询操作。使用应用程序首选项可以简化一部分的使用流程，记住用户不会轻易改变的设置或感兴趣的内容，这样可以避免下次做出相同的选择。

🔔 注意：并不是所有的程序都适合在 Settings 中增添首选项设置，因为用户必须退出程序才能切换到 Settings 应用程序中修改。

## 11.2 创 建 项 目

本章的程序模板会采用一个前面介绍过，但还没有使用过的 Utility Application。程序包含一个主界面和一个辅助视图，主视图显示汽车的配置信息，如图 11.2 所示。单击右下角的 i 按钮，程序翻转到辅助视图，在里面可以对汽车的配置信息进行修改，如图 11.3 所示。

 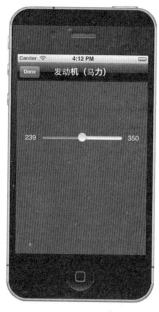

图 11.2　程序主视图展示汽车的某些配置信息　　图 11.3　辅助视图可以调节汽车的马力

> 注意：采用此模板后，主视图会自动包含一个 i 按钮，辅助视图包含一个有 Done 按钮的导航条，两个视图之间的切换代码也是自动生成的。

## 11.2.1 创建工程

打开 Xcode，新建工程，选择 Utility Application 模板，如图 11.4 所示。

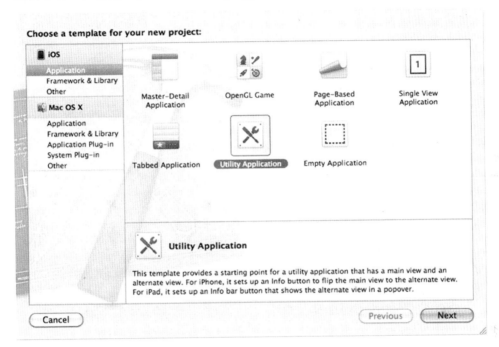

图 11.4　创建基于 Utility Application 的工程

工程命名为"UserSetting"，创建完毕后，可以看到文件目录下包含一个主界面类和辅助视图，分别为 MainViewController 和 FlipsideViewController。运行程序，弹出模拟器，程序的主界面如图 11.5 所示，背景颜色默认为深灰色。

单击右下角的 i 按钮，程序翻转到辅助视图，导航条上有一个 Done 按钮，单击后返回至主界面，如图 11.6 所示。

> 注意：读者可以修改视图切换的动画效果。

## 11.2.2 创建设置束

默认情况下程序是没有设置束的，通过新建文件的方式就可以为工程添加该文件。最大的好处就是它支持 Xcode 编辑器编辑，不用编写代码也不用进行可视化界面设计。

在工程目录下新建文件，选择 iOS 下的 Resource，此时面板上显示一系列 iPhone 资源文件，选择 Settings Bundle，如图 11.7 所示。

图 11.5　程序的主界面　　　　图 11.6　程序的辅助界面

图 11.7　新建 Settings Bundle 文件

第 11 章　应用设置和用户默认项

文件命名为"Settings.bundle",这样设置束文件就创建完毕了,如图 11.8 所示。

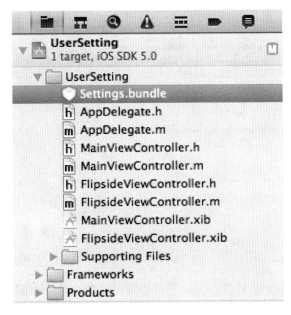

图 11.8　bundle 文件显示在 UserSetting 目录下

## 11.2.3　使用设置束

如果读者的 Xcode 版本是 4.2,很遗憾 Settings.bundle 不能在 Xcode 中直接打开,我们需要在 Finder 中编辑该文件。右击 Settings.bundle,在弹出的菜单中选择 Show in Finder,如图 11.9 所示。

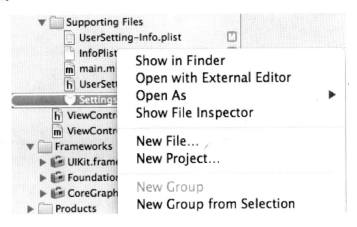

图 11.9　右击 bundle 文件选择 Show in Finder

此时 Settings.bundle 所在的目录就会打开,如图 11.10 所示。右击 Settings.bundle,在弹出的快捷菜单中选择"显示包内容",如图 11.11 所示。

# 第 3 篇 高级篇

图 11.10 Settings.bundle 所在的目录文件夹

这样 Settings.bundle 就被打开了，可以看到里面的文件组成如图 11.12 所示。

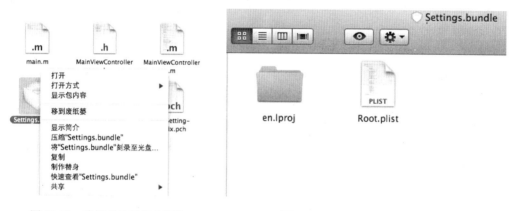

图 11.11 选择"显示包内容"　　　　图 11.12 Settings.bundle 的内容

en.lproj 文件夹包含了些本地化的数据，不用理会。我们主要操作 Root.plist，打开它，其结构如图 11.13 所示。

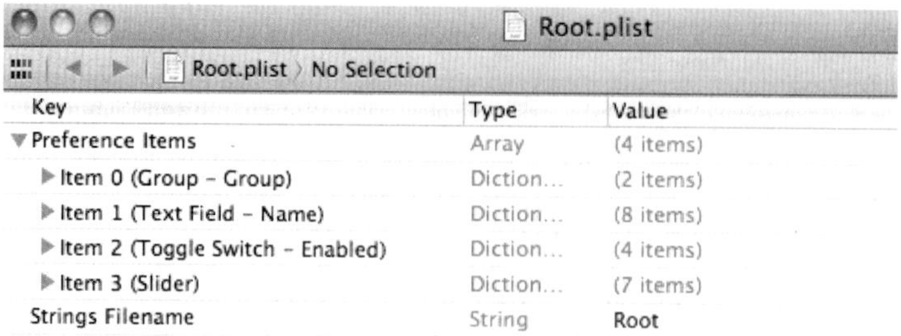

图 11.13 Root.plist 文件结构

单击每一项前面的黑色小三角,就会把对应的子项打开。在 Preference Items 下有四个 Dictionary 节点,每一个节点都代表着可输入或者可以访问的子视图。接下来分别介绍下这四个节点。

注意:Xcode 4.3 及以上的版本可以直接在工程下打开设置束,并编辑 Root.plist 文件。

### 1. 分组

Item 0(Group - Group)是第 1 个节点,它代表新的分组。单击左侧的小三角,展开后看到了两个子节点,Title 是分组标题的内容,修改为"车辆调校",Type 通知 Setting 应用程序哪种类型的数据和此项有关。Type 选择 Group,这样设置就会从一个新的分组开始,后面的每一项都是该分组的一部分,每个 Setting 设置至少需要一个分组,如图 11.14 所示。

图 11.14 Group 节点

### 2. 输入框

- Item 1(Text Filed - Name)表示允许用户在 Setting 中编辑此输入框的内容。展开节点,可以看到里面有很多的子节点,都是和输入框的属性相关的。Autocapitalization Style 值为 None,告诉输入框不要自动把用户输入内容的首字母改为大写。
- Autocorrection Style 值为 NO Autocorrection。它通知 Setting 应用程序不会自动更正输入到输入框里的值。
- Default Value 是默认值,保持为空。
- Text Field Is Secure 是询问输入框是否加密,因为不是密码框,所以不用设置加密。
- Identifier 类似于 NSDictionary 中的 key,前面介绍过 NSUserDefaults 就是采用键值的方式操作,Setting 应用程序通过它来查询具体的节点值,每个保存的选项都是通过这样的方式来访问。我们设置 Identifier 为 key_number。
- Keyboard Type 设置为 Number Pad,输入框获得焦点的时候就会弹起数字键盘。
- Title 设置为"车牌号",如图 11.15 所示。

注意:属性列表中的键只能是字符串类型,而且区分大小写。

| | | |
|---|---|---|
| ▶ Item 0 (Group – 车辆调校) | Dictionary | (2 items) |
| ▼ Item 1 (Text Field – 车牌号) | Dictionary | (7 items) |
| Type | String | Text Field |
| Autocapitalization Style | String | None |
| Autocorrection Style | String | No Autocorrection |
| Text Field Is Secure | Boolean | NO |
| Title | String | 车牌号 |
| Identifier | String | key_number |
| Keyboard Type | String | Number Pad |

图 11.15 "车牌号" 节点内容

### 3. 开关

Setting 应用程序中用到开关的地方太多了，例如快速开启蓝牙和切换飞行模式。Item 2（Toggle Switch - Enabled）节点的 Type 是 Toggle Switch，Setting 应用程序就会自动添加一个开关首选项。我们把 Title 设置为 "变速箱（自动）"，默认值（Default Value）为 YES，如图 11.16 所示。

| | | |
|---|---|---|
| ▼ Item 2 (Toggle Switch – 变速箱) | Dictionary | (4 items) |
| Type | String | Toggle Switch |
| Title | String | 变速箱（自动） |
| Identifier | String | key_gearbox |
| Default Value | Boolean | YES |

图 11.16 Toggle Switch 节点内容

### 4. 滑动条

Item 3（Slider）是一个滑块，它没有 Title 节点，我们可以试着添加一个新的子节点，不过发现根本就有 Title 一项。单击 Type 项，Type 右侧会出现两个黑色的小按钮，一个加号、一个减号，如图 11.17 所示。

| | | |
|---|---|---|
| ▼ Item 3 | Dictionary | (7 items) |
| Type | String | Slider |

图 11.17 选中 Type，节点上出现加号和减号按钮

单击加号按钮，在 Type 的下方就会出现一个新的节点，可以选择类型如图 11.18 所示，仔细寻找也没有发现 Title 项。

# 第 11 章 应用设置和用户默认项

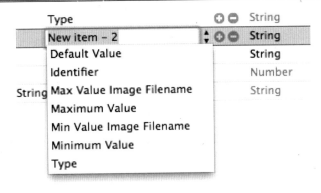

图 11.18　无法在 Slider 节点下添加 Title 子节点

## 5．新分组

既然无法在 Slider 节点里添加标题，那就新建一个分组。单独存放 Slider，然后让分组的标题来充当介绍 Slider 的角色。右击 Item 3（Slider），在弹出的菜单上选择 Add Row，如图 11.19 所示。

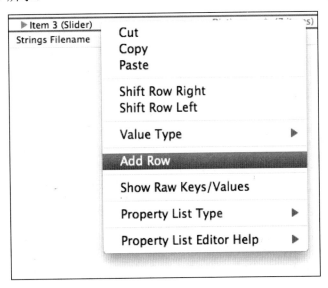

图 11.19　在 Item 3（Slider）后添加一个新的节点

新节点类型选择 Group，如图 11.20 所示。这样在 Setting 应用程序设置里，就会多出一个新的分组。

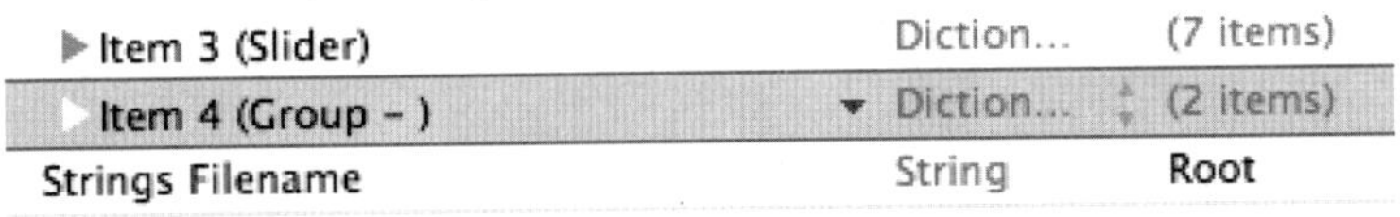

图 11.20　添加了一个新的分组

打开 Item 4（Group）的扩展，Title 设置为“发动机（马力）”，如图 11.21 所示。

| | | |
|---|---|---|
| ▼Item 4 (Group – 发动机（马力）) | Diction... | (2 items) |
| Type | String | Group |
| Title | String | 发动机（马力） |

图 11.21　设置 Item 4 标题

接着在其后面新建一个节点 Item 5，级别和 Item 4（Group）一致，类型为 Slider，如图 11.22 所示。

| | | |
|---|---|---|
| ▶Item 4 (Group – 发动机（马力）) | Diction... | (2 items) |
| Item 5 (Slider) | Diction... | (5 items) |
| Strings Filename | String | Root |

图 11.22　在 Item 4 后新建 Slider 节点

设置 Item 5（Slider）的最大值为 350，最小值 239，默认值为 256，Identifier 设置为 key_engine，如图 11.23 所示。

| | | |
|---|---|---|
| ▼Item 5 (Slider) | Dictionary | (5 items) |
| Type | String | Slider |
| Identifier | String | key_engine |
| Default Value | Number | 256 |
| Minimum Value | Number | 239 |
| Maximum Value | Number | 350 |

图 11.23　设置 Slider 的相关参数

现在 Item 3（Slider）就没有什么用了，选中后单击 delete 删除。在 Item 0（Group – 车辆调校）后新增一行，类型选择 Text Filed，Title 设置为“车型”，Default Value 设置为“阿斯顿·马丁 ONE-77”，Idetifier 设置为 key_carname。当然读者可以输入自己喜爱的车名，如图 11.24 所示。

| | | |
|---|---|---|
| ▶Item 0 (Group – 车辆调校) | Dictionary | (2 items) |
| ▼Item 1 (Text Field – 车型) | Dictionary | (4 items) |
| Type | String | Text Field |
| Title | String | 车型 |
| Identifier | String | key_carname |
| Default Value | String | 阿斯顿•马丁ONE-77 |
| ▶Item 2 (Text Field – 车牌号) | Dictionary | (8 items) |

图 11.24　Text Filed 节点，输入车型信息

保存对 Root.plist 的修改，回到 Xcode 工程中，运行程序，模拟器弹出后，单击模拟器上的 Home 键返回到主界面，打开 Setting 应用程序，可以看到程序的首选项已经出现在 Setting 中，如图 11.25 所示。

单击 UserSetting，可以看到具体的选项设置，如图 11.26 所示。

第 11 章 应用设置和用户默认项

图 11.25  Setting 应用程序中有 UserSetting 的首选项　　图 11.26  设置项里包含了 Root.plist 中的所有项

注意：在 Root.plist 里如果不小心删错了节点，可以通过撤销键（command+Z）来恢复。

## 11.3 用户默认设置（NSUserDefaults）

现在 Setting 应用程序中已经添加了首选项，用户可以使用它来修改和定制程序了。我们的目的是在程序中获取这些首选项的内容，具体如何操作，就要用到 NSUserDefaults了。NSUserDefaults 对象可以用来读取和恢复应用程序的 Setting 设置，也可以保存自定义的数据，通常用于存储数据量较小的数据。

首先介绍下 NSUserDefaults 的基本用法如下所示。

（1）创建实例

使用 NSUserDefaults 前需要先创建，创建的方法有多个，最简单的、也是最常用的快速创建方法如下：

```
NSUserDefaults *defaults = [NSUserDefaults standardUserDefaults];
```

通过 standardUserDefaults 方法可以获得一个 NSUserDefaults 单例对象，单例模式在编程中很常见，它可以对数据起到一定程度的线程保护。在 iOS 中，访问硬件（UIDevice）或操作系统（UIApplication）都会用到单例模式。

（2）保存数据

使用 setObject:forKey:函数可以保存 NSString、NSArray 等对象类型的数据：

```
[defaults setObject:name forKey:@"NAME"];
```

name 是要保存的 NSString 对象，@"NAME"是对应的查询键值。NSUserDefaults 可以保存的数据类型不仅仅只有对象类，也可以添加基本数据类型，如 int、float 和 bool 等，相应的方法如下：

```
[defaults setBool:YES forKey: @"FEMALE"];
```

如果保存整数，调用 setInteger:forKey:函数，其他基本数据方法类似。

（3）读取数据

读取值时，可以根据键读取并返回相应值或对象，例如从 NSUserDefaults 中获取类对象：

```
NSString *user=[ defaults objectForKey: @"NAME"];
```

如果读取基本数据类型，可以使用专门返回对应值的函数：

```
BOOL sex= [defaults boolForKey: @"FEMALE"];
```

（4）保存数据

当数据被写入默认设置后，不一定会立即保存数据。NSUserDefaults 读取数据时用到了缓存，这能避免每次读取数据时重复打开默认设置数据库。为了保证缓存与用户默认设置数据库同步，可以调用 synchronize 函数，这样所有的数据就能准确无误地保存到设置中了。

```
[defaults synchronize];
```

> 注意：@"NAME"和@"FEMALE"都是操作数据对应键，为了规范最好写成宏定义。

## 11.3.1 读取默认设置值

现在打开 Setting 应用程序，可以对程序的首选项设置作出修改，而且模拟器就能提供完美的支持。修改后的数据在程序中通过 NSUserDefaults 来读取。我们分四步完成，步骤如下所示。

（1）完成 MainViewController 的界面设计；
（2）添加输出口并关联；
（3）读取默认设置值；
（4）运行程序。

### 1. 设计可视化界面

单击 MainViewController.xib，在界面上放置足够多的 Label，来显示对应的设置信息，修改 View 的背景色为白色，左侧的静态 Label 字体颜色设为 Dark Text Color，右侧显示数据的 Lable 字体颜色全部设置为 Black Color，如图 11.27 所示。

图 11.27　放置 Label 作为显示

## 2．添加输出口

打开 MainViewController.h，添加 Label 输出口，代码如下：

```
#import "FlipsideViewController.

#define KCARNAME @"key_carname"          //车型键值宏
#define KCARNUMBER @"key_number"         //车牌键值宏
#define KGEARBOX @"key_gearbox"          //变速箱键值宏
#define KENGINE @"key_engine"            //发动机键值宏

@interface          MainViewController          :          UIViewController
<FlipsideViewControllerDelegate>
{
    IBOutlet UILabel *typeLabel;         //车型
    IBOutlet UILabel *numberLabel;       //车牌
    IBOutlet UILabel *gearboxLabel;      //变速箱
    IBOutlet UILabel *engineLabel;       //发动机
}
- (IBAction)showInfo:(id)sender;

@end
```

我们并不需要通过类实例或者 self 来调用这些变量，所以这里可以不加@property。

类中有一个 IBAction 函数声明，它是创建类文件时自动生成的，它对应的界面上唯一的那个翻转按钮的单击事件：

```
- (IBAction)showInfo:(id)sender;
```

在文件最上方定义了四个宏，它们分别和设置项中节点的键相对应，宏全部以字母 K 开头，而且大写。打开 MainViewController.xib，将这四个输出口变量和控件关联，typeLabel 关联"车型"右侧的 Label，numberLabel 关联"车牌号"右侧的 Label，gearboxLabel 关联"变速箱"右侧的 Label，最后把 engineLabel 和"发动机（马力）"右侧的 Label 关联。这些变量存在的目的决定它们非常适合作为常量。

**注意**：被不同文件引用的宏定义最好写在都可以访问的唯一的头文件中。

### 3．读取默认设置值

打开 MainViewController.m，添加代码如下：

```
#import "MainViewController.h"

@implementation MainViewController

-(void)dealloc{
    [typeLabel release];          //释放内存
    [numberLabel release];        //释放内存
    [gearboxLabel release] ;      //释放内存
    [engineLabel release]; ;      //释放内存
    [super dealloc];
}

#pragma mark - View lifecycle

- (void)viewDidLoad
{
    [super viewDidLoad];
}

- (void)viewWillAppear:(BOOL)animated
{
    [super viewWillAppear:animated];
    [NSUserDefaults resetStandardUserDefaults];
    NSUserDefaults *defaults=[NSUserDefaults standardUserDefaults];
                                                //获取用户默认设置

    typeLabel.text=[defaults objectForKey:KCARNAME];     //读取并显示车型
    numberLabel.text=[defaults objectForKey:KCARNUMBER];//读取并显示车号
    //变速箱是一个 bool 值，读取并显示
    gearboxLabel.text=[defaults boolForKey:KGEARBOX]?@"自动挡":@"手动挡";
    //发动机(马力)是 NSNumber 对象，保存的是 float 值
    engineLabel.text=[NSString stringWithFormat:@"%d",
```

```
                [[defaults objectForKey:KENGINE] intValue]];
}
```

在 viewWillAppear 中把相关设置数据读取出来全部显示在界面上，要注意数据的格式，设置项为 Text Field 输入框的，数据是 NSString 类型，可以直接为 Label 赋值。开关的数据是布尔值，滑动条的数据则为 NSNumber 对象，NSNumber 对象用于转化非 Objective 类的数据，如 int、float 和 double。总之读取出的设置项数据如果不是 NSString 类型的，一定先转化，否则程序会报异常，甚至崩溃。

### 4．运行程序

现在编译并运行程序，等模拟器弹出后，进入到 Setting 应用程序修改程序的默认设置，如图 11.28 所示。

修改车型，输入新的车牌号，并且调高发动机的马力，目的就让数据有明显地变化。回到 Xcode 中，单击 Run 按钮重新运行程序，界面的显示如图 11.29 所示。

图 11.28　UserSetting 设置　　图 11.29　程序正确显示修改后的设置数据

> 注意：第一次运行程序的时候，应用程序的设置会被加载到模拟器或真机设备的 Setting 应用程序中。

## 11.3.2　修改默认设置值

现在从程序中读取设置已经实现了。接下来在 FlipsideViewController 类中添加修改默认设置的功能。MainViewController 类显示的车辆信息较多，我们就不一一添加保存了，重要的是学会如何保存默认值。共分三步完成，步骤如下所示。

（1）设计 FlipsideViewController 界面；
（2）保存滑动条值；
（3）运行程序。

### 1．设计FlipsideViewController界面

打开 FlipsideViewController.xib，添加设置发动机马力的滑动条和静态 Label，修改导航条的标题为"发动机（马力）"，如图 11.30 所示。

Slider 控件现在的最大值和最小值都是默认的，分别为 1.0 和 0，修改最大值为 350，最小值为 239，如图 11.31 所示，当前值设置为 0。

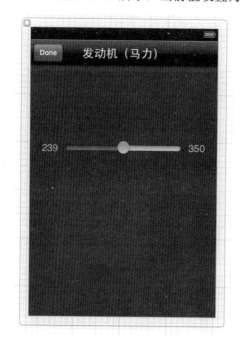

图 11.30　设计 FlipsideViewController 界面　　　图 11.31　修改 Slider 值

### 2．保存滑动条值

访问用户默认设置用到了指定的键，修改默认设置时还是要使用这些字符串，我们依然使用 NSUserDefaults 来完成操作它们。打开 FlipsideViewController.h，添加滑动条的输出口声明，代码如下：

```
#import <UIKit/UIKit.h>

@class FlipsideViewController;

@protocol FlipsideViewControllerDelegate
```

```objc
-(void)flipsideViewControllerDidFinish:(FlipsideViewController
*)controller;                                          //委托函数
@end

@interface FlipsideViewController : UIViewController
{
    IBOutlet UISlider *slider;                         //声明输出口
}
//声明委托
@property(assign,nonatomic) IBOutlet id <FlipsideViewControllerDelegate>
 delegate;
- (IBAction)done:(id)sender;

@end
```

打开 xib 文件，把 slider 和滑动条相关联。然后，打开 FlipsideViewController.m，修改代码如下：

```objc
#import "FlipsideViewController.h"
#import "MainViewController.h"                         //引入头文件

@implementation FlipsideViewController
@synthesize delegate = _delegate;

#pragma mark - View lifecycle

-(void)dealloc{
    [slider release];                                  //释放内存
    [super dealloc];
}

- (void)viewWillAppear:(BOOL)animated
{
    [super viewWillAppear:animated];
    NSUserDefaults *defaults=[NSUserDefaults standardUserDefaults];
                                                       //获取用户默认设置
    slider.value=[[defaults objectForKey:KENGINE] floatValue];
                                                       //读取滑块值
}
```

使用 KENGINE 前，首先要引入 MainViewController.h 的头文件，因为程序定义的宏都写在 MainViewController.h 中。在 viewWillAppear 中把发动机（马力）值读取出来，直接转化为 float 值赋给 slider。

然后，修改函数 done:，代码如下：

```objc
- (IBAction)done:(id)sender
{
```

```
NSUserDefaults *defaults = [NSUserDefaults standardUserDefaults];
                                            //获取用户默认设置
                                            //保存新的滑块值到用户默认设置
    [defaults    setObject:[NSNumber   numberWithFloat:slider.value]
forKey:KENGINE];

    [self.delegate flipsideViewControllerDidFinish:self];  //执行委托方法
}
```

在上面的代码中,首先获取标准用户默认设置,再把滑动条的值转化为 NSNumber,保存到 NSUserDefaults 中。随后程序会执行委托方法 flipsideViewControllerDidFinish:,返回主界面,这行代码是系统补充在 done:函数中的。

### 3. 运行程序

运行程序,发动机马力为 336,这是刚才在 Setting 中调节滑动条后的大小。现在单击右下角的 i 按钮,在反转后的界面调节滑动条,如图 11.32 所示。

单击 Done 按钮,返回主界面,可以看到发动机(马力)的值改变了,如图 11.33 所示。

图 11.32 调节滑动条,改变值大小　　图 11.33 发动机(马力)的值从 336 变成了 286

打开 Setting 应用程序,查看 UserSetting 的设置,可以看到设置项中滑动条的数值也改变了，如图 11.34 所示。

图 11.34　Setting 应用程序中的设置被成功修改

> 注意：界面每次出现都会调用 viewWillAppear，viewDidLoad 只有界面创建时才会调用，所以对数据的读取要写在 viewWillAppear 里面。

## 11.4　小　　结

读者需要掌握如何在程序中添加设置束，并创建首选项设置，通过程序我们已经实现了读取和修改默认设置。使用 NSUserDefaults 是非常重要的，在以后开发中我们会经常用到它处理简单的持久性数据。

下一章会深入的探讨持久性数据和本地文件的处理。读者将会学习到 iPhone 的序列化和 Core Data，以及在嵌入式应用上广泛使用的数据库 SQLite。

## 11.5 习　　题

【简答题】

1．plist 文件有哪些特点？

2．如何使用 NSUserDefaults？

3．写一段代码，要求包含两个函数，第 1 个函数将一个数组保存到 NSUserDefaults 中，第 2 个函数将数组读取出来。

【实践题】

编写一个应用程序，拥有一个登录界面，采取用户默认设置项的方式记住用户名和密码。当用户退出程序后，将数据保存，再次启动应用程序后，将上一次保存的数据显示到视图界面上。

# 第 12 章 iOS 数据存储基础

无论哪个移动开发平台，数据存储都是很重要的部分。存储分为运行时存储和持久性存储，前者在程序运行时会把数据存放在内存里，程序结束后，由于内存会回收，数据也就消失了。数据持久性存储是指在程序完全退出，甚至硬件设备关机的时候都不会丢失。

数据之所以能做到持久性的存储，一定是以某种形式写在设备上，可能是写文件，也可能是数据表，或者操作系统有关的独特的文件类型。iPhone 应用程序采用沙盒机制，也就是说，应用程序只能在自己的文件系统中读取文件，不能直接访问其他应用程序的存储空间，这是处理 iPhone 的数据持久性存储时要考虑的问题。

本章将会介绍 iOS 数据存储的四种主要方式，主要内容如下所示。

- 属性列表：把 NSDictionary 和 NSArray 实例写入属性列表并保存。
- 序列化：存储方式类似于属性列表，但可以存储自定义类。
- 数据库：利用嵌入式数据库（SQLite 3）存储数据。
- Core Data：学习搭建 Core Data 环境，学习创建数据模型，新建和删除数据。

> 注意：上一章介绍的 NSUserDefaults 也是常用的一种持久性存储方式。它相比以上几种方式要简单许多，我们就不再专门学习了。

## 12.1 理解应用沙盒

iOS 为每一个应用程序创建了一个文件系统结构去存储该应用程序的文件，此区域称为沙盒，包括声音、图像和文本等文件都存放其中，沙盒的特点如下所示。

- 每个应用程序都有自己的存储空间。
- 应用程序不能访问其他程序的存储空间。
- 应用程序请求的数据都要通过权限检测，不符合条件的不被允许。

默认情况下，沙盒的目录有三个文件夹，如下所示。

- Documents：应用程序将其数据存储在 Documents 中，不过 NSUserDefaults 的首选项设置除外。
- Library：基于 NSUserDefaults 的首选项设置存储在 Library/Preferences 文件夹中。
- tmp：应用程序存储临时文件时会用到这个文件夹。当 iOS 设备执行同步时，iTunes 不会备份/tmp 中的文件，但当不再需要这些文件时，应用程序需要负责删除该文件，以避免占用文件系统的空间。

我们曾经运行在模拟器上的程序都会在电脑上生成一个个独立的沙盒目录。接下来看看这些目录究竟什么样的，打开 Finder 窗口，找到用户|用户名|资源库，依次打开 Application Support|iPhone Simulator，接着打开 SDK 系统版本|Applications，可以看到模拟器中所有程序的沙盒目录，随便打开一个，文件夹样式如图 12.1 所示。

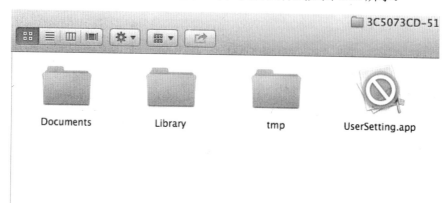

图 12.1　应用程序目录下包含 Documents、Library 和 tmp 三个文件夹

注意：资源库这个文件夹默认状态是隐藏的，使用终端命令 chflags nohidden ~|Library 可以使其现身。

### 12.1.1　获取 Documents 路径

苹果建议开发者把程序中创建的或浏览到的文件数据保存在 Documents 目录下，获取该目录的路径代码如下：

```
NSArray * array = NSSearchPathForDirectoriesInDomains(NSDocumentDirectory,
                                                      NSUserDomainMask, YES);
NSString *path = [array objectAtIndex:0];
```

NSSearchPathForDirectoriesInDomains 是一个 C 函数。iPhone 开发对 C 语言是完全兼容的，所以这样调用没有任何问题。传递参数 NSDocumentDirectory 表示希望通过这个函数查找 Documents 目录，NSUserDomainMask 表示限制搜索范围在程序的沙盒之内。

首先返回路径数组，然后取出它的第一个元素就是 Documents 的路径，因为每个程序沙盒之内只有一个 Documents 目录。取得 Documents 路径一般不是最终目的，如果试图取得 Documents 目录下某个文件的路径，就需要执行下面的代码：

```
NSString *filePath = [path stringByAppendingPathComponent:@"image.png"];
```

使用 stringByAppendingPathComponent: 函数在 Documents 路径的后面追加 "image.png"，而且会自动的添加或去掉路径中多余的 "\"。拿到图片的路径后，在程序里就可以操作这个图片资源，例如显示、压缩或者删除。

> 注意：stringByAppendingPathComponent:适合拼接地址，但不适用于网页 url。

### 12.1.2 获取临时路径

临时路径容易让人联想到电脑的缓存，它们都具有一个共同特点，那就是容易被删除。应用程序临时生成的文件都存放在这个路径下，随时都有被删除的可能。获取临时（tmp）路径的方法很简单，只需要调用 NSTemporaryDirectory 函数就可以了，它也是个 C 函数，代码如下：

```
NSString *tmp = NSTemporaryDirectory();
```

### 12.1.3 获取 Library 路径

下面再来介绍下 Library。打开 Library 目录，发现里面包含三个文件夹，分别是 Application Support、Caches 和 Preferences，如图 12.2 所示。

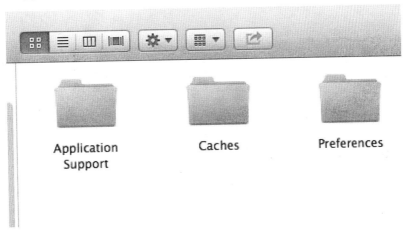

图 12.2  Library 目录

这几个目录都是负责什么呢？其中 Library|Preferences 这个目录包含 Setting 应用程序设置文件，通过 NSUserDefaults 进行访问，而 Library|Caches 存放缓存文件。获取 Library 路径的方法和 Documents 几乎相同，只需要把参数 NSDocumentDirectory 修改为 NSLibraryDirectory，代码如下：

```
NSArray * paths =NSSearchPathForDirectoriesInDomains(NSLibraryDirectory,
                                                    NSUserDomainMask, YES);
NSString *path = [array objectAtIndex:0];
```

> 注意：真实 iPhone 设备同步时，iTunes 会备份 Documents 和 Library 目录下的文件。当 iPhone 重启时，会丢弃所有的 tmp 文件。

## 12.2 文件存储策略

iOS 环境下文件存储策略需要考虑到沙盒机制的限制，也要根据程序中数据的具体情况选择最佳保存方式。简单来说，使用属性列表和归档要考虑数据存储在一个文件中，还是多个文件中。Core Data 是 iOS 中常用的数据存储方式，它很方便实现了所有的文件管理工作，具有很多的封装性和便捷性。SQLite 3 会在程序中创建一个库，然后通过数据库语句来管理数据。它非常的小，不需要安装任何的数据库引擎，这意味着本地不需要安装数据库。

### 12.2.1 iOS 5 本地存储限制

从 iOS 5 开始，苹果在设备容量空间不足的情况下自动清除高速缓存文件或临时目录的内容，这样就迫使我们要将应用存储的数据最小化。

在以往的经验中，把数据存储在 Documents 目录下，这是开发者习惯的方式。而随着越来越多的 iPhone 用户开始使用 iCloud 功能备份短信、照片或者应用程序资料，继续通过 Documents 存储数据可能会产生一个不大不小的问题，那就是假如用户的手机当前只接通了 3G 网络，通过 iCloud 备份的时候，会消耗部分的流量。因为无论是通过 iTunes 备份，还是通过 iCloud 备份至苹果服务器，Documents 目录下的文件都会被保存。

苹果为开发者提供了些本地存储的建议，既然我们计划从事 iOS 开发，那么苹果针对 iOS 平台的任何修改都要加以重视。对开发者的建议要认真参考，总体来说，本地存储的建议有以下三条。

- 程序数据：苹果建议用户生成的文件、其他文件或者程序不能再重新创建的文件，应该保存在 Documents 下。
- 可再生数据：可以重新下载或生成的数据。例如，杂志、地图保存在 Library|Caches 目录下面，也就是说有被删除的风险。
- 临时数据：只是临时存放的数据放在 tmp 目录下，且建议开发者要做到随时删除，避免占用设备的空间。

### 12.2.2 单文件存储策略

单文件存储操作的对象一般是一个 NSArray 或者 NSDictionary。如果利用的是归档，那就要用到自定义类，保存时程序会根据对象的内容写成单个文件，读取的时候需要把文件的内容全部读出到内存中。

这种方式很简单，在处理数据量不是很大的数据时，非常有优势，但是如果数据量很大，每次全部读取数据到内容就有可能造成程序线程阻塞，影响体验。下面介绍下多文件存储策略的内容。

## 12.2.3 多文件存储策略

多文件存储是指数据以多个文件的形式保存，这样每次数据的操作更有针对性，只需要对指定的文件读取或者修改。例如，使用 SQLite 3 数据库，有时会需要在一个库下创建多个表。从效率的角度来讲，这样不会消耗不必要的内存，不过也增加了程序的复杂性，具体采用哪种方式，一定要针对具体情况具体分析。了解完单文件与多文件存储策略的区别，我们就开始学习本章的第一种持久性存储——属性列表。

# 12.3 使用属性列表

属性列表在前面的章节里我们已经使用过很多次，但都是从资源文件中读取现成的数据，对文件的修改也是通过 Xcode 或者编辑器手动修改。本章将学习如何把相关的数据类保存成属性列表文件，存储在应用程序安装目录下。

下面就创建本章的第一个示例程序。我们要实现的功能是利用属性列表保存学生的个人信息，并在程序下次运行的时候读取保存的数据，显示在界面上。除非把程序完全删除，否则数据会一直保存下去。

## 12.3.1 创建 PropertyList 程序

程序只有一个界面，用来显示和统计信息。接下先创建程序并完成界面的设计，开始吧！打开 Xcode，新建 iPhone 工程，选择 Single View Application，工程名为"PropertyList"，这个模板对读者是非常熟悉和亲切了。

**1. 设计界面**

打开 ViewController.xib，界面上放置几个 Label 作为静态文本显示学生的姓名、出生年月、籍贯和学号，同时在每个 Label 的右侧放置一个 Text Field 用于接收用户输入，在 View 最下方放一个按钮，标题设置为"保存"，View 最上方的 Label 标题为"学生信息表"，如图 12.3 所示。"学生信息表"字体设置为 System 25.0，学号一般都是纯数字，所以学号对应的输入框键盘类型改为 Number Pad。

性别只有男和女两种情况，我们用 Segment Control 控件来表示，第 1 段标题为"男"，第 2 段标题为"女"。默认风格样式是 Plain，这种样式的默认高度为 44，更改 Style 属性为 Bar，分段按钮高度自动变为 30，如图 12.4 所示。

调节 Segment Control 的坐标位置，让它尽量和 Text Field 在界面上保持和谐一致，具体设置如图 12.5 所示。

第 3 篇　高级篇

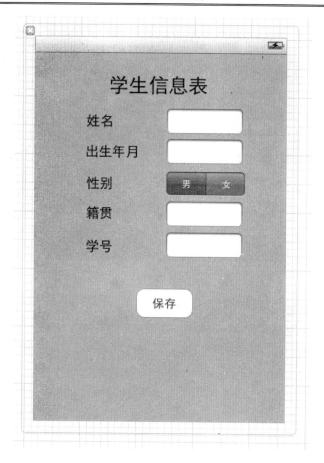

图 12.3　ViewController 界面

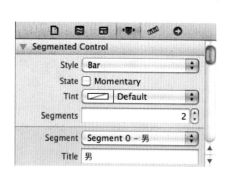

图 12.4　修改 Segmented Control 的 Style 属性为 Bar

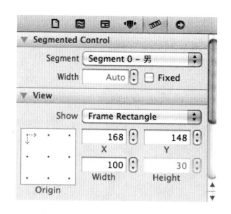

图 12.5　Segmented Control 的坐标位置

### 2．关联变量

打开 ViewController.h，添加变量，代码如下：

```
#import <UIKit/UIKit.h>
```

## 第 12 章　iOS 数据存储基础

```
@interface ViewController : UIViewController
@property(retain,nonatomic) IBOutlet UITextField*nameField;      //姓名
@property(retain,nonatomic) IBOutlet UITextField*birthField;     //出生年月
@property(retain,nonatomic) IBOutlet UISegmentedControl *sexSeg; //性别
@property(retain,nonatomic) IBOutlet UITextField*homeField;      //籍贯
@property(retain,nonatomic) IBOutlet UITextField*numberField;    //学号
-(IBAction)save;

@end
```

打开 ViewController.m，修改代码：

```
#import "ViewController.h"

@implementation ViewController
@synthesize nameField,birthField,sexSeg,homeField,numberField;//属性访问器
-(void)didReceiveMemoryWarning
{
    [super didReceiveMemoryWarning];
}

-(void)dealloc{
    [nameField release];                                         //释放所有输出口
    [birthField release];
    [sexSeg release];
    [homeField release];
    [numberField release];
    [super dealloc];
}
```

在 ViewController.xib 中，把 IBOutlet 和控件关联起来，nameField 关联姓名输入框，birthField 关联出生年月，sexSeg 关联性别分段控件，homeField 关联籍贯，numberField 关联学号，save 和"保存"按钮的 Touch Up Inside 事件关联。全部关联完毕后，读者可以右击 File's Owner，在弹出的 Outlets 菜单中确保所有的变量和事件都关联正确，如图 12.6 所示。

图 12.6　检验每个 IBOutlet 都正确的关联

## 12.3.2 数据显示与保存

用户在录入完所有的信息后，单击"保存"按钮，程序要把所有的信息全部收集起来封装成一个 NSDictionary 对象，然后将 NSDictionary 以 plist 文件的形式保存在应用程序目录下 Documents 中。然后程序每次运行的时候都会先读取数据，分别显示在对应的输入框上，下面我们就一起学习下如何保存属性列表数据。分三步完成，步骤如下所示。

（1）保存属性列表数据；
（2）处理键盘弹起后对输入框的影响；
（3）运行程序。

### 1. 保存属性列表数据

在程序中使用属性列表保存数据，然后会对界面做些操作，处理键盘对输入框的影响。在 ViewController.m 上添加代码如下：

```
#import "ViewController.h"

#define KNAME @"KNAME"              //姓名宏
#define KBIRTH @"KBIRTH"            //生日宏
#define KSEX @"KSEX"                //性别宏
#define KHOME @"KHOME"              //籍贯宏
#define KNUMBER @"KNUMBER"          //学号宏
#define FileName @"Student.plist"   //属性列表宏

@implementation ViewController
@synthesize nameField,birthField,sexSeg,homeField,numberField;//属性访问器
- (void)didReceiveMemoryWarning
{
    [super didReceiveMemoryWarning];
}

-(void)dealloc{
    [nameField release];          //释放所有输出口
    [birthField release];
    [sexSeg release];
    [homeField release];
    [numberField release];

    [[NSNotificationCenter defaultCenter] removeObserver:self];
                                  //从通知中心删除本类
    [super dealloc];
}

- (NSString *)filePath {
                                  //获取应用程序下沙盒内 Documents 目录路径
    NSArray *paths = NSSearchPathForDirectoriesInDomains(
                        NSDocumentDirectory, NSUserDomainMask, YES);
```

```objc
    //在 Documents 路径后追加属性列表文件名，将最终路径返回
NSString *documentsDirectory = [paths objectAtIndex:0];
    return [documentsDirectory stringByAppendingPathComponent:FileName];
}

-(IBAction)save{
    do {
        NSString *name   =[nameField text];              //获取用户名
        NSString *birth  =[nameField text];              //获取生日
        int sex          =[sexSeg selectedSegmentIndex]; //获取性别
        NSString *home   =[homeField text];              //获取籍贯
        NSString *number =[nameField text];              //获取学号

        //保证每一项信息都不能为空，如果有数据为空，直接跳出循环结束操作
        if (!name || !birth || !home || !number) {
            break;
        }

        //创建一个字典，用来封装所有学生信息
        NSMutableDictionary *dic=[NSMutableDictionary dictionary];
        [dic setObject:name forKey:KNAME];                         //封装姓名
        [dic setObject:birth forKey:KBIRTH];                       //封装生日
        [dic setObject:[NSNumber numberWithInt:sex] forKey:KSEX];  //封装性别
        [dic setObject:home forKey:KHOME];                         //封装籍贯
        [dic setObject:number forKey:KNUMBER];                     //封装学号
        //把字典转化为属性列表文件持久性保存
        if([dic writeToFile:[self filePath] atomically:YES])
        {
            //操作成功，弹出警告
            UIAlertView *alert=[[UIAlertView alloc] initWithTitle:@"恭喜"
                        message:@"保存成功!" delegate:nil
                        cancelButtonTitle:@"确定" otherButtonTitles:nil];
            [alert show];
            [alert release];
        }
        return;
    } while (0);

//如果代码执行到此，说明有信息项为空，弹出警告
UIAlertView *alert=[[UIAlertView alloc] initWithTitle:@"警告"
message:@"请填写所有信息" delegate:nil
                    cancelButtonTitle:@"确定" otherButtonTitles:nil];
    [alert show];
    [alert release];
}
```

首先在 ViewController.m 上方添加几个宏定义，作为封装 NSDictionary 的键值。在 dealloc 下方添加一个函数 filePath，filePath 里首先获取到 Documents 的路径，然后拼接 plist 文件的名称，最后把整个文件的名称返回：

```
//获取应用程序下沙盒内 Documents 目录路径
NSArray *paths = NSSearchPathForDirectoriesInDomains(
                 NSDocumentDirectory, NSUserDomainMask, YES);
//在 Documents 路径后追加属性列表文件名，将最终路径返回
NSString *documentsDirectory = [paths objectAtIndex:0];
return [documentsDirectory stringByAppendingPathComponent:FileName];
```

详细分析下 save 函数，这里实现了数据的持久性保存。里面用到了一个 do-while 循环，首先获取到输入框和分段控件的值，然后判断是否每个输入框都是有值的，如果有一个输入框没有输入内容，就立即跳出循环，弹出警告。数据验证完后，创建一个 NSMutableDictionary 对象，把姓名和出生年月等所有信息全部封装到里面，性别要转化为 NSNumber 保存。待学生的信息全部读取到内存中后，执行保存操作，数据转化为配置文件保存在 filePath 路径下，看下具体实现转化的代码：

```
[dic writeToFile:[self filePath] atomically:YES];
```

writeToFile:atomically:函数的第 1 个参数传递计划保存的属性列表路径，第 2 个参数询问是否需要创建中间文件夹，选择 YES。函数执行完毕后返回 BOOL 值，可以通过返回值来判断数据是否保存成功。

**2. 处理键盘弹起后对输入框的影响**

界面上的输入框比较多，我们需要处理键盘弹起和关闭的情况，首先在 touchesBegan:withEvent:函数里关闭键盘。关闭键盘的方法很简单，甚至还有点笨，不检测当前到底是哪一个输入框获取的焦点，依次让每个输入框都失去焦点。

键盘弹起后会挡住学号输入框，用户就无法输入了，把整个程序界面升起是一个解决方法。在 ViewDidLoad 里添加键盘弹出和关闭事件的监听，然后在事件响应函数里更改主视图的 Y 坐标，充分利用 UIView 的动画函数，整个窗口就产生了一种弹起、落下的效果。代码如下：

```
//屏幕单击事件响应
-(void)touchesBegan:(NSSet *)touches withEvent:(UIEvent *)event{
    [nameField resignFirstResponder];      //关闭键盘，释放所有输入框的焦点
    [birthField resignFirstResponder];
    [homeField resignFirstResponder];
    [numberField resignFirstResponder];
}

#pragma mark - View lifecycle

- (void)viewDidLoad
{
    [super viewDidLoad];

    //增加键盘弹起事件的监听，添加观察者和事件响应函数
    [[NSNotificationCenter defaultCenter]
            addObserver:self selector:@selector(keyboardWillShow:)
```

```objc
                name:UIKeyboardWillShowNotification object:nil];

   //增加键盘收起事件的监听，添加观察者和事件响应函数
   [[NSNotificationCenter defaultCenter]
               addObserver:self selector:@selector(keyboardWillHide:)
                name:UIKeyboardWillHideNotification object:nil];
}

//键盘弹出事件
-(void)keyboardWillShow:(NSNotification *)notification
{
   [UIView beginAnimations:@"keyboardWillShow" context:nil];
                                                 //开始视图升起动画效果
   [UIView setAnimationCurve:UIViewAnimationCurveEaseInOut];
   CGRect rect = self.view.frame;           //获取主视图 View 的位置
   rect.origin.y = -40;
   self.view.frame = rect;                  //更改主视图 View 的位置
   [UIView commitAnimations];               //结束动画
}
                                            //键盘关闭事件
-(void)keyboardWillHide:(NSNotification *)notification
{
   [UIView beginAnimations:@"keyboardWillHide" context:nil];
                                                 //开始视图降下动画效果
   [UIView setAnimationCurve:UIViewAnimationCurveEaseInOut];
   CGRect rect = self.view.frame;           //获取主视图 View 的位置
   rect.origin.y = 0;
   self.view.frame = rect;                  //恢复主视图 View 的位置
   [UIView commitAnimations];               //结束动画
}
```

注意：除了让输入框释放焦点，快速关闭键盘还有一种方式。调用函数[self.view endEditing:YES];，强迫整个 View 和它的子视图都停止编辑，这样输入框就会退出编辑状态，键盘关闭。

### 3. 运行程序保存数据

现在运行程序，模拟器弹出后界面没有任何数据，录入学生信息，如图 12.7 所示。下面的信息只是作为参考，具体内容读者随意输入，但一定要保证每条都不为空。

单击"保存"按钮，如果保存成功，程序弹出提示，如图 12.8 所示。

## 12.3.3 数据的读取

程序进展到这里，说明我们已经成功了一大半！暂时先离开 Xcode，去看看保存到本地的配置文件究竟是什么样子。

图 12.7　每条信息都要录入　　图 12.8　数据已经被成功保存到本地

打开 Finder 窗口，依次打开资源库|Application Support|iPhone Simulator，找到程序的安装目录。在 Documents 下可以看到创建成功的 Student.plist，如图 12.9 所示。

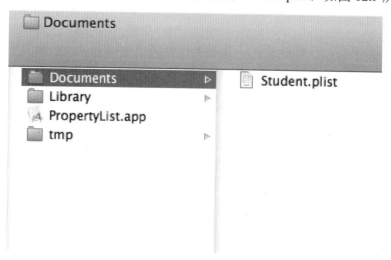

图 12.9　保存成功后，在应用程序沙盒内可以找到保存成功的 plist 文件

打开 Student.plist，内容正是我们输入的，如图 12.10 所示。

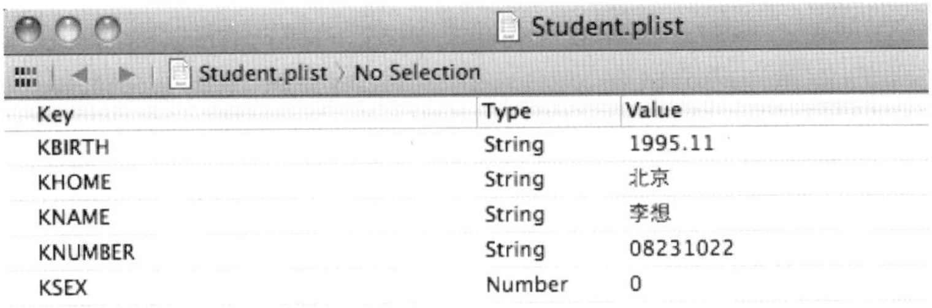

第 12 章　iOS 数据存储基础

|Key|Type|Value|
|---|---|---|
|KBIRTH|String|1995.11|
|KHOME|String|北京|
|KNAME|String|李想|
|KNUMBER|String|08231022|
|KSEX|Number|0|

图 12.10　Student.plist 的内容和程序输入的信息是一致的

### 1. 读取属性列表数据

接下来让程序每次运行时都读取 Student.plist 中的数据，然后显示在界面上。修改 ViewController.m，代码如下：

```objc
- (void)viewDidLoad
{
    [super viewDidLoad];

    //增加键盘弹起事件的监听，添加观察者和事件响应函数
    [[NSNotificationCenter defaultCenter]
            addObserver:self selector:@selector(keyboardWillShow:)
               name:UIKeyboardWillShowNotification object:nil];
    //增加键盘收起事件的监听，添加观察者和事件响应函数
    [[NSNotificationCenter defaultCenter]
            addObserver:self selector:@selector(keyboardWillHide:)
               name:UIKeyboardWillHideNotification object:nil];

    //从文件初始化 NSDictionary 对象
    NSDictionary *dictionary=[NSDictionary dictionaryWithContentsOfFile:
                        [self filePath]];
    if (dictionary) {

        NSString *name  =[dictionary objectForKey:KNAME];    //读取姓名
        NSString *birth =[dictionary objectForKey:KBIRTH];   //读取生日
        int sex         =[[dictionary objectForKey:KSEX] intValue];//读取性别
        NSString *home  =[dictionary objectForKey:KHOME];    //读取籍贯
        NSString *number=[dictionary objectForKey:KNUMBER];  //读取学号

        nameField.text=name;                                 //显示姓名
        birthField.text=birth;                               //显示出生日期
        sexSeg.selectedSegmentIndex=sex;                     //显示性别
        homeField.text=home;                                 //显示籍贯
        birthField.text=birth;                               //显示生日

    }

}
```

修改 viewDidLoad 函数。首先读取数据，然后在保证有数据的情况下分别显示。数据的读取操作和保存一样，也用到了 NSDictionary 的函数，代码如下：

```
NSDictionary *dictionary=[NSDictionary dictionaryWithContentsOfFile:
[self filePath]];
```

利用该方法读取出本地的属性列表文件，并转化为 NSDictionary 对象，如果程序是第一次运行，那么返回 nil。判断 NSDictionary 不为空后，把信息全部取出，显示在对应的输入框上。

### 2．运行程序

现在代码已经全部写完了，运行程序。现在程序界面上有数据，为了证明功能已经实现，读者可以随意修改一条信息，例如把名字改为"王子"，单击"保存"按钮。然后重新运行程序，程序界面如图 12.11 所示。这表明到目前为止，我们已经实现了想要的效果，使用属性列表成功！

图 12.11 程序在每次运行时成功读取并显示本地数据

> 注意：当前对出生年月的录入是依靠纯键盘输入的，这种方式容易造成格式或数据输入错误，读者可以尝试在输入框获取焦点的时候弹出日期选择器。对用户而言，做选择题总是比作填空题简单。

## 12.4 类对象的序列化

什么是序列化？刚刚实现的属性列表就是序列化。标准的 NSArray 或者 NSDictionary 都有直接序列化的方式，通过 writeToFile:atomically:函数转化为二进制文件（例如.plist 文件）。相反的，读取文件并转化 NSArray 或者 NSDictionary 对象称之为反序列化，这种方式非常简单方便，不过它只能存储部分类型的对象，不能保存自定义类。

Objective-C 语言规定，使用序列化需要在对象中实现 NSCoding 协议，读者可能会疑问，我们在上面的程序中并没有实现什么 NSCoding 协议。查看 NSDictionary 的头文件，可以发现它已经默认的实现了 NSCoding 协议：

```
@interface NSDictionary : NSObject <NSCopying, NSMutableCopying,
NSCoding, NSFastEnumeration>
```

对于用来保存数据的对象只要符合了 NSCoding 协议，或者类中的变量为普通标量，例如 int 和 float，那么程序就可以利用序列化把数据写成文件，访问的时候只采取反序列化。

注意：在 Foundation 和 Couch Touch 中，大部分的类都是符合 NSCoding 协议的，但 UIImage 除外。

### 12.4.1 NSCoding 协议和 NSCoder 抽象类

NSCoding 协议有两个方法，encodeWithCoder:和 initWithCoder:，将一个对象序列化，这两个方法必须都要实现，NSCoding 协议声明如下：

```
@protocol NSCoding
- (void)encodeWithCoder:(NSCoder *)aCoder;
- (id)initWithCoder:(NSCoder *)aDecoder;
@end
```

简单介绍下这两个函数的作用，如下所示。
- encodeWithCoder：使自定义对象的各个变量序列化。
- initWithCoder：此函数的作用就是反序列化了，使二进制数据文件转化为对象实例。

这两个方法都只有一个 NSCoder 实例作为参数。接下来通过一个例子来体会 NSCoding 和 NSCoder 如何运用在类中，读者不需要新建工程，例子比较简单，代码如下：

```
#import <Foundation/Foundation.h>

@interface Fruit : NSObject<NSCoding,>
{
    NSString *color;                                    //水果颜色
```

}
@end
```

Fruit 是一个 NSObject 类，遵从 NSCoding 协议，color 是它的成员变量，NSString 类型。

```
#import "Fruit.h"

#define COLOR @"COLOR"

@implementation Fruit
@synthesize color;
-(void)encodeWithCoder:(NSCoder *)aCoder{
    [aCoder encodeObject:color forKey:COLOR];          //把 color 序列化
}

-(id)initWithCoder:(NSCoder *)aDecoder{
    if (self=[super init]) {
      self.color=[aDecoder decodeObjectForKey:COLOR];   //反序列化 color
    }
    return self;
}
@end
```

当执行 encodeWithCoder:时，利用 NSCoder 的函数 encodeObject:forKey:把成员变量 color 封装到 aCoder 中。

上面的代码寥寥数行，实在不值得读者兴师动众的专门新建一个 iOS 工程来检验效果。不过假如读者确实想在屏幕上敲击下代码以加深理解，本书推荐一种更好的方式，利用命令行工具。具体操作依然是在 Xcode 中新建工程，由于不涉及 Cocoa Touch 库，可以不选择 iOS 工程。下面说说具体操作，打开 Xcode，新建工程，在 Mac OS X 栏下选择 Application，选择右侧窗格里的 Command Line Tool（命令行工具），如图 12.12 所示。

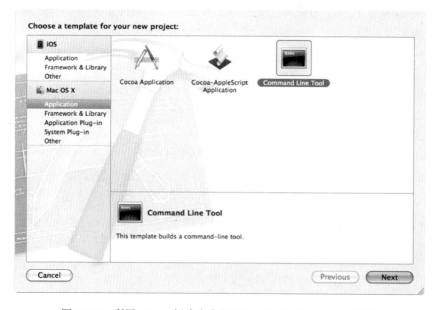

图 12.12　利用 Xcode 创建命令行工具，运行 Objective-C 代码
```

Command Line Tool 非常小巧，它没有可视化界面，所有的 Debug 数据信息都依靠控制态显示，运行速度也就比一个 iOS 程序快的多。读者有兴趣可以去试试，本书就不再详细介绍了。

回到刚刚那个例子中，color 属于 NSObject 类，如果继续讨论下去，Fruit 类还有许多其他的属性，例如水果的体积和成熟度，这些都可以用非 NSObject 类型数据（int 和 float）表示，那它们如何实现序列化和反序列化呢？放心，NSCoder 也提供了相应的方法：

```
- (void)encodeBool:(BOOL)boolv forKey:(NSString *)key
- (void)encodeDouble:(double)realv forKey:(NSString *)key
- (void)encodeFloat:(float)realv forKey:(NSString *)key
- (void)encodeInt:(int)intv forKey:(NSString *)key
```

在 initWithCoder:中，从 coder 中读取数据，然后把数据赋给成员变量。从 coder 中 decoding 数据，系统提供的方法如下：

```
- (id)decodeObjectForKey:(NSString *)aKey
- (BOOL)decodeBoolForKey:(NSString *)key
- (double)decodeDoubleForKey:(NSString *)key
- (float)decodeFloatForKey:(NSString *)key
    - (int)decodeIntForKey:(NSString *)key
```

> 注意：在书写 encodeWithCoder:时，有时需要把父类自己的变量写入到 coder 中，就要在 encodeWithCoder:里添加[super encodeWithCoder:aCoder]，父类如果为 NSObject，就不用了。

## 12.4.2　归档的概念与 NSCopying 协议

现在继续序列化地学习，首先为读者介绍一个概念——归档。它表示对自定义对象的序列化，所以归档是另一种形式的序列化。归档前，对象必须实现 NSCoding 协议和 NSCopying 协议。NSCoding 前面已经介绍过了，NSCopying 是什么呢，一起来看下它的协议声明：

```
@protocol NSCopying

- (id)copyWithZone:(NSZone *)zone;

@end
```

NSCopying 协议用来复制对象，实现 copyWithZone:的方式和 initWithCoder:差不多，下面修改下 Fruit 类，学习其使用方法。

```
@interface Fruit : NSObject<NSCoding, NSCopying>    //符合 NSCopying 协议
{
    NSString *color;                                //声明字符串
}
```

```
@property(retain,nonatomic)NSString *color;
@end
```

在 Fruit.m 中实现 copyWithZone:方法：

```
#import "Fruit.h"

#define COLOR @"COLOR"                              //颜色宏

@implementation Fruit
@synthesize color;
-(void)encodeWithCoder:(NSCoder *)aCoder{
    [aCoder encodeObject:color forKey:COLOR];    //序列化
}

-(id)initWithCoder:(NSCoder *)aDecoder{
    if (self=[super init]) {
        self.color=[aDecoder decodeObjectForKey:COLOR];//反序列化
    }
    return self;
}

-(id)copyWithZone:(NSZone *)zone{
    Fruit *new=[[Fruit allocWithZone:zone] init];  //初始化 Fruit 实例
    if (new) {
        new.color=[self.color copyWithZone:zone];    //把自身的 color 值传递给
                                                      新的实例
    }
    return new;
}
@end
```

copyWithZone:方法里创建新的 Fruit 实例，然后把对象的 color 值传递给新的实例。读者也许会疑问，为什么要使用 NSCopying 协议？原因是在 iPhone 开发中，有时因为内存关系，需要把从其他途径取得的对象进行复制，Xcode 虽然很强大，但对于内部结构较复杂的类对象它并不知道如何复制，它还没有那么聪明，所以通知 Xcode 复制细节的工作要由开发者完成。

&#x1F538;注意：新建的类实例初始化时不要加 autorelease，应该交给函数外由使用者手动释放。

### 12.4.3 数据的归档操作

读者应该已经掌握了 NSCoding 协议和 NSCopying 协议的使用，下一步就学习如何对数据进行归档。归档，需用到两个新的类——NSKeyedArchiver 和 NSKeyedUnarchiver，第 1 个类用来归档，第 2 个类负责反归档。下面我们就通过操作 Fruit 的实例来讲解下如何实现归档与反归档。

（1）对数据进行归档

```
NSMutableData *data = [[NSMutableData alloc] init];
//初始化 NSKeyedArchiver 对象
NSKeyedArchiver *archiver = [[NSKeyedArchiver alloc] initForWriting
WithMutableData:data];
[archiver encodeObject:fruilt forKey:@"Data"];      //归档数据
[archiver finishEncoding];                           //结束归档
[data writeToFile :filePath atomically:YES];        //保存文件
[fruilt release];
[archiver release];
[data release];
```

先创建一个 NSMutableData 实例 data，再创建一个 NSKeyedArchiver 实例，通过初始化函数 initForWritingWithMutableData:把对象归档到 data 中。

```
[archiver encodeObject:fruilt forKey:@"Data"];
```

Archiver 对包含在归档中的对象进行归档，设定键值对应关系。当归档结束后，archiver 执行 finishEncoding 来结束操作，然后再把 data 写入文件。最后把类对象 fruit、归档实例 archiver、data 全部释放。

（2）获取归档中数据

```
NSData *data = [[NSMutableData alloc] initWithContentsOfFile: filePath];
                             //从文件读取数据
                             //初始化 NSKeyedUnarchiver 对象
NSKeyedUnarchiver *unarchiver = [[NSKeyedUnarchiver alloc]
                     initForReadingWithData:data];
Fruit *fruit=[unarchiver decodeObjectForKey:@"Data"];//反归档出 Fruit 对象
[unarchiver finishDecoding];                         //结束反归档
[unarchiver release];
[data release];
```

从归档中获取数据的过程就正好相反，首先根据文件路径读取数据到 NSData 对象中。

```
NSKeyedUnarchiver       *unarchiver     =    [[NSKeyedUnarchiver    alloc]
initForReadingWithData:data];
```

我们需要先创建一个 NSKeyedUnarchiver 对象，执行 NSKeyedUnarchiver 的初始化函数 initForReadingWithData:获取归档 NSKeyedUnarchiver 实例 unarchiver。unarchiver 调用 decodeObjectForKey:就可以把 Fruit 对象解压出来。

操作结束后，释放内存。

## 12.4.4 创建 Archiving 应用

由于归档和属性列表同属序列化，具有极多相似性，本节就不再创建新的示例程序了，直接修改 PropertyList。程序里已经处理了几项基本的学生资料，接下来程序里会添加学生的学校信息，包含学生的学校名称，如当前是小学初中、初中还是高中，添加年

级信息。本小节将分三步完成,步骤如下:

(1) 自定义 School 类;
(2) 实现 NSCoding 协议;
(3) 实现 NSCopying 协议。

### 1. 自定义School类

打开 PropertyList 应用程序,新建文件,选择继承自 NSObject,文件命名为"School"。School 类会包含学校、学段和年级信息,稍后归档的操作便是针对这个类。首先在 School.h 中创建成员变量:

```objc
#import <Foundation/Foundation.h>

//定义学段枚举值
typedef enum{
    Primary,
    Junior,
    Senior
}Stage;

#define SCHOOLNAME   @"SCHOOLNAME"            //定义学校宏
#define SCHOOLSTAGE  @"SCHOOLSTAGE"           //定义学段宏
#define GRADE        @"GRADE"                 //定义年级宏

//在类声明里实现NSCoding,NSCopying协议
@interface School : NSObject<NSCoding,NSCopying>
{
    NSString *schoolName;                     //学校名称
    Stage schoolStage;                        //学段(小学、初中、高中)
    int grade;                                //年级
}
@property(retain,nonatomic)NSString *schoolName;
@property(assign)Stage schoolStage;
@property int grade;
@end
```

头文件中定义了一个枚举变量,用整数值 0、1、2 分别代表中小学、初中、高中。School 包含了 3 个与学校有关的属性,同时实现 NSCoding 和 NSCopying 协议。schoolStage 是枚举类型,property 设为 assign。

### 2. 实现NSCoding协议

打开 School.m,实现 NSCoding 协议的函数:

```objc
#import "School.h"

@implementation School
@synthesize schoolName,schoolStage,grade;
```

```objc
- (void)encodeWithCoder:(NSCoder *)aCoder{
 [aCoder encodeObject:schoolName forKey:SCHOOLNAME];//对学校名称进行编码
 [aCoder encodeInt:(int)schoolStage forKey:SCHOOLSTAGE];//对学段进行编码
 [aCoder encodeInt:grade forKey:GRADE];             //对年级进行编码
}

- (id)initWithCoder:(NSCoder *)aDecoder{
    self=[super init];
if (self) {
        //解码学校名称，由成员变量schoolName保存
        self.schoolName=[aDecoder decodeObjectForKey:SCHOOLNAME];
        //解码学段，由成员变量schoolStage保存
        schoolStage    =(Stage)[aDecoder decodeIntForKey:SCHOOLSTAGE];
        //解码年级，由成员变量grade保存
        grade          =[aDecoder decodeIntForKey:GRADE];

    }
    return self;
}
-(void)dealloc{
    [schoolName release];                             //释放内存
    [super dealloc];
}
@end
```

### 3. 实现NSCopying协议

对School.m 的编写还没有结束，在 initWithCoder:函数下方添加 copyWithZone:函数的实现，代码如下：

```objc
- (id)copyWithZone:(NSZone *)zone{

    School *new=[[School allocWithZone:zone] init];   //创建本类新实例
    new.schoolName=[self.schoolName copyWithZone:zone //本类学校名称复制给
                                                        新实例
            ];
    new.schoolStage=schoolStage;                      //本类学段赋值给新实例
    new.grade=grade;                                  //本类年级赋值给新实例
    return new;
}
```

School 类实现了 NSCoding 和 NSCopying 协议，这两个方法前面已经详细介绍过了，就不再重复了。自定义类 School 的前期工作已经完成，剩下的就是实现数据的归档，如果读者对上一小节的知识掌握较好，那么下面的内容便得心应手了。

> **注意**：枚举值默认从 0 开始，本身是整数值，不过在直接赋给整形变量时，会提示类型转化警告，所以加上强制转化。

## 12.4.5 修改程序界面和输出口

打开 ViewController.xib，在 View 上增加一个输入框，用来输入学校名称，在学校下方添加两个 Segment Control，分别对应学段和年级，如图 12.13 所示。

图 12.13　设计 ViewController 界面

接下来打开 ViewController.h，在程序中添加输出口，代码如下：

```objectivec
#import <UIKit/UIKit.h>

@interface ViewController : UIViewController
@property(retain,nonatomic)IBOutlet UITextField *nameField;
@property(retain,nonatomic)IBOutlet UITextField *birthField;
@property(retain,nonatomic)IBOutlet UISegmentedControl *sexSeg;
@property(retain,nonatomic)IBOutlet UITextField *homeField;
@property(retain,nonatomic)IBOutlet UITextField *numberField;

@property(retain,nonatomic)IBOutlet UITextField *schoolField;
                                                      //学校输入框
@property(retain,nonatomic)IBOutlet UISegmentedControl *schoolStagesSeg;
                                                      //学段输入框
@property(retain,nonatomic)IBOutlet UISegmentedControl *gradeSeg;
                                                      //年级输入框
-(IBAction)save;
@end
```

代码写完后，把输出口与控件关联。

## 12.4.6 实现数据归档

自定义对象和程序界面的操作都完成了。接下来要对自定义对象进行归档,并且从归档读取数据,我们会分三步实现这些操作,步骤如下:

(1) 对 School 类归档;
(2) 将归档重新转化为数据;
(3) 运行程序。

### 1. 对School类归档

修改 ViewController.m,以下大部分都是新增的代码:

```
#import "ViewController.h"
#import "School.h"                                      //引入School.h头文件

#define KNAME @"KNAME"
#define KBIRTH @"KBIRTH"
#define KSEX @"KSEX"
#define KHOME @"KHOME"
#define KNUMBER @"KNUMBER"
#define FileName @"Student.plist"

#define ArchiveFileName @"archive"                      //归档文件名称宏
#define KARCHIVEKEY @"KARCHIVEKEY"                      //归档操作键宏


@implementation ViewController
@synthesize nameField,birthField,sexSeg,homeField,numberField;
@synthesize schoolField,schoolStagesSeg,gradeSeg;       //属性访问器
-(void)dealloc{
    [nameField release];
    [birthField release];
    [sexSeg release];
    [homeField release];
    [numberField release];

    [schoolField release];                              //释放学校输入框
    [schoolStagesSeg release];                          //释放学段输入框
    [gradeSeg release];                                 //释放年级输入框
    [[NSNotificationCenter defaultCenter] removeObserver:self];
                                                        //从通知中心删除

    [super dealloc];
}
```

在文件的上方增加了两个宏定义,ArchiveFileName 和 KARCHIVEKEY。其中 ArchiveFileName 为归档成功后保存在系统下的文件名称,KARCHIVEKEY 用作归档操作的键。然后确定归档文件路径,增加函数 filePath,代码如下:

```objc
- (NSString *)ArchivefilePath {
    NSArray *paths = NSSearchPathForDirectoriesInDomains(
            NSDocumentDirectory, NSUserDomainMask, YES);
    NSString *documentsDirectory = [paths objectAtIndex:0];  //documents
                                                             文件目录
                                                    //归档文件路径
    return [documentsDirectory stringByAppendingPathComponent:
    ArchiveFileName];
}
```

接下来实现归档功能，在使用属性列表时，数据的保存写在 save 里，读取和显示写在 viewDidLoad 函数中，这些逻辑是完全一致的，不用改变，只需要对代码做部分修改，代码如下：

```objc
-(IBAction)save{
    do {
        NSString *name      =[nameField text];
        NSString *birth     =[birthField text];
        int sex             =[sexSeg selectedSegmentIndex];
        NSString *home      =[homeField text];
        NSString *number    =[numberField text];
        
        NSString *schoolname=[schoolField text];              //获取学校名称
        Stage stage         =[schoolStagesSeg selectedSegmentIndex];
                                                              //获取学段
        int grade           =[gradeSeg selectedSegmentIndex]; //获取年级
        
        //保证每一项信息都不能为空，否则跳出循环，终止操作
        if (!name || !birth ||!home ||
            !number || !schoolname) {
            break;
        }
        
        //创建一个字典，用来封装所有学生信息
        NSMutableDictionary *dic=[NSMutableDictionary dictionary];
        [dic setObject:name forKey:KNAME];                    //封装姓名
        [dic setObject:birth forKey:KBIRTH];                  //封装生日
        [dic setObject:[NSNumber numberWithInt:sex] forKey:KSEX];
                                                              //封装性别
        [dic setObject:home forKey:KHOME];                    //封装籍贯
        [dic setObject:number forKey:KNUMBER];                //封装学号
        
        //把字典转化为属性列表文件，保存在指定路径下
        if([dic writeToFile:[self filePath] atomically:YES])
        {
            //封装学校信息
            School *school=[[School alloc] init];
            school.schoolName=schoolname;
            school.schoolStage=stage;
            school.grade=grade;
```

```
        NSMutableData *data = [[NSMutableData alloc] init];
        //把对象归档到 NSMutableData 实例中
        NSKeyedArchiver *archiver = [[NSKeyedArchiver alloc]
                            initForWritingWithMutableData:data];
        [archiver encodeObject:school forKey:KARCHIVEKEY];//执行归档操作

        [archiver finishEncoding];                       //完成归档

        //保存归档文件到指定路径下
        if ([data writeToFile:[self ArchivefilePath] atomically:YES]) {
            //保存成功，弹出提示
            UIAlertView *alert=[[UIAlertView alloc] initWithTitle:@"
                            恭喜"message:@"保存成功！"delegate:nil
                            cancelButtonTitle:@"确定"
                            otherButtonTitles:nil];
            [alert show];
            [alert release];
        }
        //释放内存
        [school release];
        [archiver release];
        [data release];
        return;
    }
} while (0);
//有信息项为空，弹出警告
UIAlertView *alert=[[UIAlertView alloc] initWithTitle:@"警告"
                    message:@"请填写所有信息" delegate:nil
                    cancelButtonTitle:@"确定"otherButtonTitles:nil];
[alert show];
[alert release];
}
```

### 2．从归档返回数据对象

修改 viewDidLoad，代码如下：

```
- (void)viewDidLoad
{
    [super viewDidLoad];

    //增加键盘弹起事件的监听
    [[NSNotificationCenter defaultCenter]
                addObserver:self selector:@selector(keyboardWillShow:)
                name:UIKeyboardWillShowNotification object:nil];
    //增加键盘收起事件的监听
    [[NSNotificationCenter defaultCenter]
                addObserver:self selector:@selector(keyboardWillHide:)
                name:UIKeyboardWillHideNotification object:nil];
```

```objc
//从文件初始化 NSDictionary 对象
NSDictionary *dictionary=[NSDictionary dictionaryWithContentsOfFile:
                         [self filePath]];
if (dictionary) {
    NSString *name   =[dictionary objectForKey:KNAME];
    NSString *birth  =[dictionary objectForKey:KBIRTH];
    int sex          =[[dictionary objectForKey:KSEX] intValue];
    NSString *home   =[dictionary objectForKey:KHOME];
    NSString *number=[dictionary objectForKey:KNUMBER];
    //把从属性列表取出的姓名、生日、性别、籍贯、学号显示在界面上
    nameField.text=name;
    birthField.text=birth;
    sexSeg.selectedSegmentIndex=sex;
    homeField.text=home;
    numberField.text=number;
}

//读取归档数据
NSData *data = [[NSMutableData alloc] initWithContentsOfFile:[self ArchivefilePath]];
//将归档转化为数据对象
NSKeyedUnarchiver *unarchiver = [[NSKeyedUnarchiver alloc]
                                 initForReadingWithData:data];
School *school = [unarchiver decodeObjectForKey:KARCHIVEKEY];

//分别为界面上的学校、学段、年级输入框赋值
schoolField.text = school.schoolName;
schoolStagesSeg.selectedSegmentIndex=school.schoolStage;
gradeSeg.selectedSegmentIndex=school.grade;

[unarchiver finishDecoding];    //结束反归档
[unarchiver release];
[data release];
}
```

至此，代码的构建工作似乎已经结束了，和数据有关的部分确实都完成了。但有个很重要的地方要处理，那就是键盘的问题，修改 keyboardWillShow:函数：

```objc
-(void)keyboardWillShow:(NSNotification *)notification
{
    [UIView beginAnimations:@"keyboardWillShow" context:nil];//添加动画效果
    [UIView setAnimationCurve:UIViewAnimationCurveEaseInOut];
    CGRect rect = self.view.frame;
    if (schoolField.isFirstResponder)
        rect.origin.y = -160;                    //视图向上提升160点
    else
        rect.origin.y = -40;
    self.view.frame = rect;                      //视图向上提升40点
    [UIView commitAnimations];                   //执行动画
}
```

接收学校信息的输入框和分段控件比较靠下。如果界面还是升起 40 像素，那么用户肯定是无法输入学校名称的，因为输入框已经被键盘遮住了。所以增加判断，如果当前是 schoolField 获取焦点，程序就升高 160 像素。

现在才算是彻底的完工，好了，去运行程序看看。

### 3．运行程序

保证程序编译没有错误，运行程序，输入学校名称"北京市第二十二中学"，学段选择"初中"，年级选"三"。单击"保存"按钮，程序弹出成功提示，这表明现在自定义类的归档已经成功了，如图 12.14 所示。

图 12.14　数据已经归档成功

不出意外，再次运行程序，数据也原封不动的读取出来了。现在读者可以对已经使用过的两种持久性方式——属性列表和类对象序列化。进行总结，如果感到不熟练或者还有些吃力，那最好仿照示例程序多做些练习。如果感觉没有问题，就开始 SQLite 3 的学习吧！

## 12.5　使用 SQLite 3

SQLite 3 是一款轻量级的数据库。它对内存的占用非常少，而且是完全独立的，对外界没有任何的依赖，所以目前已经被应用到了许多的嵌入式产品中。SQLite 3 遵守 ACID 准则，ACID 是一个缩写，代表着原子性（Atomicity）、一致性（Consistency）、隔离性（Isolation）、持久性（Durability），这 4 个要素能保证数据库在执行操作的过程中数据准确。每次数据保存完毕，都会在磁盘上生成单一的文件。SQLite 3 属于关系型数据库，由"数据库"、"数据表"和"查询指令"组成。

SQLite 3 的支持性很强，对许多的 SQL 语句都支持，例如 SELECT、UPDATE、INSERT 和 DELETE 等。SQLite 3 支持 C 语言，我们就是使用它的一套 C 语言接口进行开发，下面详细地学习下如何操作。

### 12.5.1 打开数据库

操作数据库，就要用到 SQL 语句，SQL 语句是与关系型数据库交互的标准语言，它有自己的格式和标准。读者需要对 SQL 语句要有一定的了解，最起码要会基本的增删改查。

打开数据库需要调用命令 SQLite 3_open(const char *zFilename, SQLite 3 **ppDb)，如果数据库不存在，那么程序会新建一个数据库，代码如下：

```
-(void)openDB {
 SQLite 3 * database;                                       //声明 SQLite 3 指针
 NSArray *paths = NSSearchPathForDirectoriesInDomains(
                     NSDocumentDirectory, NSUserDomainMask, YES);
 NSString *documentsDirectory = [paths objectAtIndex:0]; //获取*documents
                                                            目录
 NSString *path = [documentsDirectory stringByAppendingPathComponent:
 @"data.sqlite"];
 if (SQLite 3_open([path UTF8String], &database) != SQLITE_OK) {
                                                          //打开数据库
 SQLite 3_close(database);                                 //关闭数据库
 }
}
```

首先设定数据库的存放路径，文件命名为 data.sqlite，这个名称没有限制，用户可以根据自己的喜爱随便起名，后缀.Sqlite 甚至可以不要，它只是为了方便其他的软件查看数据库内容。SQLite 3 采用 C 编写的，它无法识别 Objective-C 语言，所以我们需要把 path 转化为 utf-8 类型的 C 语言字符串，和 database 一起传递到 SQLite 3_open()中。path 是入参，database 做出参用，这两个参数必须要传递，path 告诉系统操作的数据库文件放在哪里，database 返回 SQLite 3 指针，后续的操作就靠它。

如果操作成功，SQLite 3_open()会返回 SQLITE_OK，SQLITE_OK 是一个宏定义，代表成功。如果操作失败了，关闭数据库。

### 12.5.2 执行 SQL 语句

执行 SQL 语句的函数比较复杂，里面的参数很多，不过需要传递就那么几个，其余的传递空参数统一处理就行。首先看一下函数的声明：

int SQLite 3_exec(SQLite 3 *db,const char *zSql,SQLite 3_callback xCallback,void *pArg,char **pzErrMsg);

第 1 个参数是执行 SQLite 3_open 成功后获取的 database，第 2 个参数传递要执行的 SQL 语句，类型为基本的 C 字符串，第 3 个参数是回调函数，第 4 个参数是传递一个指针（char*），这个参数会反映到回调函数里，一般情况下后两个参数都传递为空。最后一个参数返回错误信息，如果操作成功，这个参数没有值。下面分别介绍下如何创建表、插入新记录和查询表，它们都用到了 SQLite 3_exec 函数。

（1）创建一个新表

```
char *error;
const char *createSql="create table Student(name text,age integer)";
                                                           //SQL 语句
if (SQLite 3_exec(database, createSql, NULL, NULL, &error)!=SQLITE_OK) {
                                                           //执行 SQL 语句
    printf("error=%s",error);
}
```

首先构造完整的 SQL 语句 createSql，类型为 const char *。SQL 语句的内容很简单，创建一个表，名称为 Student，包含两个字段 name 和 age，分别为文本和整形。把 database，createSql 传递给 SQLite 3_exec，后面两个参数传递 NULL，最后传递 error 指针，如果操作失败，打印出错误信息。

（2）插入一条新的记录

```
char *error;
const char *createSql="create table Student(name text,age integer)";
                                                           //SQL 语句
if (SQLite 3_exec( db, "insert into Student(name,age) values ('许飞',21) ",
                    NULL, NULL, error)!=SQLITE_OK) {       //执行 SQL 语句
    printf("error=%s",error);
}
```

上面的代码和创建新表的过程基本一致。在表 Student 中插入一条记录，姓名"许飞"，年龄 21，唯一需要读者注意的可能就是不要写错 SQL 语句。

（3）查询表

从表中检索数据的操作比较复杂，代码如下：

```
-(void)query{
  const char *selectSql="select * from Student";           //SQL 语句
  SQLite 3_stmt *statement;                                //声明结构体指针
  if (SQLite 3_prepare_v2(database,selectSql,-1,&statement, nil)!=SQLITE_OK){
    SQLite 3_close(database);
    return;
  }

  while (SQLite 3_step(statement)==SQLITE_ROW) {           //遍历数据库
    char *name=(char *)SQLite 3_column_text(statement, 0);//取出第 1 列字段值
```

```
    int age=SQLite 3_column_int(statement, 1);        //取出第2列字段值
}

SQLite 3_finalize(statement);                         //结束操作
}
```

首先执行 SQLite 3_prepare_v2(database, selectSql, -1, &statement, nil)，将 SQL 语句编译为 SQLite 3 内部一个结构体 SQLite 3_stmt，后面查询时会用到成功返回的 SQLite 3_stmt，读者要切记，这步操作是不能省略的。然后循环查询表中的每一行，并解析出每个字段的值：

```
while (SQLite 3_step(statement)==SQLITE_ROW) {                    //遍历数据库
    char *name=(char *)SQLite 3_column_text(statement, 0);  //取出第1列字
                                                              段值
    int age=SQLite 3_column_int(statement, 1);              //取出第2列字段值
}
```

取到的姓名字段是 char*类型，C 字符串在 Objective-C 环境下使用很不方便，最好转化为 NSString 类型。iOS SDK 里提供了 API 为这两种类型的字符串相互转化：

```
NSString *_name=[[NSString alloc] initWithCString:name];
```

执行更新、删除和新建表是一致的，把完整的 SQL 语句交给 SQLite 3_exec。这里面唯一相对复杂些的操作就是查询，其他的都是构造好 SQL 语句，一步完成。

> 注意：数据库使用完毕后，要记得关闭，每执行一次操作，最好利用返回值或返回结果检验是否成功。

### 12.5.3 使用绑定变量

虽然可以通过创建 SQL 字符串来执行操作，但在实际开发过程中，常用的方式是绑定变量来执行数据库操作。假设在一条语句中有许多不同类型的字段，检查它们是否符合要求是非常麻烦的，而且容易出错。如果采用绑定变量的方式，只需要在正常创建的 SQL 语句中添加问号，每一个问号就代表着执行语句之前需要绑定的变量。

下面我们来看一段代码，学习下如何绑定变量：

```
-(void)insert{
    char *insertSql="insert into Student values(?,?)";     //SQL 语句
    SQLite 3_stmt *statement;                              //声明结构体指针
    if(SQLite 3_prepare_v2(database,insertSql,-1,&statement, nil)==
SQLITE_OK) {
        SQLite 3_bind_text(statement, 1, @"Tom Solya", -1, NULL);  //绑定第1
                                                                     个变量
        SQLite 3_bind_int(statement, 2, 12);               //绑定第2个变量
    }

    if(SQLite 3_step(statement) != SQLITE_DONE){
```

```
    NSLog(@"error");
}
SQLite 3_finalize(statement);
}
```

首先创建绑定变量前的 SQL 语句,参数的部分用问号代替。接着调用绑定函数,把参数值传递进去,根据参数的类型选择不同的绑定函数:

```
SQLite 3_bind_text(statement, 1, @"Tom Solya", -1, NULL);
```

这是绑定姓名,第 1 个参数是 SQLite 3_stmt 结构体,必须传递非空的参数;第 2 个参数为绑定的变量索引,name 的索引为 1,age 的索引就是 2,如果还有别的字段,依次递加;第 3 个参数是代替问号的值;第 4 个参数表示绑定的数据的长度,传递-1 通知函数使用整个字符串,最后一个参数传递 NULL。

注意:SQLite 3_bind_text 有 5 个参数,SQLite 3_bind_int 只有 3 个参数,只有绑定二进制和文本的函数有 5 个参数。

## 12.5.4 创建支持 SQLite 3 的应用

本节的示例程序会使用 SQLite 3 来处理学生的信息。不过不像 PropertyList 那样包含那么多的内容项了,只存储和显示学生的姓名、年龄和学校。在数据库中,姓名和学校都是文本类型,年龄是整形。

打开 Xcode,新建 iOS 工程,选择 Single View Application 模板,工程命名为"UseSQLite"。现在工程还不支持 SQLite 3,程序需要添加一个 dylib 包,它包含了使用 SQLite 3 所需的 C 函数接口,这个包叫做 libSQLite 3.dylib,dylib 类似于 Windows 下的 dll 文件,全称叫做动态链接库。只有在工程下添加了这个包,系统才能使用 SQLite 3 数据库。

接下来的操作分为四步完成,步骤如下:

(1)添加 libSQLite 3.dylib;
(2)查看 libSQLite 3.dylib 路径;
(3)设计程序界面并关联输出口;
(4)使用 SQLite 3 插入记录。

### 1. 添加libSQLite 3.dylib

在程序中添加动态包的具体操作和以前介绍过的添加 Framework 一样,找到 libSQLite 3.dylib,如图 12.15 所示。

单击 Add 按钮,添加成功后,Linked Frameworks and Libraries 下会多出 libSQLite 3.dylib,这证明 dylib 已经添加成功了,如图 12.16 所示。如果读者忘了怎么添加,可以看看本书前面的章节,那里面有详细的添加框架流程说明。

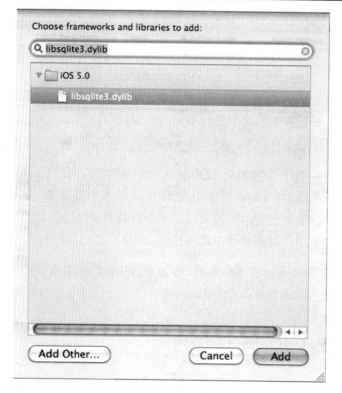

图 12.15　在框架里添加 libSQLite 3.dylib

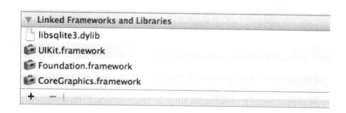

图 12.16　当前工程下已经成功添加 libSQLite 3.dylib

回到 Xcode 左侧面板的工程文件目录中，把添加成功的 libSQLite 3.dylib 拖曳到 Frameworks 目录下。dylib 文件图标是白色的，看起来像张白纸，而且在 Xcode 下无法查看文件内容，framework 前面有个小三角，单击打开后可以查看头文件，dylib 什么都没有。如图 12.17 所示。

图 12.17　libSQLite 3.dylib 无法查看内容

## 2. 查看libSQLite 3.dylib路径

libSQLite 3.dylib 无法在 Xcode 中编辑，那能不能在 Finder 下编辑或查看呢。右击 libSQLite 3.dylib，在快捷菜单中选择 Show In Finder，可以看到 dylib 位于 sdk 目录下的 |usr|lib 中，不过比较遗憾，依然没有办法直接打开，如图 12.18 所示。

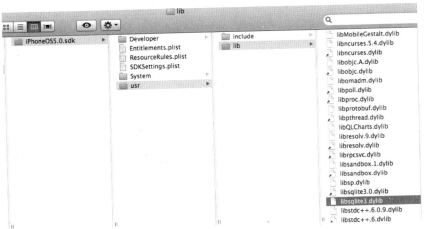

图 12.18 dylib 在 Mac 下的路径

我们可以直接把里面的 dylib 文件拖曳添加到 Xcode 中使用，不过很显然打开这个路径是比较麻烦的，所以通过 Xcode 直接添加 framework 和 dylib 是最合适的。

> 注意：libSQLite 3.dylib 旁边还有一个 libSQLite 3.0.dylib，这两个文件名字很相近，容易对读者造成混淆。libSQLite 3.0.dylib 只是 libSQLite 3.dylib 的一个替身，如果查看其属性会发现它还是指向 libSQLite 3.dylib。

## 3. 设计程序界面并关联输出口

本节的示例程序依然是处理学生的基本信息，所以程序的界面样式没有太大变化。打开 ViewController.xib，界面布局如图 12.19 所示。

图 12.19 设计 ViewController 界面

修改 ViewController.h：

```objc
#import <UIKit/UIKit.h>
#import <SQLite 3.h>

@interface ViewController : UIViewController
{
    IBOutlet UITextField *nameField;      //姓名输入框
    IBOutlet UITextField *ageField;       //年龄输入框
    IBOutlet UITextField *schoolField;    //学校输入框
    SQLite 3  *database;
}
-(IBAction)save:(id)sender;
@end
```

首先导入 SQLite 3.h，再在 ViewController 中添加一个 SQLite 3*指针变量。回到 ViewController.xib 中，把 IBOutlet、IBAction 同控件和事件相关联。

> **注意**：早期的 Xcode 版本引入 SQLite 3.h 的方式为#import "/usr/include/SQLite 3.h"。

### 4. 使用SQLite 3插入记录

接下来把学生信息封装成一条记录，插入到数据库中。打开 ViewController.m，修改代码如下：

```objc
#import "ViewController.h"
#define FileName    @"data.SQLite 3"                 //数据库名

@implementation ViewController

- (void)didReceiveMemoryWarning
{
    [super didReceiveMemoryWarning];
}

- (NSString *)path {
    NSArray *paths = NSSearchPathForDirectoriesInDomains(
                    NSDocumentDirectory, NSUserDomainMask, YES);
    //返回 Documents 在应用程序沙盒下的路径
    NSString *documentsDirectory = [paths objectAtIndex:0];
    //追加数据库名到 Documents 路径，将完整路径返回
    return [documentsDirectory stringByAppendingPathComponent:FileName];
}

-(IBAction)save:(id)sender{
    NSString *name   = [nameField text];                 //获取姓名
    int age          = [[ageField text] intValue];       //获取年龄
    NSString *school = [schoolField text];               //获取学校名称
```

```objc
//创建插入记录 SQL 语句
char *update = "INSERT INTO STUDENT (NAME,AGE,SCHOOL) VALUES (?, ?, ?);";
SQLite 3_stmt *stmt;
//将 SQL 语句封装到结构体中
if (SQLite 3_prepare_v2(database, update,-1,&stmt, nil) == SQLITE_OK) {
        SQLite 3_bind_text(stmt, 1, [name UTF8String], -1, NULL);
                                                              //绑定姓名
        SQLite 3_bind_int(stmt, 2, age);                      //绑定年龄
        SQLite 3_bind_text(stmt, 3, [school UTF8String], -1, NULL);
                                                              //绑定学校

}

if (SQLite 3_step(stmt) != SQLITE_DONE)   //执行更新，根据返回值判断操作
                                           是否成功
{
        NSLog(@"数据保存错误");
        return;
}

SQLite 3_finalize(stmt);             //收尾工作，关闭结构体
SQLite 3_close(database);            //关闭数据库

UIAlertView *alert=[[UIAlertView alloc] initWithTitle:@"恭喜"
        message:@"SQLite 3 保存数据成功" delegate:nil
        cancelButtonTitle:@"确定" otherButtonTitles: nil];
[alert show];
[alert release];
}
```

Path 函数返回数据库的文件路径，我们依然会把文件保存在 Document 目录下，文件的后缀名设为 ".SQLite 3"。这就像盖房子一样，一定要先选好位置，否则一切都是空穴来风。接下来插入数据，下面分解下该过程。

（1）构造插入数据的 SQL 语句 update

插入 3 项，分别为姓名、年龄和学校，也就是本程序中涉及的学生信息，具体的值用问号代替：

```objc
//创建插入记录 SQL 语句
char *update = "INSERT INTO STUDENT (NAME,AGE,SCHOOL) VALUES (?, ?, ?);";
```

（2）对变量进行绑定

先完成必要的准备工作，随后对变量进行绑定，stmt 是保存语句的 SQLite 3_stmt 结构体，用户输入的值依次绑定到变量中：

```objc
SQLite 3_stmt *stmt;
//将 SQL 语句封装到结构体中
if (SQLite 3_prepare_v2(database, update, -1, &stmt, nil) == SQLITE_OK) {
        SQLite 3_bind_text(stmt, 1, [name UTF8String], -1, NULL);
                                                              //绑定姓名
                                                              //绑定年龄
        SQLite 3_bind_int(stmt, 2, age);
```

```
            SQLite 3_bind_text(stmt, 3, [school UTF8String], -1, NULL);
}                                                                //绑定学校
```

（3）执行更新

调用 SQLite 3_step 执行更新：

```
if (SQLite 3_step(stmt) != SQLITE_DONE)  //执行更新，根据返回值判断操作是否成功
```

（4）收尾

更新完成了，要做到善始善终，关闭数据库。

```
SQLite 3_finalize(stmt);                //收尾工作，关闭结构体
SQLite 3_close(database);               //关闭数据库
```

现在数据插入已经完成了，由于其中用到了绑定变量，所以操作稍微复杂些，但每一步都绝对不能省略，即使是最后一步关闭数据库。

## 12.5.5 使用 SQLite 3 检索数据表

现在还需要掌握如何从表中读取数据。下面修改 viewDidLoad 函数，代码如下：

```
#pragma mark - View lifecycle

- (void)viewDidLoad
{
    [super viewDidLoad];
    //根据数据库文件路径，打开数据库
    if (SQLite 3_open([[self path] UTF8String], &database)!= SQLITE_OK) {
        SQLite 3_close(database);
        NSLog(@"数据库打开失败");
        return;
    }

    char *errorMsg;
    //构建建表 SQL 语句，添加字段包含姓名、年龄、学校
    NSString *createSQL = @"CREATE TABLE IF NOT EXISTS STUDENT (NAME TEXT, AGE INTERGER, SCHOOL TEXT);";
    //执行建表操作，传递路径、数据库指针，根据返回值判断操作是否成功
    if (SQLite 3_exec (database, [createSQL UTF8String],
                NULL, NULL, &errorMsg) != SQLITE_OK) {
        SQLite 3_close(database);
        NSLog(@"数据表创建失败");
        return;
    }

    //构建检索 SQL 语句，范围为全部搜索
    NSString *query = @"SELECT * FROM STUDENT";
    SQLite 3_stmt *statement;
    if (SQLite 3_prepare_v2( database, [query UTF8String],
```

```
                         -1, &statement, nil) == SQLITE_OK) {
    //在while循环中进行数据检索,遍历每一行
    while (SQLite 3_step(statement) == SQLITE_ROW) {
        //根据字段的列号,取出每条记录的姓名值
        char *name = (char *)SQLite 3_column_text(statement, 0);
        //根据字段的列号,取出每条记录的年龄值
        int age = SQLite 3_column_int(statement,1);
        //根据字段的列号,取出每条记录的学校值
        char *school=(char *)SQLite 3_column_text(statement, 2);
        //把C字符串转化为NSString字符串
        NSString * nameValue= [[NSString alloc]
                              initWithUTF8String:name];
        NSString * schoolValue= [[NSString alloc]
                              initWithUTF8String:school];

        nameField.text=nameValue;                              //显示姓名
        ageField.text=[NSString stringWithFormat:@"%d", age];//显示年龄
        schoolField.text=schoolValue;                          //显示学校

        [nameValue release];
        [schoolValue release];

    }
    SQLite 3_finalize(statement);
}
  SQLite 3_close(database);                                    //关闭数据库
}
```

上面的代码先从数据库中检索数据表,再读取出所有记录,最后进行数据解析。下面结合代码分解下其具体过程。

（1）打开数据表

首先打开数据库,然后建表,如果数据库或表已经存在了,程序不会重复创建,SQLite 3_exec 的返回值还是 SQLITE_OK。

（2）检索数据表

首先构造 SQL 语句,在准备工作完成后,开始检索数据:

```
//在while循环中进行数据检索,遍历每一行
while (SQLite 3_step(statement) == SQLITE_ROW) {
    //根据字段的列号,取出每条记录的姓名值
    char *name = (char *)SQLite 3_column_text(statement, 0);
    //根据字段的列号,取出每条记录的年龄值
    int age = SQLite 3_column_int(statement,1);
    //根据字段的列号,取出每条记录的学校值
    char *school=(char *)SQLite 3_column_text(statement, 2);
    //把C字符串转化为NSString字符串
    NSString * nameValue= [[NSString alloc] initWithUTF8String:name];
    NSString * schoolValue= [[NSString alloc] initWithUTF8String:school];

    nameField.text=nameValue;                                  //显示姓名
```

```
ageField.text=[NSString stringWithFormat:@"%d", age];   //显示年龄
schoolField.text=schoolValue;                            //显示学校

[nameValue release];
[schoolValue release];
}
```

检索在一个 while 循环中进行，虽然我们的程序只输入了一条数据，但真实的数据表中往往包含成十，甚至上百条数据。

（3）解析数据

通过 SQLite 3_step(statement) == SQLITE_ROW 来判断遍历了表的每一行。每查到一条记录，需要根据字段的列号。例如 NAME 是第 1 列，AGE 是第 2 列，SCHOOL 是第 3 列，依次取出字段值，显示到对应的输入框里。

（4）收尾

记住所有的操作结束后，一定要关闭数据库，否则可能在下次调用时产生意外错误。而且每一步的操作都要在上一步成功的基础上进行，一旦任何一步发生错误，都要立即中止操作，检查原因。

代码完成后，运行程序，录入信息，单击"保存"按钮，然后重新运行程序，可以看到每个输入框里显示了保存的数据。保存的时候如果成功，程序会弹出成功提示，如果没弹出，那读者就要仔细检查下代码是不是哪里疏忽写错了。

> **注意**：无论写入数据库还是打开数据，操作结束后我们都关闭了数据库。对于某些数据写入、读取频率非常高的应用，建议考虑一次性打开，总之，性能最优化是我们追求的目标之一。

## 12.6 使用 Core Data

在 iOS 数据存储的所有方法里，Core Data 是存储重要数据的最佳选择。它能降低应用的内存开销，提升响应速度，性能稳定，功能全面。相对的，读者如果想要熟练地掌握它，也需要多花些时间。

Core Data 是一个 Cocoa 框架，它位于 SQLite 3 数据库之上，避免了 SQL 的复杂性，能让我们以更清晰的方式与数据库进行交互。Core Data 为多种文件格式的持久化提供支持，应用程序的持久化存储范围从 XML 文件到 SQLite 3 数据库，二进制数据或者自定义对象。它把数据库行转化为 Objective-C 对象来操作，这样就超越了 SQLite 3 必须懂得 SQL 语句的局限性。

### 12.6.1 实体（Entity）和托管对象（Managed Object）

Core Data 创建数据模型的方式是在数据模拟编辑器中创建一些实体（Entity），然

后针对这些实体创建托管对象（Managed Object）。实体表示的是对对象的描述，托管对象就是创建的实体的具体实例。

这些理论较为抽象，我们现在就创建一个使用 Core Data 的程序，通过某些具体的代码来为读者做解释。打开 Xcode，新建工程，选择 Empty Application，输入工程名称"CoreDataDemo"，在 Use Core Data 复选框前打勾，这样程序会自动生成 Core Data 框架，工程其他的设置不变，如图 12.20 所示。

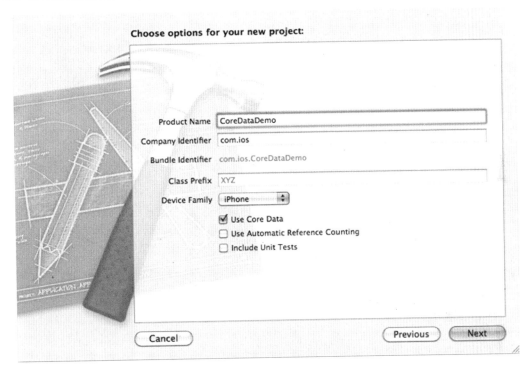

图 12.20　在 Use Core Data 复选框前打勾

工程创建完毕，查看工程文件目录，除了熟悉的 AppDelegate 等文件，还多出了一个 CoreDataDemo.xcdatamodeld 文件，这个文件是第一次见到，如图 12.21 所示。

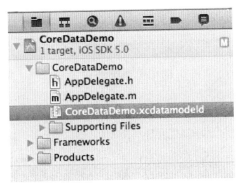

图 12.21　工程下自动生成了一个 xcdatamodeld 文件

单击 CoreDataDemo.xcdatamodeld，Xcode 编辑区立即切换为数据模拟编辑器，如图 12.22 所示。

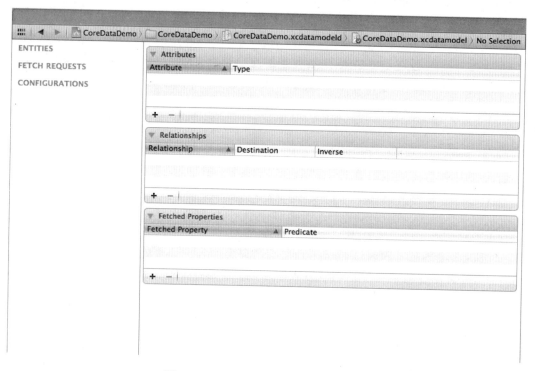

图 12.22　Core Data 的数据模型编辑器

通过数据模型编辑器，可以创建 Entity。Entity 类似于数据库的表结构，下面介绍下 Entity 的构造。

- 特性：特性就是上图中的 Attribute，特性用来保存数据。Attribute 的类型包括 Integer 32、String 和 Boolean 等。
- 关系：Relationship，它指的是 Entity 之间的关系。举个例子，当定义一个人的 Entity，会考虑到人的某些特征，例如身高、年龄、性别和工作等。工作这个属性又包含了公司、职位和薪资等几个属性，所以完全创建一个工作 Entity，然后让工作和人之间创建 Relationship。
- 查询属性：Fetched Properties，类似于数据库的查询语言。

注意：Relationship 存在"一对多"、"多对一"的逻辑关系。例如一个公司包含许多的员工，而许多的人又可能在同一个公司工作。

## 12.6.2　概念深入

回到 CoreDataDemo 的程序中，打开 AppDelegate.h，代码加粗的部分是系统自动生成的，它们是和 Core Data 相关的。

```
#import <UIKit/UIKit.h>

@interface AppDelegate : UIResponder <UIApplicationDelegate>

@property (strong, nonatomic) UIWindow *window;
//声明托管对象上下文,属性为只读
@property (readonly, strong, nonatomic)
        NSManagedObjectContext *managedObjectContext;
//声明托管对象模型,属性为只读
@property (readonly, strong, nonatomic)
        NSManagedObjectModel *managedObjectModel;
//声明持久化数据助理,属性为只读
@property (readonly, strong, nonatomic)
        NSPersistentStoreCoordinator *persistentStoreCoordinator;
- (void)saveContext;
- (NSURL *)applicationDocumentsDirectory;

@end
```

Core Data 涵盖的类比较多,初学者往往不易弄懂,但模块之间的关系并不复杂,如图 12.23 所示。iPhone Application 是我们的应用程序,Data File 是持久性文件,中间为它们牵线搭桥的就是 Core Data。Managed Object Context 是首席执行官,所有的操作都需要它的同意,但它又不直接参与具体的工作。Persistent Store 是助理,它处理持久性数据,而具体是如何操作的我们不可见,也无需费心。Managed Object Model 负责实体和它们的描述关系,它会和助理打交道。读者对整体模块先有个大体的认识即可,接下来就学习下 Core Data 中重要的类。

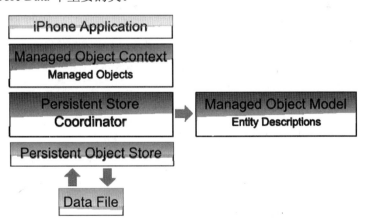

图 12.23　Core Data 模块关系图

### 1. NSManagedObject

它叫托管对象,即数据对象,相当于数据库中的一条记录,每一个 NSManagedObject 对象,都有一个 ID,每个在 NSManagedObjectContext 注册过的 NSManagedObject,都可以通过这个全局 ID 在上下文中查询到。

NSManagedObject 对象也是通过键/值的方式设置和检索值，具体操作方式和熟悉的 NSDictionary 很类似。NSManagedObject 中，键就是设置的特性（Attribute）的名称。

（1）一个数据对象中取出特性 name 中的值

```
NSString *name = [managedObject valueForKey:@"name"];
```

（2）为数据对象设置 name 值

```
[managedObject setValue:@ "王小虎" forKey:@"name"];
```

### 2. NSManagedObjectContext

这个类可以称作管理数据上下文，从数据持久层取出数据后，就可以随心所欲的修改这些数据。举个例子，我们正在一张数学试卷上答题，通常都会把题目先写在草稿纸上，在草稿纸上可以做任何的计算、涂抹和修改。

NSManagedObjectContext 参与对数据记录进行各种操作的全过程，记录更改后支持撤销（undo）和重做（redo），这意味着可以撤销单次操作或者回滚到上次保存的数据。保存数据，就像把在草稿纸上计算出的结果写到试卷上，如果不写，试卷自然不会有任何的变化。

工程创建完毕后，Xcode 已经自动生成了与 NSManagedObjectContext 有关的代码，具体代码在 AppDelegate.m 中：

```
- (NSManagedObjectContext *)managedObjectContext
{
    if (__managedObjectContext != nil)              //判断是否为空
    {
        return __managedObjectContext;              //直接返回
    }
    //获取持久化数据助理
    NSPersistentStoreCoordinator *coordinator = [self persistentStoreCoordinator];
    if (coordinator != nil)
    {
        //创建托管对象上下文
        __managedObjectContext = [[NSManagedObjectContext alloc] init];
        //设置持久化数据助理
        [__managedObjectContext setPersistentStoreCoordinator:coordinator];
    }
    return __managedObjectContext;                  //返回托管对象上下文
}
```

下面了解下 NSManagedObjectContext 最常用的 3 个方法。

（1）保存：将数据对象保存到数据文件中，函数如下：

```
- (BOOL)save:(NSError **)error;
```

（2）查询：返回指定 ID 的数据对象，函数如下：

```
- (NSManagedObject *)objectWithID:(NSManagedObjectID *)objectID;
```

# 第 12 章 iOS 数据存储基础

（3）删除对象：删除数据对象，但是要等到 NSManagedObjectContext 提交更改时才会真正删除数据对象，函数如下：

```
-(void)deleteObject:(NSManagedObject*)object;
```

### 3．NSPersistentStoreCoordinator

创建 NSManagedObjectContext 时用到了 NSPersistentStoreCoordinator，它相当于持久化数据助理，处理对数据文件读取和写入的底层操作。Core Data 定义了一个栈，NSPersistentStoreCoordinator 在中间，栈顶是被管理数据的上下文，栈底是持久化存储层，一般我们无需与它打交道。

生成 NSPersistentStoreCoordinator 的代码如下：

```
- (NSPersistentStoreCoordinator *)persistentStoreCoordinator
{
    if (__persistentStoreCoordinator != nil)                     //判断是否为空
    {
        return __persistentStoreCoordinator;                     //直接返回
    }
    //数据库路径
    NSURL*storeURL=[[selfapplicationDocumentsDirectory]
                URLByAppendingPathComponent:@"CoreDataDemo.sqlite"];

    NSError *error = nil;
    //创建持久化数据助理
    __persistentStoreCoordinator=[[NSPersistentStoreCoordinator alloc]
                initWithManagedObjectModel:[self managedObjectModel]];
    //设置相关参数
    if (![__persistentStoreCoordinator addPersistentStoreWithType:
    NSSQLiteStoreType    configuration:nil    URL:storeURL    options:nil
error:&error])
    {
        NSLog(@"Unresolved error %@, %@", error, [error userInfo]);
                                                            //打印错误信息
        abort();
    }

    return __persistentStoreCoordinator;                    //返回持久化数据助理
}
```

### 4．NSManagedObjectModel

NSManagedObjectModel 叫做数据模型。它负责加载和表示数据模型编辑器创建的数据模型，在 AppDelegate.m 里创建 NSManagedObjectModel 的方法如下：

```
- (NSManagedObjectModel *)managedObjectModel
{
    if (__managedObjectModel != nil)                            //判断是否为空
    {
```

```
        return __managedObjectModel;                       //直接返回
    }
    //数据库路径
    NSURL *modelURL = [[NSBundle mainBundle] URLForResource:@"CoreDataDemo"
                                            withExtension:@"momd"];
    //创建托管对象模型
    __managedObjectModel = [[NSManagedObjectModel alloc]
                                initWithContentsOfURL:modelURL];
    return __managedObjectModel;                            //返回托管对象
}
```

NSManagedObjectModel 主要包含以下几个部分。

（1）实体（Entity）

可以使用 NSEntityDescription 类来描述 Entity 结构，不过通常我们都习惯使用数据模型编辑器（.xcdatamodeld）来创建 Entity，在可视化界面下操作显然比写代码要高效率。

NSEntityDescription 生成新的 NSManagedObject 对象代码如下：

```
//获取托管对象模型
NSManagedObjectModel *managedObjectModel =
        [[context persistentStoreCoordinator] managedObjectModel];
//获取实体描述
NSEntityDescription *entity =
        [[managedObjectModel entitiesByName] objectForKey:entityName];
//生成托管对象
NSManagedObject *newObject = [[NSManagedObject alloc]
            initWithEntity:entity insertIntoManagedObjectContext:context];
return [newObject autorelease];
```

（2）属性（Property）

对应 NSPropertyDescription 类，它可以描述实体基本属性（Attribute）、实体之间的关系（RelationShip）和查询属性（Fetched Property）。

Attribute 对应 NSAttributeDescription 类，RelationShip 对应 NSRelationshipDescription，Fetched Property 对应 NSFetchedPropertyDescription。

> **注意**：Core Data 本身是对 SQLite 3 数据库的封装，读者可以在意义层面上将上面的类和 SQLite 3 相互对应。例如，NSManagedObject 类似于表格的记录，NSManagedObjectModel 就像数据库中所有表以及彼此之间的关系，这有助于读者更好的理解。

## 12.6.3　如何设计数据模型

上面介绍的几个类比较重要，但读者并不需要完全理解每个类的含义，只要能够熟练使用就可以了，接下来学习下如何创建数据模型。回到 Xcode 中，重新打开 CoreDataDemo.xcdatamodeld，现在整个模型都是空的，我们必须添加一个 Entity，在编辑器左下方有个圆形"+"号按钮，下方标着 Add Entity，如图 12.24 所示。

图 12.24　Add Entity 按钮负责在编辑器中创建新的 Entity

单击 Add Entity 按钮，编辑器的左侧 ENTITIES 栏下立即出现了一个 Entity，名称默认为 Entity。我们单击这个 Entity，把名称修改为 STUDENT，如图 12.25 所示。

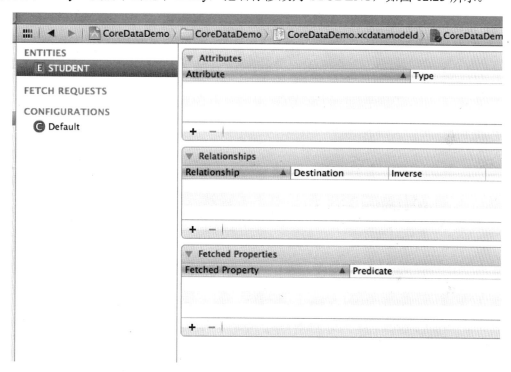

图 12.25　编辑器中成功添加了第一个 Entity

右侧的内容窗格下会显示左侧 ENTITIES 栏下选中的 Entity 的内容。读者可以切换内容窗格的样式，编辑器右下角有一个 Editor Style 按钮，它由两个小部分组成，类似于 Segment Control，单击它右侧的一段，内容视图就可以切换至图形视图样式，如图 12.26 所示。

读者可以根据自己的需要选择内容窗格的样式，本书建议读者采用默认的表格样式。在接下来的 Entity 设计中，我们也会采用表格样式。

在内容窗格的 Attributes 栏部分单击"+"号按钮，为 Entity 增加一条 Attribute。Attribute 名称设置为 name，Type 选择 String 类型，然后按照同样的方法，再增加 3 个 Attribute，分别为 age、sex 和 schoolname；age 类型为 Integer 32，sex 选择 Boolean，schoolname 类型选择 String。编辑器会自动根据名称为所有的 Attribute 排序,最后数据模型如图 12.27 所示。

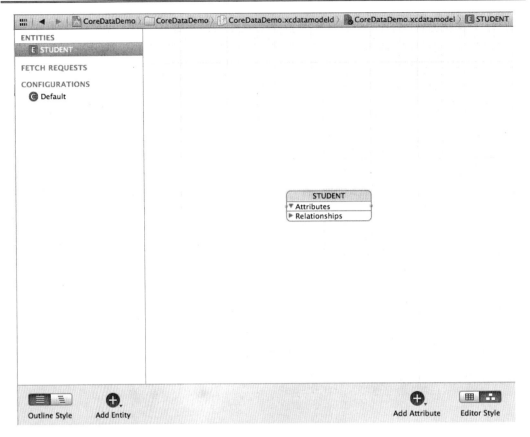

图 12.26　编辑器处于图形视图样式下

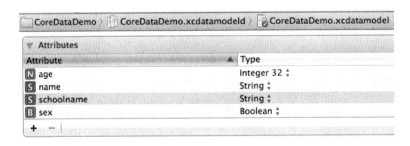

图 12.27　当前 STUDENT 实体包含了基本的 age、name、sex 和 schoolname 属性

现在模型已经创建完毕了，相同的操作要是用代码实现，估计又要消耗不少时间，可见使用编辑器还是很有效率的。接下来我们就完成应用程序的构建，学习如何在程序中使用这些数据模型。

### 12.6.4　支持 Cora Data 的应用

下面我们会分四步实现程序的所有功能，步骤如下：
（1）创建托管对象；

（2）创建程序视图控制器；

（3）实现数据读取；

（4）实现数据显示。

程序的内容比较多，但只要通过有条不紊的构建，读者们就可以掌握创建和使用托管对象，并学会 Cora Data 读取数据和保存数据的方式。

### 1. 创建托管对象

在 Xcode 里新建文件，选择 Objective-C class，文件名设置为"Student"，修改继承自 NSManagedObject，如图 12.28 所示。

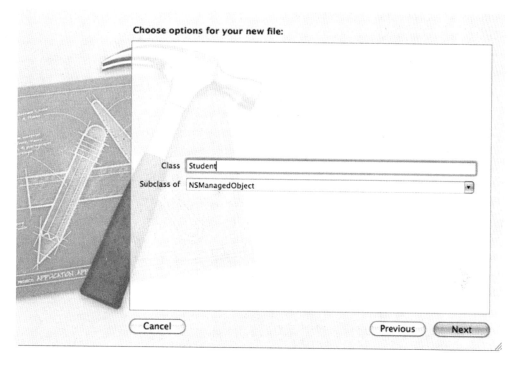

图 12.28  创建 NSManagedObject 子类 Student

NSManagedObject 是 Entity 的默认类，它需要和数据模型中的 STUDENT 关联。现在打开 Student.h，添加变量，代码如下：

```
#import <CoreData/CoreData.h>

#define STUDENT @"STUDENT"

@interface Student : NSManagedObject
@property (nonatomic, retain) NSString *name;           //姓名
@property (nonatomic, retain) NSNumber *age;            //年龄
@property (nonatomic, retain) NSNumber *sex;            //性别
@property (nonatomic, retain) NSString *schoolname;     //学校名称
@end
```

然后，修改 Student.m：

```
#import "Student.h"

@implementation Student
@dynamic name,age,sex,schoolname;                              //属性访问器
@end
```

@dynamic 和@synthesize 一样，都表示变量对应的属性访问器方法，不同的是 @dynamic 需要由开发者提供访问代码，对于只读属性需要提供 setter 方法，对于读写属性需要提供 setter 和 getter 方法。

注意：NSManagedObject 文件创建完成后，系统会自动引入 CoreData|CoreData.h。

### 2. 创建程序视图控制器

程序的模板采用 Empty Application，所以目前程序只有一个窗口（Window），我们必须需要手动添加一个根视图。接下来创建程序所需的两个视图控制器，并设置其中一个为程序根视图。

（1）创建根视图控制器

新建文件选择 UIViewController subclass，文件名设为"StudentList.h"，不用选择 xib 文件，类型选择继承自 UITableViewController，StudentList 包含一个表视图，负责数据显示。

（2）创建负责数据录入的视图控制器

接着新建一个 UIViewController 文件，用来接收数据的录入，文件名设置为 "StudentDetail"，文件创建完后，暂时把 StudentDetail 文件放在一边，过会再去处理它。

（3）设置根视图

把 StudentList 设置为程序根视图，修改 AppDelegate.h：

```
#import <UIKit/UIKit.h>

@interface AppDelegate : UIResponder <UIApplicationDelegate>

@property (strong, nonatomic) UIWindow *window;

//创建导航控制器，用来设置程序根视图
@property (retain, nonatomic) UINavigationController *navigationController;

//声明托管对象上下文，属性为只读
@property (readonly, strong, nonatomic)
                    NSManagedObjectContext *managedObjectContext;
//声明托管对象模型，属性为只读
@property (readonly, strong, nonatomic)
                    NSManagedObjectModel *managedObjectModel;
//声明持久化数据助理，属性为只读
```

```objc
@property (readonly, strong, nonatomic)
            NSPersistentStoreCoordinator *persistentStoreCoordinator;

- (void)saveContext;
- (NSURL *)applicationDocumentsDirectory;

@end
```

然后，修改 AppDelegate.m，代码如下：

```objc
#import "AppDelegate.h"
#import "StudentList.h"                     //引入头文件
@implementation AppDelegate

@synthesize window = _window;
@synthesize managedObjectContext = __managedObjectContext;
@synthesize managedObjectModel = __managedObjectModel;
@synthesize persistentStoreCoordinator = __persistentStoreCoordinator;
@synthesize navigationController;           //属性访问器

- (void)dealloc
{
    [_window release];
    [__managedObjectContext release];
    [__managedObjectModel release];
    [__persistentStoreCoordinator release];
    [navigationController release];         //释放内存
    [super dealloc];
}

-(BOOL)application:(UIApplication *)application
didFinishLaunchingWithOptions:(NSDictionary *)launchOptions
{
    //初始化窗口
    self.window = [[[UIWindow alloc] initWithFrame:[[UIScreen mainScreen] bounds]] autorelease];
    self.window.backgroundColor = [UIColor whiteColor];

    //创建 StudentList 实例
    StudentList *rootViewController = [[StudentList alloc]
                                initWithStyle:UITableViewStylePlain];
    //将 StudentList 实例添加到导航控制器中
    navigationController = [[UINavigationController alloc]
                    initWithRootViewController:rootViewController];
    //设置导航控制器为程序根视图
    [self.window addSubview:[navigationController view]];
    [self.window makeKeyAndVisible];

    return YES;
}
```

首先创建一个 StudentList 实例 rootViewController，它没有直接被设置为根视图，而是创建了一个导航控制器实例，导航控制器的根视图设为 rootViewController，最后导航控制器设置为程序的根视图。

### 3．数据读取

读者应该有印象，前面几个示例程序在进行到数据操作时，都是先学习的数据保存，CoreDataDemo 程序会有所不同，会先学习读取数据。因为 StudentDetail 类负责数据保存，我们会在稍后具体设计 StudentDetail 类界面和内部构造时再谈论如何保存数据。

打开 StudentList.h，修改代码如下：

```objc
#import <UIKit/UIKit.h>

@interface StudentList : UITableViewController
@property (nonatomic, retain) NSMutableArray *studentArray;    //保存托管对象
@end
```

接着，打开 StudentList.m，修改代码如下：

```objc
#import "StudentList.h"
#import "StudentDetail.h"                                       //引入头文件
#import "AppDelegate.h"
#import "Student.h"

@implementation StudentList
@synthesize studentArray;                                       //属性访问器

-(void)dealloc
{
    [studentArray release];                                     //释放内存
    [super dealloc];
}

- (AppDelegate *)appDelegate
{
    //返回应用程序委托
    return (AppDelegate *)[[UIApplication sharedApplication] delegate];
}

- (void)viewWillAppear:(BOOL)animated
{
    [super viewWillAppear:animated];

    //获取应用程序代理中的上下文
    NSManagedObjectContext *managedObjectContext=
                    [[self appDelegate] managedObjectContext];
    //请求数据，创建 NSFetchRequest 请求
```

```
    NSFetchRequest *request = [[NSFetchRequest alloc] init];
    //创建实体描述
    NSEntityDescription *entity = [NSEntityDescription entityForName:
            STUDENT inManagedObjectContext:managedObjectContext];
    [request setEntity:entity];

    //执行提取数据,如果操作成功,会返回一个数组
    NSError *error = nil;
    NSMutableArray *mutableFetchResults = [[managedObjectContext
    executeFetchRequest:request error:&error] mutableCopy];
    if (mutableFetchResults == nil) {
        // Handle the error.
    }
    self.studentArray=mutableFetchResults;         //保存结果
    [mutableFetchResults release];
    [request release];                              //释放内存
    [self.tableView reloadData];                    //刷新单元格

}
```

首先,添加一个函数 appDelegate,通过它返回应用程序委托的引用。因为 Core Data 中所有数据的操作,无论读取、修改还是删除,都要用到 NSManagedObjectContext,而这个上下文存在于应用程序委托里,属性为只读,返回 appDelegate 的代码如下:

```
- (AppDelegate *)appDelegate
{
    //返回应用程序委托
    return (AppDelegate *)[[UIApplication sharedApplication] delegate];
}
```

下面分四步讲解 viewWillAppear:函数,这里面实现了数据读取的全过程,读者一定要掌握。

(1) 获取到托管对象上下文

```
NSManagedObjectContext    *managedObjectContext=[[self    appDelegate]
managedObjectContext];
```

(2) 创建提取请求和实体描述

```
//请求数据,创建 NSFetchRequest 请求
NSFetchRequest *request = [[NSFetchRequest alloc] init];
//创建实体描述
NSEntityDescription *entity = [NSEntityDescription entityForName:
STUDENT inManagedObjectContext:managedObjectContext];
[request setEntity:entity];
```

NSFetchRequest 类负责提取请求,先创建一个实例 request。NSEntityDescription 是实体描述类,我们根据实体的名字和上下文创建一个 NSEntityDescription 实例对象,然

后把实体的描述告诉提取请求 request，这样 request 就知道了实体长什么样子。

（3）提取数据

```
//执行提取数据，如果操作成功，会返回一个数组
NSError *error = nil;
NSMutableArray *mutableFetchResults = [[managedObjectContext
 executeFetchRequest:request error:&error] mutableCopy];
```

调用托管对象上下文的函数 executeFetchRequest:error:，如果操作成功，会返回一个数组，数组里包含符合条件的数据。如果返回 nil，那表明提取数据的过程发生了错误。

（4）保存数据

```
self.studentArray=mutableFetchResults;
```

由于其他地方还要使用取得的数据，把数据交给成员变量 studentArray 保存。

### 4．数据显示

接下来要把数据显示在程序界面上，StudentList.m 中已经生成了 UITableView 的代理方法和数据源方法，稍做修改就可以了，代码如下：

```
#pragma mark - Table view data source

- (NSInteger)numberOfSectionsInTableView:(UITableView *)tableView
{
    return 1;                              //返回1个分组
}

- (NSInteger)tableView:(UITableView *)tableView numberOfRowsInSection:
(NSInteger)section
{
    return [studentArray count];           //数组的个数就是表的行数
}

- (UITableViewCell *)tableView:(UITableView *)tableView cellFor
RowAtIndexPath:(NSIndexPath *)indexPath
{
    static NSString *CellIdentifier = @"Cell";
    //修改单元格样式，显示两个标签
    UITableViewCell *cell = [tableView dequeueReusableCell
    WithIdentifier:CellIdentifier];
    if (cell == nil) {
        cell = [[[UITableViewCell alloc] initWithStyle:
        UITableViewCellStyleSubtitle       reuseIdentifier:CellIdentifier]
autorelease];
    }
    //获取托管对象，转化为 Student 实体
    Student *entity = (Student *)[studentArray objectAtIndex:indexPath.row];
```

```objc
        cell.textLabel.text = entity.name;                    //显示姓名
            cell.detailTextLabel.text=entity.schoolname;  //显示学校名称

    return cell;
}
```

单元格的类型设置为 UITableViewCellStyleSubtitle，textLabel 显示学生的姓名，detailTextLabel 显示学校名。学生的信息当然不止这两个，读者可以自定制单元格样式，显示更多的数据，这并不是本章重点关注的内容，所以不再谈论。

### 5. 数据保存

前面说过，数据保存工作全部交由 StudentDetail 类处理。接下来在程序中增加进入 StudentDetail 视图的入口，修改 StudentList.m：

```objc
- (void)viewDidLoad
{
    [super viewDidLoad];

    self.navigationItem.title = @"学生列表";              //设置导航条标题
    //视图每次出现时，保存单元格上一次的选择状态
    self.clearsSelectionOnViewWillAppear = NO;

    //在导航条右侧添加按钮
    UIBarButtonItem *addButton = [[UIBarButtonItem alloc] initWithBarButtonSystemItem
        :UIBarButtonSystemItemAdd target:self action:@selector(addEvent)];
    self.navigationItem.rightBarButtonItem = addButton;
    [addButton release];
}

-(void)addEvent
{
    //初始化 StudentDetail 类
    StudentDetail *detail=[[StudentDetail alloc]
                        initWithNibName:@"StudentDetail" bundle:nil];
    //跳转到 StudentDetail 视图
    [self.navigationController pushViewController:detail animated:YES];
    [detail release];
}
```

在 StudentList 的导航条上添加一个按钮，按钮的样式采用系统自带的加号，设置单击事件 addEvent。addEvent 里创建了一个 StudentDetail 实例，利用导航控制器的压栈使程序跳转到 StudentDetail 界面。

接下来设计 StudentDetail 界面，打开 StudentDetail.xib，界面布局如图 12.29 所示。界面和前面的程序基本一致，需要注意的是，学校名称的录入采用了 Picker 控件，

上面会显示有限的学校让用户选择，这种交互方式更符合实际情况。右击 Picker 控件，在弹出的 Outlets 菜单中，把 dataSource 和 delegate 连接到 File's Owner，如图 12.30 所示。

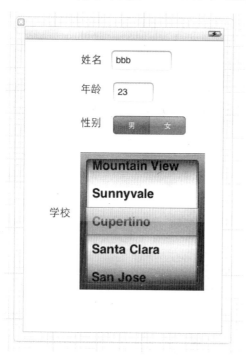

图 12.29  StudentDetail 界面布局

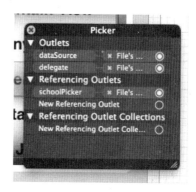

图 12.30  StudentDetail 需要实现 Picker 的 dataSource 和 delegate

打开 StudentDetail.h，修改代码如下：

```
#import <UIKit/UIKit.h>
//实现选择器的代理和数据源
@interface  StudentDetail  :  UIViewController<UIPickerViewDataSource,
UIPickerViewDelegate>
{
    IBOutlet UITextField *nameField;            //姓名输入框
    IBOutlet UITextField *ageField;             //年龄输入框
    IBOutlet UISegmentedControl *sexSeg;        //性别分段控件
    IBOutlet UIPickerView *schoolPicker;        //学校选择器

    NSArray *schools;                           //学校数组
}
@property(retain,nonatomic) NSArray *schools;
@end
```

打开 StudentDetail.m，实现 UIPickerViewDataSource 和 UIPickerViewDelegate 的必要方法，代码如下：

```
#import "StudentDetail.h"
#import "AppDelegate.h"                         //引入头文件
#import "Student.h"
```

```objc
@implementation StudentDetail
@synthesize schools;                        //属性选择器

-(void)dealloc{
    [nameField release];                    //释放输出口
    [ageField release];
    [sexSeg release];
    [schoolPicker release];
    [schools release];
    [super dealloc];
}

-(void)touchesBegan:(NSSet *)touches withEvent:(UIEvent *)event{
    [nameField resignFirstResponder];       //收起键盘
    [ageField resignFirstResponder];
}

#pragma mark - UIPickerViewDataSource
- (NSInteger)numberOfComponentsInPickerView:(UIPickerView *)pickerView
{
    return 1;                               //返回一个滚轮
}

- (NSInteger)pickerView:(UIPickerView *)pickerView
                    numberOfRowsInComponent:(NSInteger)component{
    return [schools count];                 //滚轮行数为学校数组的元素个数
}
#pragma mark - UIPickerViewDelegate
-(NSString*)pickerView:(UIPickerView *)pickerView titleForRow:
(NSInteger)row
                    forComponent:(NSInteger)component{
    return [schools objectAtIndex:row];     //滚轮每行的标题与学校数组中元素相对应
}

#pragma mark - View lifecycle

- (void)viewDidLoad
{
    [super viewDidLoad];
    //初始化学校数组
    self.schools=[NSArray arrayWithObjects:@"人大附中",@"北京四中",@"北师大实验中学",@"北京二中", nil];
}
```

现在 Picker 包含了一个滚轮，显示 4 所学校，这样用户只能在这 4 所学校里选择。接下来实现数据的保存，代码结构和数据读取都是一致的，具体代码如下：

```objc
- (AppDelegate *)appDelegate
{
    //返回应用程序委托
```

```objc
    return (AppDelegate *)[[UIApplication sharedApplication] delegate];
}

-(void)viewWillDisappear:(BOOL)animated{
    [super viewWillDisappear:animated];

    NSString *name=[nameField text];                          //姓名
    int age      =[[ageField text] intValue];                 //年龄
    if (name==nil || age<10) {
        return;
    }
    BOOL sex =[sexSeg selectedSegmentIndex]==0?YES:NO;//性别

    //获取应用程序代理中的上下文
    NSManagedObjectContext *managedObjectContext=[[self appDelegate]
                                                  managedObjectContext];
    //根据实体描述，创建一个新的 Student 实例
    Student*student=(Student*)[NSEntityDescription
                        insertNewObjectForEntityForName:STUDENT
                        inManagedObjectContext:managedObjectContext];
    //封装姓名、年龄、性别、学校名称到实体中
    student.name=name;
    student.age =[NSNumber numberWithInt:age];
    student.sex =[NSNumber numberWithBool:sex];
    student.schoolname= [schools objectAtIndex:
                        [schoolPicker selectedRowInComponent:0]];
    NSError *error = nil;
    //保存当前修改，即保存数据
    if (![managedObjectContext save:&error]) {
        NSLog(@"err=%@", [error localizedDescription]);
    }else{
        //操作成功，弹出提示
        UIAlertView *alert=[[UIAlertView alloc] initWithTitle:@"恭喜"
                                  message:@"数据保存成功！" delegate:nil
                          cancelButtonTitle:@"确定" otherButtonTitles:nil];
        [alert show];
        [alert release];
    }
}
```

我们把数据的保存写在了 viewWillDisappear:里。当程序从 StudentDetail 返回到前一界面时，会先调用 StudentDetail 的 viewWillDisappear:，等 StudentList 的界面显示在程序中后，再调用 StudentList 的 viewWillAppear:。在 StudentDetail 界面即将消失的瞬间，StudentDetail 类还没有被销毁，内存中数据也都在。接下来分析下数据是如何保存的，大致分为三步：

（1）获取托管对象上下文：

```objc
NSManagedObjectContext *managedObjectContext=[[self appDelegate]
managedObjectContext];
```

这一步必不可少的，NSManagedObjectContext 对象是所有操作的基础。

（2）创建 Student 实例：

```
Student *student = (Student *)[NSEntityDescription
insertNewObjectForEntityForName:STUDENT inManagedObjectContext:
managedObjectContext];
```

接着把用户录入的姓名、年龄等信息保存到 student 中。

（3）通知上下文保存数据：

```
[managedObjectContext save:&error]
```

如果返回 YES，说明数据已经被成功保存到持久层了。

### 6．运行程序

运行程序，初始状态下界面没有任何数据，单击"+"按钮，输入信息，要注意性别和学校都有默认值，年龄和名字一定要保证输入数据。输入完成后，返回上一级，程序弹出提示框，说明保存已经成功，如图 12.31 所示。

图 12.31　数据保存成功

## 12.6.5　增加数据删除

程序已经实现了最初设想的效果，即使重新运行程序，保存过的数据也正常的显示在主界面上。接下来我们把程序完善，能添加学生信息的同时，也可以删除指定的学生记录。

### 1. 添加NSManagedObject的删除

打开 StudentList.m，首先添加一个编辑按钮，代码如下：

```
- (void)viewDidLoad
{
    [super viewDidLoad];
    self.navigationItem.title = @"学生列表";
    self.clearsSelectionOnViewWillAppear = NO;

    //导航条左侧添加编辑按钮，采用系统提供的按钮与样式
    self.navigationItem.leftBarButtonItem = self.editButtonItem;

    //在导航条右侧添加按钮，设置事件响应
    UIBarButtonItem *addButton = [[UIBarButtonItem alloc] initWithBarButtonSystemItem:
                                  UIBarButtonSystemItemAdd target:self
                                  action:@selector(addEvent)];
    self.navigationItem.rightBarButtonItem = addButton;
    [addButton release];
}
```

UIViewController 提供了快速进入编辑模式的方法，直接把 UIViewController 自带的 editButtonItem 变量添加到导航条上，单击按钮，程序就会自动实现表视图编辑状态和普通状态的切换。我们现在只需要重写 tableView: commitEditingStyle: forRowAtIndexPath: 就可以了，代码如下：

```
- (void)tableView:(UITableView *)tableView
        commitEditingStyle:(UITableViewCellEditingStyle)editingStyle
        forRowAtIndexPath:(NSIndexPath *)indexPath {

    if (editingStyle == UITableViewCellEditingStyleDelete) {

        //获取托管对象上下文
        NSManagedObjectContext *managedObjectContext=
                        [[self appDelegate] managedObjectContext];
        //删除指定的托管对象
        NSManagedObject *deleteObject = [studentArray objectAtIndex:
        indexPath.row];
        [managedObjectContext deleteObject:deleteObject];

        [studentArray removeObjectAtIndex:indexPath.row]; //从数组删掉该元素
        //从表视图删掉该行
        [tableView deleteRowsAtIndexPaths:
             [NSArray arrayWithObject:indexPath] withRowAnimation:YES];

        NSError *error;
        //保存当前修改，即删除操作
        if (![managedObjectContext save:&error]) {
```

```
        NSLog(@"删除操作失败");
    }
  }
}
```

当表视图处于编辑状态时，每一行前面都会出现一个红色删除小按钮，当执行删除操作时，tableView: commitEditingStyle: forRowAtIndexPath 代理方法就会被调用，这些知识我们在前面的章节里已经学习过了。下面具体分析数据是如何删除的。

首先根据 indexPath 获取数组中对应的 NSManagedObject 实例：

```
NSManagedObject *deleteObject = [studentArray objectAtIndex:
indexPath.row];
```

然后通知上下文删除该对象：

```
[managedObjectContext deleteObject:deleteObject];
```

接下来把数组中的数据、表视图中的对应行都删除，最后一定不要忘记通知上下文保存修改，否则数据不会从持久层删除。

### 2. 运行程序

编译程序，成功后运行程序，多添加几条学生数据。单击 Edit 按钮进入编辑模式，触发第 2 数据"小黄"的 Delete 按钮，如图 12.32 所示。

单击 Delete 按钮，这时"小黄"消失了，重新运行程序，主界面只有"小明"和"小红"，如图 12.33 所示，数据删除成功！

图 12.32　表视图进入编辑状态　　图 12.33　与"小黄"相关的数据已经从持久层删除了

至此为止，关于 Core Data 的学习就结束了。Core Data 相比其他三种持久性储存方式，涉及到的类更多，需要做的前期工作也较大。不过大部分的类我们并不需要深究，只要学会如何使用就可以。对于简单的应用程序，用 Core Data 开发显然不占优势，不过在复杂的程序中，Core Data 可以大大缩减设计与编写数据模型花费的工作量。

## 12.7 小　　结

本章介绍了四种在程序中保存持久性数据的方法。我们在第一个示例程序中使用了属性列表来保存相关信息，然后又进一步地采用了归档来储存自定义类的数据。我们学习了如何在 iPhone 中使用数据库 SQLite 3，最后学习了如何使用 Core Data。读者只要掌握了这四种方法，在以后开发程序的过程中处理数据持久性问题，基本都不会有问题。

## 12.8 习　　题

【简答题】
1. iOS 数据存储采用什么机制？
2. 序列化必须保证类实现__协议？
3. 打开 SQLite 数据库使用哪个方法？
4. 简述 NSManagedObjectContext 的作用。

【实践题】
扩展 CoreDataDemo 应用程序，增加一个 Entity，内容为学生的语文、数学等科目成绩或名次，使用 Relationship 将两个 Entity 关联起来。

# 第 13 章 GCD 与后台处理进程

连续按两下 Home 键，iPhone 的整个 Home 界面会上移，下方就会出现所有运行在后台的程序，用户可以自由切换到某个程序。例如，在上网时突然意识到还有一个重要的电子邮件没发，那么可以单击 Home 键，将浏览器程序退到后台，然后去发邮件，完成以后，重新回到浏览器，此时浏览器还保存着刚才未阅读完的页面，而不用重新输入网址。

可惜苹果对后台运行处理得太谨慎了，它都不允许真正意义上的后台运行，到目前为止只有部分功能是开放的。关于其具体情形本章会详细的讨论。本章还会为读者讲解 iOS 如何处理后台程序，进一步深入研究应用程序的生命周期，以及学习如何处理几种重要的状态。读者还会学到一套全新的程序开发机制——GCD。通过它可以很好地实现任务的切分。学习完 GCD，会为读者介绍线程的概念，并通过代码实现线程的控制。

本章主要涉及到的知识点如下所示。
- GCD：了解 GCD，学习如何使用 Block。
- 线程：掌握线程的使用方法。
- 应用运行状态：了解应用程序的各个运行状态。
- 后台处理进程：详细了解 iOS 后台运行机制，以及如何在程序中处理。

注意：处理后台进程时，我们会用到 GCD 来编码。所以本章先讲解 GCD 和线程，把后台处理部分放在最后。

## 13.1 进程与线程的概念

在正式学习 GCD 前，我们先一起来了解几个概念。
- 任务（Task）：任务指的是当前需要处理的一项工作。
- 线程（Thread）：线程是程序执行流的最小单元。它是程序中一个单一的顺序控制流程，在单个程序中可以同时运行多个线程，分别完成不同的工作，这就形成了多线程。
- 进程（Process）：进程可以认为是当前正在运行的程序，它通常由多个线程组成。

现在几乎所有的智能手机操作系统都支持多线程，谁也不希望自己在玩手机游戏时，发现不能暂停游戏去回复一条重要的短信。不仅仅是操作系统，嵌入在其中的应用程序也支持这种机制。例如，用手机看在线视频，这些流媒体文件往往都是边看边播，数据缓冲和播放同时进行。所以，开发者在设计自己的代码时，也要多多考虑到并发执行任务的情况。

iPhone 开发中，多线程开发的工具主要有三种，NSThread、NSOperation 和 GCD，这三种方式里 GCD 最具有优势。下面就一起来解开 GCD 神秘的面纱！

> **注意**：NSThread 属于线程，本章的后面会介绍。NSOperation 就不再介绍了，读者有兴趣可以查看具体文档。

## 13.2　什么是 GCD

GCD（Grand Central Dispatch）提供了一种新的方法来进行并发程序编写，可以说 GCD 是一套底层 API。GCD 可以将一个复杂的任务切分为多个单一小任务，然后提交至工作队列来并发地或者串行地执行。它的工作类似于 Cocoa 框架中的 NSOpertionQueue（操作队列），不过 GCD 要更加高效。

GCD 的 API 很大程度上基于 Block，Block 又是什么？接下来了解下 Block 的概念。

### 13.2.1　Block 特性

Block 是从 iOS 4 开始，系统引入的新特性。它是对 C 语言的扩展，用来实现匿名函数。Block 可以作为函数参数或者函数的返回值，而其本身又可以输入参数或返回值。它和传统的函数指针很类似，但可以把 Block 当对象对待。接下来根据几段简单的代码来了解下 Block。

#### 1. 充当变量

```
int (^myBlock) (int a,int b) = ^(int a,int b){
    return a+b;
};
```

^操作符声明一个 Block 变量，在代码中看到它，就说明 Block 开始了。在上面的例子中，定义了一个 Block，它的名字叫 myBlock，包含两个整形参数——a 和 b。然后我们就可以直接使用 myBlock 了，例如：

```
int c= myBlock(11,22);
```

c 的结果是多少，相信读者都可以猜的出来，把 11 和 22 相加，然后返回 33。看到了吗？Block 使用起来很简单吧。

#### 2. 作用域

Block 内可以访问局部变量，但是不能改变局部变量的值。例如，下面的代码是错误的：

```
int c=23;
int (^myBlock) (int a,int b) = ^(int a,int b){
   c=a+b;
   return c;
};
```

如果要实现此功能，需要在局部变量的前面加__block前缀，正确的代码如下：

```
__block int c=23;
int (^myBlock) (int a,int b) = ^(int a,int b){
   c=a+b;
   return c;
};
```

对于全局变量，Block 内可以自由访问和修改，这点和类内函数是一致的。

### 3．回调函数

在很多框架中，Block 越来越经常的被用作回调函数，取代传统的回调方式。这样做有很大的优势，例如现在要对许多的联系人进行扫描，突然发现需要对联系人"张三"的信息需要做额外的处理，如果采用传统的回调，就需要利用参数的方式，把姓名、头像和电话号码等信息全部传过去，但利用 Block 可以直接访问内部变量，省去了许多麻烦。

> 注意：__block 是两条下划线。

## 13.2.2　Dispatch object 和 Dispatch queue 的概念

相信读者对 Block 已经有了一定的认识，现在继续学习 GCD。下面再学习下 GCD 的两个重要概念——Dispatch object 和 Dispatch queue。

（1）Dispatch object

GCD 对象被称为 Dispatch object。Dispatch object 和其他的 Objective-C 对象一样是采用引用计数机制的，不过它有自己的引用、释放函数。它使用 dispatch_retain 和 dispatch_release 函数来进行内存管理。

（2）Dispatch queue

Dispatch queue 是一个对象，它可以接受任务，并将任务以先到先执行的顺序来执行。dispatch queue 可以是并发的或串行的。并发任务会基于系统负载来合适地并发进行，串行队列同一时间只执行单一任务。

GCD 有以下三种队列类型：

- Main queue：主队列和主线程（Main Thread）功能相同。实际上，提交至主队列的任务会在主线程中执行。Main queue 可以调用 dispatch_get_main_queue 来获得，主要负责 UI 相关的工作。
- Global queues：全局队列是并发队列，一次可以运行多个任务，分为高、中（默认）和低三个优先级队列。调用 dispatch_get_global_queue 函数传入优先级来访问队列。

- Private queue：用户队列，通过 dispatch_queue_create 函数创建。这些队列是串行的，一次只能运行一个任务。

工作的时候，往队列里扔一个 Block，调用 dispatch_async 函数，就可以开始异步队列。当队列的次序轮到这个 Block 时，程序会执行里面的代码，例如：

```
dispatch_async(dispatch_get_global_queue(DISPATCH_QUEUE_PRIORITY_DEFAULT, 0), ^{
    [self getUserInfoFromInternet];
    //开始异步队列
    dispatch_async(dispatch_get_main_queue(), ^{
        [userField setText:@"张三"];                      //执行与界面有关的操作
        [companyField setText:@"苹果（中国）"];
        [phoneField setStringValue:@"010-11334112"];
    });
});
```

在 dispatch_async 里传递一个全局队列和 Block，全局队列的优先级是默认的。通俗的讲，dispatch_async 是通知开始干活了，第 1 个参数队列是指定谁来干，第 2 个参数 Block 具体交付的任务。dispatch_async 是不阻塞的，直接返回。下面看看 Block 里做的工作，首先通过网络获取用户信息：

```
[self getUserInfoFromInternet];
```

信息可能包含用户姓名、工作单位和手机号等信息，获取完后，接着去更新界面，在 iPhone 开发中与 UI 有关的操作必须在主线程中进行，接着在 Block 中再嵌套一个 Block，在主队列里更新界面：

```
//开始异步队列
dispatch_async(dispatch_get_main_queue(), ^{
    [userField setText:@"张三"];                      //执行与界面有关的操作
    [companyField setText:@"苹果（中国）"];
    [phoneField setStringValue:@"010-11334112"];
});
```

注意：GCD 的内存必须手动管理，即使 Xcode 开启自动引用计数，GCD 也不受其控制。

### 13.2.3 创建应用 GCDSupport

下面创建本章的第一个示例程序，这个程序内容非常少，当程序运行时，我们会从网络中下载一张图片，显示在界面上。这其中涉及到 GCD 的使用和串行、并行的概念，读者务必要好好理解。程序分三步完成，步骤如下所示。

(1)创建应用并设计界面;
(2)构建图片加载代码;
(3)运行程序,看看具体效果。

### 1. 创建应用

打开 Xcode,新建 iPhone 工程,选择 Single View Application 模板,把工程命名为"GCDSupport"。工程创建完毕后,开始设计程序界面,打开 ViewController.xib,界面布局如图 13.1 所示。

图 13.1 设计程序界面

按钮的标题设置为"下载",Image View 的 Mode 属性设置为 Aspect Fit。在 Image View 下方有一个标签,设置为"未下载"。接下来,打开 ViewController.h,修改代码如下:

```
#import <UIKit/UIKit.h>

@interface ViewController : UIViewController
@property(retain, nonatomic)IBOutlet UIImageView *imageview;   //图像视图
@property(retain, nonatomic)IBOutlet UILabel *tipLabel;        //提示标签
-(IBAction)download;
@end
```

保存文件,重新打开 ViewController.xib,把变量和对应的控件相互关联,download 函数和"下载"按钮的 Touch Up Inside 事件相关联。

### 2. 实现图片下载

打开 ViewController.m,修改代码如下:

```objc
#import "ViewController.h"

@implementation ViewController
@synthesize imageview,tipLabel;                          //属性访问器

#define KDownloadQueue "KDownloadQueue"                  //自定义队列宏
#define KImgUrl @"http://www.baidu.com/img/baidu_sylogo1.gif"  //图片地址宏
- (void)didReceiveMemoryWarning
{
    [super didReceiveMemoryWarning];
}

-(void)dealloc{
    [tipLabel release];
    [imageview release];
    [super dealloc];
}

-(void)downloadImageFrom:(NSString *)url Completion:(void (^)(void))completion
{
    //创建自定义队列
    dispatch_queue_t downloadQueue = dispatch_queue_create(KDownloadQueue, NULL);
    //为了保证线程安全,用一个局部变量来保存要访问的变量值
    dispatch_async(downloadQueue, ^{
        //下载图片,下载成功返回 NSData 对象
        NSData *imageData = [NSData dataWithContentsOfURL:
                                        [NSURL URLWithString:url]];
        if (imageData) {
            //关于 UI 的更新只能在主线程里进行
            dispatch_async(dispatch_get_main_queue(), ^{
                //把 NSData 对象转化为 UIImage 对象
                UIImage *image=[UIImage imageWithData:imageData];
                self.imageview.image = image;             //显示下载的图片
                //操作结束,在主队列中执行回调
                dispatch_async(dispatch_get_main_queue(), completion);
            });
        }
    });

    dispatch_release(downloadQueue);                      //释放自定义队列
}
-(IBAction)download{
    //当任务完成后,在回调函数里增加提示
    [self downloadImageFrom:KImgUrl Completion:^{
        self.tipLabel.text=@"下载已完成";                  //改变标签内容
    }];
}
```

当用户单击"下载"按钮时,程序开始下载图片,先看下 download 函数里有什么:

```
//当任务完成后，在回调函数里增加提示
[self downloadImageFrom:KImgUrl Completion:^{
    self.tipLabel.text=@"下载已完成";                    //改变标签内容
}];
```

我们调用函数 downloadImageFrom: Completion:，第 1 个参数传递图片的地址，第 2 个参数传递 Block，这个 Block 充当回调函数，当所有工作完成后，会执行里面的代码，把标签内容修改为"下载已完成"。下面重点分析下 downloadImageFrom:Completion: 函数。

（1）新建自定义队列

```
//创建自定义队列
dispatch_queue_t downloadQueue = dispatch_queue_create(KDownloadQueue, NULL);
```

KDownloadQueue 是队列的名称，前面介绍过，自定义队列是串行的，串行队列在同一个时间只执行一个任务，这个队列由开发者手动创建和管理，串行队列有时候是很有必要的。假设现在只有一份系统资源，而所有的队列又不按次序，全部同时去访问或操作该资源，那么非常容易出现意外。

（2）下载图片

dispatch_async 表示开始异步运行任务，然后根据地址获取图片：

```
//下载图片，下载成功返回 NSData 对象
NSData *imageData = [NSData dataWithContentsOfURL:[NSURL URLWithString:url]];
```

如果获取成功，会返回一个 NSData 对象，一般只要图片的地址没问题，都是可以把图片下载下来的。

（3）更新 UI

图片获取成功，下一步就是显示了。不过要在主队列中进行：

```
//关于 UI 的更新只能在主线程里进行
dispatch_async(dispatch_get_main_queue(), ^{
//把 NSData 对象转化为 UIImage 对象
    UIImage *image=[UIImage imageWithData:imageData];
    self.imageview.image = image;                        //显示下载的图片
    //操作结束，在主队列中执行回调
    dispatch_async(dispatch_get_main_queue(), completion);
});
```

调用 dispatch_get_main_queue() 就可以获取主队列，首先把 imageData 转化为 UIImage 对象，然后赋值给 imageview。UI 的更新完成后，调用回调函数，也就是执行 completion。这些操作都是异步的，能有效防止程序阻塞。

（4）释放内存

自定义队列的释放一定要手动处理：

```
dispatch_release(downloadQueue);                         //释放自定义队列
```

### 3. 运行程序

保证编译无误，运行程序，弹出模拟器后初始界面没有显示任何图片，标签也显示为"未下载"，如图 13.2 所示。

单击"下载"按钮，程序开始下载图片，成功后界面会显示图片，而且标签也变为"下载已完成"，如图 13.3 所示。

图 13.2　程序初始界面　　　　　　　图 13.3　图片下载成功而且也正确的显示

> 注意：iOS 系统的许多 API 都用到了 GCD，例如 UIView Animation 和 Core Animation 这类与界面相关的动画，使用 GCD 能让 UI 过渡平滑自然。而且错误处理、通知处理和数组元素排序等都支持 GCD。

## 13.3　线程（NSThread）

线程（NSThread）虽然不如 GCD 在多核设备（iPhone 4S 和 iPhone 5 等）效率高，不过在 iPhone 开发中使用频率也是很高的。稍微麻烦的是，我们需要自己管理线程的生命周期，线程的优点就是它很易学，对于初学者而言上手很快。下面介绍下如何创建、同步线程并加锁以及如何修改程序 UI（与主线程交互）。

## 13.3.1 创建线程

创建线程有两种方式：一种是实例方法，另一种是 class 方法。

（1）实例方法

```
NSThread*thread = [[NSThread alloc] initWithTarget:self
                        selector:@selector(work) object:nil];
[thread start];
```

（2）class 方法

```
[NSThread    detachNewThreadSelector:@selector(work)    toTarget:self
withObject:nil];
```

这两个函数大部分的传参都是一致的，target 参数表示 selector 消息发送的对象，也就是那个类来执行 selector，第 2 个参数 selector 表示线程执行的方法，这个 selector 最多只能有一个参数，而且不能有返回值。argument 是扔到 target 里的参数，如果没有就传递 nil。

接着来看这两种方式的区别，通过初始化的方式创建线程后，必须调用 start 函数，才能启动线程。第 2 种方式会立即创建一个线程并执行 selector 方法。

## 13.3.2 同步与加锁

关于这个问题，几乎没有比火车售票更好的例子了。每近春运，全国各地返乡的人们都在通过各种方式购票，去火车站售票厅，或者网上购票，如此庞大的流量同时去访问一个系统，如果不处理同步和加锁问题，极易造成数据混乱。例如，现在有一个 Tickets 类，包含两个线程，代码如下：

```
@interface Tickets : NSObject
{
    NSThread* thread1;        //线程1
    NSThread* thread2;        //线程2
    NSCondition* condition;   //锁
    int totalAmounts;         //总票数
    int soldAmounts;          //已卖出票数
}
-(void)work;
@end
```

使用 NSCondition 类实现线程之间的同步，下面在 Tickets.m 里模拟卖票：

```
#import "Tickets.h"

@implementation Tickets
-(id)init{
    self=[super init];
```

```objc
        totalAmounts =100;                    //假设有100张票
        soldAmounts=0;
        return self;
}
-(void)dealloc{
    [thread1 release];
    [thread2 release];
    [condition release];
}
-(void)work{
    NSLog(@"work");
    condition = [[NSCondition alloc] init]; //初始化锁对象
    //初始化线程1
    thread1 = [[NSThread alloc] initWithTarget:self selector:@selector
    (sellTicket) object:nil];
    [thread1 setName:@"thread1"];            //设置线程名称
    [thread1 start];                          //开始执行线程1

    //初始化线程2
    thread2 = [[NSThread alloc] initWithTarget:self selector:@selector
    (sellTicket) object:nil];
    [thread2 setName:@"thread2"];            //设置线程名称
    [thread2 start];                          //开始执行线程2
}

-(void)sellTicket{
    NSLog(@"sellTicket");
    //通过循环，模拟买票情景
    while (1) {
        [condition lock];                    //上锁
        //还有票没卖完，继续买票
        if(totalAmounts - soldAmounts > 0){
            //线程暂停0.5秒，模拟用户买票情景
            [NSThread sleepForTimeInterval:0.5];
            soldAmounts +=1;                 //模拟已经买到一张票
            //打印当前购票结果
            NSLog(@"【线程:%@】剩余%d张票,已售出%d张",[[NSThread currentThread]
            name],
                  totalAmounts-soldAmounts,soldAmounts);
        }
        //所有票全都卖完，跳出循环
        else{
            break;
        }
        [condition unlock];                  //解锁
    }
}

@end
```

现在分析下"售票"是如何实现的。

（1）初始化线程

首先初始化锁对象 condition，然后初始化两个线程，并调用 start 函数开启线程，这两个线程就会同时去执行 sellTicket 函数，就像同时去买票一样。为了方便查看当前是哪个线程正在"买票"，为线程设置上名称。

（2）执行线程函数

sellTicket 里开启了一个循环，循环里判断是否还有票，如果有就买一张，然后继续循环。当余票为 0 的时候，跳出循环，结束购票。thread1 和 thread2 都会去执行 sellTicket 函数，所以都会循环购票。我们在每次购票的时候都加上锁：

```
[condition lock];                    //上锁
```

例如，线程 1 正在操作 soldAmounts 变量时，线程 2 就会等待，能有效防止数据紊乱，线程 1 结束当前循环后，立即解锁，线程 2 就开始工作了。接下来就轮到线程 1 等待了，如此反复，直到票全部卖完。

```
[condition unlock];                  //解锁
```

为了模拟用户买票，线程在每次循环时都会暂停 0.5 秒：

```
[NSThread sleepForTimeInterval:0.5];
```

（3）打印结果

如果运行 Tickets 类，可以看到购票结果如图 13.4 所示，两个线程有条不紊依次购票，直到所有票卖完。

```
Test[10001:4c03]  【线程：thread1】剩余7张票,已售出93张
Test[10001:5103]  【线程：thread2】剩余6张票,已售出94张
Test[10001:4c03]  【线程：thread1】剩余5张票,已售出95张
Test[10001:5103]  【线程：thread2】剩余4张票,已售出96张
Test[10001:4c03]  【线程：thread1】剩余3张票,已售出97张
Test[10001:5103]  【线程：thread2】剩余2张票,已售出98张
Test[10001:4c03]  【线程：thread1】剩余1张票,已售出99张
Test[10001:5103]  【线程：thread2】剩余0张票,已售出100张
```

图 13.4 在控制台打印出购票结果

## 13.3.3 与主线程交互

和 GCD 一样，如果需要线程工作完后更新 UI，那一定要回到主线程中去执行操作，代码如下：

```
[self    performSelectorOnMainThread:@selector(fresh)    withObject:nil
waitUntilDone:NO];
```

第 1 个参数就是执行刷新工作的函数，第 2 个参数是 fresh 的形参，可以传递 nil，最后一个参数传递 NO，表示程序不会阻塞等待。

## 13.4 后台处理进程（Background Processing）

虽然现在 iPhone 支持多任务，但遗憾的是，大部分的程序进入后台后都不会真正的运行。当它们进入到后台以后，基本都会停止运行，苹果为了防止消耗过多的电流和系统资源，中止了它们的线程。回到刚才的场景，重新打开浏览器后，虽然浏览器一切正常，但是它在进入到后台时已经不工作了，可以说，后台只是保留着程序的记录而已。那么程序进入到后台后是否还能执行任务呢？首先，再回顾下 iPhone 应用的生命周期。

> **注意**：系统版本为 iOS 4 之前 iPhone 设备不支持后台运行，不过有的设备即使安装了 iOS 4 操作系统，也不支持后台运行，如 iPhone 3G。

### 13.4.1 应用的生命周期

iPhone 应用程序是由主函数 main 启动，打开工程 Supporting Files 目录，可以看到 main.m 文件，其代码如下：

```
int main(int argc, char *argv[])
{
   NSAutoreleasePool *pool = [[NSAutoreleasePool alloc] init];
   int retVal = UIApplicationMain(argc, argv, nil, nil);
   [pool release];
   return retVal;
}
```

UIApplicationMain 函数是程序构建的核心，它有四个参数。argc 和 argv 这两个参数来自于 main 函数；另外两个参数分别表示程序的主要类（principal class）和代理类（delegate class），这两个参数都传递 nil，系统就会默认选择 UIApplication 作为主要类，代理类也自动生成。读者不要修改 main 函数的代码，只要了解怎么回事就可以了。

调用函数 UIApplicationMain 后，系统主要做了以下几件事。

（1）初始化 UIApplication 类

UIApplication 类控制整个应用程序的运行，它负责分发事件消息到目标对象，管理以及控制视图。在程序中可以通过以下代码获取 UIApplication 实例：

```
UIApplication *application=[UIApplication sharedApplication];
```

（2）初始化应用程序委托（AppDelegate）

应用程序委托需要替 UIApplication 完成许多的工作，UIApplication 类就像个将军，AppDelegate 则像是一个听其号令的士兵，当发生系统事件，例如程序退到后台，或者有电话打入时，AppDelegate 会去响应。

（3）启动主事件循环，开始接收事件

这都是 UIApplication 类对象做的工作，究竟是如何实现的，读者不需要太关心，从开发者的角度出发，AppDelegate 更重要。应用程序委托提供许多的接口函数，基本涵盖了所有的系统事件，当应用程序状态发生改变时，只要重载这些接口函数分别处理就可以了。

如果要把上面的概述总结起来，完全可以用流程图 13.5 来表示。左侧是 UIKit 框架，也就是程序运行的基本环境，User taps on Application Icon（用户单击应用图标），执行 main 函数，这和上面讲述的是一致的，图中有箭头指引，让读者对整个流程更加清晰。图片右侧列举了应用程序在不同运行状态下触发的 AppDelegate 接口，这是一部分。接下来，我们就去系统地学习下应用程序的状态接口。

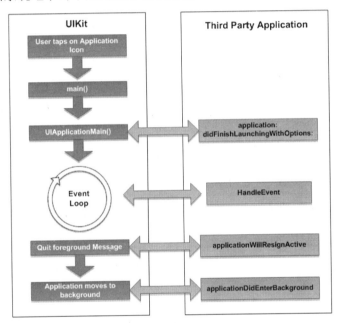

图 13.5　应用程序的生命周期

> **说明**：如果应用程序运行在 iOS 4.0 之前的环境中，那么其生命周期和上面介绍的还有很大差别。不过现在 iOS 最新版本都已经发布到 6，苹果也基本放弃了对 4.0 之前版本的技术支持，所以可以不考虑。

### 13.4.2　应用状态改变时对应的接口

在应用程序委托里，可以获取几乎所有的状态接口，这些接口都是系统写好的，用到哪个重写哪个就可以了，方便开发者控制程序的行为。

（1）主动启动

```
- (void)applicationDidFinishLaunching:(UIApplication *)application;
```

应用程序主动启动完毕后会调用这个函数，例如在 Home 界面，单击应用程序图标打开程序。

（2）其他方式启动

```
- (BOOL)application:(UIApplication*)application
 didFinishLaunchingWithOptions:(NSDictionary *)launchOptions;
```

这个函数和上面的一样，都表示程序已经启动完毕，不同的是，当通过其他方法打开应用程序时，会调用这个函数。例如，在通知中心单击推送消息后打开程序，或者从别的程序中跳转打开程序。

（3）程序关闭

```
- (void)applicationWillTerminate:(UIApplication *)application;
```

应用程序将在关闭退出，可以做一些清理工作。

（4）内存警告

```
- (void)applicationDidReceiveMemoryWarning:(UIApplication *)application;
```

如果这个函数被调用，说明应用程序收到了为来自系统的内存不足警告。

（5）打开 URL

```
- (BOOL)application:(UIApplication *)application handleOpenURL:(NSURL *)url;
```

当从程序中打开指定的 url，此函数会被调用。

（6）控制状态栏方位变化

```
-(void)application:(UIApplication*)application
          willChangeStatusBarOrientation:(UIInterfaceOrientation)
          newStatusBarOrientation duration:(NSTimeInterval)duration;
```

状态条方向将要发生改变，一般就是设备方向将要发生改变。

（7）进入非活动状态

```
- (void)applicationWillResignActive:(UIApplication *)application;
```

通知委托应用程序将进入非活动状态。在此期间，应用程序不接收消息或事件。

（8）进入活动状态

```
-(void)applicationDidBecomeActive:(UIApplication *)application;
```

通知委托应用程序进入活动状态。

（9）进入后台

```
- (void)applicationDidEnterBackground:(UIApplication *)application;
```

应用程序进入到后台时调用，单击 Home 键返回到 Home 界面时，程序自动进入到后台。

（10）返回前台

```
- (void)applicationWillEnterForeground:(UIApplication *)application;
```

这个和上面进入后台的函数正好相反，当程序从后台重新返回前台时，调用此函数。

应用程序代理中接口还有很多，比较常用的就是上面这些。如果读者还想了解更多，可以打开 UIApplication.h，里面有一个 UIApplicationDelegate 协议，协议里包含了所有的接口。

### 13.4.3　详细介绍应用的各种运行状态

到现在为止，读者应该对基本的应用程序状态接口有了一定的了解。下面来具体探讨下一个 iPhone 应用程序究竟有哪些状态。

- 未运行：Not Running，程序虽然已经安装在设备上，但是用户还没有去运行它。
- 不活跃：Inactive，例如刚刚打开了应用，还没来得及去操作它，手机就突然响起了电话铃声（进入了来电状态）。
- 活跃：Active，应用程序在前台运行而且在与用户进行正常交互，这是最正常的一个状态。
- 后台：Backgroud，程序此时还是能执行代码的，进入到后台后，大多数程序会在这个状态上停留一会，过了一段时间之后，程序就会进入挂起状态。
- 挂起：Suspended，程序已经不能执行任何代码。系统会自动把程序进入到这个状态而且不会发出通知。挂起时，程序还是停留在内存中的，当系统内存较低时，系统就把挂起的程序结束掉，为其他程序提供更多的内存。

下面通过一个流程图来总结下程序的各种运行状态以及相关变化，如图 13.6 所示。

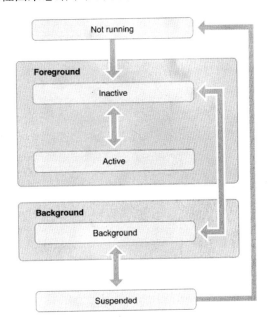

图 13.6　程序的各种运行状态变化

熟悉这些状态对于开发者来说非常重要，一个好的应用并不只是简单地实现功能，我们需要针对各种"意外"、状态加以处理。接下来，就研究下如何处理 Inactive 状态。

⚠️**注意**：如果设备当前的内存即将耗尽，系统也会去强制退出应用程序。

### 13.4.4 处理 Inactive 状态

什么情况下程序会进入到 Inactive 状态呢？例如，正在玩某些游戏程序时有电话打进来，这也是可以理解的，毕竟手机打电话才是最基本、最重要的功能，不管正在运行什么程序，优先级也不可能超过来电。按下电源键，把手机锁屏，程序也会进入 Inactive 状态。

还有一种情况，程序有了一条通知消息，在 iOS 5 之前，通知都是以警告框的形式弹出在手机屏幕上，这样会使程序进入到 Inactive 状态。不过从 iOS 5 开始，可以通过设置让通知显示在状态栏上，如果拉下状态栏，程序会变成 Inactive 状态，把状态栏放回去，程序就恢复为 Active 状态，如图 13.7 所示。

图 13.7　打开通知中心程序也会进入到 Inactive 状态

那程序要如何处理 Inactive 状态呢？这就好比一个人正在全神贯注的工作，突然收到通知需要出去开一个紧急会议，他首先要暂停手中进行的工作，然后做下简单整理。等会议结束，再回来继续自己未完的工作。对程序来说，它需要做以下几件事情。

❑ 停止定时器和其他周期性的任务：如果程序中有正在运行的定时器，那么让定时器暂停。
❑ 停止正在运行的请求：例如正在与网络后台交互数据，那么需要把请求结束。
❑ 暂停视频的播放：这个很好理解，暂停正在播放的视频，等状态恢复继续播放。
❑ 暂停游戏：对于游戏，一定要进入暂停状态，目前 iOS 平台优秀的游戏应用，

- 都会在程序发生"意外"时迅速暂停。
- 挂起任何分发的队列和不重要的操作队列：程序如果有正在执行队列任务，不管是串行还是并行，都应该挂起，暂停操作。
- 减少 OpenGL ES 的帧率：OpenGL ES 是一套处理三维图形的 API 集合，降低帧率，防止内存无谓消耗。

等程序重新回到 Active 状态，程序所有已终止或暂停的事情恢复工作，该干嘛干嘛。定时器继续计时，视频继续播放，队列继续执行。下面来看看程序进入后台该如何处理，这是本章的一个重点。

## 13.4.5 处理 Background 状态

程序进入后台后，我们有大约 5 秒的时间来执行代码，时间一过，程序就会进入到挂起状态（Suspended），那么在这 5 秒钟内，要做哪些工作呢？

- 保存数据：保存用户数据或状态信息，但不能保存到内存中，应该保存到磁盘中。

具体方法可以参照上一章。

- 释放的内存：程序应该尽可能释放些不需要的内存，读者也许会问，程序都进入后台了，还需要释放内存吗？iOS 系统不会随便剥夺后台运行程序的内存，但是如果出现内存不足的情况，系统会先保证前台运行的程序内存足够，那些在后台占用内存较大的程序会被中止。

处理的工作应该写在 applicationDidEnterBackground:里，如果某个任务需要更长的执行时间，可以调用 beginBackgroundTaskWithExpirationHandle 方法，这个方法会去请求后台运行时间和启动线程。

并不是说所有的任务进入到后台后都不能执行，iOS 支持以下几种服务。

### 1. 后台播放音乐

打开工程的 Supporting Files 目录，修改 Info.plist，添加一个新的节点，类型选择 Required background modes，有的 Xcode 版本对应的是 UIBackgroundModes，这两者都是一致的。该字段的值是应用支持的所有后台模式，是 Array 类型，添加子节点 App plays audio，如图 13.8 所示，这样程序就支持后台播放音乐了。

| Main nib file base name | | String | MainWindow |
| ▼ Required background modes | ○ ⊖ | Array | (1 item) |
| Item 0 | | String | App plays audio |

图 13.8　修改 Info.plist，使应用支持后台播放音乐

还需要在程序中设置 Audio Sesstion，代码如下：

```
AVAudioSession *session = [AVAudioSession sharedInstance];
[session setActive:YES error:nil];
```

```
[session setCategory:AVAudioSessionCategoryPlayback error:nil];
```

### 2. 后台GPS跟踪

若要支持后台 GPS 跟踪，需要在 Info.plist 文件中 UIBackgroundModes 字段对应的数组中增加 App registers for location updates，如图 13.9 所示。开启 GPS 跟踪后电池消耗会比较快，所以程序可以适当降低位置精度，以延长待机时间。

```
Main nib file base name              String    MainWindow
▼ Required background modes          Array     (2 items)
    Item 0                           String    App plays audio
    Item 1                           String    App registers for location updates
```

图 13.9　增加节点 App registers for location updates，使应用支持后台 GPS 跟踪

### 3. 后台VoIP支持

VoIP 是一种 IP 电话技术，VoIP 应用需要和服务器保持长连接，为了让这类应用能正常工作，需要在 Info.plist 文件中 UIBackgroundModes 字段对应的数组中增加"App provides Voice over IP services"，如图 13.10 所示。

```
▼ Required background modes          Array     (3 items)
    Item 0                           String    App plays audio
    Item 1                           String    App registers for location updates
    Item 2                           String    App provides Voice over IP services
```

图 13.10　增加节点 App provides Voice over IP services，后台支持 VoIP 技术

除了后台播放音乐、GPS 跟踪和 VoIP 支持三种服务外，iOS 系统还提供了两种途径使应用程序在后台工作。

### 4. Task completion

向系统申请额外的时间去完成指定的任务，毕竟某些任务确实需要较长的时间来完成。例如文件的下载/上传，一般做法是调用 beginBackgroundTaskWithExpirationHandler: 函数，具体代码如下：

```
-(void)applicationDidEnterBackground{
    //得到当前应用程序的 UIApplication 对象
    UIApplication *app = [UIApplication sharedApplication];

    UIBackgroundTaskIdentifier taskID;              //一个后台任务标识符
    taskID = [app beginBackgroundTaskWithExpirationHandler:^{
        [app endBackgroundTask:taskID]; //程序即将停止运行，此时必须结束任务
    }];
    //系统已经没有足够的时间，不允许执行后台任务了
    if (taskID == UIBackgroundTaskInvalid) {
        NSLog(@"无法运行后台任务");
        return;
    }
```

```
//开始执行后台任务
dispatch_async(dispatch_get_global_queue(DISPATCH_QUEUE_PRIORITY
_DEFAULT,
    0), ^{
        //接下来做具体的工作，完成后结束后台任务
        [app endBackgroundTask:bgTask];
});
}
```

后台任务请求完毕后都会返回一个唯一的标识符，类型为 **UIBackgroundTaskIdentifier**。任务请求也不是每次都可以请求成功，即使请求成功后，也不能无限制的执行代码，最多只是延长时间而已，程序要尽可能的在这两种情形发生前把该做的事情做完，然后终止任务。

接着，我们创建了一个异步全局队列，具体的任务在 Block 里执行：

```
dispatch_async(dispatch_get_global_queue(DISPATCH_QUEUE_PRIORITY_DEFAULT,
    0), ^{
        //接下来做具体的工作，完成后结束后台任务
        [app endBackgroundTask:bgTask];
});
```

### 5. Local notifications

预约时间发出本地提醒，用于基于时间行为的通知，例如闹钟或者代办事项。在早期的 iOS 版本中，本地提醒的样式和警告框一模一样，不过从 iOS 5.0 开始，本地提醒可以显示在通知中心里。使用本地通知需要创建 **UILocalNotification** 类，它为开发者提供了许多配置参数，例如 fireDate 是具体触发时间，timeZone 是询问提醒是否要根据时区的改变而变，以及是否重复提醒等。接下来，我们就创建一个与本地通知有关的示例程序。

> 注意：某些应用程序涉及到下载，可以申请延长至 10 分钟，超时后，程序会被系统关闭。

## 13.5 创建 LocalAlert 程序

程序非常的简单，甚至都不需要什么界面。下面我们分四步完成本节应用程序，步骤如下所示。

（1）新建工程；
（2）添加提醒功能和定时器；
（3）处理程序离开前台后的状态；
（4）运行程序进行后台测试。

### 13.5.1 新建工程

打开 Xcode,新建 iOS 工程,选择 Single View Application,工程命名为"LocalAlert"。工程创建完毕后,打开 ViewController.xib,在界面上放置一个静态标签,文本内容设置为"本地提醒已开启,请 10 秒内退出程序",布局如图 13.11 所示。

图 13.11　程序界面只有一个静态文本

打开 ViewController.h,修改代码如下所示:

```
#import <UIKit/UIKit.h>

@interface ViewController : UIViewController
{
    NSTimer *timer;                                          //定时器
    int timeCount;
}
@property(retain, nonatomic) IBOutlet UILabel *label; //声明一个显示标签
-(void)pauseCount;
@end
```

程序中会用到定时器(NSTimer),用于不断刷新界面显示剩余时间,把 label 和标签控件关联起来。

### 13.5.2　开启定时器和本地提醒

打开 ViewController.m,修改 viewDidLoad 函数,开启定时器,倒计时 6 秒,然后

初始化一个本地提醒，10 秒钟后执行，具体代码如下：

```objc
#import "ViewController.h"
#import "AppDelegate.h"
@implementation ViewController
@synthesize label;

-(void)dealloc{
    [label release];                                    //释放内存
    [super dealloc];
}

#pragma mark - View lifecycle

- (void)viewDidLoad
{
    [super viewDidLoad];

    //获取当前应用程序的 UIApplication 对象
    UIApplication *app = [UIApplication sharedApplication];
    //获取所有待执行的本地通知
    NSArray *oldNotifications = [app scheduledLocalNotifications];

    //程序当前有未执行的本地通知，把它们全部清除
    if ([oldNotifications count]>0) {
        [app cancelAllLocalNotifications];
    }

    timeCount=6;                                        //一共计时 6 秒
    //初始化计时器,间隔时间为 1 秒
    timer=[NSTimer scheduledTimerWithTimeInterval:1 target:self
                   selector:@selector(fresh) userInfo:nil repeats:YES];
    [timer fire];                                       //开始计时

    //创建一个新的本地通知
    UILocalNotification *alarm = [[UILocalNotification alloc] init];
    if (alarm) {
        //通知的触发时间为当前时间 10 秒钟后
        alarm.fireDate = [NSDate dateWithTimeIntervalSinceNow:10];
        //采用默认时区，及时更换手机时区，依然按原定时间执行本地通知
        alarm.timeZone = [NSTimeZone defaultTimeZone];
        alarm.repeatInterval = 0;                       //不重复
        alarm.soundName = @"default";                   //默认铃声
        alarm.alertBody = [NSString stringWithFormat:@"收到本地通知"];
        [app scheduleLocalNotification:alarm];          //开始执行本地通知
        [alarm release];                                //释放内存
    }
}

-(void)fresh{
    timeCount--;
```

```objc
    if(timeCount>0){
        //刷新界面
        label.text=[NSString stringWithFormat:@"本地提醒已开启，请%d 秒内
        退出程序",
                   timeCount];}
    else{
        //倒计时 6 秒钟已到，关闭计数器，然后退出程序
        [timer invalidate];
        [self performSelector:@selector(exitApplication)];
    }
}

- (void)exitApplication {
    [UIView animateWithDuration:0.5
                     animations:^{
                         //增加一个动画效果
                         AppDelegate *delegate=[[UIApplication
                         sharedApplication]
                                               delegate];
                         //让程序窗口消失
                         delegate.window.bounds = CGRectMake(0, 0, 0, 0);
                     }
                     completion:^(BOOL finished){
                         //动画结束后，退出程序
                         exit(0);
                     }];
}
```

下面来看看都做了哪些工作。

### 1. 清除所有未执行通知

首先获取当前应用程序的 UIApplication 对象：

```objc
//获取当前应用程序的 UIApplication 对象
UIApplication *app = [UIApplication sharedApplication];
```

然后调用 scheduledLocalNotifications 函数，如果有未执行的本地通知，那么返回一个数组：

```objc
//获取所有待执行的本地通知
NSArray *oldNotifications = [app scheduledLocalNotifications];
```

接着判断下数组里是否有元素，如果有，调用 cancelAllLocalNotifications 函数，将它们全部清除：

```objc
//程序当前有未执行的本地通知，把它们全部清除
if ([oldNotifications count]>0) {
    [app cancelAllLocalNotifications];
}
```

## 2. 开启新通知

初始化一个 UILocalNotification 对象：

```
//创建一个新的本地通知
UILocalNotification *alarm = [[UILocalNotification alloc] init];
```

然后，设置触发时间，具体时间为代码执行时刻的 10 秒后：

```
//通知的触发时间为当前时间10秒钟后
alarm.fireDate = [NSDate dateWithTimeIntervalSinceNow:10];
```

接下来分别设置时区、重复间隔、提醒声音和内容：

```
//采用默认时区，及时更换手机时区，依然按原定时间执行本地通知
alarm.timeZone = [NSTimeZone defaultTimeZone];
alarm.repeatInterval = 0;                              //不重复
alarm.soundName = @"default";                          //默认铃声
alarm.alertBody = [NSString stringWithFormat:@"收到本地通知"];
 [app scheduleLocalNotification:alarm];                //开始执行本地通知
```

这些基本属性设置完后，添加消息到系统计划表：

```
[app scheduleLocalNotification:alarm];
```

## 3. 开启定时器

```
//初始化计时器,间隔时间为1秒
timer=[NSTimer scheduledTimerWithTimeInterval:1 target:self
                selector:@selector(fresh) userInfo:nil repeats:YES];
[timer fire];
```

定时器每隔 1 秒就会调用 fresh 函数。fresh 里首先把 timeCount 的值减 1，然后根据 timeCount 值判断计时是否结束，如果没有结束，就把剩余的时间显示在界面上：

```
label.text=[NSString stringWithFormat:@"本地提醒已开启，请%d秒内退出程序",
                timeCount];
```

如果计时结束，关闭计时器，然后退出程序：

```
//倒计时6秒钟已到，关闭计数器，然后退出程序
[timer invalidate];
[self performSelector:@selector(exitApplication)];
```

## 4. 退出应用程序

苹果没有为开发者提供官方的退出方式，某些私有 API 可以实现退出程序的效果，不过在提交至 AppStore 审核时，基本都是通不过的。所以我们调用 exit(0) 来结束程序，这是一个 C 函数。执行 exit(0) 后，程序会直接回到 Home 界面，看起来就像发生了崩溃

异常一样，因此，退出时配合一个 UIView 动画，exitApplication 函数代码如下：

```
[UIView animateWithDuration:0.5
        animations:^{
          //增加一个动画效果
          AppDelegate *delegate=[[UIApplication sharedApplication]
          delegate];
          //让程序窗口消失
          delegate.window.bounds = CGRectMake(0, 0, 0, 0);
        }
        completion:^(BOOL finished){
          //动画结束后，退出程序
          exit(0);
}];
```

### 13.5.3　处理 Inactive 和后台状态

程序从运行到结束需要 6 秒钟，虽然这 6 秒并不枯燥，但我们完全可以不等待程序自己进入后台。在程序运行后，手动按下 Home 键，让程序进入后台，需要注意的是，程序里用到了定时器。接下来就增加程序在 Inactive 和后台状态下的处理，在 exitApplication 上面，增加 pauseCount 函数，代码如下：

```
-(void)pauseCount{
    if (timer.isValid) {
        [timer invalidate];                              //暂停计时器
    }
}
```

打开 AppDelegate.m，修改以下两个接口：

```
- (void)applicationWillResignActive:(UIApplication *)application
{
    [self.viewController pauseCount];//应用程序进入 Inactive 状态，关闭计时器
}

- (void)applicationDidEnterBackground:(UIApplication *)application
{
    [self.viewController pauseCount];      //应用程序进入后台，关闭计时器
}
```

### 13.5.4　运行程序进行后台测试

现在编译程序，保证没有错误后，开始运行程序，模拟器弹出程序界面后就开始计时，如图 13.12 所示。

单击 Home 键，把程序退到后台，耐心等待几秒钟后模拟器弹出本地提醒框，如图 13.13 所示。

第 13 章　GCD 与后台处理进程

图 13.12　程序运行起来后，就开始计时　　　图 13.13　程序收到本地通知

本地通知提醒框默认有两个按钮，单击左侧 Close 按钮后会关闭提醒框，如果单击 View 按钮，会重新打开应用程序。

## 13.6　小　　结

通过本章地学习，读者现在应该已经掌握 GCD 编程的方式，GCD 在多核环境下效率很高，硬件多核是未来的趋势，所以 GCD 在以后的代码编写中会用的越来越多。还学习了多线程，以及如何使用线程进行同步或者交互。最后重点学习了 iPhone 应用程序在不同状态下的处理，讨论了后台运行的机制。

下一章会学习触屏和手势的内容，iPhone 开创了智能手机触摸屏的时代，像我们熟悉的 iPhone 利用滑动解锁和手指捏合放大图片，这都是很神奇的效果，一起去体验吧！

## 13.7　习　　题

【简答题】

1. iOS 系统的应用程序退入到后台后都将继续执行，这句话是否正确呢？

2．系统最多给予一个后台程序多长时间来完成任务？
3．简述 UILocalNotification 与 UIAlertView 的区别？

【实践题】
1．编写一行代码，初始化一个线程。
2．编写一个闹钟程序，利用本地提醒功能。

# 第 14 章　触屏和手势

iPhone 4 和 4S 的屏幕尺寸都是 3.5 英寸，像素分辨率为 960×640。而 iPhone 5 的屏幕扩大为 4 英寸，分辨率更是高达 1136×640。虽然设备尺寸越来越大，不过 iPhone 机身正面依然只有一个 Home 键，iOS 设备的基础理念是使用多点触控直接操作，基本上所有的交互操作都通过多点触摸技术完成。例如轻点手指就可以拨打电话、拍照录像和输入短信等。

iOS 是最早支持多点触摸的操作系统，其设备屏幕非常注重触摸（touch）和手势（gesture），这也就是苹果产品拥有如此优秀用户体验的原因。它能检测到当前有多少根手指落在屏幕上，并能跟踪它们在哪里，是否在移动，做了哪些手势。例如滑动解锁时，屏幕能检测到手指按在了解锁按钮上，然后解锁按钮会随着手指的移动而移动，直到滑动到了某个位置，屏幕解锁，如图 14.1 所示。

图 14.1　滑动手指解锁屏幕

还有利用滑动快速删除短信，只要在短信对应的行上轻扫，行的右侧就会出现一个

Delete 按钮，单击此按钮就可以了，关于这一点，本书在前面的章节学习 UITableView 的时候就介绍过。除了滑动手势，在浏览照片时，我们经常用两只手指捏合、扩大来缩小和放大照片。iPhone 上可以实现的手势还很多，从 iOS 5 开始，用户甚至可以自定义手势。本章将会介绍多触摸的底层知识，还会通过程序掌握如何检测手势，并利用手势实现某些操作。最后会学习如何检测自定义手势，读者要好好掌握。

本章主要涉及到的知识点如下所示。

- ❏ 手势的体系结构：了解响应者链和响应事件。
- ❏ 多触摸方法：学习四种多触摸方法。
- ❏ UIGestureRecognizer：掌握 UIGestureRecognizer 子类实现手势的检测。
- ❏ 自定义手势：学习如何在程序中检测自定义手势。
- ❏ 绘制图形：了解 Quartz 2D 基本知识，学习绘制手势轨迹。

注意：许多在日常生活中习惯的行为手势都可以运用在 iPhone 中。

## 14.1 多触摸（Multitouch）的概念

首先了解两个基本的概念——手势和触摸。手势（Gesture）是指当一个手指或者多个手指开始点触屏幕开始，直到手指离开手机屏幕之间发生的所有事件。苹果规定，无论这个过程耗时多长，只要还有手指停留在屏幕上，就处于某个手势之中，除非发生意外情况。通过手势，屏幕可以感应到用户在执行什么动作。通过手势，用户在 iPhone 清晰精致的屏幕上可以实现许多令人惊叹的效果，例如翻页看书和缩放图片等。

触摸（Touch）是指手指放在屏幕上，手势中设计的触摸数量就是屏幕上的手指数量。手指可以实现类似于鼠标的单击、双击、长按和拖曳等动作。当手指触摸屏幕，然后迅速将手指抬起，这时候一个轻击动作（Tap）就产生了，系统会自动跟踪轻击的数量，不管轻击了几次，都可以轻松判断出来。

iPad 上已经可以支持四指操作。例如，四指向上滑动可以显示后台运行的程序；四指向左滑动可以向左切换已打开的程序；四指向右滑动则可以向右切换已打开的程序；在程序打开的情况下，四指捏合可以关闭当前程序。

注意：iOS 系统只计算一个手指时的轻击动作。如果多个手指同时轻击屏幕，iOS 系统会认为轻击次数只有一次。

## 14.2 响应者链

当我们在屏幕上完成某个手势后，系统是怎么获取的呢？首先要知道手势是在事件（Event）之内传递到系统的，然后事件会传递到响应者链（Responder chain）。现在我们就讲解下响应者链的原理。

读者应该对响应者（Responder）这个名词有印象，因为本书在前面许多的章节里都已经介绍过。响应者就是响应事件并对其进行处理的对象，而第一响应者（First Responder）就是首先负责接收事件的响应者对象，第一响应者是响应者链的开始。它就像一所大楼的传达室，快递员送邮件过来了，他第一个签收，然后把邮件再送达到某个部门或个人（其他响应者）。

### 14.2.1 响应者对象

UIResponder 是所有响应者对象的基类，它不仅处理事件，而且也为常见的响应者行为定义编程接口。UIApplication、UIView 和所有从 UIView 派生出来的 UIKit 类（包括 UIWindow）都直接或间接地继承自 UIResponder 类。UIView 继承自 UIResponder，UIControl 继承自 UIView。

第一响应者往往首当其冲的和用户进行交互，它通常是一个 UIView 对象。例如，按钮和输入框，UIWindow 对象以消息的形式将事件发送给第一响应者，使其有机会首先处理事件。如果第一响应者没有进行处理，系统就将事件（通过消息）传递给响应者链中的下一个响应者（Next Responder），看看它是否可以进行处理。这个理论和刚才的例子联系起来就非常好理解了，假设有一个非常重要的邮件，传达室的工作人员无法确定是否签收，只好打电话给收货人，由他来亲自处理。

### 14.2.2 转发事件，保持响应的传递连续性

用户对屏幕（人机交互）的所有操作都可称为事件，当用户手指触击屏幕及在屏幕上移动时，系统会不断把事件对象（UIEvent）发送给应用程序。事件包括用户点击、触摸和手势识别等。

当手指划过一张照片时，照片会随着手指的位置变更屏幕中心点，其内部实现机制我们不得而知，姑且可以认为是展现图像的视图接收轻扫手势，该视图实现了和触摸事件相关的某些方法。当用户轻扫图片时，视图就能检测这个事件，一旦发现这个手势就采取相关的操作，事件也就不用再往下传递了。

下面介绍下响应者链处理事件的几个原则。

- 第一位处理：第一响应者收到用户的动作后，事件或动作消息会传递给它的 UIView 或 UIViewController。
- 传递处理：如果一个 UIView 或者 UIViewController 不能处理这个事件或动作消息，它将传递给视图的父视图，如果依然不能处理，那么会沿着视图层次结构继续前进，传递给后续的父视图。
- UIWindow 处理：如果最顶层的视图也不能处理这个事件或动作消息，那就传递给 UIWindow 对象来处理。
- UIApplication 处理：如果 UIWindow 对象也不能处理，就传递给应用程序对象 UIApplication。到最后发现应用程序对象也不能处理这个事件或动作消息，系统会抛弃不处理。

关于事件在响应者链中传递的顺序，如图 14.2 所示，从 View 开始，到 UIApplication 结束。

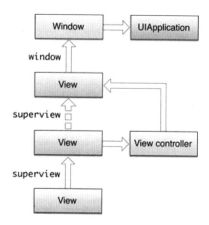

图 14.2　事件在响应者链中传递的顺序

> 注意：响应者链中的所有响应者对象都可以实现 UIResponder 的事件处理方法，当然可以选择不处理，交由上一级处理。

## 14.3　多触摸的架构

现在，读者已经对响应者链有了一定的了解，接下来看下手势究竟是如何处理的。手势沿着响应者链传递，并且嵌入在事件中。一般需要把代码嵌入在 UIView 的子类，也可以把代码嵌入在 UIViewController 中。

初学者经常会搞不清事件处理代码究竟该放在 UIView 里还是 UIViewController 中。一般来说，如果视图需要根据用户的触摸来对自己执行某些操作，那么代码应该写在视图下。例如控件类（UISlider），UISlider 希望通过触摸来打开或者关闭自身，所以和 UISlider 相关的处理手势代码是写在类里的。但是某些手势会对许多对象产生影响，例如单击编辑按钮让表视图进入到编辑状态，然后删除表格，触摸某一行就决定了这一行要被删除，这个操作的代码就应该写在 UIViewController 里。

> 注意：无论代码写在 UIViewController 还是 UIView 下，这两种情况响应触摸和手势的方式不会有任何区别。

## 14.4　4 个触摸通知方法

要对触摸事件作出处理，一般需要重写 UIResponder 类中定义的事件处理函数，一共有 4 个函数，系统根据不同的触摸状态通知响应者当前的触摸情况，然后再从程序里会调用对应的函数，接下来分别介绍它们。

## 14.4.1 触摸开始

当用户开始触摸屏幕时，系统会调用 touchBegan:withEvent:方法，如果要获取触摸的某些信息，需要在 UIView 或 UIViewController 中实现该方法。这个方法我们已经用过许多次，不过实现的内容都很简单，只是简单的关闭系统键盘，没有涉及到更多与触摸有关的内容。关于该方法的示例代码如下：

```objc
- (void)touchesBegan:(NSSet *)touches withEvent:(UIEvent *)event {
    [super touchesBegan:touches withEvent:event];

    NSInteger numTouchs=[touches count];         //获得触摸对象的数量
    UITouch *touch = [touches anyObject];        //获取任意一个触摸对象
    NSInteger numTaps=[touch tapCount];          //获得触摸对象的点击数量

    CGPoint point = [touch locationInView:self.view]; //触摸对象的位置
}
```

观察 touchBegan:withEvent:方法，它包含两个参数：NSSet 类型的 touches 和 UIEvent 类型的 event。其中 touches 表示触摸产生的所有 UITouch 对象，而 event 表示特定的事件。

（1）获取手指数量

UITouch 就是触摸对象，一个 UITouch 对象表示一个手指正在触摸屏幕，touches 中元素的个数就是当前按压屏幕的手指数量：

```objc
NSInteger numTouchs=[touches count];         //获得触摸对象的数量
```

（2）获取轻击数量

如果该触摸是一系列轻击的一部分，则可以通过任意的 UITouch 对象查询轻击数量：

```objc
NSInteger numTaps=[touch tapCount];          //获得触摸对象的点击数量
```

如果 numTouchs 不为 1，也就是说如果多个手指在触摸屏幕，那么 numTaps（点击数量）必为 1，因为只有用一只手指来轻击屏幕时，系统才保留轻击计数。

（3）获取手指位置

每个手指落在屏幕上都有各自的位置，可以通过 UITouch 对象来查询特定手指的位置：

```objc
CGPoint point = [touch locationInView:self.view]; //触摸对象的位置
```

CGPoint 里有基于 self.view 的坐标点。

> 注意：触摸点位置是一个相对位置，具体位置依靠作为参照的视图。

## 14.4.2 触摸滑动

当手指滑过屏幕时，可以通过 touchesMoved:withEvent:事件捕获通知。只要手指在滑动，这个方法就会被调用，示例代码如下：

```
- (void)touchesMoved:(NSSet *)touches withEvent:(UIEvent *)event
{
    UITouch *touch = [[event allTouches] anyObject];    //获取任意一个触摸对象
    CGPoint location = [touch locationInView:self];     //获取当前触摸点的位置
    CGPoint previousLocation = [touch previousLocationInView:self];
                                                        //获取上一个触摸点的位置
    if(CGRectContainsPoint(rect, location)){            //触摸点是否位于某一区域
        [self doSomething];
    }
}
```

（1）获取触摸对象和当前位置

同样可以获取到当前的触摸对象和位置：

```
UITouch *touch = [[event allTouches] anyObject];    //获取任意一个触摸对象
CGPoint location = [touch locationInView:self];     //获取当前触摸点的位置
```

（2）获取上次触摸位置

因为此时手指是在不断移动的，所以还能获取上一次触摸的位置：

```
CGPoint previousLocation = [touch previousLocationInView:self];
                                                    //获取上一个触摸点的位置
```

（3）判断位置

如果触摸点已经移动到 rect 这个区域内，则调用某个函数：

```
if(CGRectContainsPoint(rect, location)){            //触摸点是否位于某一区域
    [self doSomething];
}
```

## 14.4.3 触摸结束

当一个或多个手指离开屏幕时，发送 touchesEnded:withEvent:消息，示例代码如下：

```
- (void)touchesEnded:(NSSet*)touches withEvent:(UIEvent*)event
{
    UITouch *touch = [touches anyObject];
    if ([touch tapCount] == 2) {                        //判断轻击次数为两次
        CGPoint location = [theTouch locationInView:self];  //触摸点位置
        if(CGRectContainsPoint(rect, location)){    //触摸点是否位于某一区域

            [self doSomething];
```

```
    }
  }
}
```

**（1）判断是否为双击**

假设在双击屏幕后需要执行某个操作，先检测触摸点数量：

```
UITouch *touch = [touches anyObject];
if ([touch tapCount] == 2){}                         //判断轻击次数为两次
```

**（2）判断位置**

判断当前触摸点是否已经位于 rect 区域内，如果符合条件，调用 doSomething 函数：

```
CGPoint location = [theTouch locationInView:self];   //触摸点位置
if(CGRectContainsPoint(rect, location)){             //触摸点是否位于某一区域
   [self doSomething];
}
```

### 14.4.4 触摸中断

当发生某些事件（如电话呼入）致使手势中断，会调用 touchesCancelled:withEvent: 函数。在这里可以做某些清理工作，以便可以重新开始一个新手势，如果这个方法被调用，那么对于当前手势，touchesEnded:withEvent:将不会被调用，示例代码如下：

```
-(void)touchesCancelled:(NSSet *)touches withEvent:(UIEvent *)event
{
   label.text=@"暂停中";
}
```

当触摸中断时，为一个 label 标签赋值"暂停中"，开发者应根据特定情景具体写 touchesCancelled:withEvent:中的代码。

> **注意：** 这 4 个事件方法，在开发过程中并不要求全部实现，开发者可以根据需要选择性重写。

## 14.5 TouchDect 应用程序

接下来，我们将创建一个应用程序，程序的目的是检测某些触摸动作，同时显示在界面上。整个程序不复杂，分三步完成，步骤如下：

（1）创建工程并设计界面；
（2）实现 4 个与触摸相关的响应方法；
（3）运行程序，在模拟器上做某些触摸动作查看效果。

### 14.5.1 创建程序

打开 Xcode，新建 iPhone 工程，选择 Single View Application，工程命名为

"TouchDect"。工程创建完成后,打开 ViewController.xib,在界面上堆放几个标签,布局如图 14.3 所示。

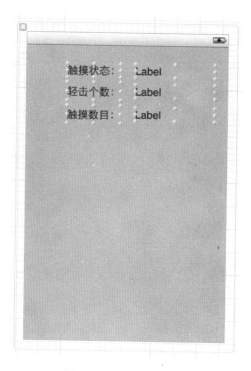

图 14.3 设计程序界面

在 View 上放置了 6 个标签,左边 3 个标签作为静态文本显示,右边 3 个会在程序执行过程中动态显示。"触摸状态"右侧的标签用来显示当前触摸的状态,即最后是哪个触摸方法被调用;"轻击个数"右侧的标签用来显示轻击个数;"触摸数目"右侧的标签显示当前屏幕上的触摸数量。打开 ViewController.h,添加 3 个 IBOutlet 和一个方法声明:

```
@interface ViewController : UIViewController
{
    UILabel     *stateLabel;                //状态标签
    UILabel     *tapsLabel;                 //轻击次数标签
    UILabel     *touchesLabel;              //触摸个数标签
}
@property (nonatomic, retain) IBOutlet UILabel *stateLabel;
@property (nonatomic, retain) IBOutlet UILabel *tapsLabel;
@property (nonatomic, retain) IBOutlet UILabel *touchesLabel;
- (void)updateFromTouches:(NSSet *)touches;
@end
```

接着,打开 ViewController.xib。把 stateLabel 和"触摸状态"右侧的标签关联,tapsLabel 和"轻击个数"右侧的标签关联,touchesLabel 和"触摸数目"右侧的标签关联。

## 14.5.2 实现触摸检测

打开 ViewController.m，添加触摸方法的实现，代码如下：

```objc
#import "ViewController.h"

@implementation ViewController
@synthesize stateLabel;                    //属性访问器
@synthesize tapsLabel;
@synthesize touchesLabel;

-(void)dealloc{
    [stateLabel release];                  //释放内存
    [tapsLabel release];
    [touchesLabel release];
    [super dealloc];
}

#pragma mark -
- (void)touchesBegan:(NSSet *)touches withEvent:(UIEvent *)event {
    stateLabel.text = @"触摸开始";         //更新触摸状态
    [self updateFromTouches:touches];      //更新轻击次数和触摸数量
}
- (void)touchesCancelled:(NSSet *)touches withEvent:(UIEvent *)event{
    stateLabel.text = @"触摸取消";         //更新触摸状态
    [self updateFromTouches:touches];      //更新轻击次数和触摸数量
}
- (void)touchesEnded:(NSSet *)touches withEvent:(UIEvent *)event {
    stateLabel.text = @"触摸结束";         //更新触摸状态
    [self updateFromTouches:touches];      //更新轻击次数和触摸数量
}
- (void)touchesMoved:(NSSet *)touches withEvent:(UIEvent *)event {
    stateLabel.text = @"触摸滑动";         //更新触摸状态
    [self updateFromTouches:touches];      //更新轻击次数和触摸数量
}

- (void)updateFromTouches:(NSSet *)touches{
    //获取轻击次数
    NSUInteger numTaps = [[touches anyObject] tapCount];
    NSString *tapShow= [[NSString alloc]
                        initWithFormat:@"您轻击了%d 次", numTaps];
    tapsLabel.text = tapShow;              //把轻击次数的信息展现在界面上
    [tapShow release];

    NSUInteger numTouches = [touches count];//获取触摸对象的数量
    NSString *touchMsg = [[NSString alloc] initWithFormat:
                          @"检测到%d 触摸点", numTouches];
    touchesLabel.text = touchMsg;          //把触摸数量的信息展现在界面上
```

```
    [touchMsg release];
}
```

在 ViewController.m 做的操作很简单。首先实现了前面介绍过的 4 个与触摸有关的方法，每个方法里实现的内容基本一致，例如开始触摸后：

（1）更新触摸状态

```
stateLabel.text = @"触摸开始";                //更新触摸状态
[self updateFromTouches:touches];             //更新轻击次数和触摸数量
```

当系统检测到用户触摸屏幕后，立即更新界面，设置 stateLabel，让用户知道自己当前正处于哪种触摸状态，接着调用 updateFromTouches:更新 tapsLabel 和 touchesLabel 这两个标签。

（2）获取了轻击次数，更新对应标签

```
NSUInteger numTaps = [[touches anyObject] tapCount];
NSString *tapShow= [[NSString alloc] initWithFormat:@"您轻击了%d 次", numTaps];
tapsLabel.text = tapShow;                    //把轻击次数的信息展现在界面上
[tapShow release];
```

（3）获取了触摸对象的数量，更新标签

```
NSUInteger numTouches = [touches count];//获取触摸对象的数量
NSString *touchMsg = [[NSString alloc] initWithFormat:@"检测到%d 触摸点", numTouches];
touchesLabel.text = touchMsg;                //把触摸数量的信息展现在界面上
[touchMsg release];
```

### 14.5.3 运行程序

编译并运行程序，因为我们是在模拟器里运行程序，所以可以用鼠标单击屏幕来模拟手指触摸动作。例如单击屏幕，在鼠标按下还未弹起时，模拟器会检测到触摸开始动作，如图 14.4 所示。

好了，松开手指，这时候系统认为触摸已经结束了，同时界面也发生了相应变化，如图 14.5 所示。

读者还可以尝试连续按下鼠标和移动鼠标，模拟器都能非常精准地捕获到触摸动作，并迅速地把轻击次数和状态显示出来。如果想要模拟两个手指触摸屏幕，可以用鼠标单击并拖动时按下 option 键，这时候屏幕上会出现两个小圆圈，只要滑动鼠标，就可以模拟手指捏合动作，此时屏幕检测到两个触摸点，如图 14.6 所示。

如果再按下 Shift 键，也就是鼠标左键、option 键和 Shift 键同时按下，两个手指彼此之间的位置将被锁定，此时滑动鼠标可以模拟轻扫或其他两个手指的操作。通过本程序，读者应该对触摸和手势有了一个最直观的认识。接下来我们会更深入学习手势在 iOS 中的应用。

图 14.4 触摸开始

图 14.5 触摸结束　　　　　　　　图 14.6 模仿两个手指捏合

> 注意：模拟器上不能在模拟 3 个手指或 3 个手指以上的手势了，必须在真机上运行。

## 14.6 手势识别

在 iOS 4 以前，手势的识别完全由开发人员负责，一般都是实现 4 个与触摸有关的方法，就像 TouchDect 程序那样，通过触摸点数量和位置等判断用户究竟做了什么手势，这往往需要进行非常复杂的数学运算。不过从 iOS 4 开始，开发者就不用再为这个问题纠结了，因为苹果在 SDK 中提供了一个全新的类——UIGestureRecognizer，它的出现让各种手势的识别变得非常简单。下面先来了解下 UIGestureRecognizer 类。

### 14.6.1 UIGestureRecognizer 类

UIGestureRecognizer 是一个抽象类，定义了所有手势的基本行为，它包含一系列子类，每个子类都用于识别指定的手势，其子类主要有以下几种。

❑ UITapGestureRecognizer：轻击手势，可以判断单击、双击动作。
❑ UIPinchGestureRecognizer：捏合手势，缩放视图或改变某些视图控件大小时会用到该手势。
❑ UIPanGestureRecognizer：平移手势，该手势可以识别拖曳和移动动作。
❑ UISwipeGestureRecognizer：轻扫手势，当用户从屏幕上划过时识别为该手势，可以指定该动作的方向。平移是慢速动作，而轻扫是快速动作。
❑ UIRotationGestureRecognizer：转动手势，如果用户两指在屏幕上做相对环形运动，利用该手势可以识别出来。
❑ UILongPressGestureRecognizer：长按手势，手指触摸屏幕并保持一定时间。

那这些手势方法怎么使用呢？接下来修改 TouchDect 程序，在视图控制器中添加 UITapGestureRecognizer，并检测单击和双击动作。

### 14.6.2 轻击手势检测

为了保存原始代码，我们不直接在 TouchDect 上修改，而把整个工程目录复制出一个备份，重命名为"TapGesture"，然后把备份作为一个新的工程处理。下面分三步讲解如何使用 UITapGestureRecognizer，步骤如下：

（1）修改程序的界面，界面上增加一个图像视图；
（2）在程序里添加 UITapGestureRecognizer；
（3）运行程序，在模拟器做轻击手势检验效果。

**1. 修改程序界面**

打开 TapGesture 工程，当然工程快捷方式名还是 TouchDect.xcodeproj。从随书附带光盘里找到名为"1.png"和"2.png"的两个素材图片，然后添加到工程里，记住要复制到工程下,勾选 Copy items into destination group's folder(if needed)复选框,如图 14.7 所示。

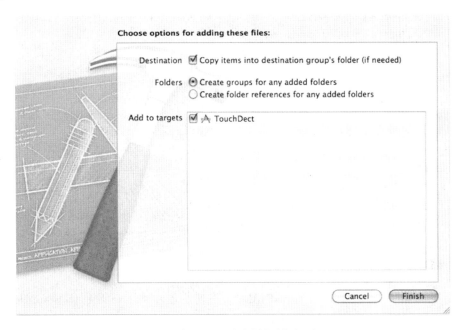

图 14.7 把两张图片素材复制到工程下

光盘打开 ViewController.xib,仅保留显示触摸状态的标签(和 stateLabel 关联的),其余全部删掉,从 Library 库里拖出一个 Image View 到 View 上,Image View 的宽和高设置分别为 128,如图 14.8 所示。

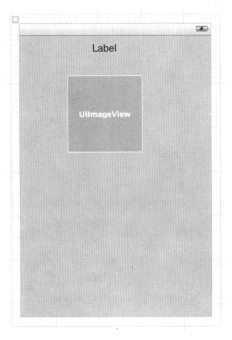

图 14.8 程序界面上保留一个标签,并添加一个 Image View

打开 ViewController.h，修改代码如下：

```objectivec
@interface ViewController : UIViewController {
    UIImageView *imageview;                      //图像视图
    UITapGestureRecognizer *tapSingle;           //单击手势识别
    UITapGestureRecognizer *tapDouble;           //双击手势识别
    UILabel *stateLabel;
}
@property (nonatomic, retain) IBOutlet UIImageView *imageview;
@property (nonatomic, retain) UITapGestureRecognizer *tapSingle;
@property (nonatomic, retain) UITapGestureRecognizer *tapDouble;
@property (nonatomic, retain) IBOutlet UILabel *stateLabel;
@end
```

在头文件里添加了两个 UITapGestureRecognizer 对象，分别检测单击和双击手势。打开 ViewController.xib，把 imageview 和 Image View 关联，保证 stateLabel 和唯一的标签关联。

### 2. 添加UITapGestureRecognizer

打开 ViewController.m，在 viewDidLoad 里初始化并添加 tapSingle 和 tapDouble 手势检测，代码如下：

```objectivec
@implementation ViewController
@synthesize imageview;                           //属性访问器
@synthesize tapSingle,tapDouble,stateLabel;

- (void)dealloc {
    [imageview release];                         //释放内存
    [tapSingle release];
    [tapDouble release];
    [stateLabel release];
    [super dealloc];
}

- (void)viewDidLoad{
    [super viewDidLoad];
    //初始化单击、双击手势识别器
    tapSingle = [[UITapGestureRecognizer alloc] initWithTarget:self action:
    @selector(tap:)];
    tapDouble=[[UITapGestureRecognizer alloc] initWithTarget:self action:
    @selector(tap:)];
    tapDouble.numberOfTapsRequired=2;            //设置双击检测

    //把 tapSingle,tapDouble 添加到主视图上
    [self.view addGestureRecognizer:tapSingle];
    [self.view addGestureRecognizer:tapDouble];
}
```

创建 UITapGestureRecognizer 实例时需要传递一个 selector，当系统检测到指定手势

时，就会调用该 selector。设置 tapDouble 的 numberOfTapsRequired 属性值为 2，规定检测器只检测轻击两下屏幕的动作。然后把两个 UITapGestureRecognizerr 实例添加到主视图上：

```
[self.view addGestureRecognizer:tapSingle];
[self.view addGestureRecognizer:tapDouble];
```

UIGestureRecognizer 子类初始化方式和加载方式都是一样的，唯一不同的就是可能需要针对不同的手势设置不同的属性。

### 3. 处理手势响应方法

接下来实现 tap:函数，让图片随着轻击的次数发生变化，并且根据触摸点的坐标更改图片位置：

```
-(void)tap:(UITapGestureRecognizer *)tap{

    if (tap.state==UIGestureRecognizerStateBegan) {      //触摸开始
        stateLabel.text=@"触摸开始";
    }

    else if(tap.state==UIGestureRecognizerStateEnded){   //触摸结束
        stateLabel.text=@"触摸结束";
    }

    if (tap==tapSingle) {                                //单击
        imageview.image=[UIImage imageNamed:@"1.png"];
    }
    else if(tap==tapDouble){                             //双击
        imageview.image=[UIImage imageNamed:@"2.png"];
    }

    CGPoint center=[tap locationInView:self.view];       //获取触摸点
    imageview.center=center;                             //设置图片对应的位置

}
```

通过 state 属性可以判断当前的触摸状态，tapSingle 和 tapDouble 的响应方法都是 tap:。根据传递的参数 tap 来判断究竟是哪个手势被检测到了，根据不同的手势显示不同的图片，最后调用 locationInView:获取触摸点在指定视图上的相对位置，更改图片位置。

现在编译并运行程序，然后试着去单击或双击模拟器屏幕，跟踪下程序的界面变化。例如，轻击屏幕 2 次，在触摸点下立刻出现 "2" 的图片，如图 14.9 所示。

现在读者学会了使用 UITapGestureRecognizer 来检测轻击手势。接下来我们看看如何检测轻扫手势，这是使用 iPhone 最常用的手势之一。

> 注意：UIGestureRecognizer 子类不仅可以通过代码实现，还可以从 Library 中找到可视化控件。例如 UITapGestureRecognizer 对应着 Tap Gesture Recognizer。

图 14.9　程序检测出轻击屏幕 2 次的动作

## 14.6.3　轻扫手势检测

　　iPhone 的滑动解锁操作就是轻扫动作的经典应用。下面会创建一个应用程序,当用户轻扫屏幕时,例如水平轻扫或者垂直轻扫,在手指的触摸点会出现一个图片,而且随着轻扫有一个移动动画效果。接下来还是分三步完成程序,步骤如下:
　　(1) 新建工程并设计界面;
　　(2) 使用 UISwipeGestureRecognizer 来检测轻扫手势;
　　(3) 运行程序查看效果。

### 1. 新建工程并设计界面

　　新建 iPhone 工程,依然选择 Single View Application 模板,工程命名为"SwipeDect"。从随书附带光盘里找到名为 "toy.png" 的素材图片,然后添加到工程里,记住同样也是要拷贝到工程下。打开 ViewController.xib,这次界面上一个标签都不放,只放一个 Image View,宽、高设置分别为 64,在 View 上的位置不用特别指定,随便一放就可以了,如图 14.10 所示。

第 14 章 触屏和手势

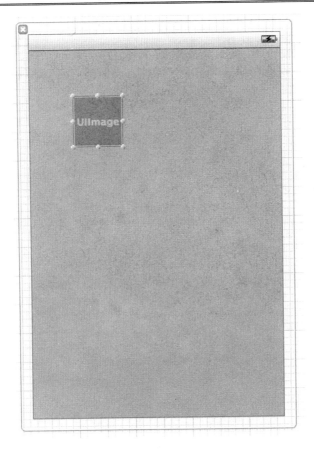

图 14.10 在界面上放置一个 Image View

接下来，打开 ViewController.h，添加一个 UIImageView 对象的 IBOutlet 声明，并添加两个 UISwipeGestureRecognizer 变量：

```
@interface ViewController : UIViewController
{
    UIImageView *imageView;                              //图像视图
    UISwipeGestureRecognizer *swipeLeft;                 //向左轻扫手势检测器
    UISwipeGestureRecognizer *swipeRight;    //向右轻扫手势检测器
}
@property(retain,nonatomic)IBOutlet UIImageView *imageView;
@property(retain,nonatomic)UISwipeGestureRecognizer *swipeLeft;
@property(retain,nonatomic)UISwipeGestureRecognizer *swipeRight;
@end
```

然后，打开 ViewController.xib，把 imageView 和 Image View 关联起来，保存对 xib 文件的修改。

2．实现轻扫手势

打开 ViewController.m，初始化 swipeLeft 和 swipeRight，并在程序视图上添加手势检测，代码如下：

```
#import "ViewController.h"

@implementation ViewController
@synthesize imageView,swipeLeft,swipeRight;        //属性访问器

-(void)dealloc{
    [imageView release];                            //释放内存
    [swipeLeft release];
    [swipeRight release];
    [super dealloc];
}

#pragma mark - View lifecycle

- (void)viewDidLoad
{
    [super viewDidLoad];
    //初始化左侧方向轻扫手势识别器
    swipeLeft=[[UISwipeGestureRecognizer alloc]
               initWithTarget:self action:@selector(swipe:)];
    //初始化右侧方向轻扫手势识别器
    swipeRight=[[UISwipeGestureRecognizer alloc]
               initWithTarget:self action:@selector(swipe:)];

    //把两个手势识别器添加到主视图上
    [self.view addGestureRecognizer:swipeLeft];
    [self.view addGestureRecognizer:swipeRight];


    //设置识别器检测的轻扫方向
    swipeLeft.direction=UISwipeGestureRecognizerDirectionLeft;
    swipeRight.direction=UISwipeGestureRecognizerDirectionRight;

}

-(void)swipe:(UISwipeGestureRecognizer *)recognizer{
    CGPoint location = [recognizer locationInView:self.view];
                                                    //获取手势的触摸点
    self.imageView.image = [UIImage imageNamed:@"toy.png"];//设置图片内容
    self.imageView.center = location;               //设置图片初始位置
    self.imageView.alpha = 1.0;                     //设置图片不透明

    //检测到当前手势是向左扫
    if (recognizer.direction == UISwipeGestureRecognizerDirectionLeft)
{
        location.x -= 100.0;
    }
    else {
        location.x += 100.0;
    }
    //开启动画
```

```
[UIView animateWithDuration:0.55 animations:^{
    self.imageView.alpha = 0.0;              //设置图片完全透明
    self.imageView.center = location;        //移动图片位置
}];
}
```

无论 UISwipeGestureRecognizer 还是 UITapGestureRecognizer，UIGestureRecognizer 的子类初始化方式都基本一致。首先调用 initWithTarget:action:函数初始化实例，第 1 个参数传递本类 self，第 2 个参数传递手势响应函数，然后把识别器添加到程序视图上。之所以要创建两个手势识别器，原因是一个手势识别器只能指定一个方向，而不能同时指定多个方向，如果要指定多个方向，必须用多个手势识别器。下面来看看 swipe:函数里做的事情。

（1）获取触摸点位置

```
CGPoint location = [recognizer locationInView:self.view];
                                                    //获取手势的触摸点
```

（2）设置图片的初始状态

每当轻扫屏幕时，重新设置 imageView 的图片内容，当然本程序中只有一张图片，所以 imageView 每次显示的内容都不变：

```
self.imageView.image = [UIImage imageNamed:@"toy.png"]; //设置图片内容
```

同时设置图片的位置和透明度：

```
self.imageView.center = location;            //设置图片初始位置
self.imageView.alpha = 1.0;                  //设置图片不透明
```

（3）判断轻扫方向

```
if (recognizer.direction == UISwipeGestureRecognizerDirectionLeft) {
    location.x -= 100.0;
}
else {
    location.x += 100.0;
}
```

如果向左轻扫，就把 location 的 x 坐标值减 100，如果向右扫，就把 location 的 x 坐标值加 100，这都是为了图片移动做准备。

（4）让图片随着轻扫手势一起移动

```
//开启动画
[UIView animateWithDuration:0.55 animations:^{
    self.imageView.alpha = 0.0;              //设置图片完全透明
    self.imageView.center = location;        //移动图片位置
}];
```

调用 UIView 的动画函数，动画时长为 0.55 秒，动画内容首先让图片从不透明变得完全透明，产生一个视觉上的消失效果，紧接着移动图片的位置。

**3．运行程序**

编译并运行程序，按住鼠标左键在模拟器上滑动，屏幕上出现一个"小丑"，随着轻扫手势同方向移动，而且透明度迅速变高，直至完全看不见，如图 14.11 所示。

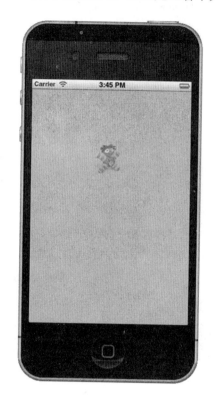

图 14.11　在模拟器上轻扫屏幕后程序运行效果

注意：还可以用 2 根或多根手指轻扫屏幕，如果需要检测多触摸点的轻扫动作，设置 numberOfTouchesRequired 参数。

## 14.6.4　捏合手势检测

现在已经掌握了轻击和轻扫这两种手势，接下来学习另一种常见的手势——捏合。关于捏合手势的检测也很简单，当手指落在屏幕上时，屏幕一定是存在两个触摸点的（两根手指），然后保存它们之间的距离，开始捏合后，同步检测触摸点之间的距离变化，如果距离增大或减小的量大于特定数量，我们便可以确定当前发生了捏合手势。和前面几个程序一样，分三步完成程序，步骤如下所示。

（1）新建工程；
（2）实现捏合手势；
（3）检验捏合效果。

这次程序界面上有一张全屏显示的照片，如果两根手指向外扩，照片就会变大，如果向内缩，照片就会变小。

### 1. 新建工程并设计界面

新建 iPhone 工程，选择 Single View Application 模板，工程命名为"PinchDect"。从随书附带光盘里找到名为"scence.png"的素材图片，添加到工程里。打开 ViewController.xib，修改 View 的背景色为 Dark Text Color，如图 14.12 所示。

从 Library 中拖曳一个 Image View 到 View 上。这次把 Image View 铺满整个 View，也就是宽度为 320、高度为 460，然后选择显示的 Image 为"scence.png"，如图 14.13 所示。

图 14.12　设置程序界面背景色为 Dark Text Color　　图 14.13　在 View 添加一张全屏显示背景图

保存对 ViewController.xib 的修改，然后打开 ViewController.h，添加 UIImageView 的 IBOutlet 和一个 UIPinchGestureRecognizer 变量，代码如下：

```
@interface ViewController : UIViewController
{
UIImageView *imageview;                    //图像视图
    UIPinchGestureRecognizer *pinch;       //捏合手势检测器
}
@property(retain,nonatomic)IBOutlet UIImageView *imageview;
```

```
@property(retain,nonatomic) UIPinchGestureRecognizer *pinch;
@end
```

### 2. 实现捏合手势

打开 ViewController.m，在 viewDidLoad 里初始化 pinch，并实现具体的捏合手势，代码如下：

```
@implementation ViewController
@synthesize imageview,pinch;                    //属性访问器

-(void)dealloc{
    [imageview release];                        //释放内存
    [pinch release];
    [super dealloc];
}

#pragma mark - View lifecycle

- (void)viewDidLoad
{
    [super viewDidLoad];
    //初始化捏合手势识别器
    pinch=[[UIPinchGestureRecognizer alloc] initWithTarget:self action:
    @selector(pinch:)];
    [self.view addGestureRecognizer:pinch];     //加载识别器
}

-(void)updateForPinchScale:(CGFloat)scale{
    //计算捏合后的宽度
    CGFloat scaledWidth=round(MAX(rect.size.width*scale, rect.size.width));
    //计算捏合后的高度
    CGFloat scaledHeight=round(MAX(rect.size.height*scale, rect.size.
    height));
    CGPoint center = imageview.center ;         //获取图像视图的中点
    float x=center.x - scaledWidth/2;           //计算捏合后的图像 X 坐标
    float y=center.y - scaledHeight/2;          //计算捏合后的图像 Y 坐标

    //捏合后图像位置
    CGRect newrect = CGRectMake(x, y, scaledWidth, scaledHeight);
    [UIView beginAnimations:@"pinch" context:nil];
    imageview.frame = newrect;                  //动态更新位置
    [UIView commitAnimations];
}

-(void)pinch:(UIPinchGestureRecognizer *)recognizer
{
    if (recognizer.state==UIGestureRecognizerStateBegan) {
```

```
    rect=imageview.frame;                    //保存图像视图的原始大小
  }
  else if (recognizer.state==UIGestureRecognizerStateChanged) {
    [self updateForPinchScale:recognizer.scale];
  }
}
```

和前面的两个程序一样,都需要在 viewDidLoad 里初始化手势识别器,然后添加到主视图上:

```
//初始化捏合手势识别器
pinch=[[UIPinchGestureRecognizer alloc] initWithTarget:self action:
@selector(pinch:)];
[self.view addGestureRecognizer:pinch];         //加载识别器
```

接下来分析 pinch:函数。
(1) 保存 imageview 原始 frame

```
if (recognizer.state==UIGestureRecognizerStateBegan) {
    rect=imageview.frame;                    //保存图像视图的原始大小
}
```

判断手势的状态。如果是 UIGestureRecognizerStateBegan,也就说手指在屏幕上即将要开始捏合时,保存位置信息到 rect。
(2) 计算 imageview 新的 frame

手指开始捏合后,我们调用函数 updateForPinchScale:,把捏合的幅度 recognizer.scale 传递进去:

```
[self updateForPinchScale:recognizer.scale];
```

scale 属性,它是个比例,表示两根手指之间的距离程度。捏合动作刚开始时,scale 为 1,此时两个手指触摸点之间的距离就成为一个标准,若两手指之间距离减小,则 scale 不断变小,也许是 0.45,或者 0.8 等某个小于 1 的值,当两指重合,scale 变为 0。若两手指之间距离变大,则 scale 不断增大,没有上限。接着,看看函数 updateForPinchScale: 里做了哪些事情,首先计算出随着捏合动作的进行图像应该呈现的新宽高:

```
//计算捏合后的宽度
CGFloat scaledWidth=round(MAX(rect.size.width*scale, rect.size.width));
//计算捏合后的高度
CGFloat scaledHeight=round(MAX(rect.size.height*scale, rect.size.height));
```

本程序中暂时禁止图片缩小,只许它变大,利用 MAX 函数保证图片的最小尺寸为初始尺寸。round 函数和 MAX 函数都是 C 语言数学函数,MAX 计算最大值,round 计算四舍五入值。当图片随着手指捏合变大后,我们一般性地认为图片向上下左边均匀地扩张,X 和 Y 坐标都呈减小趋势,最后计算出新的图像 frame:

```
CGPoint center = imageview.center;              //获取图像视图的中点
```

```
float x=center.x - scaledWidth/2;          //计算捏合后的图像 x 坐标
float y=center.y - scaledHeight/2;         //计算捏合后的图像 Y 坐标
//捏合后图像位置
CGRect newrect = CGRectMake(x, y, scaledWidth, scaledHeight);
```

newrect 就是图像新的位置信息,接下来动态更改图像大小和坐标。

(3) 让图形随着捏合手势发生变化

```
[UIView beginAnimations:@"pinch" context:nil];
imageview.frame = newrect;                 //动态更新位置
[UIView commitAnimations];
```

### 3. 检验捏合效果

运行程序,弹出模拟器后,可以看到图像开始时是全屏显示的,如图 14.14 所示。

同时按住鼠标左键和 option 键,在屏幕上滑动鼠标,模拟手指的捏合手势,例如放大图片,如图 14.15 所示。

图 14.14　捏合前图像　　　　图 14.15　图片捏合放大后的效果

读者可以对比两张图片,可以看到捏合后图片的放大效果还是非常明显的。如果想体验更好的触摸效果,可以把程序运行在 iPhone 或 iPod 真机上,当然前提是必须加入苹果开发者计划。

## 14.7 自定义手势

关于 UIGestureRecognizer 常用子类的介绍就结束了,读者现在应该对 iPhone 手势有了更进一步的认识,接下来我们会学习自定义手势。

自定义手势在 iPhone 中使用非常广泛。从 iOS 5 开始,iOS 设备开始支持自定义手势,用户依次单击设置|通用|辅助功能,打开 AssistiveTouch 选项开关,此时系统会弹出与手势操作相关的菜单,如图 14.16 所示。

单击菜单上的"设备"项,系统就会弹出许多手势命令,通过它们可以实现对 iOS 设备的控制。目前能实现的功能包括锁屏和调整音量等,这样想要关闭手机屏幕不需要按关机键,调节音量也不用按音量键了。进入 AssistiveTouch,可以绘制自定义手势,例如用手指在屏幕上画一个对号,如图 14.17 所示。

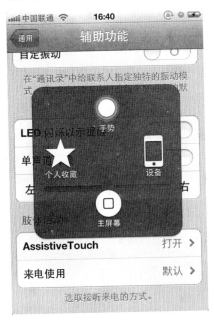 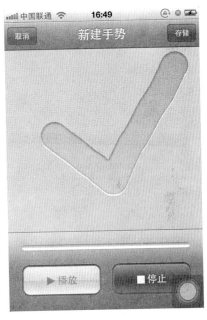

图 14.16 在设置中打开与手势操作相关的菜单　　图 14.17 创建自定义手势

关于 iOS 5 如何使用系统自定义手势本书就不再详细介绍了,读者有兴趣的话可以自己在真机设备上研究摸索。接下来我们要在自己的程序中通过代码实现自定义手势。

注意:开发者在程序中添加自定义手势时,应尽量站在用户的角度思考,尽量让手势人性化,而不是首先考虑代码实现的难度。

### 14.7.1 创建 MyGesture 应用程序

自定义手势在逻辑上要复杂的多,当手指在屏幕上滑动时,很难做到完美地画出一个形状而没有瑕疵。所以我们不能将手势定义的太严格，否则基本就没什么用了，但如果太粗糙，用户会发现做出相近的手势形状，系统也会发现并做出反应，这也不是希望的结果。下面就开始创建本章的最后一个示例程序，程序目的是检测自定义手势，如果在屏幕上画一个对号，系统将会检测到并把当前手势显示出来，同时还会把触摸的轨迹描绘出来，看上去就像一个笔在画一样。程序虽然复杂，但是内容还是很有意思的。下面分四步完成程序，步骤如下所示。

（1）新建工程，并创建一个负责处理手势的 UIView 视图；
（2）创建一个与点、线、角度有关的工具类；
（3）实现自定义手势；
（4）运行程序，测试效果。

### 1. 新建工程并创建DrawView视图类

打开 Xcode，新建模板为 Single View Application 的工程，工程命名为"MyGesture"，这次不用对 ViewController.xib 做任何修改，因为所有与界面相关的操作都放在了一个单独的视图类中。新建文件，文件类型选择 User Interface 下的 View，如图 14.18 所示。

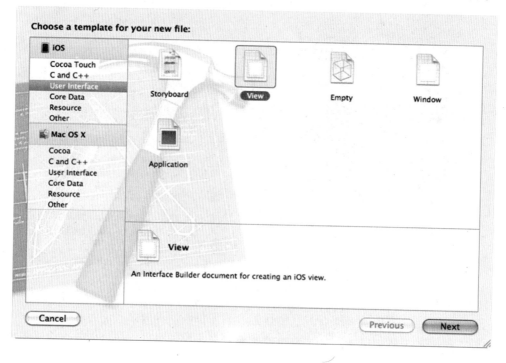

图 14.18　新建 View 文件

文件命名为 DrawView，创建成功后，接下来就把 DrawView 加载到程序主界面上，因为 DrawView 继承自 UIView，最简单的方式就是直接为 ViewController 的 View 赋值。打开 ViewController.m，修改 viewDidLoad，代码如下：

```
#import "ViewController.h"
#import "DrawView.h"
```

```
@implementation ViewController
#pragma mark - View lifecycle
- (void)viewDidLoad
{
    [super viewDidLoad];
    //创建 DrawView 实例，视图设置为全屏显示
    DrawView *drawview=[[DrawView alloc] initWithFrame:self.view.frame];
    self.view=drawview;   //加载 DrawView 实例
    [drawview release];
}
```

现在程序界面依托的类创建并添加完成了，不过现在只是刚刚开始，如何检测对号手势呢？相信每一个人都会画对号，对号最重要的特点就是两条直线之间存在一个角度变化，这个角也许大也许小，我们会设定一个角度范围，只要在这个范围内，就可以认为是画了一个对号，自定义手势检测的核心都是这样，务必要把握住其主要特点。接下来，新建创建 CGPointUtils 类。

### 2. 创建CGPointUtils类

CGPointUtils 类是一个 C 语言类，它负责处理两点间距离、相交直线之间的角度，它用到了许多的数学函数，例如三角形求角度和两点间距等。在 Xcode 中新建文件，这次要选择"C and C++"下的"C File"文件，如图 14.19 所示。

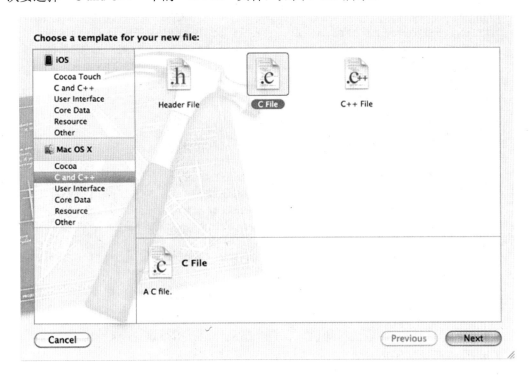

图 14.19　新建 C 语言文件

文件命名为 PointsTool.c，此时 MyGesture 目录下就会多出一个 PointsTool.h 和 PointsTool.c 文件。打开 PointsTool.h，添加代码如下：

```
#import <CoreGraphics/CoreGraphics.h>
CGFloat pointsDistance(CGPoint firstPoint, CGPoint secondPoint);
                                                        //计算两点间距离
CGFloat pointsAngle(CGPoint first, CGPoint second);  //计算两点构成的直线倾斜度
//计算 4 点为基准的直线夹角
CGFloat linesAngle(CGPoint line1Start, CGPoint line1End,
CGPoint line2Start, CGPoint lin2End);
```

现在 PointsTool.h 有了三个函数的声明，打开 CGPointUtils.m，实现这三个函数：

```
#include "PointsTool.h"
#include <math.h>

#define pi 3.14159265358979323846
#define degreesToRadian(x) (pi * x / 180.0)
#define radiansToDegrees(x) (180.0 * x / pi)
CGFloat pointsDistance (CGPoint first, CGPoint second) {

CGFloat deltaX = second.x - first.x;            //两点 X 坐标水平距离
    CGFloat deltaY = second.y - first.y;            //两点 Y 坐标垂直距离
    return sqrt(deltaX*deltaX + deltaY*deltaY );    //计算距离
};

CGFloat pointsAngle(CGPoint firstPoint, CGPoint secondPoint){
    CGFloat height = secondPoint.y - firstPoint.y; //两点 Y 坐标垂直距离
    CGFloat width = firstPoint.x - secondPoint.x;  //两点 X 坐标水平距离
    CGFloat rads = atan(height/width);             //计算角度
    return radiansToDegrees(rads);
}

CGFloat linesAngle(CGPoint line1StartPt, CGPoint line1EndPt,
CGPoint line2StartPt, CGPoint line2EndPt){
    CGFloat a = line1EndPt.x - line1StartPt.x;    //第 1 个点 X 坐标水平距离
    CGFloat b = line1EndPt.y - line1StartPt.y;    //第 1 个点 Y 坐标垂直距离
    CGFloat c = line2EndPt.x - line2StartPt.x;    //第 2 个点 X 坐标水平距离
    CGFloat d = line2EndPt.y - line2StartPt.y;    //第 2 个点 Y 坐标垂直距离
    //计算直线角度
    CGFloat rads = acos(((a*c) + (b*d)) / ((sqrt(a*a + b*b)) * (sqrt(c*c + d*d))));
    return radiansToDegrees(rads);
}
```

这三个函数用到了许多数学知识，我们一起来分别分析下这三个函数。

（1）计算两点间距离

pointsDistance 这个函数比较简单，利用勾股定理计算两点间的距离，首先计算出两点间的水平距离：

```
CGFloat deltaX = second.x - first.x;         //两点X坐标水平距离
```

接着计算两点之间的垂直距离：

```
CGFloat deltaY = second.y - first.y;         //两点Y坐标垂直距离
```

最后计算出两点间的直线距离，sqrt 是开平方的函数：

```
return sqrt(deltaX*deltaX + deltaY*deltaY );  //计算距离
```

（2）计算两点构成的直线倾斜度

pointsAngle 函数用于计算直线倾斜度，首先计算出两点之间的垂直距离：

```
CGFloat height = secondPoint.y - firstPoint.y;   //两点Y坐标垂直距离
```

然后，计算两点之间的水平距离：

```
CGFloat width = firstPoint.x - secondPoint.x;    //两点X坐标水平距离
```

最后接着计算角度，radiansToDegrees 函数处理角度和弧度值的转化。

```
CGFloat rads = atan(height/width);           //计算角度
```

（3）计算两直线夹角

两点确定一条直线，计算两直线夹角就需要四个点，首先根据第一条直线上的两点计算出水平距离和垂直距离：

```
CGFloat a = line1EndPt.x - line1StartPt.x;   //第1个点X坐标水平距离
CGFloat b = line1EndPt.y - line1StartPt.y;   //第1个点Y坐标垂直距离
```

然后，根据第 2 条直线上的两点计算出水平距离和垂直距离：

```
CGFloat c = line2EndPt.x - line2StartPt.x;   //第2个点X坐标水平距离
CGFloat d = line2EndPt.y - line2StartPt.y;   //第2个点Y坐标垂直距离
```

接下来计算两条直线之间夹角：

```
CGFloat rads = acos(((a*c) + (b*d)) / ((sqrt(a*a + b*b)) * (sqrt(c*c + d*d))));
//计算直线角度
```

这三个函数涉及到一些几何知识，读者如果感觉理解起来比较困难的话，完全可以直接把代码复制到程序中，PointsTool 类主要作为工具类使用，可以不深究具体的数学逻辑。

⚠ 注意：程序中使用到的数学函数，例如 sqrt 和 atan 等，基本全部都是 C 语言函数。

### 3. 实现自定义手势

打开 DrawView.h，修改代码如下：

```
#define MinAngle   50                //最小角度
#define MaxAngle   135               //最大角度
```

```
#define MinLength    10                    //最小长度
@interface DrawView : UIView
{
    CGPoint     lastPreviousPoint;
    CGPoint     lastCurrentPoint;
    CGFloat     lineLengthSoFar;
}
@property(retain, nonatomic) UILabel *checklabel;
@end
```

在头文件的最上方定义了三个宏，MinAngle 限制最小角度为 50°，MaxAngle 限制最大角度为 135°，MinLength 要求手势最少要拥有 10 像素的长度，我们根据一般用户做这个手势的习惯设置这个范围，基本可以满足所有合理的对号手势。除此之外，还定义了 lastPreviousPoint、lastCurrentPoint 和 lineLengthSoFar 3 个变量。当手指开始触摸屏幕后，系统可以得到之前的触摸点和当前的触摸点，这两个点就可以定义一个触摸动作轨迹，如果再次触摸，就又会得到新的触摸点，增加一条新的轨迹。lastPreviousPoint 存储上一次触摸的上一次点，lastCurrentPoint 保存上一次触摸的当前点，单从字面意义上有些难理解，我们举个例子。现在手指触摸屏幕的 A 点，接着又触摸 B 点，那么触摸 A 点的动作就变成了上一次触摸，触摸 B 点的动作成了当前触摸，每次触摸都会得上一次触摸点（PreviousPoint）和当前触摸点（CurrentPoint），lastPreviousPoint 保存的就是触摸 A 点之前触摸的点，lastCurrentPoint 保存的则是 A 点。

这是很有必要的，我们需要根据点来判断当前的轨迹是不是一条直线，如果不是，那么在轨迹里是不是有一个满足条件的角度。lineLengthSoFar 限制了手指在屏幕上滑动的距离，如果没有超过 10 像素，那么即使做出了手势，程序也不会得到相关响应。

然后，打开 DrawView.m，修改代码如下：

```
#import "DrawView.h"
#import "PointsTool.h"

@implementation DrawView
@synthesize checklabel;

- (void)dealloc {
    [checklabel release];
    [super dealloc];
}

- (id)initWithFrame:(CGRect)frame
{
    self = [super initWithFrame:frame];
    if (self) {
        
        self.backgroundColor = [UIColor whiteColor];   //设置背景颜色
        //初始化 checklabel
        checklabel =[[UILabel alloc] initWithFrame:CGRectMake(10, 20, 100, 30)];
        [self addSubview:checklabel];           //把 checklabel 标签加载到主视图
```

## 第14章 触屏和手势

```objc
        checklabel.text=@"";                    //checklabel 的初始文本为空
    }
    return self;
}
- (void)touchesBegan:(NSSet *)touches withEvent:(UIEvent *)event {
    UITouch *touch = [touches anyObject];           //获取触摸对象
    CGPoint point = [touch locationInView:self];    //获取触摸点位置

    //设置 lastPreviousPoint、lastCurrentPoint 初始值为当前触摸点
    lastPreviousPoint = point;
    lastCurrentPoint = point;
    lineLengthSoFar = 0.0f;

    checklabel.text = @"";                          //清空 checklabel 值
}

- (void)touchesMoved:(NSSet *)touches withEvent:(UIEvent *)event {
    UITouch *touch = [touches anyObject];           //获取触摸对象
    CGPoint location = [touch locationInView:self]; //获取触摸点位置
    //获取上一次触摸点位置
    CGPoint pastLocation = [touch previousLocationInView:self];
    //计算直线夹角
    CGFloat angle = linesAngle(lastPreviousPoint, lastCurrentPoint,
                    pastLocation, location);
    //满足打钩手势条件
    if (angle >= MinAngle&& angle <= MaxAngle
        && lineLengthSoFar > MinLength) {
        checklabel.text = @"画了对号";              //更新 checklabel 值
    }
    //把触摸轨迹的距离累加
    lineLengthSoFar += pointsDistance(pastLocation, location);
    lastPreviousPoint = pastLocation;               //保存位置信息
    lastCurrentPoint = location;
}

@end
```

(1) 初始化界面

在 initWithFrame:函数里设置背景色为白色,然后初始化 checklabel 标签并添加到 DrawView 视图上。下面重点来看 touchesBegan:withEvent:和 touchesMoved:withEvent:这两个触摸方法。

(2) 保存初始触摸点

在 touchesBegan:withEvent:中,获取到用户当前触摸点,然后用 lastPreviousPoint 和 lastCurrentPoint 保存,计算轨迹长度的 lineLengthSoFar 也设置为 0.0f:

```objc
lastPreviousPoint = point;                          //保存触摸点
lastCurrentPoint = point;
lineLengthSoFar = 0.0f;
```

### （3）计算对号手势

接着看 touchesMoved: withEvent: 函数。首先需要计算当前触摸点之前位置 pastLocation 到当前触摸点 location 的直线距离，还要计算更早的触摸 lastPreviousPoint 和 lastCurrentPoint 之间的距离，然后计算这两条直线之间的角度：

```
//计算直线夹角
CGFloat angle = linesAngle(lastPreviousPoint, lastCurrentPoint, pastLocation, location);
```

角度计算出来后，检验角度是否在可以接受的范围之内，以及轨迹值足够长。如果满足条件，设置标签显示已经做出了对应的手势：

```
//满足打钩手势条件
if (angle >= MinAngle&& angle <= MaxAngle && lineLengthSoFar > MinLength) {
        checklabel.text = @"画了对号";              //更新 checklabel 值
}
```

然后，将当前触摸点 pastLocation 和之前位置 location 的距离累加到 lineLengthSoFar 上，还要更新 lastPreviousPoint 和 lastCurrentPoint 的值：

```
lineLengthSoFar += pointsDistance(pastLocation, location);
                                               //把触摸轨迹的距离累加
lastPreviousPoint = pastLocation;              //保存位置信息
lastCurrentPoint = location;
```

### 4．运行程序

现在编译并运行程序，用鼠标在模拟器上做一个对号手势，只要手势符合要求，程序会检测到并作出提示，如图 14.20 所示。

图 14.20　程序检测到对号手势

现在我们自定义的这个手势已经可以成功检测到了，它具有自己的明显特征，用户不会无意中触发它，也不容易跟系统的其他手势产生冲突。不过程序到目前为止还有美中不足的地方，那就是看不见手指在屏幕上滑动的轨迹，接下来就学习如何在 iOS 上绘图。

## 14.7.2 介绍 Quartz

到目前为止，回顾本书所有的示例程序可以发现，界面实现和设计都是通过 UIKit 框架中的视图和控件来实现的，不过这些控件还有很大的局限性。例如，打开 iPhone 自带的"股市"程序，可以看到关于股票涨落的走势曲线图，如图 14.21 所示，这些图形要是用控件和视图都很难实现，因为股票走势高低起伏，变动性大，而控件和视图适合静态显示，这就需要自定义绘图。

图 14.21 "股市"程序通过绘制曲线来表现走势

苹果提供了两个库来帮助开发者绘图，一个是 Quarz 2D，它是 Core Graphics 框架的一部分；另一个库是 OpenGL ES，它是跨平台的图形库 OpenGL 的简化版。这两个库功能非常强大，对应的学习起来也有些难度。本章会简单地研究下 Quarz 2D，至于 OpenGL ES 就不再介绍了。Quarz 将正在绘制的视图当做一个虚拟的画布（Canvas），每次绘画操作都会将一个绘画层（Layer）加到画布上，这也被称作绘画者模型（Painter's model），这和真实的绘画情景是一样的。

> 注意：使用 Quarz 2D 前需要在程序中添加 Core Graphics 框架，而且 Quarz 2D 提供的 API 函数基本都是 C 函数。

### 14.7.3 Quartz 基本概念

Quartz 2D 提供的 API 可以实现许多功能，如绘制基本的路径，这是我们即将用到的，还能绘制复杂的阴影、色彩和各种图形形状。iOS 开发中的绘图操作是在 UIView 类的 drawRect 方法中完成的，所以如果我们需要创建一个 UIView 子类，并重写 drawRect: 方法。drawRect:方法是 UIView 类定义的一个函数，视图重绘时都会调用该方法。如果在此方法中插入 Quartz 代码，则会先调用该代码，然后重绘视图。

举个最简单的例子，现在要在一个 UIView 上画一个正方形，代码如下：

```
- (void)drawRect:(CGRect)rect {
CGContextRef context=UIGraphicsGetCurrentContext();      //取出上下文
CGContextSetLineWidth(context, 1);                        //设置线宽
//设置填充颜色
CGContextSetStrokeColorWithColor(context, [[UIColor blackColor] CGColor]);
CGContextStrokeRect(context, CGRectMake(30,100,50,50));//设置填充矩形
CGContextStrokePath(context);                             //填充
}
```

首先介绍一个概念，图形上下文（Context），绘图工作都是在上下文中完成的，每个视图都有相关联的上下文，获取上下文的方式如下：

```
CGContextRef context=UIGraphicsGetCurrentContext();
```

设置绘图画笔的宽度为 1 像素，需要把获取到的上下文传递进去：

```
CGContextSetLineWidth(context, 1);
```

设置绘图画笔颜色为黑色：

```
CGContextSetStrokeColorWithColor(context, [[UIColor blackColor] CGColor]);
```

设置绘图区域：

```
CGContextStrokeRect(context, CGRectMake(30,100,50,50));
```

开始填充，这样绘制的区域就可见了：

```
CGContextStrokePath(context);
```

> 注意：现在读者应该理解了为什么要把检测自定义手势的工作交给 DrawView，因为我们需要重新 drawRect:函数。

### 14.7.4 描绘轨迹

接下来使用 Quartz 2D 绘制最简单的曲线，相比绘制圆形和多边形的话，曲线都不需要进行逻辑计算，只要提供轨迹点就够了。回到程序中，再次打开 DrawView.h，添加

几个变量，代码如下：

```
#define MinAngle    50
#define MaxAngle    135
#define MinLength   10

@interface DrawView : UIView
{
    CGLayerRef layer;                   //层
    float brushWidth;                   //绘图画笔宽度
    float brushColor;                   //绘图画笔颜色

    CGPoint     lastPreviousPoint;
    CGPoint     lastCurrentPoint;
    CGFloat     lineLengthSoFar;
}
@property(retain, nonatomic) UILabel *checklabel;
@end
```

CoreGraphics 框架中提供了 iOS 上绘制 2D 图形需要的绝大部分类，PointsTool.h 里已经添加了 CoreGraphics.h 的引用。下面简单介绍下我们在本程序中会用到的几个类，CGContextRef 是上下文的引用，CGLayerRef 表示视图中的层，brushWidth 存储线条的宽度，brushColor 存储线条的颜色。

打开 DrawView.m，修改代码如下：

```
- (id)initWithFrame:(CGRect)frame
{
    self = [super initWithFrame:frame];
    if (self) {
        self.backgroundColor = [UIColor whiteColor];    //设置背景颜色
        //初始化 checklabel
        checklabel =[[UILabel alloc] initWithFrame:CGRectMake(10, 20, 100, 30)];
        [self addSubview:checklabel];       //把 checklabel 标签加载到主视图
        checklabel.text=@"";                //checklabel 的初始文本为空

        CGContextRef context = UIGraphicsGetCurrentContext();
        //创建 CGLayer 对象
        layer = CGLayerCreateWithContext(context, self.frame.size, NULL);
        CGContextRef layerContext = CGLayerGetContext(layer);
        brushWidth = 5.0;                                   //设置上下文画笔宽度
        CGContextSetLineWidth(layerContext, brushWidth);
        //设置上下文画笔形状
        CGContextSetLineCap(layerContext, kCGLineCapRound);

        brushColor = 0.0;                                   //设置上下文画笔颜色
        CGContextSetRGBStrokeColor(layerContext, brushColor,
                                    brushColor, brushColor, 1);
    }
    return self;
```

```objc
- (void)drawRect:(CGRect)rect
{
    CGContextRef currentContext = UIGraphicsGetCurrentContext();
                                                //获取当前图像上下文
    //在上下文和指定区域画图
    CGContextDrawLayerInRect(currentContext, [self bounds], layer);
}
- (void)touchesMoved:(NSSet *)touches withEvent:(UIEvent *)event {
    UITouch *touch = [touches anyObject];       //获取触摸对象
    CGPoint location = [touch locationInView:self];   //获取触摸点位置
    CGPoint pastLocation = [touch previousLocationInView:self];
                                                //获取上一次触摸点位置
    //计算直线夹角
    CGFloat angle = linesAngle(lastPreviousPoint, lastCurrentPoint, pastLocation, location);
    //满足打钩手势条件
    if (angle >= MinAngle&& angle <= MaxAngle
        && lineLengthSoFar > MinLength) {
        checklabel.text = @"画了对号";          //更新 checklabel 值
    }
    lineLengthSoFar += pointsDistance(pastLocation, location);
                                                //把触摸轨迹的距离累加
    lastPreviousPoint = pastLocation;           //保存位置信息
    lastCurrentPoint = location;

    CGContextRef layerContext = CGLayerGetContext(layer);
                                                //根据图像对象返回上下文
    CGContextBeginPath(layerContext);           //开始画线
    //在画布上根据轨迹点画线
    CGContextMoveToPoint(layerContext, pastLocation.x, pastLocation.y);
    CGContextAddLineToPoint(layerContext, location.x, location.y);
    CGContextStrokePath(layerContext);          //填充

    [self setNeedsDisplay];                     //让视图重绘
}
- (void)touchesEnded:(NSSet *)touches withEvent:(UIEvent *)event {
    CGContextClearRect(CGLayerGetContext(layer), [self bounds]);
                                                //清除 layer 上的绘画
}
```

在 initWithFrame: 里做一些绘图前的准备工作，初始化 context 对象。在 touchesMoved:withEvent:里根据触摸点描绘轨迹，在 touchesEnded:withEvent:里把绘画从屏幕上清除。现在编译并运行程序，在模拟器上用鼠标画一个对号，可以看到自己的绘画轨迹，如图 14.22 所示。就像拿一支笔在白纸上画一样，程序的体验度是不是感觉很棒！

图 14.22　现在可以看到自己在屏幕上描绘的轨迹

注意：与绘图有关的工作都在 drawRect 函数中完成，苹果不建议手动触发此方法，如有需要可以用 setNeedsDisplay 或 setNeedsDisplayInRect 调用。

## 14.8　小　　结

本章介绍了 iOS 系统下应用程序处理触摸、轻击以及手势的机制，我们现在已经掌握了如何检测轻击和轻扫等常用的手势，也学会了如何自定义手势，手势在 iPhone 开发中的作用将会越来越大，读者应该掌握。而且也学习了如何使用 Quartz 2D 绘制简单图形。在下一章，读者会学习如何使用 Core Location 找到自己在世界上的位置！

## 14.9　习　　题

【简答题】
1. 检测轻击屏幕动作使用哪个手势检测器？
2. 如何在 touchesBegan:withEvent:方法中检测当前有几根手指触摸屏幕？

3．UISwipeGestureRecognizer 可以检测任意方向的轻扫动作，是否正确？

4．与绘图有关的工作要描述在___方法中？

【实践题】

1．新建一个应用程序，在视图上添加长按手势检测器（UILongPressGestureRecognizer），当长按事件发生时，弹出提示框。

2．尝试开发一个简单的相册程序，可以用手指轻扫完成照片的切换，而且支持捏合放大。

# 第 15 章　Core Location 定位

当来到一个陌生城市，打开 iPhone 自带的"地图"应用，我们可以轻松找到自己的位置，甚至细致到哪个社区和哪条街道。iPhone 的 Core Location 框架提供了定位功能，能搜索到设备的当前坐标，并且还可以把具体的位置显示在地图上。现在 iOS 平台上越来越多的应用程序都添加了定位服务，在本章读者将会了解 Core Location 的工作原理，学习如何使用位置管理器，随后一起学习下位置管理器的代理方法。

本章主要涉及到的知识点如下所示。

- Core Location：该框架的工作原理。
- 位置管理器：如何使用位置管理器，了解其属性和参数。
- 委托：学习 CLLocationManagerDelegate 代理方法。

## 15.1　Core Location 工作原理

Core Location 主要采用了 GPS、蜂窝基站定位以及 Wi-Fi 定位三种技术，其中 GPS 定位是最精准的。

- GPS 定位：GPS（Global Positioning System）可以非常精确的定位用户当前所在的地理位置，GPS 接收机需要依靠卫星信号才能工作，因此在室内环境基本无用。除了第一代 iPhone，每一代 iPhone 设备里都配备了 GPS 系统。
- 蜂窝基站定位：手机开机并且接入蜂窝网络后，它会与周围的基站保持联系，一般会找到附近的 4、5 个基站，然后根据基站信号的强度进行三角测量（triangulate）。这种方式不需要卫星，即使手机放在室内环境也能取得设备位置。但它没有 GPS 精确，它的精度取决于基站的密度，它在基站密集型区域（例如城市）准确度高，在基站密度较少的山区或者郊区精确度就很低。
- Wi-Fi 定位：设备连接到 Wi-Fi 网络，通过检查服务提供商的数据确定位置，它既不依赖卫星，也不依赖基站。因此这个方法对于可以连接到 Wi-Fi 网络的区域有效，精确度也同样存在很大的不确定性。现在许多人都喜欢携带移动 Wi-Fi 发射器，这种情况下，定位出的结果就比较让人失望。

GPS 定位虽然精确度高，不过相对的也更加耗电。使用 Core Location 定位时，可以根据需要设定具体的精度，也许是 10 米、1000 米或者其他的数值。精确度越高，对电量的消耗就越高。

> 注意：除了这三种方式，还可以使用 Google 地图和百度地图，它们提供了开源的接口也能为用户提供良好的定位服务。

## 15.2 位置管理器（Location Manager）

Core Location 框架里主要用到的 API 类是 CLLocationManager，可以称它为位置管理器类。在使用之前，一定要先初始化，创建一个位置管理器类实例：

```
CLLocationManager *locationManager = [[CLLocationManager alloc] init];
```

开始定位前，最好先检查下系统设置的"定位服务"是否打开，如图 15.1 所示。

图 15.1 在"设置"中打开"定位服务"

在程序里，可以通过以下代码检查是否已经打开了"定位服务"，如果没有则弹出警告提示：

```
if (![CLLocationManager locationServicesEnabled]) {
UIAlertView *alert=[[UIAlertView alloc] initWithTitle:@"定位服务没有开启"
                message:nil delegate:nil cancelButtonTitle:@"确定"
                otherButtonTitles:nil];
    [alert show];
    [alert release];
```

接下来一般会设置 locationManager 的应用委托：

```
[locationManager setDelegate:self];
```

系统从开始定位到找到位置，这期间花费的时间和设备所处的环境、设置的精确度有关，有可能很快，也有可能需要一段时间。找到位置后，就会调用位置管理器的代理方法。

注意：iOS 6 开启关闭"定位服务"的位置改换到了"设置"|"隐私"里。

### 15.2.1 设置所需的精度

开始定位前应该设置位置精度，开发者务必把精度控制在需要范围内，精确度越高，对电池电量的消耗就越高，而且能不能获取到希望的精确度还不一定，设置方式如下：

```
locationManager.desiredAccuracy= kCLLocationAccuracyHundredMeters;
```

位置管理器的精确度设置为百米范围内，精度都是 double 值，单位为 m（米）。例如，设置 desiredAccuracy 的值为 20，则 Core Location 会努力在当前位置 20 米范围之内定位。除了 kCLLocationAccuracyHundredMeters，系统还提供了几种精确值供开发者选择。

- kCLLocationAccuracyBest：精确度最佳。
- kCLLocationAccuracyNearestTenMeters：十米范围内。
- kCLLocationAccuracyKilometer：千米范围内。
- kCLLocationAccuracyThreeKilometers：三千米范围内。

我们不用关心 Core Location 会采取哪一种方式定位，系统会根据精度级别自动选择定位技术。

### 15.2.2 设置距离筛选器

默认情况下，如果 iPhone 设备的位置发生了变化。例如，从学校回到了家中，但定位服务还一直在开启着，那么位置服务器将会通知 delelgate 当前位置发生了改变，我们可以设置 CLLocationManager 的 distanceFilter 属性，distanceFilter 是距离筛选器，单位为 m（米）。比方说设置了 distanceFilter 为 1000 米，但是从学校到家只有 700 米，那么回家的这段时间，系统将不会收到位置改变的通知，具体设置方式如下：

```
locationManager.distanceFilter=1000;
```

和 desiredAccuracy 不同，distanceFilter 只有一个系统值——kCLDistanceFilterNone，如果设置 distanceFilter 为 kCLDistanceFilterNone，位置管理器将取消距离筛选。

## 15.2.3 启动位置管理器

万事俱备，只欠东风，准备好开始查询位置，只要通知位置管理器启动，剩下的工作就会交给系统来做，一旦找到位置或者出现意外都会调用委托方法，启动位置管理器的方法如下：

```
[locationManager startUpdatingLocation];
```

位置管理器会不断地查询位置，如果只需要确定当前位置而不是跟踪轨迹的话，那么在获取位置后，应该停止位置管理器，使其停止工作：

```
[locationManager stopUpdatingLocation];
```

> **注意**：定位时应该考虑到未取到理想位置的超时问题，否则长时间的定位对电池的消耗极大。

## 15.3 位置管理器委托

下面来看看位置管理器的委托，位置管理器委托需要实现 CLLocationManagerDelegate 协议，查看 CLLocationManagerDelegate.h，可以看到所有的代理方法，下面介绍最常用的三个代理方法。

### 15.3.1 获取位置更新

当位置管理器希望通知其委托更新当前位置时，调用的函数声明如下：

```
- (void)locationManager:(CLLocationManager *)manager
    didUpdateToLocation:(CLLocation *)newLocation fromLocation:
    (CLLocation *) oldLocation;
```

第 1 个参数是调用该函数的位置管理器，第 2 个参数 newLocation 是代表 iPhone 当前位置的一个 CLLocation 对象，第 3 个参数 oldLocation 是上一次更新过的 CLLocation 对象，如果是第一次调用该函数，oldLocation 为 nil。

### 15.3.2 使用 CLLocation 获取位置信息

下面介绍下 CLLocation，这个类包含了详细的位置信息。
（1）纬度（Latitude）
纬度存储在一个叫 coordinate 的属性里，如要获取纬度，代码如下：

```
CLLocationDegrees latitude= newLocation.coordinate.latitude;
```

CLLocationDegrees 是一个数值类型，其实它就是一个 double 类型：

```
typedef double CLLocationDegrees;
```

（2）经度（longitude）

纬度和经度都是成对出现的，也存在 coordinate 属性里，获取方式如下：

```
CLLocationDegrees longitude= newLocation.coordinate.longitude;
```

（3）水平精确度（HorizontalAccuracy）

CLLocation 类里有一个 horizontalAccuracy 属性，表示位置的水平精确度，通俗来讲就是以 coordinate 为中心的一个圆的半径，如图 15.2 所示。

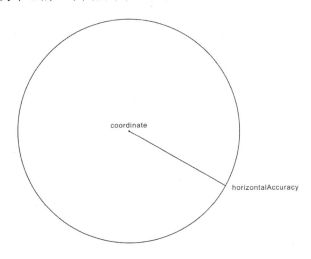

图 15.2　coordinate 与 horizontalAccuracy 对应的关系

horizontalAccuracy 值越大，获取到的位置就越不准确。当使用地图查找自己的位置时，地图上会出现一个蓝色的圆圈，圆圈的半径就代表 horizontalAccuracy，如图 15.3 所示。

系统目前认为设备可能位于整个区域的某个位置，如果发现圆圈半径非常小，甚至已经消失了，说明现在已经基本定位到了正确位置。

（4）海拔（Altitude）

CLLocation 类里有一个 altitude 属性，该属性表示当前的海拔高度：

```
CLLocationDistance altitude= newLocation.altitude.;
```

（5）垂直精确度（VerticalAccuracy）

CLLocation 类里还有一个代表垂直精确度的 verticalAccuracy 属性，该属性表示在海拔方面的精确程序，verticalAccuracy 的值可能会与 altitude 相差几米，如果 verticalAccuracy 为负值，则表示 Core Location 现在无法获取到有效的海拔。

（6）距离（Distance）

Core Location 还提供了一个非常实用的方法 getDistanceFrom:，该方法可以获取到两个 CLLocation 对象之间的距离，代码如下：

```
CLLocationDistance distance=[fromLocation distanceFromLocation:toLocation];
```

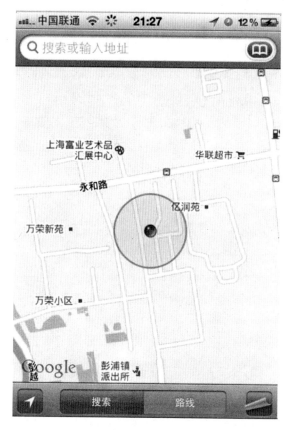

图 15.3 地图上的蓝色圆圈代表着可能的位置区域

**注意**：如果 horizontalAccuracy 为负值，那么取得的经纬度不可靠。

### 15.3.3 错误通知

如果 Core Location 无法确定你的当前位置，那么它会调用一个名为 locationManager:didFailWithError:的函数，函数声明如下：

```
- (void)locationManager:(CLLocationManager *)manager didFailWithError:
(NSError *)error;
```

当检测到这个函数时，说明出现了一些意外情况，有可能是用户拒绝进行位置访问。这是因为位置管理器在使用前需要经过用户授权，程序第一次确定位置时，会在屏幕上弹出一个提示，询问用户是否允许程序访问当前位置，如图 15.4 所示。

如果用户单击"不允许"按钮，位置管理器委托会调用 locationManager:didFailWith

Error:的函数，error 的错误码为 kCLErrorDenied。除此之外，还有一个错误码为 kCLErrorLocationUnknown，它表示 Core Location 无法获取到位置，但是它将不断地努力去获取。如果捕获到 kCLErrorDenied，那么在当前程序会话的剩余时间内，应用程序都无法获取到位置了，而 kCLErrorLocationUnknown 会通知我们问题可能是只是暂时的。

图 15.4　位置管理器在使用前会通过对话框的形式询问用户

## 15.4　使用 Core Location

接下来就创建本章的示例程序，我们使用 Core Location 检测到 iPhone 的当前位置，同时计算出程序运行期间移动的总路程。整个程序分四步完成，步骤如下：

（1）新建工程并导入必要的 framwork；
（2）设计程序界面；
（3）使用 Core Location 实现具体的定位；
（4）运行程序。

### 1. 新建MyLocation工程

打开 Xcode，新建 iPhone 工程，工程模板依然选择我们最熟悉的"Single View Application"，工程命名为"MyLocation"。需要注意，使用 Core Location 前，工程必须导入 CoreLocation.framework，添加方法我们已经介绍过许多次了，这里就不再重复，添加完后把 CoreLocation.framework 拖到 Frameworks 目录里，如图 15.5 所示。

### 2．设计程序界面

打开 ViewController.xib，设置 View 背景色为黑色，在 View 拖放一些标签控件，为了和黑色背景相区别，标签的文本颜色全部修改为白色。除了标签以外，在 View 的左下角位置再添加一个按钮，按钮的 Type 设置为 Custom，把宽和高设置为 32，从随书附带的光盘里找到名为 "location.png" 的素材图片添加到工程里，然后设置按钮的 Image 为 "location.png"，最后整个 View 界面如图 15.6 所示。

图 15.5　工程需要导入 CoreLocation.framework　　　　图 15.6　程序界面

View 的左侧有 6 个标签，作为静态文本显示，右侧同样放置 6 个标签，分别对应纬度、经度、水平精确度、海拔、垂直精确度和移动距离。然后打开 ViewController.h，添加代码如下：

```objectivec
#import <UIKit/UIKit.h>
#import <CoreLocation/CoreLocation.h>

@interface ViewController : UIViewController<CLLocationManagerDelegate>
{
    CLLocationManager *locationManager;         //位置管理器
    CLLocation *fromLocation;                   //起始位置
    
    UILabel *latitudeLabel;                     //纬度标签
    UILabel *longitudeLabel;                    //经度标签
    UILabel *horizontalAccuracyLabel;           //水平精确度标签
```

## 第 15 章 Core Location 定位

```
    UILabel *altitudeLabel;                         //海拔标签
    UILabel *verticalAccuracyLabel;                 //垂直精确度标签
    UILabel *distancesLabel;                        //移动距离
}
@property(retain,nonatomic)CLLocationManager *locationManager;
@property(retain,nonatomic)CLLocation*fromLocation;

@property(retain,nonatomic)IBOutlet UILabel *latitudeLabel;
@property(retain,nonatomic)IBOutlet UILabel *longitudeLabel;
@property(retain,nonatomic)IBOutlet UILabel *horizontalAccuracyLabel;
@property(retain,nonatomic)IBOutlet UILabel *altitudeLabel;
@property(retain,nonatomic)IBOutlet UILabel *verticalAccuracyLabel;
@property(retain,nonatomic)IBOutlet UILabel *distancesLabel;
-(IBAction)startLocation;
@end
```

在 ViewController.h 的最上方引入 Core Location 头文件，然后让 ViewController 遵循 CLLocationManagerDelegate。在类里声明了一个 CLLocationManager 指针变量，我们稍后将要操作它来实现定位。还声明了一个 CLLocation 变量，存储第一次位置更新时获取到的位置。类里还有 6 个 IBOutlet，分别对应着界面上的标签。最后在类里还要添加一个 IBAction 函数声明。

打开 ViewController.xib，把输出口和对应的标签相关联，startLocation 函数和定位按钮相关联。

### 3. 实现定位

打开 ViewController.m，修改代码如下：

```
#import "ViewController.h"

@implementation ViewController
//属性访问器
@synthesize locationManager,fromLocation,latitudeLabel,longitudeLabel,
            horizontalAccuracyLabel,altitudeLabel,
            verticalAccuracyLabel,distancesLabel;

-(void)dealloc{
    [locationManager stopUpdatingLocation];         //停止定位

    [locationManager release];                      //释放内存
    [fromLocation release];
    [latitudeLabel release];
    [longitudeLabel release];
    [horizontalAccuracyLabel release];
    [altitudeLabel release];
    [verticalAccuracyLabel release];
    [distancesLabel release];
    [super dealloc];
}
```

```objc
-(IBAction)startLocation{
    if (!locationManager) {
        locationManager = [[CLLocationManager alloc] init];
                                                                //初始化定位管理器
    }
    locationManager.delegate = self;                            //设置委托
    locationManager.desiredAccuracy = kCLLocationAccuracyBest;//设置精确度
    [locationManager startUpdatingLocation];                    //开始定位
}

#pragma mark -
#pragma mark CLLocationManagerDelegate
- (void)locationManager:(CLLocationManager *)manager
            didUpdateToLocation:(CLLocation *)newLocation
                   fromLocation:(CLLocation *)oldLocation {
    if (!fromLocation)
        self.fromLocation = newLocation;                        //保存初始位置

    //显示纬度
    NSString *latitudeString = [NSString stringWithFormat:@"%lf°",
                                newLocation.coordinate.latitude];
    latitudeLabel.text = latitudeString;

    //显示精度
    NSString *longitudeString = [NSString stringWithFormat:@"%lf°",
                                 newLocation.coordinate.longitude];
    longitudeLabel.text = longitudeString;
    //显示水平精确度
    NSString *horizontalAccuracyString = [NSString stringWithFormat:@"%lf",
                                          newLocation.horizontalAccuracy];
    horizontalAccuracyLabel.text = horizontalAccuracyString;
    //显示海拔
    NSString *altitudeString = [NSString stringWithFormat:@"%lf",
                                newLocation.altitude];
    altitudeLabel.text = altitudeString;
    //显示垂直精确度
    NSString *verticalAccuracyString = [NSString stringWithFormat:@"%lf",
                                        newLocation.verticalAccuracy];
    verticalAccuracyLabel.text = verticalAccuracyString;
    //计算距离
    CLLocationDistance distance = [newLocation
                                   distanceFromLocation:fromLocation];
    //显示距离
    NSString *distanceString = [NSString stringWithFormat:@"%lf", distance];
    distancesLabel.text = distanceString;
}

- (void)locationManager:(CLLocationManager *)manager
            didFailWithError:(NSError *)error {
    //判断错误类型
```

## 第 15 章 Core Location 定位

```
NSString *errorDetail = (error.code == kCLErrorDenied) ?
                    @"定位服务被拒绝" : @"目前暂时无法确定您的位置";
//弹出错误提示
UIAlertView *alert = [[UIAlertView alloc] initWithTitle:@"发生错误"
                        message:errorDetail delegate:nil
                        cancelButtonTitle:@"Okay"
                            otherButtonTitles:nil];
[alert show];
[alert release];
}
```

在 ViewController 类里，我们利用 Core Location 实现了定位，下面一起来看看具体过程。

(1) 开始定位

在 startLocation 函数里初始化 locationManager：

```
if (!locationManager) {
    locationManager = [[CLLocationManager alloc] init];
                                                            //初始化定位管理器
}
```

设置当前类作为 CLLocationManager 的委托：

```
locationManager.delegate = self;                            //设置委托
```

精确度设置为最佳精确度：

```
locationManager.desiredAccuracy = kCLLocationAccuracyBest;  //设置精确度
```

然后，调用 startUpdatingLocation 开始定位：

```
[locationManager startUpdatingLocation];                    //开始定位
```

我们在 dealloc 函数里结束定位：

```
[locationManager stopUpdatingLocation];                     //停止定位
```

(2) 取到位置后的处理

接下来实现 locationManager:didUpdateToLocation:fromLocation:函数，首先把第一次更新取到的位置保存到 fromLocation 中：

```
if (!fromLocation)
    self.fromLocation = newLocation;                        //保存初始位置
```

然后依次取出 newLocation 里的位置信息（经度、纬度和海拔等）更新所有的标签，同时根据最新位置计算出用户移动的距离，更新 distancesLabel 标签：

```
//计算距离
CLLocationDistance distance = [newLocation distanceFromLocation:
fromLocation];
//显示距离
NSString *distanceString = [NSString stringWithFormat:@"%lf", distance];
```

```
distancesLabel.text = distanceString;
```

**注意**：CLLocationDistance 和 CLLocationAccuracy 等都是 double 类型，所以格式化时用%lf。

（3）错误处理

当检测到 locationManager:didFailWithError:被调用，首先判断错误是不是因为用户拒绝定位服务引起的：

```
//判断错误类型
NSString *errorDetail = (error.code == kCLErrorDenied) ? @"定位服务被拒绝" : @"目前暂时无法确定您的位置";
```

如果错误码是 kCLErrorDenied，那么把错误信息定义为"定位服务被拒绝"，如果不是那么直接告诉用户"目前暂时无法确定您的位置"。接着弹出警告提示，因为所有的定位工作都是系统自动进行的，所以一旦发生错误，一定要通知用户：

```
//弹出错误提示
UIAlertView *alert = [[UIAlertView alloc] initWithTitle:@"发生错误"
                     message:errorDetail delegate:nil
                     cancelButtonTitle:@"Okay"
                     otherButtonTitles:nil];
[alert show];
[alert release];
```

### 4．运行程序

编译并在模拟器里运行程序，待程序主界面弹出后，单击左下角的定位按钮，程序立即弹出一个警告框，要求获得我们的授权，如图 15.7 所示。

单击"好"按钮，模拟器开始定位，并且在很短的时间内返回了部分位置数据，如图 15.8 所示。

图 15.7　定位前程序会询问用户是否授权

图 15.8　使用模拟器定位后的结果

模拟器可以取到经纬度，不过无法获取海拔和垂直精确度，而且也无法移动，最好在真机上测试。读者可以把程序装在自己的 iPhone 上，打开定位，然后出门去放松下，最好可以开车或者骑车去某个稍有距离的地点，然后观察下自己的位置情况，绝对有一种手持导航仪的感觉！

## 15.5 小　　结

　　本章的内容难度不大，读者应该掌握了 Core Location 的基本原理和使用方法。读者不用关心 iPhone 究竟是怎么定位的，那里面涉及了许多复杂精密的算法，这都是苹果高度机密的数据模型，我们也无法获得。因此读者只需要会用 Core Location 框架提供的 API 就可以了。

## 15.6 习　　题

【简答题】
1．所有的定位技术中最精确的是哪一种？
2．使用 Core Location，设置精确度需要操作哪个属性？
3．定位不可避免的会加剧电量的消耗，我们需要注意些什么？

# 第 16 章 重力感应和加速计

重力感应是 iPhone 最吸引人的特性之一。基于本特性 iOS 平台上产生了许多很有创意的游戏和应用，例如赛车游戏让手机变换为虚拟的方向盘，倾斜设备就可以控制方向盘的方向。如果开发者在自己的程序中合理的使用加速计，无疑会让用户体验更上一层楼。iPhone 依靠加速计可以知道用户手持设备的方向，如果设备开启了自动旋转功能，用 Safari 浏览网页时，系统会根据当前的设备方向来控制网页显示，图 16.1 显示了网页在竖屏时的样式。

图 16.1 系统检测到设备方向为竖屏

如果把手机方向横过来，系统的内置加速计会检测到这个动作，网页就会自动旋转，显示样式也自动适应新的变化，如图 16.2 所示。

在本章中，读者将会了解加速计的物理原理，然后学习加速计类 UIAccelerometer 类。本章会创建两个程序，都会用到加速计，其中第一个程序要简单些，第二个稍复杂。本章主要涉及到的知识点如下所示。

第 16 章　重力感应和加速计

图 16.2　设备为横屏时，网页样式也随之发生了变化

- 加速计的物理原理：了解什么是三轴加速计和其物理原理。
- UIAccelerometer：学会 UIAccelerometer 的使用。
- 加速计的使用：通过示例程序，熟练的掌握如何使用加速计。
- CoreMotion：了解运动管理器的使用方式。

注意：对本书的大部分程序而言，使用模拟器是完全可行的，可惜模拟器无法模拟加速计和重力感应，必须有一部可以调试的真机。

## 16.1　加速计的物理原理

旋转和摇晃手机时，系统可以感受到方向变化和摇晃的动作，主要是因为 iPhone 的内置加速计。iPhone 所采用的加速计是三轴加速计，分为 X 轴、Y 轴和 Z 轴，如图 16.3 所示。

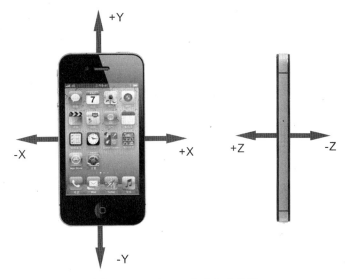

图 16.3　iPhone 三个方向上的轴

iPhone 的左右两侧是 X 轴，贯穿上下的是 Y 轴，而穿过机身正面的是 Z 轴，这三个轴所构成的立体空间足以侦测到你在 iPhone 上的各种动作。图 16.4 所示以更加立体的视角展示了这三个轴的空间位置关系，这需要一点点立体几何的想象力，不过我们相信读者都可以轻松做到。

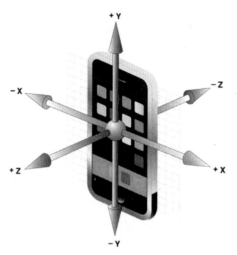

图 16.4　X、Y、Z 三轴的空间位置关系

在实际应用时通常是以这三个轴（或任意两个轴）所构成的角度来计算 iPhone 倾斜的角度，从而计算出重力加速度的值。

如果读者对物理有一定的了解，那么应该知道 g 代表重力（gravity），g 一般取 9.8N/kg。如果加速计返回 1.0，表示在特定方向上感知到 1g，如果 iPhone 是平衡状态而没有任何运动，那么设备的重力为 1g，iPhone 此时的方向如果是竖直的，那么加速计可以检测到其 Y 轴上施加的力大约为 1g，其他两个轴上就没有力。不过在大多数情况下，人们都不会完全垂直的手握 iPhone，总会有一点角度，1g 的力量就会分布到不同的轴上，如果恰好以 45°角手握 iPhone，那么 1g 的力量就会均匀地分布到两个轴上。

假如突然摇晃手机，那么加速计的值就会瞬间大于 1g。iPhone 上有一款保龄球游戏，要求用户用力甩动手机，游戏就会做出抛掷保龄球的动作，这时系统在某个方向上会检测到远大于 1g 的力量。

注意：iPhone 4、iPad 2 等设备加入了陀螺仪，可以更加精准地检测到倾斜的角度。

## 16.2　获取朝向

如果设备的朝向发生了变化，该如何检测呢？可以调用加速计并根据它返回的值判断设备的朝向，也可以使用 UIDevice 类来达成目的，我们推荐采用后者。UIDevice 代表着当前的设备，只要调用它的方法 beginGeneratingDeviceOrientationNotifications，系统会自动在朝向发生变化时发送一个通知，然后在通知中心进行注册就可以了，每当设备方向改变时，就会调用 OrientationChange:函数，代码如下：

```
[[UIDevice                                                    currentDevice]
beginGeneratingDeviceOrientationNotifications];
[[NSNotificationCenter defaultCenter] addObserver:self
                            selector:@selector(OrientationChange:)
                            name:UIDeviceOrientationDidChange
                            Notification object:nil];
```

如果不需要检测朝向变化了，调用函数 endGeneratingDeviceOrientationNotifications 解除检测。除此之外，使用 UIDevice 还可以获取当前的朝向，代码如下：

```
UIDeviceOrientation    orientation   =   [[UIDevice    currentDevice]
orientation];
```

Orientation 属性的值有以下几种，分别对应所有可能的方向。
- UIDeviceOrientationPortrait：设备竖立，Home 键在下，这是正常的情况。
- UIDeviceOrientationPortraitUpsideDown：设备倒立，Home 键在上方。
- UIDeviceOrientationLandscapeLeft：设备歪倒，Home 键在右侧。
- UIDeviceOrientationLandscapeRight：设备歪倒，Home 键在左侧。
- UIDeviceOrientationFaceUp：设备正面朝上。
- UIDeviceOrientationFaceDown：设备正面朝下。

> 注意：UIDevice 类还能提供许多与设备有关的信息，包括唯一串号和设备类型等等，这里就不再深入介绍了。

## 16.3 访问加速计

加速计对应的类是 UIAccelerometer，使用前需要先创建一个实例对象，并设置某些参数，下面作下简单介绍。

（1）获取 UIAccelerometer 引用

```
UIAccelerometer *accelerometer = [UIAccelerometer sharedAccelerometer];
```

创建 UIAccelerometer 实例的方法是调用 sharedAccelerometer 方法，这是一个 class 方法，因为 UIAccelerometer 类是一个单例，使用前不用初始化。

（2）设置代理

UIAccelerometer 的代理类为 UIAccelerometerDelegate，在程序中使用加速计必须要为获取到的 UIAccelerometer 实例指定代理：

```
accelerometer.delegate = self;
```

（3）更新间隔

在加速计开始工作前需要设置更新时间间隔，这一点和 Core Location 很像。iPhone

加速计最高支持每秒 100 次查询，一般情况可以设置查询频率为 1/60。

```
accelerometer.updateInterval=1.0f/60.0f;
```

🔔 **注意**：iPhone 虽然允许每秒 100 次查询加速计，但频率过高无疑会加重系统和电池电量的负担，而且也不是很有必须。

## 16.3.1 UIAcceleration 加速计

iPhone 加速计可以检测 X、Y 和 Z 轴上的加速度，读者现在应该已经了解了，那么具体的信息又是怎么传达给我们的呢？就是通过 UIAcceleration，UIAcceleration 是一个加速度类，而 UIAccelerometer 是加速计类，读者不要弄混。每个 UIAcceleration 实例都有 x、y 和 z 三个属性，类型都是 UIAccelerationValue（即 double 类型）。如果值为 0，表示加速计在此方向上没有检测到任何运动，只要某一个方向有运动就会检测到值，不管是正值还是负值。下面来看下 iPhone 在各个方向下的受力情况。

（1）竖直（正立）

只有 Y 轴受力，力量大小为–1，计量单位为 g，方向朝下，如图 16.5 所示。

图 16.5　竖直方向的受力情况

（2）倒立

iPhone 还是竖直的，只不过方向倒立过来了，Home 键在最上面，此时 Y 轴受力为 1，如图 16.6 所示。

第 16 章　重力感应和加速计

图 16.6　竖直倒立方向的受力情况

（3）朝右横放

把 iPhone 朝右放倒，Home 键位于左侧，此时 X 轴受力，受力大小为 1，如图 16.7 所示。

图 16.7　朝右横放后的受力情况

（4）朝左横放

此时还是 X 轴受力，只不过换成了负半轴区域受力，大小为 –1，如图 16.8 所示。

图 16.8　朝左横放后的受力情况

（5）朝上平放

如果把 iPhone 平放在座子上，手机屏幕朝上，此时 Z 轴受力，力量大小为–1，如图 16.9 所示。

图 16.9　朝上平放后的受力情况

（6）朝下平放

把 iPhone 的背面朝上，屏幕一面朝下放在座子上，Z 轴的受力大小就变为 1，如图 16.10 所示。

图 16.10　朝下平放后的受力情况

注意：读者最好像背公式一样记住这几种情况。

## 16.3.2　实现 accelerometer:didAccelerate:方法

下面来看看 UIAccelerometer 的代理，UIAccelerometerDelegate 只有一个需要实现的方法，函数声明如下：

```
-(void)accelerometer:(UIAccelerometer*)accelerometer
           didAccelerate:(UIAcceleration *)acceleration;
```

我们必须实现它才能获得加速计的测量值，委托类将以设定的频率收到更新。

### 1．检测摇晃

如今 iOS 平台上许多的应用程序都支持摇晃功能，某种意义上说，利用加速计摇晃设备和手势一样，也是用户交互的一种方式。摇动功能的原理很简单，主要是检查某个轴上的绝对值是否大于阈值。正常使用 iPhone 时，三个轴之一的值通常在 1.3g 左右，若要远高于此值，则需要刻意施加力量。要检测摇动，只要检查 acceleration 各值的绝对值是否位于 1.5g（轻微摇动）和 2.0g（剧烈摇动）之间。来看下面这一段代码：

```
- (void)accelerometer:(UIAccelerometer *)accelerometer
```

## 第16章 重力感应和加速计

```
                    didAccelerate:(UIAcceleration *)acceleration {
  if (fbasf(acceleration.x)>2.0 || fbasf(acceleration.y)>2.0 ||
                 fbasf(acceleration.z)>2.0 ) {
  }
}
```

fbasf 是一个数学函数,专门计算绝对值。上述方法可以检测到任一轴上任何超过 2g 力的运动。我们可以自己制定摇晃的规则,比如规定摇动设备必须到一定次数,而且时间要限制在 1.5 秒以内,这样可以淘汰那些较轻柔的摇晃动作,具体代码如下:

```
- (void)accelerometer:(UIAccelerometer *)accelerometer
                 didAccelerate:(UIAcceleration *)acceleration {
  static NSInteger shakeCount=0;
  static NSDate *shakeStart;
  
  NSDate *now=[[NSDate alloc] init];                    //记录当前日期
  //记录比第一次摇晃1.5秒后的日期
  NSDate *checkDate=[[NSDate alloc] initWithTimeInterval:1.5f sinceDate:
  shakeStart];
  
  //判断当前摇晃是否超时或第一次摇晃
  if ([now compare:checkDate]==NSOrderedDescending || shakeStart ==nil) {
  shakeCount=0;                                          //摇晃次数初始化为0
  [shakeStart release];
  shakeStart=[[NSDate alloc] init];                      //记录第一次摇晃日期
  }
  [now release];
  [checkDate release];
  
  if (fbasf(acceleration.x)>2.0 || fbasf(acceleration.y)>2.0 || fbasf
  (acceleration.z)>2.0 ) {
      shakeCount++;                                      //累加摇晃次数
      if (shakeCount>4) {
       [self doSomething];                               //摇晃达到四次
       shakeCount=0;
       [shakeStart release];
       shakeStart=[[NSDate alloc] init];
      }
  }
}
```

下面分析下这段代码的含义:
(1) 记录摇晃日期

摇晃次数 shakeCount 和摇晃初始日期 shakeStart 都用 static 修饰,static 变量只初始化一次。然后记录当前摇晃的日期:

```
NSDate *now=[[NSDate alloc] init];                    //记录当前日期
```

### (2)检测摇晃动作是否超时

判断本次摇晃是否已经比第一次摇晃超出 1.5 秒，也有可能这就是第一次摇晃，如果条件都不符合，那么把 shakeCount 和 shakeStart 全部归 0：

```
//判断当前摇晃是否超时或第一次摇晃
if ([now compare:checkDate]==NSOrderedDescending || shakeStart ==nil) {
  shakeCount=0;                                      //摇晃次数初始化为 0
  [shakeStart release];
  shakeStart=[[NSDate alloc] init];                  //记录第一次摇晃日期
}
```

### (3)检测剧烈摇晃

```
if (fbasf(acceleration.x)>2.0 || fbasf(acceleration.y)>2.0 || fbasf
(acceleration.z)>2.0 ) {
  shakeCount++;                                      //累加摇晃次数
  if (shakeCount>4) {
    [self doSomething];                              //摇晃达到四次
    shakeCount=0;
    [shakeStart release];
    shakeStart=[[NSDate alloc] init];
  }
}
```

检测到剧烈晃动，把 shakeCount++，如果达到四次，调用 doSomething 函数，同时把所有计数单位全部清空。

#### 2．控制方向

接着来看看如何使用加速计来控制方向。例如，在赛车游戏中颇为流行的一种操作方式，当设备向左倾斜时，方向盘就向左打，设备向右倾斜时，方向盘向右打。具体如何将加速计用作控制器，这很大程度上取决于游戏的特定机制。在很简单的情况下，可能只需要获取一个轴的值，乘以某个数，然后添加到所控制对象的坐标系中。

使用加速计作为控制器有一个比较费神的问题，那就是 delegate 方法并不能保证以指定的间隔回调。如果告诉加速计每秒钟更新 60 次委托类，所能确定的仅仅是他每秒钟更新的次数绝对不会多于 60 次，不过系统不能保证每秒得到 60 次均匀分割的更新。

## 16.4 摇动换肤

我们先创建一个使用加速计的小程序，可以作为稍后较为复杂的滚球程序的热身，本程序的目的要实现摇晃换肤功能。通过摇晃设备进行人机交互在 iPhone 程序中并不鲜见，比如听音乐时甩一下手机就可以切换歌曲，某些程序会在摇晃时更改 UI 主题，而本程序比较简单，其实就是在摇晃手机时，更换程序的背景色。

### 16.4.1 创建 ChangeSkin 程序

打开 Xcode，新建一个基于 Single View Application 模板的程序，程序命名为"ChangeSkin"，这次不需对程序界面做什么修改，先打开 ViewController.h，添加一个记录摇晃日期的 NSDate 变量，并让 ViewController 遵守 UIAccelerometerDelegate 协议：

```objc
#import <UIKit/UIKit.h>

@interface ViewController : UIViewController<UIAccelerometerDelegate>
{
    NSDate* shakeDate;                              //日期
}
@property(retain,nonatomic) NSDate* shakeDate;
@end
```

接着切换到 ViewController.m，修改代码如下：

```objc
#import "ViewController.h"
#define SHAKE_VALUE    2.0f                         //摇晃力量阈值
#define SHAKE_INTERVAL 1.5f                         //摇晃时间间隔
@implementation ViewController
@synthesize shakeDate;

-(void)dealloc{
    [shakeDate release];
    [[UIAccelerometer sharedAccelerometer] setDelegate:nil];
                                                    //停止监测加速计
    [super dealloc];
}

#pragma mark - View lifecycle

- (void)viewDidLoad
{
[super viewDidLoad];
//获取加速计实例
    UIAccelerometer *accelerometer = [UIAccelerometer sharedAccelerometer];
    accelerometer.delegate = self;                  //设置委托
    accelerometer.updateInterval = 1/30;            //设置间隔
}
```

在 ViewController.m 的最上方定义了两个宏定义，SHAKE_VALUE 为限制摇晃力量的阈值，大小为 2.0f，也就说我们必须使用一定力度摇晃手机。SHAKE_INTERVAL 为 1.5f，目的是限制更新背景时间间隔，必须保证摇晃的时间在 1.5 秒以上，才能切换背景。在 ViewDidLoad 函数里创建 UIAccelerometer 实例，并设置本类为 UIAccelerometer 的委托，而且更新频率设置为 1/30：

```objc
//获取加速计实例
```

```
UIAccelerometer *accelerometer = [UIAccelerometer sharedAccelerometer];
accelerometer.delegate = self;                          //设置委托
accelerometer.updateInterval = 1/30;                    //设置间隔
```

### 16.4.2 实现换肤功能

现在在 ViewController.m 中实现 UIAccelerometerDelegate 代理方法，代码如下：

```
#pragma mark -
#pragma mark UIAccelerometerDelegate
- (void)accelerometer:(UIAccelerometer *)accelerometer
                        didAccelerate:(UIAcceleration
*)acceleration{

    NSDate *nowDate=[[NSDate alloc] init];              //记录当前日期
    if(!shakeDate){
        self.shakeDate=nowDate;                         //第一次摇晃
    }

    NSDate *checkDate=[[NSDate alloc]
            initWithTimeInterval:SHAKE_INTERVAL sinceDate:shakeDate];

    //检查日期是否已经超过1.5秒
    if ([nowDate compare:checkDate]==NSOrderedDescending) {
        //检查摇晃力量是否超过了指定值
        if (fabs(acceleration.x) > SHAKE_VALUE
            || fabs(acceleration.y) > SHAKE_VALUE
            || fabs(acceleration.z) > SHAKE_VALUE)
        {
            UIColor *color=self.view.backgroundColor;   //背景颜色
            //切换背景颜色
            if ([color isEqual:[UIColor blueColor]]) {
                self.view.backgroundColor=[UIColor redColor];
            }
            else{
                self.view.backgroundColor=[UIColor blueColor];
            }
            NSDate *date=[[NSDate alloc] init];
            self.shakeDate=date;                        //第一次记录日期清空，重新记录
            [date release];
        }
    }
}
```

首先判断当前摇晃的日期是否已经比第一次摇晃的日期过了1.5秒：

```
if ([nowDate compare:checkDate]==NSOrderedDescending) {
```

如果符合，接着判断加速计在三轴上的值是否大于2.0g：

```
if (fabs(acceleration.x) > SHAKE_VALUE
        || fabs(acceleration.y) > SHAKE_VALUE
        || fabs(acceleration.z) > SHAKE_VALUE)
{
```

如果也符合，那么更换背景，程序的背景只有两种颜色，要么红色要么蓝色，最后要把 shakeDate 的值清空，重新记录新的时间：

```
UIColor *color=self.view.backgroundColor;   //背景颜色
//切换背景颜色
if ([color isEqual:[UIColor blueColor]]) {
      self.view.backgroundColor=[UIColor redColor];
}
else{
      self.view.backgroundColor=[UIColor blueColor];
}
NSDate *date=[[NSDate alloc] init];
self.shakeDate=date;                        //第一次记录日期清空，重新记录
```

现在把程序运行在 iPhone 真机上，握住设备，用力摇晃，可以看到程序的背景颜色伴随我们的动作非常酷的来回切换。

## 16.5　滚球小游戏

即将开始的这个程序借助了绿荫场的背景风格，让 iPhone 屏幕看起来就像一个足球场，上面有一个小小的足球，只要倾斜设备，足球就会滚动；向左倾斜，小球就向左滚动；向右倾斜，足球就会朝右侧滚动，而且倾斜的越厉害，足球滚动的速度就越快，所有的运动就像在真实环境中的那样。

### 16.5.1　实现主视图控制器

打开 Xcode，新建工程，模板选择"Single View Application"，程序命名为"RollBall"。在随书附带的光盘里找到一个名为"ball.png"的图片，然后添加到工程里，位置还是放在 Supporting Files 目录下。下面实现主视图控制器，我们分两步完成，步骤如下：

（1）创建 BallView 类；
（2）实现 UIAccelerometerDelegate 代理方法。

#### 1. 创建BallView类

在 Xcode 中新建文件，类型选择继承自 UIView，文件命名为"BallView"，控制小球运动和界面更新的代码都要写在 BallView 里。打开 ViewController.xib，单击 View，在属性面板中把 Class 修改为 BallView，如图 16.11 所示。

现在 ViewController 的 View 就变成了 BallView，右击 File's Owner，查看 Outlets

后可以发现 view 已经和 Ball View 关联在一起了，如图 16.12 所示。

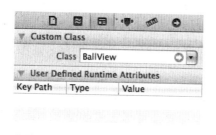

图 16.11　修改 View 的 Class 属性为 BallView　　图 16.12　BallView 已成为 ViewController 的 view

### 2. 实现UIAccelerometerDelegate代理方法

打开 ViewController.h，让 ViewController 类符合 UIAccelerometerDelegate 协议，代码如下：

```
#import <UIKit/UIKit.h>
@interface ViewController : UIViewController<UIAccelerometerDelegate>
@end
```

ViewController 类不需要添加任何的成员变量。

打开 ViewController.m，实现 accelerometer:didAccelerate:代理方法：

```
#pragma mark -
#pragma mark UIAccelerometerDelegate
- (void)accelerometer:(UIAccelerometer *)accelerometer
      didAccelerate:(UIAcceleration *)acceleration {
  BallView *ballview=(BallView *)self.view;
  ballview.acceleration=acceleration;
  [ballview draw];
}
```

> 注意：BallView 设置为 ViewController 的 View 以后，就会自动适配变成全屏显示，不用再担心 BallView 的大小。

## 16.5.2　编写 BallView

BallView 类负责计算小球的运动以及显示小球的"滚动"，关于 BallView 类我们会分四步完成，步骤如下：

（1）在 BallView 类中添加必要的成员变量；
（2）在 BallView.m 里绘制小球轨迹；
（3）实现 draw 函数；

（4）运行程序。

### 1. 添加成员变量

打开 BallView.h，添加代码如下：

```
#import <UIKit/UIKit.h>
#define kVelocityMultiplier    500

@interface BallView : UIView {
    UIImage *image;

    CGPoint    currentPoint;         //小球当前位置
    CGPoint    previousPoint;        //小球上一次位置

    UIAcceleration *acceleration;    //加速对象
    CGFloat    ballXVelocity;        //X轴速度
    CGFloat    ballYVelocity;        //Y轴速度
}
@property (nonatomic, retain) UIImage *image;
@property CGPoint currentPoint;
@property CGPoint previousPoint;
@property (nonatomic, retain) UIAcceleration *acceleration;
@property CGFloat ballXVelocity;
@property CGFloat ballYVelocity;
- (void)draw;
@end
```

BallView 类中需要计算的地方比较多，而且小球的位置和速度信息也要做到及时保存，下面来分析下这几个成员变量的分工。

image 是一张图片，很明显就是屏幕上的小球，然后看两个 CGPoint 变量：

```
CGPoint    currentPoint;         //小球当前位置
CGPoint    previousPoint;        //小球上一次位置
```

currentPoint 保存的是小球当前的点，previousPoint 则保存上一次的点，我们会通过这两个点建立一个更新矩形，这个矩形就是小球运动的新旧位置，然后在新位置绘制小球，除掉旧位置。还要保存加速对象，这很重要：

```
UIAcceleration *acceleration;    //加速对象
```

ballXVelocity 和 ballYVelocity 是两个 CGFloat 变量，用于保存小球在 X 和 Y 轴上的相对速度：

```
CGFloat    ballXVelocity;        //X轴速度
CGFloat    ballYVelocity;        //Y轴速度
```

它们会跟 acceleration 配合起来，计算出在加速情况下小球的瞬时速度。

## 2. 绘制小球轨迹

打开 BallView.m，添加代码如下：

```objc
@implementation BallView
@synthesize image,currentPoint,previousPoint,acceleration,ballXVelocity,
ballYVelocity;
- (id)initWithCoder:(NSCoder *)coder {

    if (self = [super initWithCoder:coder]) {
        //把绿荫场的图片设置为背景
        self.backgroundColor=[UIColor
            colorWithPatternImage:[UIImage imageNamed:@"field.png"]];;
        self.image = [UIImage imageNamed:@"ball.png"];
        //设置小球位置
        self.currentPoint = CGPointMake((self.bounds.size.width / 2.0f) +
                        (image.size.width / 2.0f),
                        (self.bounds.size.height / 2.0f) + (image.size.
                        height / 2.0f));

        ballXVelocity = 0.0f;           //设置初始 X 值
        ballYVelocity = 0.0f;           //设置初始 Y 值
    }
    return self;
}

- (void)drawRect:(CGRect)rect {
    [image drawAtPoint:currentPoint];        //绘制小球位置
}

- (void)dealloc {
    [image release];
    [acceleration release];
    [super dealloc];
}

#pragma mark -
- (CGPoint)currentPoint {
    return currentPoint;                     //返回当前点
}
- (void)setCurrentPoint:(CGPoint)newPoint {
    previousPoint = currentPoint;            //及时更新位置点
    currentPoint = newPoint;

    //小球在 X 轴的位置下限
    if (currentPoint.x < 0) {
        currentPoint.x = 0;
        ballXVelocity = - (ballXVelocity / 2.0);
    }
    //小球在 Y 轴的位置下限
```

```
    if (currentPoint.y < 0){
        currentPoint.y = 0;
        ballYVelocity = - (ballYVelocity / 2.0);
    }
    //小球在 X 轴的位置上限
    if (currentPoint.x > self.bounds.size.width - image.size.width) {
        currentPoint.x = self.bounds.size.width - image.size.width;
        ballXVelocity = - (ballXVelocity / 2.0);
    }
    //小球在 Y 轴的位置上限
    if (currentPoint.y > self.bounds.size.height - image.size.height) {
        currentPoint.y = self.bounds.size.height - image.size.height;
        //ballYVelocity = 0;
        ballYVelocity = - (ballYVelocity / 2.0);
    }

    //小球所在的当前矩形区域
    CGRect currentImageRect = CGRectMake(currentPoint.x, currentPoint.y,
                                currentPoint.x + image.size.width,
                                currentPoint.y + image.size.height);
    //小球所在的上一次矩形区域
    CGRect previousImageRect = CGRectMake(previousPoint.x, previousPoint.y,
                                previousPoint.x + image.size.width,
                                currentPoint.y + image.size.width);
    //小球在指定区域内刷新
    [self setNeedsDisplayInRect:CGRectUnion(currentImageRect,
                                previousImageRect)];
}
```

下面对代码进行分析：

（1）实现初始化函数

BallView 类是从 nib 文件加载的，初始化时会调用 initWithCoder:，即使重写 init:函数，系统也不会调用，在初始化函数里为程序添加背景图片和小球图片：

```
//把绿荫场的图片设置为背景
self.backgroundColor=[UIColor
            colorWithPatternImage:[UIImage imageNamed:@"field.png"]];
self.image = [UIImage imageNamed:@"ball.png"];
```

然后，把小球放置在差不多屏幕的中央位置，并把 ballXVelocity 和 ballYVelocity 设置为 0：

```
//设置小球位置
self.currentPoint = CGPointMake((self.bounds.size.width / 2.0f) +
                        (image.size.width / 2.0f),
                        (self.bounds.size.height / 2.0f) + (image.
                            size.height / 2.0f));
ballXVelocity = 0.0f;
ballYVelocity = 0.0f;
```

（2）重载 drawRect:

在 drawRect:重绘小球的位置，从代码的角度来讲，即在 currentPoint 位置加载 image：

```
- (void)drawRect:(CGRect)rect {
    [image drawAtPoint:currentPoint];         //绘制小球位置
}
```

（3）设置 currentPoint

每次对 currentPoint 赋值时，都会自动转到 setCurrentPoint:函数，在里面对小球的位置进行了限制，这样小球就只能在屏幕范围内滚动：

```
//小球在 X 轴的位置下限
if (currentPoint.x < 0) {
    currentPoint.x = 0;
    ballXVelocity = - (ballXVelocity / 2.0);
}
//小球在 Y 轴的位置下限
if (currentPoint.y < 0){
    currentPoint.y = 0;
    ballYVelocity = - (ballYVelocity / 2.0);
}
//小球在 X 轴的位置上限
if (currentPoint.x > self.bounds.size.width - image.size.width) {
    currentPoint.x = self.bounds.size.width - image.size.width;
    ballXVelocity = - (ballXVelocity / 2.0);
}
//小球在 Y 轴的位置上限
if (currentPoint.y > self.bounds.size.height - image.size.height) {
    currentPoint.y = self.bounds.size.height - image.size.height;
    ballYVelocity = - (ballYVelocity / 2.0);
}
```

每当小球滚动到"球场"边界时，还要设置 ballXVelocity 和 ballYVelocity 的值，小球就会像撞到墙壁一样弹起来。为了让小球动起来的效果更加真实，根据前后点计算出小球应该运动的矩形区域：

```
//小球所在的当前矩形区域
CGRect currentImageRect = CGRectMake(currentPoint.x, currentPoint.y,
                                    currentPoint.x + image.size.width,
                                    currentPoint.y + image.size.height);
//小球所在的上一次矩形区域
CGRect previousImageRect = CGRectMake(previousPoint.x, previousPoint.y,
                                     previousPoint.x + image.size.width,
                                     currentPoint.y + image.size.width);
```

接着对这个区域进行刷新，没有必要刷新整个屏幕，调用 setNeedsDisplayInRect:后，系统会自动调用 drawRect:函数：

```
//小球在指定区域内刷新
[self setNeedsDisplayInRect:CGRectUnion(currentImageRect,
```

```
                                              previousImageRect)];
```

> 注意：currentPoint 属性已经声明了 @synthesize，这样系统就会执行已经写好的 set 方法。

### 3. 实现draw函数

这个函数比较难懂，它计算出小球应该所处的瞬时位置，只要系统的加速计返回更新，这个方法就会被调用，在 BallView 里把 draw 的实现添加进去：

```
- (void)draw {
    //记录本次执行draw函数的时间，供下次查询
    static NSDate *lastDrawTime;

    if (lastDrawTime != nil) {
        //计算上一次到现在的时间
        NSTimeInterval secondsSinceLastDraw =
        -([lastDrawTime timeIntervalSinceNow]);
        //计算X、Y轴的加速度
        ballYVelocity = ballYVelocity + -(acceleration.y *
                                           secondsSinceLastDraw);
        ballXVelocity = ballXVelocity + acceleration.x *
        secondsSinceLastDraw;

        CGFloat xAcceleration = secondsSinceLastDraw * ballXVelocity * 500;
        CGFloat yAcceleration = secondsSinceLastDraw * ballYVelocity * 500;

        self.currentPoint = CGPointMake(self.currentPoint.x + xAcceleration,
                                          self.currentPoint.y +yAcceleration);
    }
    //更新重绘时间
    [lastDrawTime release];
    lastDrawTime = [[NSDate alloc] init];

}
@end
```

（1）计算小球加速运动所需要的时间

首先创建一个 static 变量 lastDrawTime，它会把本次执行 draw 函数的时间保存下来，这样下次就可以查询使用。接着计算出 lastDrawTime 到现在的时间：

```
NSTimeInterval secondsSinceLastDraw =-([lastDrawTime timeIntervalSinceNow]);
```

lastDrawTime 是过去的某个时间，调用 timeIntervalSinceNow 后返回的是个负值，所以我们再把结果求反。

（2）计算 X 和 Y 加速度

在真实的情景下，物体在运动时由于受到摩擦力等外力影响，加速度会不断发生改变：

```
//计算X、Y轴的加速度
ballYVelocity = ballYVelocity + -(acceleration.y *secondsSinceLastDraw);
ballXVelocity = ballXVelocity + acceleration.x *secondsSinceLastDraw;
```

（3）计算出小球移动的位置

现在已经得到了加速度，接着把加速度乘以时间再乘以 500，就可以计算出小球要移动的像素大小。乘以 500 的目的是让小球产生自然移动的效果，否则小球的加速度会非常小：

```
CGFloat xAcceleration = secondsSinceLastDraw * ballXVelocity * 500;
CGFloat yAcceleration = secondsSinceLastDraw * ballYVelocity * 500;
```

（4）计算出小球新位置

```
self.currentPoint = CGPointMake(self.currentPoint.x + xAcceleration,
                                self.currentPoint.y +yAcceleration);
```

把当前位置和加速度相加，把得到的新位置赋值给 currentPoint。

### 4．运行程序

好了，现在读者可以稍微放松下，运行程序，试着倾斜自己的 iPhone 来移动小球，如果小球滚到屏幕的边缘就会自动停止。程序的运行情景如图 16.13 所示。

图 16.13　程序运行时的情景

## 16.6　了解 CoreMotion

其实除了使用 Accelerometer 得到重力加速度分量，然后通过滤波得到加速度值外，通过 iOS 的 CoreMotion 框架下的某个类也可以获取加速度，而且更为方便。使用 CoreMotion 前，需要导入 CoreMotion.framework，如图 16.14 所示。

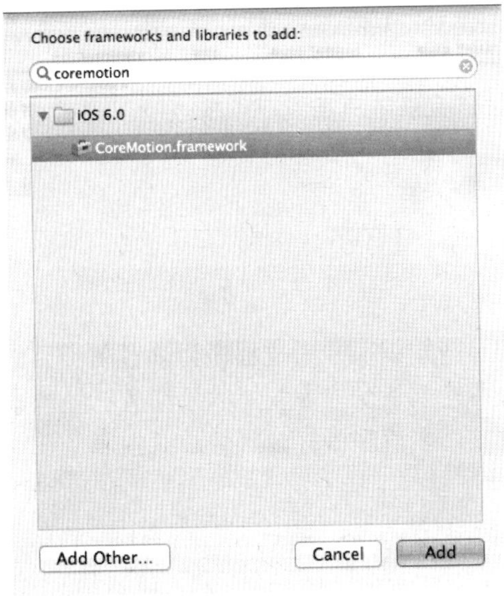

## 第 16 章 重力感应和加速计

图 16.14 导入 CoreMotion.framework

然后在相应类中引入 CoreMotion 头文件，使用方式如下：

```
-(void)startMotion{

    CMMotionManager *motionManager = [[CMMotionManager alloc] init];
    //检查传感器在设备上是否可用
if (!motionManager.accelerometerAvailable) {
    return;
}

    motionManager.accelerometerUpdateInterval = 0.01;   //更新频率是100Hz
    [motionManager startAccelerometerUpdates];   //开始更新，后台线程开始运行

[motionManager startAccelerometerUpdatesToQueue:
[NSOperationQueue    currentQueue]    withHandler:^(CMAccelerometerData
*latestAcc,
 NSError *error)
{
  [self doSomethingelse];                          //做自己的事情
    }];
}
```

前面说的 CoreMotion 框架下的某个类就是 CMMotionManager，我们称之为运动管理器，初始化一个 CMMotionManager 实例，设置好更新频率就可以工作了，每当从加速计和采集到数据后就会回调这个 Block。这个处理有两个参数——latestAcc 和 error，error 是 NSError 类型包含错误信息，latestAcc 是个 CMAccelerometerData 类型对象，这是我们最关心的，包含 X、Y 和 Z 轴的加速度。

停止更新的话，调用 CMMotionManager 类的结束方法：

```
[motionManager stopAccelerometerUpdates];
```

```
/[motionManager stopGyroUpdates];
```

> **注意**：不合适的频率会影响程序的性能，以及电量，这需要不断测试寻找最佳频率。

## 16.7 小 结

本章介绍了加速计的一些知识，并通过程序为读者演示了如何使用加速计。运用好加速计，我们可以实现许多的创意变成现实。如果读者已经对本章所学非常熟悉了，那么就开始学习下一章的内容，在程序里打开摄像头并拍照。

## 16.8 习 题

【简答题】
1. 摇晃手机的次数是否可以检测出？
2. 为了让数据更精确，加速计的更新频率设置越高越好，是否正确？

【实践题】
结合前面做过的图片切换的程序，把加速计应用到里面，实现甩动手机图片切换功能。

# 第 17 章 摄像头和相册

喜欢拍照吗？太多的 iPhone 用户都非常迷恋它能拍出几乎和相机媲美的照片。iPhone 4 的后置摄像头有 500 万像素，而 iPhone 5 更是把分辨率提高至 800 万像素。使用 iPhone 照相机可以拍摄高清的照片和录像，打开系统自带的"照片"应用程序可以查看已经存在的照片或视频文件，如图 17.1 所示。

图 17.1　打开系统照片库

图 17.2　AppStore 有非常丰富的拍照应用

它们通过对系统摄像头的调用，并对某些部分加以个性化定制，可以拍出许多让人惊叹的照片。在本章中，读者将会学习如何在程序中打开摄像头，并实现拍照和录像，还会从系统照片库里选取照片并显示出来。

本章主要涉及到的知识点如下所示。

- ❑ 图像选择器：了解 UIImagePickerController 类。
- ❑ 拍照：实现通过程序操作摄像头拍照。
- ❑ 打开相册：学习如何打开系统相册。

> **注意**：应用程序无法访问其他程序的数据，这是 iOS 沙盒机制的限制，不过应用程序可以访问操作照相机和访问照片库。

## 17.1 图像选取器

应用程序是通过图像选取器（Image Picker）来操作摄像头和照片库的，具体的对应类为 UIImagePickerController。如果查看 UIImagePickerController 的源文件，可以发现它继承自 UINavigationController（导航控制器类）。

```
@interface UIImagePickerController : UINavigationController <NSCoding>
```

### 17.1.1 UIImagePickerController

接下来讲解下如何使用 UIImagePickerController。

（1）是否支持拍照

这是很有必要的，并不是所有的 iOS 设备都包含摄像头的。例如，第 3 代的 iPod Touch，iOS 模拟器也没法实现拍照功能，代码如下：

```
if (![UIImagePickerController isSourceTypeAvailable:
        UIImagePickerControllerSourceTypeCamera]) {
    UIAlertView*alert=[[UIAlertView alloc] initWithTitle:@"设备不支持拍照"
                    message:nil delegate:nil
                    cancelButtonTitle:@"好的" otherButtonTitles:nil];
    [alert show];
    [alert release]
}
```

isSourceTypeAvailable:函数是一个 class 方法，通过 UIImagePickerController 类名调用。传递参数 UIImagePickerControllerSourceTypeCamera 询问设备是否支持摄像头。

（2）初始化

使用 UIImagePickerController 前必须创建它的一个实例，初始化时调用 init:函数：

```
UIImagePickerController *picker = [[UIImagePickerController alloc] init];
```

（3）设置委托

必须指定一个委托，委托类会收到操作成功或失败的信息：

```
picker.delegate = self;
```

（4）是否编辑

有时候只是需要照片的某一部分，现在许多人都喜欢用 iPhone 自拍，然后上传至社交工具充当自己的头像。iPhone 的摄像头实在太清晰了，拍出的照片尺寸和分辨率都非常的大，这时候编辑功能就派上用场了。基本的编辑功能可以缩放或裁剪。设置属性 allowsEditing 为 YES，每次拍完照后，就会进入编辑模式：

```
imagePickerController.allowsEditing=YES;
```

（5）前置摄像头

iPhone 有两个摄像头，一个前置摄像头，一个后置摄像头；前置摄像头的分辨率要低一些，默认情况下都是开启后置摄像头。开启前置摄像头的方式如下：

```
picker.cameraDevice = UIImagePickerControllerCameraDeviceFront;
```

（6）指定图像源

UIImagePickerController 类有一个 sourceType 属性，图像选择器会通过这个参数决定是打开摄像头拍摄照片，还是录制一段视频，或者是打开相册选取某个文件。例如，想打开摄像头拍照，但又不希望包含视频功能，只要执行以下代码就可以了：

```
picker.sourceType = UIImagePickerControllerSourceTypeCamera;
```

如果想打开照片库，就传递 UIImagePickerControllerSourceTypePhotoLibrary：

```
picker.sourceType = UIImagePickerControllerSourceTypePhotoLibrary;
```

## 17.1.2 启动 UIImagePickerController

UIImagePickerController 的前期准备都完成了，就可以启动了。因为图像选择器是导航控制器的子类，所以一般都是作为视图控制器加载。我们把启动操作放在一个视图控制器类中 BaseViewController 中讲解，代码如下：

```
@implementation BaseViewController
- (void)viewDidLoad {
    [super viewDidLoad];
}
- (IBAction)takePhoto {
    if ([UIImagePickerController isSourceTypeAvailable:
         UIImagePickerControllerSourceTypeCamera]) {
        UIImagePickerController *picker = [[UIImagePickerController alloc]
          init];
        picker.delegate = self;                              //设置代理
        //设置数据源
        picker.sourceType = UIImagePickerControllerSourceTypePhotoLibrary;
        [self presentModalViewController:picker animated:YES]; //开启摄像头
        [picker release];
    }
}
```

在 BaseViewController 类里执行 presentModalViewController:函数，把摄像头界面呈现出来，剩下的交互工作就交给用户了。

## 17.2 实现图像选取器控制器委托

UIImagePickerController 的代理为 UIImagePickerControllerDelegate，此协议包含两个方法，如下所示。

（1）imagePickerController:didFinishPickingMediaWithInfo:（拍照操作成功）

函数声明如下：

```
- (void)imagePickerController:(UIImagePickerController *)picker
             didFinishPickingMediaWithInfo:(NSDictionary *)info;
```

当这个函数被调用时，说明用户已经成功拍照或者从照片库选择了一张照片。第一个参数 picker 就是之前创建的 UIImagePickerController 对象，关于照片的信息存放在第二个参数 info 里，关于实现这个代理方法的示例代码如下：

```
- (void)imagePickerController:(UIImagePickerController *)picker
             didFinishPickingMediaWithInfo:(NSDictionary *)info
{
    NSString *mediaType = [info objectForKey:UIImagePickerControllerMediaType];
    if ([mediaType isEqualToString:@"public.image"]){
        //取出照片
        UIImage *image = [info objectForKey:UIImagePickerControllerOriginalImage];
        [self doSomthingWithImage:image];
        [self dismissModalViewControllerAnimated:YES];  //关闭图像选择器
    }
}
```

从 info 里取出原始图片，然后执行相应的操作处理图像。接下来关闭图像选择器返回到前一界面，不过图像选择器是不能自动关闭的，我们必须手动调用 dismissModalViewControllerAnimated 函数。

（2）imagePickerControllerDidCancel:（拍照取消）

函数声明如下：

```
- (void)imagePickerControllerDidCancel:(UIImagePickerController *)picker;
```

如果用户决定放弃拍照或者不选择照片将调用这个代理方法，一般在调用这个方法后，用户的第一意愿都是关闭选择器：

```
- (void)imagePickerControllerDidCancel:(UIImagePickerController *)picker
{
    [self dismissModalViewControllerAnimated:YES];
}
```

## 17.3　实际测试照相机和库

又到了创建示例程序的时候了。本章的第一个示例程序允许用户拍照和从照片库选取照片，当操作完成后，图片会显示在程序界面上。如果设备没有照相机，我们就隐藏拍照功能，只允许从照片库选取照片，程序的界面如图 17.3 所示。

图 17.3　程序运行的预期界面

注意：拍照功能必须在真机上测试，不过模拟器可以实现照片库选取照片。

### 17.3.1　创建 MyCamera 应用程序

打开 Xcode，创建 iOS 应用程序，工程模板选择 Single View Application，工程命名为"MyCamera"。打开 ViewController.xib，在 View 上摆放两个按钮和一个 Image View，如图 17.4 所示。

把 Image View 拉伸的大一点，因为照片的尺寸都不会很小，然后在下面放置两个按钮，分别命名为"拍照"和"相册"。保存对 ViewController.xib 的修改，打开 ViewController.h，添加对应的输出口，代码如下：

```
@interface ViewController : UIViewController
{
    UIButton     *photoButton;                          //拍照按钮
    UIButton     *albumButton;                          //相册按钮
    UIImageView  *imageView;                            //图像视图
}
@property(retain,nonatomic) UIButton    *photoButton;
@property(retain,nonatomic) UIButton    *albumButton;
@property(retain,nonatomic) UIImageView *imageView;
```

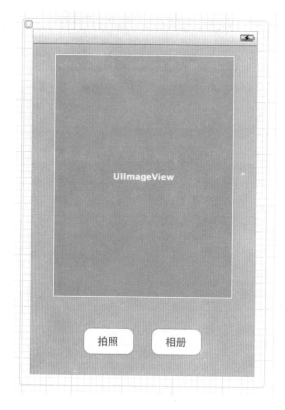

图 17.4　程序界面

接着在 ViewController.xib 中把 photoButton 和"拍照"按钮关联起来，albumButton 和"相册"按钮关联起来，imageView 就和图像视图相关联。

## 17.3.2　实现拍照

先说说程序将会实现哪些功能，我们希望单击"拍照"按钮后转入摄像头界面，如果拍照并选择保存，照片就会显示在 imageView 上，单击"相册"按钮后也是相同的操作。首先分两步实现拍照功能，步骤如下：

（1）开启摄像头；

（2）显示用户拍照后的图片。

## 1. 开启摄像头

打开 ViewController.m，修改代码如下：

```objc
#import "ViewController.h"

@implementation ViewController
@synthesize photoButton,albumButton,imageView;        //属性访问器

-(void)dealloc{
    [photoButton release];                             //释放内存
    [albumButton release];
    [imageView release];
    [super dealloc];
}

-(BOOL)cameraAvailable{
    //返回 BOOL 值，检测系统是否支持摄像头
    return [UIImagePickerController isSourceTypeAvailable:
                            UIImagePickerControllerSourceTypeCamera];
}

-(IBAction)takePhoto:(id)sender
{
    if ([self cameraAvailable]) {
        //创建 UIImagePickerController 实例
        UIImagePickerController *picker = [[UIImagePickerController alloc]
        init];
        picker.delegate = self;
        picker.allowsEditing = YES;                    //照片允许编辑
        //打开摄像头拍照
        picker.sourceType = UIImagePickerControllerSourceTypeCamera;
        //呈现摄像头拍照界面
        [self presentModalViewController:picker animated:YES];
        [picker release];
    }
    else{
        //弹出警告
        UIAlertView *alert = [[UIAlertView alloc]
                            initWithTitle:@"您的设备不支持摄像头"
                            message:nil  delegate:nil
                            cancelButtonTitle:@"确定"
                            otherButtonTitles:nil];
        [alert show];
        [alert release];
    }
}
```

（1）检测摄像头功能

前面说过，在拍照前最后要确定下设备是否有摄像头，因此在 ViewController.m 里

添加了一个 cameraAvailable 函数，检测当前设备是否支持摄像头功能：

```
//返回 BOOL 值，检测系统是否支持摄像头
return [UIImagePickerController isSourceTypeAvailable:
                    UIImagePickerControllerSourceTypeCamera];
```

（2）实现 takePhoto:函数

接着实现 takePhoto:函数。首先调用 cameraAvailable 函数，如果不支持摄像头，程序就向用户弹出提示。如果可以拍照，那么先创建一个 UIImagePickerController 实例，设置 delegate 和 allowsEditing 属性：

```
picker.delegate = self;
picker.allowsEditing = YES;              //照片允许编辑
```

接着设置数据源：

```
picker.sourceType = UIImagePickerControllerSourceTypeCamera;
```

接下来，就呈现图像选择器，也就是打开摄像头：

```
[self presentModalViewController:picker animated:YES];
```

为了保持引用计数为 1，对变量作 release：

```
[picker release];
```

## 2. 显示照片

在 takePhoto:函数后面添加 UIImagePickerControllerDelegate 两个代理方法的实现，代码如下：

```
- (void)imagePickerController:(UIImagePickerController *)picker
            didFinishPickingMediaWithInfo:(NSDictionary *)info{
    //取出编辑后的照片
    UIImage *image = [info objectForKey:UIImagePickerControllerEditedImage];
    if (image) {
        [imageView setImage:image];      //显示照片
    }

    //关闭图像选择控制器
    [picker dismissModalViewControllerAnimated:YES];
}

- (void)imagePickerControllerDidCancel:(UIImagePickerController *)picker {
    //关闭图像选择控制器
    [picker dismissModalViewControllerAnimated:YES];
}
```

（1）实现 imagePickerController: didFinishPickingMediaWithInfo:函数

拍照成功后的照片要从 imagePickerController:didFinishPickingMediaWithInfo:里取，

下面实现这个函数，从 info 参数里取出编辑后的照片：

```
//取出编辑后的照片
UIImage *image = [info objectForKey:UIImagePickerControllerEditedImage];
```

然后把 image 赋值给 imageView：

```
if (image) {
    [imageView setImage:image];      //显示照片
}
```

最后要手动把图像选择器界面关闭：

```
//关闭图像选择控制器
[picker dismissModalViewControllerAnimated:YES];
```

（2）实现 imagePickerControllerDidCancel:函数：
imagePickerControllerDidCancel:里做的工作就一个，那就是关闭图像选择器：

```
- (void)imagePickerControllerDidCancel:(UIImagePickerController *)picker {
    //关闭图像选择控制器
    [picker dismissModalViewControllerAnimated:YES];
}
```

用户取消了操作，就是不希望再做别的事情了，必须要关闭图像选择器，否则它就会一直在那里挡住应用程序的视图。

## 17.3.3 真机上测试本程序

现在找一个有摄像头的 iOS 设备，iPhone 是最佳选择，运行程序，单击"拍照"按钮，程序会打开摄像头，如图 17.5 所示。

图 17.5　把手机以横屏方式拍照

单击拍照按钮,"咔嚓"一声,程序进入到编辑界面,如图 17.6 所示。

图 17.6　采用照片前先编辑图片

如果想编辑照片,可以用手指缩放照片或选择裁剪区域,选择好后,单击 Use 按钮,系统就会收到通知采用编辑过的照片。接着程序关闭摄像头,返回到最开始的界面,如图 17.7 所示。如果对当前的照片不满意,可以单击 Retake 按钮返回摄像头,重新拍照。

图 17.7　刚刚拍完的照片加载在程序界面上

### 17.3.4 打开 iPhone 相册

打开相册这个功能可以用模拟器实现,不过模拟器默认是没有照片,如图 17.8 所示。没有照片就没法实现从相册选择照片的功能,幸运的是,本书会为读者介绍一个小技巧,那就是如何在模拟器里添加图片。首先打开 Safari,访问一个有图片的网站,例如打开百度图片,如图 17.9 所示。

图 17.8　模拟器的相册里没有任何图片　　图 17.9　打开 Safari,访问百度图片网站

随便单击一张图片,然后在图片上长按鼠标左键,在等待非常短的一段时间后,模拟器会弹出一个对话框,单击"存储图像"按钮,如图 17.10 所示。现在重新打开"照片",相册不为空了,如图 17.11 所示。

下面分四步在程序中增加打开相册并选择照片的功能,步骤如下:
(1)检查当前设备是否支持照片库;
(2)打开相册;
(3)显示从相册里选择的照片;
(4)运行程序。

**1.检测照片库可用**

打开 ViewController.m,在 cameraAvailable 函数下方添加 photoLibraryAvailable 函

数,代码如下:

```
-(BOOL) photoLibraryAvailable{
    //返回 BOOL 值,系统是否支持照片库
    return [UIImagePickerController isSourceTypeAvailable:
            UIImagePickerControllerSourceTypePhotoLibrary];
}
```

图 17.10 存储网络图片

图 17.11 网络的照片已经添加到系统相册中

这个函数的功能和 cameraAvailable 是类似的,检查设备是否支持照片库,当然现在常见的 iOS 设备(iPhone、iPod Touch 和 iPad)都是支持照片库的。

### 2. 打开照片库

接下来实现 openAlbum:函数,代码如下:

```
-(IBAction)openAlbum:(id)sender
{
    if ([self photoLibraryAvailable]) {
    //创建 UIImagePickerController 实例
    UIImagePickerController *picker = [[UIImagePickerController alloc]
    init];
    picker.delegate = self;
    //打开摄像头拍照
    picker.sourceType = UIImagePickerControllerSourceTypePhotoLibrary;
```

```objc
    [self presentModalViewController:picker animated:YES];
                                                        //呈现摄像头拍照界面
    [picker release];
}
else{
    UIAlertView *alert = [[UIAlertView alloc]
                            initWithTitle:@"您的设备不支持照片库"
                            message:nil
                            delegate:nil
                            cancelButtonTitle:@"确定"
                            otherButtonTitles:nil];
    [alert show];
    [alert release];
}
}
```

这个函数方法和 takePhoto:很像，先调用 photoLibraryAvailable 确保照片库可用，如果不可用就弹出警告。接着创建 UIImagePickerController 实例，需要注意的是，sourceType 参数要设置为 UIImagePickerControllerSourceTypePhotoLibrary。

### 3. 显示照片库的照片

修改 imagePickerController:didFinishPickingMediaWithInfo:函数：

```objc
- (void)imagePickerController:(UIImagePickerController *)picker
        didFinishPickingMediaWithInfo:(NSDictionary *)info{
    //取出编辑后的照片
    UIImage *image = [info objectForKey:UIImagePickerControllerEditedImage];
    if (!image) {
        image=[info objectForKey:UIImagePickerControllerOriginalImage];
                                                        //取原始图片

    }
    if (image) {
        [imageView setImage:image];                     //显示照片
    }

    [picker dismissModalViewControllerAnimated:YES];   //关闭图像选择控制器
}
```

拍照成功和操作照片库都会调用这个函数，不过在前面的代码中我们允许拍照完成后编辑图片。因此从照片库里选择编辑后的照片肯定是取不到的，添加一行代码，取原始图片：

```objc
image=[info objectForKey:UIImagePickerControllerOriginalImage];
                                                        //取原始图片
```

### 4. 运行程序

这次不用在真机上运行程序了，切换回模拟器，编译并运行程序，我们可以试着单击"拍照"按钮，不出所料的弹出了警告，如图 17.12 所示。也许未来的某个 Xcode 版本会为模拟器添加摄像头功能，不过现在关于摄像头的操作必须交给真机。

单击"相册"按钮，在模拟器相册里选择一张照片，接着照片就会显示在界面上，如图 17.13 所示，我们成功了！

图 17.12　模拟器不支持摄像头　　　图 17.13　成功显示照片库的照片

## 17.4　小　　结

关于摄像头的部分内容就学完了，本章的内容建议读者好好掌握。现在越来越多的程序都开始支持拍照，因此摄像头的作用还是非常大的。读者应该已经了解如何拍照和访问照片库，而且对照片进行简单编辑。在下一章我们将会学习 iPhone 多媒体的知识，将让自己的程序变成播放器！

## 17.5　习　　题

【简答题】
1．打开摄像头需要依靠哪个类？
2．如何检测当前设备是否支持摄像头？

【实践题】
修改本章的示例程序，在拍照完成后增加图像编辑功能，并将编辑后的图片保存到本地相册。

# 第 18 章　多媒体：音频和视频

iPhone 的多媒体播放功能是非常出色的，配合自身的超大容量（最高 64GB），我们可以存储上千首高品质歌曲。想听音乐的时候，只要打开内置的 iPod 程序，它会访问本地的音乐库，为用户提供轻松的播放体验，而且现在绝大多数的 iOS 游戏都配有背景音乐和音效。iPhone 对视频的支持也令人惊叹，使用 iOS 的媒体框架就可以播放本地、在线视频。本章将会带领读者深入掌握如何使用播放音乐、视频以及录音，还会学习为程序增加音效的方法。

本章主要涉及到的知识点如下。
- ❑ 播放短音频：学习在程序中合理的使用短音频特效。
- ❑ 播放音乐文件：学习播放持续时间较长的音乐文件。
- ❑ 录音：在程序中实现录音功能。
- ❑ 播放视频：了解 iOS 视频机制，通过创建播放器程序学习如何播放视频文件。

## 18.1　iPhone 音频

在 iPhone 应用或者游戏的开发过程中，对声音的支持是必不可少的。如果希望自己的程序充满赞誉而不是被诟病，就一定要在程序里增加音频功能，幸好苹果都为我们想到了。iOS SDK 为开发者提供了很多简单快捷的方式来访问音频文件，常用的有这几种：System Sound Services（短音频播放技术）、AVAudioPlayer（长音频播放技术）、Audio Queue Services（队列式播放技术）和 OpenAL（跨平台 3D 播放技术）。

注意：iOS 支持的音频格式有 AAC、AIFF、AAC Protected、MP3、Apple Lossless、WAV 和 Audible。

### 18.1.1　短音频播放技术

System Sound Services 技术是 iOS 中最底层也是最简单的音频技术，使用之前需要在工程中引入 AudioToolbox.framework 框架，此框架提供了许多接口（API）来帮助完成音频解析工作。引入 AudioToolbox 头文件后，调用 AudioServicesPlaySystemSound() 方法就可以播放一些简单的音频文件，而且还能实现震动功能。不过这个方法有许多的限制，这些限制包括如下所示。

- 声音长度：声音长度要小于 30 秒。
- 音频格式：Linear PCM 或者 IMA4 格式。
- 文件后缀：必须是.caf、.aif 或者.wav。
- 播放限制：这种不能控制播放的进度，调用方法后立即播放声音，没有循环播放和立体声控制。
- 加载方式：不能从内存播放声音，声音文件必须放到应用程序的本地文件夹下面。

下面这段代码展示了如何播放一个名为"storm.wav"的短音频：

```
-(void)playSound
{
  SystemSoundID soundID;                             //声明一个声音 ID
  //音频路径
  NSString *path = [[NSBundle mainBundle] pathForResource:@ "storm"
  ofType:@"wav"];
  //注册 ID
  AudioServicesCreateSystemSoundID((CFURLRef)[NSURL fileURLWithPath:path],
  &soundID);
  AudioServicesPlaySystemSound (soundID);            //播放声音
}
```

首先声明一个声音 ID，SystemSoundID 是一个整数类型：

```
typedef UInt32 SystemSoundID;
```

然后，获取要播放的短音频路径：

```
NSString *path = [[NSBundle mainBundle] pathForResource:@ "strom"
ofType:@"wav"];
```

同时，必须注册声音 ID：

```
AudioServicesCreateSystemSoundID((CFURLRef)[NSURL fileURLWithPath:path],
&soundID);
```

最后，播放声音：

```
AudioServicesPlaySystemSound (soundID);            //播放声音
```

传递系统参数 kSystemSoundID_Vibrate 能让设备发生 1 至 2 秒的震动：

```
AudioServicesPlaySystemSound(kSystemSoundID_Vibrate);
```

> 注意：在不支持震动的 iOS 平台（例如 iPod touch），执行该代码不会有任何操作，但也不会出错。

### 18.1.2 长音频播放技术

AVAudioPlayer 是 AVFoundation.framework 框架中定义的一个类，因此使用之前需要先在工程中引入 AVFoundation.framework 框架。AVAudioPlayer 相比 System Sound

Services 功能要强大得多，它支持的音频格式如下：AAC、AMR、ALAC、iLBC、IMA4 和 MP3 等。AVAudioPlayer 可以播放任意长度的音频文件，并且支持循环播放，可以同步播放多个音频文件。它能控制播放进度以及从音频文件的任意位置播放。

使用 AVAudioPlayer 播放音乐的代码如下：

```
- (void) playMusic
{
    //获取文件路径
    NSString *filePath = [[NSBundle mainBundle] pathForResource: @"demo"
    ofType: @"mp3"];
    //把文件路径转化为 NSURL 对象
    NSURL *fileURL = [[NSURL alloc] initFileURLWithPath: soundFilePath];
    //创建 AVAudioPlayer 对象
    AVAudioPlayer *newPlayer = [[AVAudioPlayer alloc] initWithContentsOf
    URL: fileURL
                                                        error: nil];
    [fileURL release];
    [newPlayer prepareToPlay];                  //准备播放
    newPlayer.numberOfLoops = 2;                //循环两次
    [newPlayer play];                           //播放
}
```

使用 AVAudioPlayer 前必须创建一个实例，同时把计划播放的音乐路径以参数的形式传递进去：

```
//创建 AVAudioPlayer 对象
AVAudioPlayer *newPlayer = [[AVAudioPlayer alloc] initWithContentsOfURL:
fileURL
                                                    error: nil];
```

播放前做准备工作，调用 prepareToPlay 函数：

```
[newPlayer prepareToPlay];                      //准备播放
```

设置循环次数，numberOfLoops 默认值为 0，如果传递负值，播放器会循环播放，我们让它循环播放两次：

```
newPlayer.numberOfLoops = 2;                    //循环两次
```

调用 play 函数开始播放：

```
[newPlayer play];                               //播放
```

注意：AVAudioPlayer 一次只能播放一个音频。如果需要同时播放多个音频，类似混音效果，可以创建多个实例。

## 18.1.3 队列式播放技术

AVAudioPlayer 技术比较简单，但同样也会有缺陷。AVAudioPlayer 不支持流格式，这意味着，播放音频前必须等待整个音频加载完成，才能开始播放音频。现在一首歌曲时长基本都在 4 分钟左右，如果用 AVAudioPlayer 等待延迟会非常明显，因此苹果还提供了一种更有优势的播放技术——Audio Queue Services。

通过 Audio Queue Services，开发人员可以完全实现对声音的控制，可以播放与录制音频。它把声音文件读到内存缓冲区，接着对声音数据进行一定处理再播放，从而实现对音频的快速、慢速播放功能。下面简单地了解下其工作原理：

（1）将音频读入到缓存器中。每填充满一个缓存器，就会进入缓存队列，此时处于待命状态。
（2）应用程序命令发出指令，要求音频队列开始播放。
（3）音频会从第一个缓存器中取数据，并开始播放。
（4）一旦播放完成，就会触发回调，并开始播放下一个缓存器中的内容。
（5）回调中给缓存器重新填满音频数据，然后重新放入缓存队列中。

总的来说，Audio Queue Services 技术比较复杂，Apple 公司官方已经把相关内容整理成文档，读者可以查看 "Audio Queue Services Reference"，具体代码的学习可以参考 SpeakHere 程序示例，SpeakHere 示例程序的下载地址为 http://developer.apple.com/iphone/library/samplecode/SpeakHere/。

## 18.1.4 跨平台 3D 播放技术

OpenAL 是一套跨平台的开源的音频处理接口，与图形处理的 OpenGL 类似。它为音频播放提供了一套更加优化的处理接口，非常适合开发游戏的音效，用法也和其他平台下类似。如果想在自己的程序中加入 3D 音效，那么就一定要了解 OpenAL 的知识。

OpenAL 由三个实体构成如下所示。
- Listener：收听者，指的就是"我们"。
- Source：音源，它产生 Listener 能听到的声音。
- Buffer：缓存，就是要播放的声音，它保存着原始的音频数据。

简单地介绍下 OpenAL 的工作流程，首先获取播放声音的 Device（设备），然后将播放会话关联到 Device，音频数据读取到 Buffer 中。然后把 Buffer 与 Source 关联，接下来就可以播放 Source 了。

> 注意：OpenAL 可以同时播放多个音频，最高支持 30 多个音频。使用 OpenAL 前需要先下载 SDK，下载网址是 http://connect.creativelabs.com/developer/default.aspx。

## 18.2 创建 MusicPlayer 程序

下面创建一个 MusicPlayer 程序，它是一个简单的音乐播放器，并且能实现简单的控制功能，而且在某些页面切换时还会产生音效，我们会用到 System Sound Services 和 AVAudioPlayer 技术。程序的主界面包含一个音乐列表，选中某一首歌曲后，进入到播放界面，用户可以操作音乐的播放和暂停。

## 18.2.1 开发程序框架

首先开发程序框架，这需要两步完成，步骤如下：
（1）新建工程，此次的程序将会带有一个 Tabbar。
（2）更改标签选项卡的图标和标题。

### 1．新建Tabbed Application工程

本次的应用程序终于可以换一个模板了，打开 Xcode，新建 iOS 程序，工程模板选择 Tabbed Application，读者对这个模板应该还有印象，工程命名为"MusicPlayer"。运行程序，可以看到当前有两个 Tab 页，而且 Tab 选项卡的图标和标题都已经写好了，这是系统默认的，如图 18.1 所示。

图 18.1　当前应用程序默认拥有两个 Tab 页面

第 1 个 Tab 选项卡的图标是小圆圈，第 2 个选项卡是正方形，标题分别为"First"

和"Second"。图标文件都存在于工程目录下,名为"first.png"和"second.png",它们的分辨率为30×30,它们都有各自对应的高分辨图。例如,first.png 对应着 first@2x.png,first@2x.png 的分辨率为 60×60,这是为了适应 iPhone 4 等视网膜屏幕而准备的。

> 注意:如果程序打算兼容 iPhone 3GS 等低分辨率设备,开发者可以考虑准备两套素材素片。例如,scence.png 和 scence@2x.png,其中 scence@2x.png 的分辨率是 scence.png 两倍,程序中只要操作 scence.png,系统会根据设备的屏幕分辨率自动选择。

### 2. 修改选项卡内容

下面修改选项卡的图标和标题,首先按住 command 键然后单击 MusicPlayer 目录下 first.png、first@2x.png、second.png 和 second@2x.png 四张图片,接着单击 Delete 键,选择弹出的删除提示框的 Delete 按钮,如图 18.2 所示,这样图片在 Xcode 目录和工程本地目录下都被删掉了。

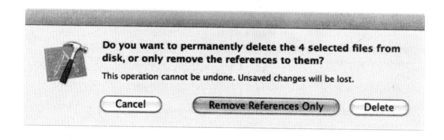

图 18.2　单击 Delete 按钮完全删除图片文件

打开随书附带的光盘,把图片 music.png 和 record.png 拖曳到工程下。然后,打开 AppDelegate.m,修改 application: didFinishLaunchingWithOptions:函数,代码如下:

```
- (BOOL)application:(UIApplication *)application
        didFinishLaunchingWithOptions:(NSDictionary *)launchOptions
{
    //初始化窗口
    self.window = [[[UIWindow alloc] initWithFrame:[[UIScreen mainScreen]
bounds]] autorelease];

    UIViewController *viewController1 = [[[FirstViewController alloc]
        initWithNibName:@"FirstViewController" bundle:nil] autorelease];
    //创建导航控制器
    UINavigationController *navgation=[[UINavigationController alloc]
                    initWithRootViewController:viewController1];

    UIViewController *viewController2 = [[[SecondViewController alloc]
        initWithNibName:@"SecondViewController" bundle:nil] autorelease];
    self.tabBarController = [[[UITabBarController alloc] init] autorelease];
    //第 1 个 Tab 选项卡替换为导航控制器
```

```
        self.tabBarController.viewControllers =
                [NSArray arrayWithObjects:navgation,viewController2,nil];
        [navgation release];
        self.window.rootViewController = self.tabBarController;
        [self.window makeKeyAndVisible];
        return YES;
}
```

我们对选项卡做了少许修改，创建一个导航控制器 navgation，并把 viewController1 设置为其根视图，然后把 navgation 加载到导航控制器上：

```
//第1个 Tab 选项卡替换为导航控制器
self.tabBarController.viewControllers = [NSArray arrayWithObjects:
navgation, viewController2, nil];
```

这样第1个选项卡的上方就多出了一个导航条。接下来，打开 FirstViewController.m，修改代码如下：

```
- (id)initWithNibName:(NSString *)nibNameOrNil bundle:(NSBundle *)nibBundleOrNil
{
    self = [super initWithNibName:nibNameOrNil bundle:nibBundleOrNil];
    if (self) {
        self.title = @"播放器";                              //设置标题
        self.tabBarItem.image = [UIImage imageNamed:@"music.png"];
                                                            //设置选项卡背景
    }
    return self;
}
```

设置 self.title 为"播放器"，导航条和选项卡的标题就都变成了"播放器"，再把选项卡的图标更换为加载素材"music.png"。对 SecondViewController.m 做相同的修改，代码如下：

```
- (id)initWithNibName:(NSString *)nibNameOrNil bundle:(NSBundle *)nibBundleOrNil
{
    self = [super initWithNibName:nibNameOrNil bundle:nibBundleOrNil];
    if (self) {
        self.title =@"录音机";                               //设置标题
        self.tabBarItem.image = [UIImage imageNamed:@"record.png"];
                                                            //设置选项卡背景
    }
    return self;
}
```

现在运行程序，选项卡的图标和标题都换了，如图 18.3 所示。

第2个选项卡是和录音机有关的，这个功能过会再去实现，目前的首要任务是把播放器完成。

> 注意：Tab 选项卡的图标样式会被系统自动调整为蓝色和灰色风格，图标高亮时的颜色以及 Tabbar 背景色都可以自定义。

图 18.3　修改了选项卡的图标和标题

## 18.2.2　使用 System Sound Services

现在，程序最初的框架已经搭建完毕。接下来创建歌曲列表界面，歌曲的名称将显示在表视图中，我们希望选中某一行后，程序会立即发出提示音，下面分三步实现，步骤如下：

（1）修改程序的首界面；
（2）把歌曲数据显示在表视图上；
（3）使用 System Sound Services 实现单击音效。

### 1．添加框架并修改FirstViewController界面

使用System Sound Services前必须在程序中添加AudioToolbox框架，打开TARGETS下的 Summary 选项卡，在 Linked Frameworks and Libraries 下导入 AudioToolbox.framework，如图18.4所示。

## 第 18 章 多媒体：音频和视频

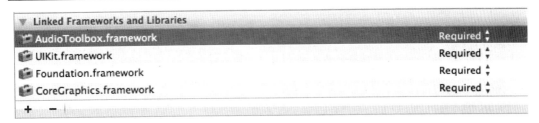

图 18.4 工程下导入 AudioToolbox.framework

打开 FirstViewController.xib，把 View 上的 Label 和 Text View 删掉，添加一个 Table View，如图 18.5 所示。

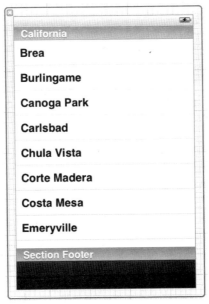

图 18.5 在 View 上添加 Table View

把 Table View 的 dataSource 和 delegate 连接到 File's Owner 上。完成后打开 FirstViewController.h，修改代码如下：

```
#import <UIKit/UIKit.h>
#import <AudioToolbox/AudioToolbox.h>
@interface FirstViewController:UIViewController
        <UITableViewDataSource,UITableViewDelegate>
@property(retain,nonatomic)NSArray *musicListArray;     //声明数组
@end
```

在头文件中引入 AudioToolbox.h，添加 UITableViewDataSource 和 UITableViewDelegate 协议，还添加了一个数组的声明。

### 2．实现表视图数据源和代理方法

打开 FirstViewController.m，实现 UITableViewDataSource 和 UITableViewDelegate 方法，代码如下：

• 483 •

```objc
#import "FirstViewController.h"
@implementation FirstViewController
@synthesize musicListArray;                                      //属性访问器
- (id)initWithNibName:(NSString *)nibNameOrNil bundle:(NSBundle *) nibBundleOrNil
{
    self = [super initWithNibName:nibNameOrNil bundle:nibBundleOrNil];
    if (self) {
        self.title = @"播放器";                                   //标题
        self.tabBarItem.image = [UIImage imageNamed:@"music.png"];
                                                                  //tab 分页符图标
    }
    return self;
}

-(void)dealloc{
    [musicListArray release];                                     //释放内存
    [super dealloc];
}

#pragma mark - View lifecycle

- (void)viewDidLoad
{
    [super viewDidLoad];
    //初始化数组
    self.musicListArray = [NSArray arrayWithObjects:@"1.mp3", @"2.mp3", nil];
}
#pragma mark - Table view data source
- (NSInteger)numberOfSectionsInTableView:(UITableView *)tableView
{
    return 1;                                                     //一个分区
}

- (NSInteger)tableView:(UITableView *)tableView
                  numberOfRowsInSection:(NSInteger)section
{
    return [musicListArray count];                                //行数和数组元素个数保持一致
}

- (UITableViewCell *)tableView:(UITableView *)tableView
          cellForRowAtIndexPath:(NSIndexPath *)indexPath
{
    static NSString *CellIdentifier = @"Cell";
    UITableViewCell *cell = (UITableViewCell *)[tableView
            dequeueReusableCellWithIdentifier:CellIdentifier];
    if (cell == nil){
```

## 第18章 多媒体：音频和视频

```
    cell=[[UITableViewCell alloc] initWithStyle:UITableViewCellStyle
                    DefaultreuseIdentifier:CellIdentifier];
}
//行标题显示数组中的元素名称
cell.textLabel.text=[musicListArray objectAtIndex:indexPath.row];
return cell;
}
```

表视图共有两行，第 1 行的标题为 1.mp3，第 2 行为 2.mp3，我们假设播放器当前只有两首歌曲。上面的代码很好理解，不再做太多的解释，下面会介绍在选中行的时候播放音效。

### 3．播放音效

从随书附带的光盘里找到音频文件 click.wav，添加到工程下，然后打开 FirstViewController.m，在 numberOfSectionsInTableView:上添加 playSound 函数：

```
-(void)playSound{
    SystemSoundID soundID;                      //声音 ID
    //音频路径
    NSString *path = [[NSBundle mainBundle] pathForResource:@"click" ofType:
    @"wav"];
    //注册 ID
    AudioServicesCreateSystemSoundID((CFURLRef)[NSURL fileURLWithPath:
    path], &soundID);
    AudioServicesPlaySystemSound (soundID);     //播放声音
}
```

首先声明一个 SystemSoundID，然后取得音频文件 click.wav 在工程下的路径，最后注册 SystemSoundID 并播放声音。通过这几行代码就可以播放指定的音频了，至于具体什么时候来播放，就完全交由我们决定了，实现 tableView:didSelectRowAtIndexPath:函数：

```
- (void)tableView:(UITableView *)tableView
        didSelectRowAtIndexPath:(NSIndexPath *)indexPath
{
    [self playSound];                           //播放声音
}
```

编译并运行程序，选中任意一行，如图 18.6 所示，记着打开电脑的声音开关。每当某一行被选中时，我们会清晰地听到一个很短的音效。

### 18.2.3 使用 AVAudioPlayer

接下来对程序作进一步的开发，使用 AVAudioPlayer 播放并控制音乐，共分五步完

成,步骤如下:

图 18.6 选中行后,系统会随之播放音效

(1)在工程里添加 AVFoundation.framework 并创建音乐播放类;
(2)实现音乐的播放和暂停功能;
(3)实现 AVAudioPlayerDelegate 函数;
(4)修改前一界面增加页面跳转;
(5)在模拟器上运行并测试程序。

### 1. 添加框架并创建MusicView

刚刚添加了 AudioToolbox.framework,接下来在工程中添加 AVFoundation.framework,要想使用 AVAudioPlayer,这是必不可少的。框架导入完成后,在 Xcode 中新建文件,文件类型选择继承自 UIViewController,文件名命名为"MusicView",MusicView 类负责播放音乐。打开 MusicView.xib,在 View 上添加一个按钮和标签,并设置初始标题,如图 18.7 所示。

图 18.7 MusicView 界面布局

打开 MusicView.h，修改代码如下：

```
#import <UIKit/UIKit.h>
#import <AVFoundation/AVFoundation.h>

@interface MusicView:UIViewController<AVAudioPlayerDelegate>
{
    int time;                                           //播放时刻
}
@property(retain,nonatomic)AVAudioPlayer *newPlayer;
                                                //AVAudioPlayer 指针对象
@property(retain,nonatomic)NSString *musicPath;    //音乐路径
@property(retain,nonatomic)IBOutlet UIButton *button;   //按钮
@property(retain,nonatomic)IBOutlet UILabel *label;     //标签

-(IBAction)action;
@end
```

在头文件上方引入 AVFoundation.h，让 MusicView 实现 AVAudioPlayerDelegate 协议，定义一个 int 变量 time，它会记录当前音乐播放的时刻。随后定义了一个 AVAudioPlayer 类型指针变量：

```
@property(retain,nonatomic)AVAudioPlayer *newPlayer;
```

我们还定义了一个 NSString 变量 musicPath 保存音乐文件的路径，最后定义了两个输出口。对 MusicView.h 的修改做出保存，打开 MusicView.xib，把 button 和按钮控件、

label 和标签控件关联起来，action 和按钮的 Touch Up Inside 事件相关联。

### 2. 使用AVAudioPlayer播放音乐

本类要实现对音乐文件的播放和暂停控制，同时在界面显示相应的状态变化，打开 MusicView.m，修改代码如下：

```objc
#import "MusicView.h"

@implementation MusicView
@synthesize musicPath, newPlayer,button,label;        //属性访问器

-(void)dealloc{
    [button release];
    [label release];                                   //释放内存
    [newPlayer release];
    [musicPath release];
    [super dealloc];
}
-(void)playMusic{
    //把 musicPath 转化为 NSURL 对象
    NSURL *fileURL = [[NSURL alloc] initFileURLWithPath:musicPath];
    //创建 AVAudioPlayer 对象
    AVAudioPlayer*player = [[AVAudioPlayer alloc] initWithContentsOfURL:
    fileURL
                                                          error: nil];
    [fileURL release];
    self.newPlayer=player;
    self.newPlayer.delegate=self;                      //设置代理
    [player release];
    [newPlayer prepareToPlay];                         //准备播放
    if (time>0) {
        [newPlayer playAtTime:time];                   //在指定时间播放
    }
    else{
        [newPlayer play];                              //播放
    }

}

-(IBAction)action{
    if (!musicPath) {
        return;                                        //检查文件路径
    }

if (newPlayer.playing) {                               //当前正在播放
        if ([button.titleLabel.text isEqualToString:@"暂停"]) {
            time=newPlayer.currentTime;                //记录当前播放时间
            //暂停播放，修改按钮和标签标题
            [button setTitle:@"继续" forState:UIControlStateNormal];
```

```objc
            [newPlayer pause];
            label.text=@"已暂停";
        }
    }
    else{                                              //当前未开始或暂停
        if ([button.titleLabel.text isEqualToString:@"开始"]||
            [button.titleLabel.text isEqualToString:@"结束"]||
            [button.titleLabel.text isEqualToString:@"继续"]){
            //恢复或开始播放，修改按钮和标签标题
            [button setTitle:@"暂停" forState:UIControlStateNormal];
            [self playMusic];                          //播放音乐
            label.text=@"播放中...";
        }
    }
}

#pragma mark -
#pragma mark AVAudioPlayerDelegate
- (void)audioPlayerDidFinishPlaying:(AVAudioPlayer *)player successfully:(BOOL)flag;
{
    if (player==self.newPlayer && flag) {
        [button setTitle:@"结束" forState:UIControlStateNormal];
        label.text=@"已结束";                          //播放结束
    }
}

- (void)audioPlayerDecodeErrorDidOccur:(AVAudioPlayer *)player error:(NSError *) error
{
    //播放失败，弹出警告框
    UIAlertView *alert=[[UIAlertView alloc] initWithTitle:error.localizedFailureReason
                        message:nil delegate:nil
                        cancelButtonTitle:@"确定" otherButtonTitles:nil];
    [alert show];
    [alert release];
}
```

下面对代码做以下分析。

（1）实现 playMusic 函数

在 MusicView.m 里添加 playMusic 函数，musicPath 存储着音乐文件的路径，将其转化为 NSURL 对象：

```objc
//把 musicPath 转化为 NSURL 对象
NSURL *fileURL = [[NSURL alloc] initFileURLWithPath:musicPath];
```

创建一个 AVAudioPlayer 实例，并赋值给 newPlayer：

```objc
//创建 AVAudioPlayer 对象
AVAudioPlayer*player = [[AVAudioPlayer alloc] initWithContentsOfURL:
```

```
                                   fileURL error: nil];
                                   [fileURL release];
                                   self.newPlayer=player;
```

设置代理,并准备播放:

```
    self.newPlayer.delegate=self;                    //设置代理
    [newPlayer prepareToPlay];                       //准备播放
```

现在开始播放,首先会对成员变量 time 进行判断,如果大于 0,那么就从 time 时刻播放,否则从头播放。因为播放有两种情形,一种情况是从头播放,另一种是暂停后继续播放,代码如下:

```
    if (time>0) {
        [newPlayer playAtTime:time];                 //在指定时间播放
    }
    else{
        [newPlayer play];                            //播放
    }
```

(2) 实现 action 函数

按钮的初始标题为"开始",这告诉用户现在单击按钮就会播放音乐,然后按钮的标题会随着音乐的播放状态发生变化。判断 musicPath,如果没有值,结束操作:

```
    if (!musicPath) {
        return;                                      //检查文件路径
    }
```

然后根据 AVAudioPlayer 的 playing 值来判断当前是否在播放,如果正在播放并且按钮的标题为"暂停",那么保存当前播放的时刻,让播放暂停,同时更新按钮和标签的标题:

```
    if (newPlayer.playing) {                         //当前正在播放
        if ([button.titleLabel.text isEqualToString:@"暂停"]) {
            time=newPlayer.currentTime;              //记录当前播放时间
            //暂停播放,修改按钮和标签标题
            [button setTitle:@"继续" forState:UIControlStateNormal];
            [newPlayer pause];
            label.text=@"已暂停";
        }
    }
```

相反地,如果播放器没有播放,那可能是界面刚刚打开,或者已经播放过而且结束了,也有可能现在已暂停,我们根据按钮的标题来判断状态。不管怎样,调用 playMusic,并更改按钮和标签的标题:

```
    if ([button.titleLabel.text isEqualToString:@"开始"]||
        [button.titleLabel.text isEqualToString:@"结束"]||
        [button.titleLabel.text isEqualToString:@"继续"]){
        //恢复或开始播放,修改按钮和标签标题
        [button setTitle:@"暂停" forState:UIControlStateNormal];
```

## 第18章 多媒体：音频和视频

```
    [self playMusic];
    label.text=@"播放中...";
}
```

### 3. 实现AVAudioPlayerDelegate

当播放结束后，系统会调用 audioPlayerDidFinishPlaying: successfully:函数，第 1 个参数 player 和 newPlayer 都指向同一片内存空间的，所以值是相同的；第 2 个参数 flag 是个 BOOL 值，如果为真，表示音乐成功播放结束，否则表示系统无法解码音频数据。当函数被调用时，更新界面的显示：

```
- (void)audioPlayerDidFinishPlaying:(AVAudioPlayer *)player successfully:
(BOOL)flag;
{
    if (player==self.newPlayer && flag) {
        [button setTitle:@"结束" forState:UIControlStateNormal];
        label.text=@"已结束";
    }
}
```

如果 audioPlayerDecodeErrorDidOccur: audioPlayerDecodeErrorDidOccur:error:被调用，那说明系统解码过程中出错了，弹出警告，通知用户错误信息：

```
- (void)audioPlayerDecodeErrorDidOccur:(AVAudioPlayer *)player error:
(NSError *)error
{
UIAlertView *alert=[[UIAlertView alloc] initWithTitle:error.localized
FailureReason
                        message:nil delegate:nil
                        cancelButtonTitle:@"确定" otherButtonTitles:nil];
    [alert show];
    [alert release];
}
```

> 注意：使用 AVAudioPlayerDelegate 代理方法还可以检测到播放中断。

### 4. 修改选中行函数

打开 FirstViewController.m，修改 tableView: didSelectRowAtIndexPath:函数：

```
- (void)tableView:(UITableView *)tableView didSelectRowAtIndexPath:
(NSIndexPath *)indexPath
{
    [self playSound];

    //音乐文件前缀
    NSString *name=[[musicListArray objectAtIndex:indexPath.row] substring
    ToIndex:1];
    //音乐文件路径
    NSString *path=[[NSBundle mainBundle] pathForResource:name ofType:@"mp3"];
```

```
//跳转到MusicView
MusicView *musicview=[[MusicView alloc] initWithNibName:@"MusicView"
bundle:nil];
musicview.musicPath=path;
[self.navigationController pushViewController:musicview animated:YES];
[musicview release];
}
```

根据选中的行下标取出文件名称。例如，第 1 行对应的文件名是"1.mp3"，然后获取在工程目录下的路径：

```
//音乐文件前缀
NSString *name=[[musicListArray objectAtIndex:indexPath.row] substring
ToIndex:1];
//音乐文件路径
NSString  *path=[[NSBundle  mainBundle]  pathForResource:name  ofType:
@"mp3"];
```

接着创建 MusicView 实例并跳转到 MusicView 类，同时把 path 传递给 MusicView 的 musicPath 参数。

### 5．运行程序

运行程序，选中视图中的某一行，程序伴随着一声短促的音效后跳转到 MusicView 界面。单击"开始"按钮，音乐开始播放，同时界面显示也改变了，如图 18.8 所示。单击"暂停"按钮，音乐立刻停止了，确切地说是进入暂停状态，此时界面如图 18.9 所示。

图 18.8　音乐正在播放

图 18.9　音乐已暂停播放

当音乐播放结束后，界面的标题又发生了改变，如图 18.10 所示。

图 18.10 音乐播放已结束

>⚠️**注意**：播放时根据音乐文件的大小可能产生延迟，而且系统调用 AudioToolbox 框架的信息会打印在控制台上。

## 18.3 录　　音

读者对 iPhone 自带的录音功能应该不陌生。打开程序后，单击录音按钮，系统的录音功能就启动了，如图 18.11 所示。

接下来我们也要在自己的程序中添加录音功能，就像系统录音机那样把周围的声音完完整整地录制下来。不同的是系统录音机的指针会随着外界声音的变化而摆动，本程序暂时不会增加对声音频谱的监控，因为这个功能对读者而言会有较大的难度。

### 18.3.1　如何录音

iOS SDK 提供了一个名叫"speakHere"的例子，里面使用 Audio Queue Services 技

术实现了录音和回放功能，程序代码较为复杂和难懂，本书将介绍一种比较简单和低级的录音方式，需要用到 AVFoundation.framework 下的 AVAudioRecorder 类。

图 18.11　iPhone 自带的录音机

在使用 AVAudioRecorder 前需要设定一些参数如下所示。
- 文件存放路径：录音过程中系统会在指定路径下生成实体文件。
- 采样率：录音设备在一秒钟内对声音信号的采样次数，采样频率越高声音的还原就越真实越自然。
- 编码格式：Apple Lossless，苹果公司开发的无损音频编解码方案。
- 通道数：通常设置为 1。
- 比特率：一般来说，比特率越高，音频质量越好。
- 线性采样位数：可以将其理解为声卡处理声音的解析度。数值越大，解析度就越高，录制和回放的声音就越真实。

前一节实现播放音频时，我们已经把第 2 个标签视图预留出来供录音用，接下来就继续 MusicPlayer 程序的开发，读者将掌握 AVAudioRecorder 类的使用，并实现录音的目的。

## 18.3.2　补充 MusicPlayer 程序

下面将分三步实现录音功能，步骤如下：
（1）设计录音界面；

（2）修改 SecondViewController 头文件，添加所需的成员变量和输出口；

（3）在 SecondViewController.m 实现录音功能。

### 1. 设计SecondViewController界面

回到 MusicPlayer 程序中，打开 SecondViewController.xib，把已经存在的控件全部删除，在界面上放置两个按钮和一个标题，左边的按钮标题设置为"录音"，右边的按钮标题设置为"播放"，如图 18.12 所示。

图 18.12　SecondViewController 界面布局

### 2. 添加成员变量及输出口

打开 SecondViewController.h，修改代码如下：

```
#import <UIKit/UIKit.h>
#import <AVFoundation/AVFoundation.h>

@interface SecondViewController: UIViewController
                <AVAudioRecorderDelegate,AVAudioPlayerDelegate>
@property(retain,nonatomic)NSString *filePath;          //文件路径
@property(retain,nonatomic)IBOutlet UILabel *label;     //标签
@property(retain,nonatomic)AVAudioRecorder*recorder;    //录音机
- (IBAction)recordStop:(UIButton *)btn;
- (IBAction)play:(UIButton *)btn;
@end
```

我们添加了一个成员变量 filePath，它存储录音文件的路径。还添加了一个 AVAudioRecorder 指针，为了使用 AVAudioRecorder，一定要引入 AVFoundation.h 的头文件。打开 SecondViewController.xib，把 label 和界面上的标签相关联，recordStop:函数和"录音"按钮的 Touch Up Inside 事件相关联，play:函数和"播放"按钮的 Touch Up Inside 事件相关联。

### 3. 实现录音

打开 SecondViewController.m，修改代码如下：

```
mport "SecondViewController.h"

@implementation SecondViewController
@synthesize filePath,label;                          //属性访问器
@synthesize recorder;
-   (id)initWithNibName:(NSString *)nibNameOrNil  bundle:(NSBundle *)nibBundleOrNil
{
    self = [super initWithNibName:nibNameOrNil bundle:nibBundleOrNil];
    if (self) {
        self.title =@"录音机";
        self.tabBarItem.image = [UIImage imageNamed:@"record.png"];
    }
    return self;
}

-(void)dealloc{
    [label release];                                 //释放内存
    [filePath release];
    [recorder release];
    [super dealloc];
}

-(void)readyForRecord{
    //创建录音音频文件路径
NSString *docDir = [NSSearchPathForDirectoriesInDomains(
        NSDocumentDirectory, NSUserDomainMask, YES) objectAtIndex:0];
    self.filePath=[docDir stringByAppendingPathComponent: @"recording.caf"];

    NSNumber *sampleRate=nil;                        //采样率
    NSNumber*formatId=nil;                           //编码格式
    NSNumber*numberOfChannels;                       //信道数
    NSNumber*audioQuality;                           //音频质量

    //设置录音机参数，保存到字典中
    NSDictionary *settings = [[NSDictionary alloc] initWithObjectsAndKeys:
                    sampleRate, AVSampleRateKey,
                    formatId,   AVFormatIDKey,
                    numberOfChannels,AVNumberOfChannelsKey,
                    audioQuality,  AVEncoderAudioQualityKey,
                    nil];
    //初始化录音机
```

## 第 18 章 多媒体：音频和视频

```
    recorder = [[AVAudioRecorder alloc] initWithURL: [NSURL fileURLWithPath:
    filePath]
                                        settings: settings error: nil];
    recorder.delegate=self;
    [settings release];
}

-(void)alert:(NSString *)msg{
    UIAlertView *alert=[[UIAlertView alloc] initWithTitle:msg message:nil
                     delegate:nil cancelButtonTitle:@"确定"
                     otherButtonTitles:nil];
    [alert show];
    [alert release];
}

- (IBAction) recordStop: (UIButton *)btn{
    if([btn.titleLabel.text isEqualToString:@"录音"]){
        [recorder record];           //开始录音
        [btn setTitle:@"结束" forState:UIControlStateNormal];
        label.text=@"录音中...";    //更新界面
    }
    else{
        [recorder stop];             //结束录音
        [btn setTitle:@"录音" forState:UIControlStateNormal];
        label.text=@"录音结束";      //更新界面
    }
}

-(void)viewDidLoad{
    [super viewDidLoad];
    [self readyForRecord];
}
```

下面来分析下 SecondViewController.m 的代码。

（1）初始化 AVAudioRecorder

首先创建录音文件的路径，保存在成员变量 filePath 中，我们把文件放在 Document 目录下：

```
//创建录音音频文件路径
NSString *docDir = [NSSearchPathForDirectoriesInDomains(
        NSDocumentDirectory, NSUserDomainMask, YES) objectAtIndex:0];
self.filePath=[docDir stringByAppendingPathComponent: @"recording.caf"];
```

然后设置录音机的参数，iOS 为每一个参数都提供了足够多的选项，我们根据需要设置就可以了，参数集体封装到 NSDictionary 对象中：

```
//设置录音机参数，保存到字典中
NSDictionary *settings = [[NSDictionary alloc] initWithObjectsAndKeys:
                     sampleRate, AVSampleRateKey,
                     formatId,   AVFormatIDKey,
                     numberOfChannels,AVNumberOfChannelsKey,
                     audioQuality,  AVEncoderAudioQualityKey,
                     nil];
```

创建 AVAudioRecorder 实例，传递路径和参数字典，同时设置本类为其代理类：

```
//初始化录音机
recorder = [[AVAudioRecorder alloc] initWithURL:[NSURL fileURLWithPath:
filePath]
                                 settings:settings error:nil];
recorder.delegate=self;
```

（2）实现 recordStop:函数

根据"录音"按钮的标题来操作录音的开始和结束，没有录音时，按钮的标题为"录音"，单击它，开始录音，同时更新按钮标题和标签：

```
[recorder record];          //开始录音
//更新界面
[btn setTitle:@"结束" forState:UIControlStateNormal];
label.text=@"录音中...";
```

录音开始后，按钮的标题为"结束"，如果想要结束录音，单击按钮，录音结束，同时再次显示界面：

```
[recorder stop];            //结束录音
//更新界面
[btn setTitle:@"录音" forState:UIControlStateNormal];
label.text=@"录音结束";
```

（3）修改 viewDidLoad

在 viewDidLoad 里调用 readyForRecord 函数，这样 SecondViewController 视图被加载时就会创建录音机。

注意：我们把弹出警告提示的代码封装在 alert:函数中，因为程序可能有较多的地方会用到它。

### 18.3.3 实现 AVAudioRecorderDelegate 代理方法

为了及时跟踪录音状态，在 viewDidLoad 函数下方添加 AVAudioRecorderDelegate 的两个代理方法实现：

```
#pragma mark -
#pragma mark AVAudioRecorderDelegate
- (void)audioRecorderDidFinishRecording:(AVAudioRecorder *)_recorder
                                successfully:(BOOL)flag{
    //录音结束后，更新界面显示
    if (recorder==self.recorder && flag) {
        label.text=@"录音结束";
    }
}

- (void)audioRecorderEncodeErrorDidOccur:(AVAudioRecorder *)recorder
                                error:(NSError *)error{
```

```
    //录音失败
    [self alert:[error localizedDescription]];
    label.text=@"录音错误";
}
```

实现 audioRecorderDidFinishRecording:audioRecorderDidFinishRecording:函数，这个函数被调用时，更新标签让用户知道录音已经结束了。当调用 audioRecorderEncodeErrorDidOccur: error:时，说明录音出现了问题，向用户弹出警告提示。

### 18.3.4 播放录音

现在，与录音有关的代码已经全部写完了，为了让程序更完善，接下来让程序能够把录制的声音播放出来，在 AVAudioRecorderDelegate 代理方法下添加播放录音的代码：

```
- (IBAction) play:(UIButton *)btn{
    //创建 AVAudioPlayer 实例
    AVAudioPlayer *player = [[AVAudioPlayer alloc]
                initWithContentsOfURL: [NSURL fileURLWithPath:filePath]
                                            error: nil];
    [player prepareToPlay];
    [player setDelegate:self];
    [player play];
    label.text=@"播放中...";
}
```

在 play:函数里实现了播放录音，然后实现 AVAudioPlayerDelegate 的代理方法：

```
#pragma mark -
#pragma mark AVAudioPlayerDelegate
- (void)audioPlayerDidFinishPlaying:(AVAudioPlayer *)player successfully:
(BOOL)flag{
    [player release];
    label.text=@"播放完成";           //播放已完成，更新标签显示
}

- (void)audioPlayerDecodeErrorDidOccur:(AVAudioPlayer *)player error: (NSError
*) error{
    [self alert:[error localizedDescription]];
    label.text=@"播放错误";           //播放发生错误，更新标签显示
}
```

### 18.3.5 测试录音功能

编译并运行程序，把程序切换到"录音机"视图，单击"录音"按钮，此时程序界面如图 18.13 所示。此时程序已经开始录音了，试着对着电脑屏幕喊一声，或者唱首歌放松一下。

如果觉得时间差不多了，单击"结束"按钮，界面会告诉我们录音已经结束了，如图 18.14 所示。

图 18.13　程序已开始录音　　　　图 18.14　录音结束了

读者也许会担心，真的录制成功了吗？单击"播放"按钮，惊喜的是，刚刚的声音又从电脑里播放出来了，现在我们已经实现了基本的录音功能。

注意：AVAudioRecorder 生成的录音文件默认格式为.caf，这种格式在其他平台的支持性较差，可以考虑转化为.wav。

## 18.4　iPhone 视频

iPhone、iPod touch 和 iPad 这几款苹果设备都支持播放视频，其中 iPad 的屏幕尺寸比较大，图像色彩清晰，而且由于其便携性，现在越来越多的人喜爱在 iPad 上看电影，并且国内主流的视频网站几乎都已经发布了自己基于 iOS 平台的客户端。不过 iOS 对视频有严格的格式要求，视频的编码格式必须为 H.264 或者 MPEG-4，具体的视频文件格式为 MOV、MP4、M4V 和 3GP。

### 18.4.1　多媒体播放器类

iPhone 开发中通常使用 MPMoviePlayerController 和 MPMoviePlayerViewController 来播放本地或远程的音频和视频文件，它们之间有联系也有区别，下面来介绍下这两个类。

❏ 类型

MPMoviePlayerController 继承自 NSObject，MPMoviePlayerViewController 则继承自 UIViewController。

❏ 系统版本

MPMoviePlayerViewController 在 iOS 3.2 以后的平台上使用，MPMoviePlayer Controller 在 iOS 3.2 之前的版本上使用。现在的 iOS 系统版本最高已达到了 6，苹果建议开发者尽量使用 MPMoviePlayerViewController。

❏ 框架

使用 MPMoviePlayerController 前必须在工程下导入 MediaPlayer.framework，然后引入相关的头文件。

❏ 用法

MPMoviePlayerController 和 AVAudioPlayer 有点类似，MPMoviePlayerController 播放视频，AVAudioPlayer 播放音频，不过 MPMoviePlayerController 可以直接播放在线视频，也就是流媒体，AVAudioPlayer 则不可以。从 iOS 3.2 之后，MPMoviePlayerController 作为 MPMoviePlayerViewController 的一个属性 moviePlayer 存在。

> 注意：使用 MPMoviePlayerViewController 可以显示一个新的界面，让用户在里面选择媒体文件，代码方面和打开摄像头很像，在初始化一个 MPMoviePlayerView Controller 实例后，调用 presentModalViewController:animated:方法。

## 18.4.2 MPMoviePlayerController 的使用

在 2012 年 6 月苹果就已经发布了 iOS 6 操作系统，现在已经很少见到系统版本低于 4.0 的 iOS 设备了，如果谁的 iPhone 系统还是 4.0 以前的版本，那真是太不可思议了。所以如果打算在程序中添加播放功能，一般都会使用 MPMoviePlayerViewController，在涉及到具体的代码时，其实真正操作的还是 MPMoviePlayerController，那么使用这个类有哪些步骤呢？

### 1. 导入框架

MPMoviePlayerController 和 MPMoviePlayerViewController 都是 MediaPlayer.framework 下的类，使用前必须确保工程下已导入该框架。

### 2. 创建实例

使用 MPMoviePlayerController 前必须调用 initWithContentURL:函数创建一个实例，函数需要传递一个 NSURL 对象，如果希望加载本地视频文件，那么就把文件的路径转化为 NSURL 对象。如果目的是播放在线视频，那么就传递视频的网址，当然也要先转化，示例代码如下：

```
MPMoviePlayerController *moviePlayer = [[MPMoviePlayerController alloc]
                   initWithContentURL:[NSURL fileURLWithPath:path]];
```

## 3. 设置控制器样式

当播放视频时，视频区域会浮现出控制器，控制器上提供了许多功能按钮，可以切换视频大小，暂停和结束播放等，如图 18.15 所示。

图 18.15 播放视频时，系统自动显示控制器

图 18.15 中的播放器采用的是默认样式，当然样式是可以更改的，iOS SDK 提供了三种样式：

- MPMovieControlStyleNone：完全没有控制器。
- MPMovieControlStyleEmbedded：控件按钮将显示在一个嵌入的视图中，包括开始/暂停按钮，还有一个按钮让视频在全屏和嵌入模式下切换。
- MPMovieControlStyleFullscreen：全屏显示，界面包含所有的控件按钮，播放/暂停按钮、音量和时间控制等，这是默认的样式。
- MPMovieControlStyleDefault：和 MPMovieControlStyleFullscreen 一致。

更改 MPMoviePlayerController 的成员变量 controlStyle 属性值就可以变换控制器样式，代码如下：

```
moviePlayer. controlStyle= MPMovieControlStyleNone;
```

如果这几种样式还不能满足需求，那么可以考虑隐藏掉所有的控制器，全部高度自定义。

## 4. 设置拉伸模式

常见的视频高宽比例有 16:9、4:3 等，为了让视频以最佳效果显示，开发者应该考虑播放器的拉伸模式，系统提供了以下几种选择：

- MPMovieScallingModeNone：不做任何缩放。
- MPMovieScallingModeAspectFit：适应屏幕大小，保持宽高比。
- MPMovieScallingModeAspectFill：适应屏幕大小，保持宽高比，可裁剪。

❑ MPMovieScalingModeFill：充满屏幕，不保持宽高比。

MPMoviePlayerController 下对应的属性为 scalingMode，示例代码如下：

```
moviePlayer.scalingMode= MPMovieScalingModeAspectFit;
```

除了这些，MPMoviePlayerController 还有许多其他属性，例如 repeatMode（重复模式）是否支持 AirPlay 功能等。

注意：AirPlay 是由苹果推出的一项无线技术。它允许苹果电视以无线方式访问用户 iOS 装置上的内容，串流传输至高清电视及扬声器。

## 18.5 创建 VideoPlayer 程序

现在创建本章的最后一个示例程序实现播放视频。打开 Xcode，新建 iOS 工程，工程模板选择 Single View Application，工程命名为"VideoPlayer"。前面刚刚介绍过，视频播放前可以设置部分属性，自定义控制器样式和外观等，我们将把这个功能放在首选项里操作，这样可以方便用户快速修改播放器属性。

注意：模拟器可以播放符合格式的本地及在线视频。

### 18.5.1 添加设置束

读者如果忘了如何为程序添加首选项，可以翻看本书前面的章节回顾下，这次我们会在首选项里提供几种方案供用户选择。

单击 Supporting Files 目录，新建文件，选择 Settings Bundle，接下来需要对这个文件进行修改。打开 Settings.bundle 下的 Root.plist 文件，现在 Preference Items 项里面包含了 4 个默认的项。扩展打开 Item 0 项，把 Title 值修改为"视频播放"，接着把 Item 1、Item 2、Item 3 全部删除，右击 Item 0 项，在弹出的快捷菜单里选择 Add Row，Key 选择 Multi Value，按照此方式再新建 3 个项，注意它们都是和 Item 0 项同级的。

打开 Item 1 项，设置 Title 项值为"拉伸模式"，Identifier 值为 scalingMode，然后新增两个子项，Key 分别选择 Values 和 Titles，Type 都选择"Array"。在 Values 项和 Titles 项下添加 4 个子项，Values 项的子项值依次为 0、1、2、3，Titles 项的子项值则设置为对应的 None、Aspect Fit、Aspect Fill、Fill。除此之外，在 Item 1 项下增加一个 Default Value 值，默认值为 1，Item 1 的内容如图 18.16 所示。

接下来修改 Item 2 项，它的子项和 Item 1 基本一致，修改 Title 值为"控制器类型"，Identifier 值为 controlStyle，默认值为 1，Values 项下包含三个子项，分别为 0、1、2，Titles 项的三个子项值设为"无"、"嵌入"和"全屏"。Item 2 的内容如图 18.17

所示。

```
▼Item 1 (Multi Value - 拉伸模式)    Diction...   (6 items)
    Type                        String      Multi Value
    ▼Values                     Array       (4 items)
        Item 0                  Number      0
        Item 1                  Number      1
        Item 2                  Number      2
        Item 3                  Number      3
    ▼Titles                     Array       (4 items)
        Item 0                  String      None
        Item 1                  String      Aspect Fit
        Item 2                  String      Aspect Fill
        Item 3                  String      Fill
    Title                       String      拉伸模式
    Identifier                  String      scalingMode
    Default Value               Number      1
```

图 18.16　Item 1 项的所有设置

```
▼Item 2 (Multi Value - 控制器类型)   Diction...   (6 items)
    Type                        String      Multi Value
    ▼Values                     Array       (3 items)
        Item 0                  Number      0
        Item 1                  Number      1
        Item 2                  Number      2
    ▼Titles                     Array       (3 items)
        Item 0                  String      无
        Item 1                  String      嵌入
        Item 2                  String      全屏
    Title                       String      控制器类型
    Identifier                  String      controlStyle
    Default Value               Number      2
```

图 18.17　Item 2 项的所有设置

再修改 Item 3 项，Title 值设置为"背景色"，Identifier 值为 backgroundColor，默认值为 2，Values 项下新建八个子项，代表着八个颜色，值从 0 到 7，Titles 项的值依次为"黑"、"灰"、"白"、"绿"、"蓝"、"黄"、"橙"和"紫"。Item 3 的内容如图 18.18 所示。

保存对 Root.plist 的修改，运行程序，待模拟器弹出 VideoPlayer 界面后，单击模拟器的 home 键退回到模拟器的主界面，打开系统 Settings 应用程序，找到 VideoPlayer 的首选项，可以看到视频播放的具体设置如图 18.19 所示。

每一项都有默认值，如果想要更改某一项值，单击对应的行，选择新的值就可以了。例如，拉伸模式提供了四种类型，用户可以根据视频的宽高比选择合适的属性，如图 18.20 所示。

第 18 章 多媒体：音频和视频

| | | |
|---|---|---|
| ▼ Item 3 (Multi Value – 背景色) | Diction... | (6 items) |
| Default Value | Number | 4 |
| Identifier | String | backgroundColor |
| Title | String | 背景色 |
| ▼ Titles | Array | (8 items) |
| Item 0 | String | 黑 |
| Item 1 | String | 灰 |
| Item 2 | String | 白 |
| Item 3 | String | 绿 |
| Item 4 | String | 蓝 |
| Item 5 | String | 黄 |
| Item 6 | String | 橙 |
| Item 7 | String | 紫 |
| Type | String | Multi Value |
| ▼ Values | Array | (8 items) |
| Item 0 | Number | 0 |
| Item 1 | Number | 1 |
| Item 2 | Number | 2 |
| Item 3 | Number | 3 |
| Item 4 | Number | 4 |
| Item 5 | Number | 5 |
| Item 6 | Number | 6 |
| Item 7 | Number | 7 |

图 18.18　Item 3 项的所有设置

图 18.19　VideoPlayer 的首选项

图 18.20　用户可以在设置里更改拉伸模式

## 18.5.2 读取播放器属性

程序在播放视频前需要把首选项的属性读取出来，然后在创建播放器时加入这些设置。我们会在工程下新建一个 PlayerSetting 类单独处理这些事情。下面分三步实现 PlayerSetting 类，步骤如下：

（1）在工程下添加 MediaPlayer 框架并新建 PlayerSetting 类；
（2）在 PlayerSetting 类中写入播放器属性默认值；
（3）读取播放器属性值。

### 1. 添加MediaPlayer框架并新建PlayerSetting类

因为程序代码中将会用到 MPMoviePlayerViewController 类，所以首先在工程下添加必需的框架。打开 TARGETS，在 Summary 选项卡中找到 Linked Frameworks and Libraries，添加 MediaPlayer.framework，如图 18.21 所示。

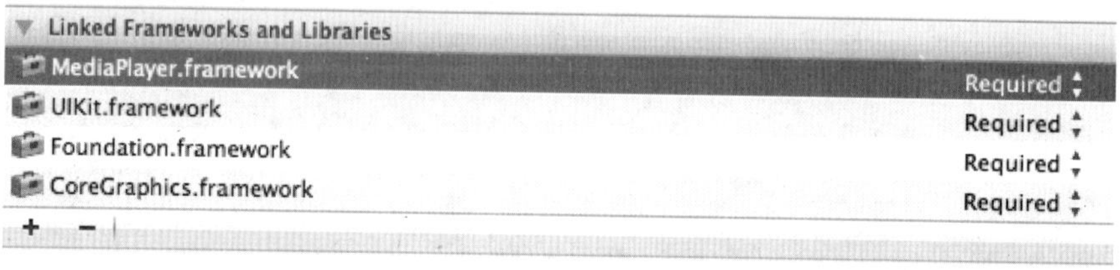

图 18.21　工程下导入 MediaPlayer.framework

然后，在 Xcode 的 VideoPlayer 目录下新建文件，类型继承自 NSObject，文件命名为 "PlayerSetting"。打开 PlayerSetting.h，添加 MediaPlayer.h 的引入，在其下方添加三个宏定义：

```
#import <Foundation/Foundation.h>
#import <MediaPlayer/MediaPlayer.h>

#define SCALINGMODEKEY        @"scalingMode"         //拉伸模式宏
#define CONTROLSTYLEKEY       @"controlStyle"        //控制器类型宏
#define BACKGROUDCOLORKEY     @"backgroundColor"     //背景色宏

@interface PlayerSetting : NSObject
@end
```

### 2. 设置默认属性值

打开 PlayerSetting.m，添加 writeDefaultVaule 函数，PlayerSetting 的函数全部采用 class 类型，代码如下：

```
+(void)writeDefaultVaule{
   NSUserDefaults *defaults=[NSUserDefaults standardUserDefaults];
   NSString *value=[defaults objectForKey:SCALINGMODEKEY];
   if (!value) {
       //Settings.bundle 路径
       NSString *settingsBundlePath = [[NSBundle mainBundle]
```

```objc
                       pathForResource:@"Settings" ofType:@"bundle"];
//Root.plist 路径
NSString *rootPath = [settingsBundlePath
                   stringByAppendingPathComponent:@"Root.plist"];
//取 Root.plist 值
NSDictionary *dict = [NSDictionary dictionaryWithContentsOfFile:
rootPath];
NSArray *prefSpecifierArray = [dict objectForKey:@"Preference
Specifiers"];
NSNumber *defaultScalingMode = nil;          //默认拉伸模式
NSNumber *defaultControlStyle = nil;         //默认控制器类型
NSNumber *defaultBackgroundColor = nil;    //默认背景色

//遍历取出每一项的默认值
NSDictionary *itemDic;
for (itemDic in prefSpecifierArray)
{
    NSString *keyValueStr = [itemDic objectForKey:@"Key"];
    id defaultValue = [itemDic objectForKey:@"DefaultValue"];
    if ([keyValueStr isEqualToString:SCALINGMODEKEY])
    {
        defaultScalingMode = defaultValue;           //取出默认拉伸模式
    }
    else if ([keyValueStr isEqualToString:CONTROLSTYLEKEY])
    {
        defaultControlStyle = defaultValue;          //取出默认控制器类型
    }
    else if ([keyValueStr isEqualToString:BACKGROUDCOLORKEY])
    {
        defaultBackgroundColor = defaultValue;  //取出默认背景色
    }
}

//储存所有默认值
NSDictionary *defaluValueDic=[NSDictionary dictionaryWithObjects
AndKeys:
                    defaultScalingMode,SCALINGMODEKEY,
                    defaultControlStyle,CONTROLSTYLEKEY,
                    defaultBackgroundColor,BACKGROUDCOLORKEY,
                    nil];
[defaults registerDefaults:defaluValueDic];
[defaults synchronize];
}
```

下面来分析下 writeDefaultVaule 函数。

创建一个 NSUserDefaults 实例，然后试着去取键 SCALINGMODEKEY 对应的值：

```objc
NSUserDefaults *defaults=[NSUserDefaults standardUserDefaults];
NSString *value=[defaults objectForKey:SCALINGMODEKEY];
```

如果键 SCALINGMODEKEY 没有值，那么 value 将为空，以此推断也无法取出 CONTROLSTYLEKEY 和 BACKGROUDCOLORKEY 对应的值。既然无法通过

NSUserDefaults 取得属性值，那么直接访问 Settings.bundle 下的 Root.plist，遍历取出三个设置项的默认值，我们定义三个 NSNumber 变量来保存数据：

```
NSNumber *defaultScalingMode = nil;      //默认拉伸模式
NSNumber *defaultControlStyle = nil;     //默认控制器类型
NSNumber *defaultBackgroundColor = nil;  //默认背景色
```

然后，把默认值保存起来：

```
//储存所有默认值
NSDictionary *defaluValueDic=[NSDictionary dictionaryWithObjectsAndKeys:
                defaultScalingMode,SCALINGMODEKEY,
                defaultControlStyle,CONTROLSTYLEKEY,
                defaultBackgroundColor,BACKGROUDCOLORKEY,
                nil];
[defaults registerDefaults:defaluValueDic];
defaults synchronize];
```

> **注意**：如果用户没有在设置里对首选项做过修改或选择，那么运行时程序将无法读取出默认值，因此遇到这种情况时直接从设置束里取值。

### 3. 读取属性值

在 writeDefaultVaule 下添加三个函数，读取用户首选项中的拉伸模式、控制器类型和背景色值，代码如下：

```
//读取拉伸模式
+(MPMovieScalingMode)scalingMode{
    [self writeDefaultVaule];
    NSUserDefaults *defaults=[NSUserDefaults standardUserDefaults];
    int mode=[defaults integerForKey:SCALINGMODEKEY];
    return mode;
}
//读取控制器类型
+(MPMovieControlStyle)controlStyle{
    [self writeDefaultVaule];
    NSUserDefaults *defaults=[NSUserDefaults standardUserDefaults];
    int style=[defaults integerForKey:CONTROLSTYLEKEY];
    return style;
}
//读取背景色
+(UIColor*)backgroundColor{
    [self writeDefaultVaule];
    //所有背景颜色
NSArray*colors=[NSArray arrayWithObjects:
                [UIColor blackColor],[UIColor darkTextColor],
                [UIColor whiteColor],[UIColor greenColor],
                [UIColor blueColor], [UIColor yellowColor],
                [UIColor orangeColor], [UIColor purpleColor],
                nil];
    NSUserDefaults *defaults=[NSUserDefaults standardUserDefaults];
    int index=[defaults integerForKey:BACKGROUDCOLORKEY];
```

```
    return [colors objectAtIndex:index];
}
```

这三个函数里都先调用 writeDefaultVaule，这样可以保证一定能取到属性值。backgroundColor 函数里创建一个数组，包含了 8 个颜色，然后根据选择设置项返回的下标确定背景颜色。

### 18.5.3 实现视频播放

从随书附带的光盘中找到"测试.mp4"文件，然后复制到工程目录下。接下来就分三步完成 VideoPlayer 应用程序，我们目的是在程序中成功播放"测试.mp4"文件。

（1）设计程序界面；
（2）设置播放器默认属性；
（3）实现本地视频播放功能。

> 注意：对于网络视频，只要媒体文件格式符合标准，执行和播放本地视频的一样代码就可以实现播放功能。

#### 1. 设计程序界面

打开 ViewController.xib，在 View 最上方放一个 Label，中间的位置放一个 View。我们计划让视频在这个 View 的区域播放，因此拉伸这个子视图让它在整个窗口下都大一些，最下方添加一个按钮，标题设置为"播放"，最后 View 界面如图 18.22 所示。

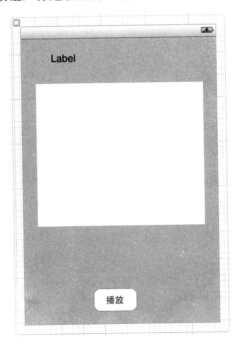

图 18.22　设计程序界面

打开 ViewController.h，修改代码如下：

```objc
#import <UIKit/UIKit.h>
#import <MediaPlayer/MediaPlayer.h>

@interface ViewController : UIViewController
@property (retain,nonatomic) IBOutlet UIView *videoBackgroundView;
                                                                //视频背景
@property (retain,nonatomic) IBOutlet UILabel *stateLabel;
                                                                //状态标签
@property (retain,nonatomic) MPMoviePlayerViewController*controller;
                                                                //播放器
-(IBAction)play:(id)sender;
@end
```

在文件最上方引入 MediaPlayer.h，在 ViewController 类内声明 3 个成员变量和 1 个 play:函数，其中 videoBackgroundView 和 stateLabel 是控件的输出口，controller 是 MPMoviePlayerViewController 类型指针，视频的播放和控制都要依靠它。

在 ViewController.xib 中，把输出口和各自的控件关联起来，函数 play:和"播放"按钮的 Touch Up Inside 事件相关联。

### 2. 设置播放器默认属性

接下来在 ViewController.m 中添加 addSetting 函数，这个函数只在类内使用，因此不需要在头文件中添加声明。函数 addSetting 的目的是根据 PlayerSetting 类设置播放器的属性。

代码如下：

```objc
#import "ViewController.h"
#import "PlayerSetting.h"                                       //引入头文件

@implementation ViewController
@synthesize videoBackgroundView,stateLabel;                     //属性访问器
@synthesize controller;

-(void)dealloc{
    [videoBackgroundView release];
    [stateLabel release];                                       //释放内存
    [controller release];
    [super dealloc];
}

-(void)addSetting{
    MPMovieScalingMode mode=[PlayerSetting scalingMode];        //设置拉伸模式
    controller.moviePlayer.scalingMode=mode;

    MPMovieControlStyle style=[PlayerSetting controlStyle];     //设置控制器样式
    controller.moviePlayer.controlStyle=style;
```

```objc
    UIColor *color=[PlayerSetting backgroundColor];        //设置背景色
    controller.moviePlayer.backgroundView.backgroundColor = color;
}
```

在 ViewController.m 的最上方引入 PlayerSetting.h，然后在 addSetting 里调用 PlayerSetting 的三个 class 方法，依次取出拉伸模式、控制器样式和背景色，这些属性值设置到播放器中。

> 注意：MPMoviePlayerViewController 里有一个成员变量 moviePlayer，它是 MPMoviePlayerController 类型的，而且属性为只读，使用它完成设置属性和播放等操作。

### 3. 实现本地视频播放功能

在 addSetting 函数的下方添加整个程序最核心的部分：

```objc
-(void)createPlayer:(NSString *)path{
    NSURL *url = [[NSURL alloc] initFileURLWithPath:path];//初始化 NSURL 对象

    //创建 MPMoviePlayerViewController 对象
    MPMoviePlayerViewController *moviePlayerController =
            [[MPMoviePlayerViewController alloc]initWithContentURL:url];
    [url release];
    self.controller=moviePlayerController;
    [moviePlayerController release];
    [self addObserver];                                    //添加观察者
    [self addSetting];                                     //添加设置
    //设置播放器的位置与宽高
    [[self.controller view] setFrame:[videoBackgroundView bounds]];
    [videoBackgroundView addSubview:[self.controller view]];
                                                           //加载播放器视图

    [self.controller.moviePlayer play];                    //开始播放
}

-(IBAction)play:(id)sender{
    //视频文件路径
    NSString *path=[[NSBundle mainBundle] pathForResource:@"测试" ofType:
    @"mp4"];
    [self createPlayer:path];
}
```

下面来看看这段代码执行了哪些工作。

（1）播放视频

createPlayer:函数带有一个参数，其为本地视频的路径。首先利用初始化的方式把文件路径转化为 NSURL 对象：

```objc
NSURL *url = [[NSURL alloc] initFileURLWithPath:path];//初始化 NSURL 对象
```

然后创建一个 MPMoviePlayerViewController 实例，并赋值给类成员变量 controller：

```
//创建MPMoviePlayerViewController对象
MPMoviePlayerViewController *moviePlayerController =
         [[MPMoviePlayerViewController
alloc]initWithContentURL:url];
self.controller=moviePlayerController;
```

调用 addObserver 和 addSetting 函数：

```
[self addObserver];
[self addSetting];
```

下面这一步至关重要，播放前必须设置播放器视图（controller 的 view）的坐标位置，而且要把播放器视图添加到某片区域，对本程序来说，就是 videoBackgroundView 上，否则播放器无法显示：

```
//设置播放器的位置与宽高
[[self.controller view] setFrame:[videoBackgroundView bounds]];
[videoBackgroundView addSubview:[self.controller view]]; //加载播放器视图
```

现在可以播放了：

```
[self.controller.moviePlayer play];                              //开始播放
```

（2）实现 play:函数

当用户单击"播放"按钮时，播放器便开始启动，首先获取视频文件"测试.mp4"的路径，然后作为参数传入到 createPlayer:函数中：

```
//视频文件路径
NSString *path=[[NSBundle mainBundle] pathForResource:@"测试" ofType:@"mp4"];
[self createPlayer:path];
```

> 注意：如果调用 fileURLWithPath:这样的 class 方法创建 NSURL 对象，iOS 4 环境下可以正常播放本地视频，但是在 iOS 5 下可能无法播放。使用 initFileURLWithPath:可以解决这个问题。

## 18.5.4 处理状态变化

此刻，我们距离程序的完成还差一步。视频从开始播放到结束整个过程中随时都会出现对应的状态变化，甚至某些状态是突发性的，我们必须要作出处理。一旦状态发生变化，系统会以通知的形式发布，因此程序需要监听捕获并做出处理。

### 1. 创建监听

下面在 addSetting 函数下方添加 addObserver 函数，代码如下：

```
-(void)addObserver{
    //监听播放器网络缓存状态
    [[NSNotificationCenter defaultCenter] addObserver:self
```

```
                    selector:@selector(loadStateDidChange:)
                    name:MPMoviePlayerLoadStateDidChangeNotification
                    object:controller.moviePlayer];
//监听播放器播放结束
[[NSNotificationCenter defaultCenter] addObserver:self
                    selector:@selector(moviePlayBackDidFinish:)
                    name:MPMoviePlayerPlaybackDidFinishNotification
                    object:controller.moviePlayer];
//监听准备播放状态
[[NSNotificationCenterdefaultCenter]addObserver:self
        elector:@selector(mediaIsPreparedToPlayDidChange:)
        name:MPMediaPlaybackIsPreparedToPlayDidChangeNotification
        object:controller.moviePlayer];
//监听播放器播放状态
[[NSNotificationCenter defaultCenter] addObserver:self
                    selector:@selector(moviePlayBackStateDidChange:)
                    name:MPMoviePlayerPlaybackStateDidChangeNotification
                    object:controller.moviePlayer];
}
```

　　iOS 系统几乎可以监测到播放器工作时的所有状态变化。例如，数据准备完毕，播放意外退出等。在 addObserver 函数里，我们监听了四种状态，对于一个测试程序而言，这就足够了，例如

（1）监听播放器网络缓存状态：

```
//监听播放器网络缓存状态
[[NSNotificationCenter defaultCenter] addObserver:self
                    selector:@selector(loadStateDidChange:)
                    name:MPMoviePlayerLoadStateDidChangeNotification
                    object:controller.moviePlayer];
```

（2）监听播放结束状态，视频播放完结束有可能是正常播放完成，可能是手动关闭了播放器，也有可能是播放过程中出了错误：

```
//监听播放器播放结束
[[NSNotificationCenter defaultCenter] addObserver:self
                    selector:@selector(moviePlayBackDidFinish:)
                    name:MPMoviePlayerPlaybackDidFinishNotification
                    object:controller.moviePlayer];
```

（3）监听准备播放状态：

```
//监听准备播放状态
[[NSNotificationCenter defaultCenter] addObserver:self
            selector:@selector(mediaIsPreparedToPlayDidChange:)
            name:MPMediaPlaybackIsPreparedToPlayDidChangeNotification
            object:controller.moviePlayer];
```

（4）播放器正在播放，还是处于暂停中，这一类的状态也是可以监听的：

```
[[NSNotificationCenter defaultCenter] addObserver:self
                    selector:@selector(moviePlayBackStateDidChange:)
                    name:MPMoviePlayerPlaybackStateDidChangeNotification
                    object:controller.moviePlayer];
```

然后，修改 createPlayer:函数，添加对 addObserver 函数的调用，代码如下：

```
[self addObserver];
[self addSetting];
```

### 2. 处理状态回调函数

接下来实现 addObserver 函数中提到的四个函数，在 ViewController.m 中添加代码如下：

```
#pragma mark -
#pragma mark 处理通知
- (void)loadStateDidChange:(NSNotification *)notification{
    NSLog(@"loadStateDidChange");
}

- (void) moviePlayBackDidFinish:(NSNotification*)notification{
    //获取播放结束原因
    NSNumber *reason = [[notification userInfo]
        objectForKey:MPMoviePlayerPlaybackDidFinishReasonUserInfoKey];

if ([reason intValue] == MPMovieFinishReasonPlaybackEnded) {
                                                            //播放结束
        NSLog(@"MPMovieFinishReasonPlaybackEnded");
    }

else if ([reason intValue] == MPMovieFinishReasonPlaybackError) {
                                                            //播放错误

        NSLog(@"MPMovieFinishReasonPlaybackError");
    }

else if ([reason intValue] == MPMovieFinishReasonUserExited) {
                                                            //播放退出

        NSLog(@"MPMovieFinishReasonUserExited");
    }

    [[controller view] removeFromSuperview];                //删除播放器视图
[[NSNotificationCenter defaultCenter] removeObserver:self];
                                                            //删除监听器
}

- (void)moviePlayBackStateDidChange:(NSNotification*)notification{
    MPMoviePlayerController *player = notification.object;
        if (player.playbackState == MPMoviePlaybackStateStopped)
        {
            stateLabel.text=@"播放停止";                      //播放停止
            NSLog(@"播放停止");
        }
        else if (player.playbackState == MPMoviePlaybackStatePlaying)
```

```objc
{
    stateLabel.text=@"正在播放";                              //正在播放
    NSLog(@"正在播放");
}
else if (player.playbackState == MPMoviePlaybackStatePaused)
{
    stateLabel.text=@"播放暂停";                              //播放暂停
    NSLog(@"播放暂停");
}
else if (player.playbackState == MPMoviePlaybackStateInterrupted)
{
    stateLabel.text=@"播放中断";                              //播放中断
    NSLog(@"播放中断");
}
}
- (void) playbackIsPreparedToPlayDidChange:(NSNotification*)notification{
    NSLog(@"playbackIsPreparedToPlayDidChange");              //打印信息
}
```

重点关注 moviePlayBackDidFinish:这个函数，首先获取表示播放结束原因的 NSNumber 值：

```objc
//获取播放结束原因
NSNumber *reason = [[notification userInfo]
objectForKey:MPMoviePlayerPlaybackDidFinishReasonUserInfoKey];
```

然后，根据 reason 值判断究竟是什么原因引起的播放结束，苹果为开发者提供了三种可能的原因，分别为播放正常完成、播放错误和用户主动退出，我们目前只是打印出退出原因。因为播放器必须要加载到父类视图上才能正常显示的，所以最后把播放器视图从程序窗口上移除，删除本类所有监听器：

```objc
[[controller view] removeFromSuperview];                     //删除播放器视图
[[NSNotificationCenter defaultCenter] removeObserver:self]; //删除监听器
```

## 18.5.5 运行程序播放视频

因为刚才已经在模拟器上运行过程序，所以在设置（Settings）里可以找到 VideoPlayer 的首选项，拉伸模式选择 Aspect Fit，这样可以保证视频的比例不至于失衡，控制器类型选择"全屏"，背景色改为灰色，如图 18.23 所示。

编译并运行程序，单击"播放"按钮，程序界面出现一个播放器，在加载非常短的时间后开始播放视频，播放器视频周边区域颜色为灰黑色，而且悬浮着两个控制栏，如图 18.24 所示。

如果单击视频左上方的"Done"按钮，视频就会停止播放，播放器视图也从窗口中移去。建议读者多多尝试着修改播放器的属性，甚至是一些本程序中没有提及到的属性，这样可以对苹果播放器有更深的了解。例如把控制器类型更改为嵌入，背景色选择蓝色，然后回到程序中播放视频，单击扩展按钮让视频放大后的界面如图 18.25 所示。

图 18.23　修改 VideoPlayer 的首选项设置　　图 18.24　程序播放视频时的样式

图 18.25　更改属性体验不同的播放器效果

## 18.6 小　　结

通过对本章的学习，读者已经对 iOS 多媒体有了一定的了解，而且还创建了一个音乐播放器的程序，掌握了使用 System Sound Services 播放短音效和 AVAudioPlayer 播放较长音乐的方式。现在读者完全可以对原有的程序进行改进，根据自己的偏好开发一个更好的音乐播放软件。随后又学习了录音方面的内容，读者还学习了如何在程序中播放视频，能够定制播放器的样式。

## 18.7 习　　题

【简答题】
1. 有一段 15 秒的音频，可以用 System Sound Services 播放吗？
2. 录音需要使用哪个类？
3. 如果想要播放视频时隐藏默认的操作按钮，操作哪个属性？
4. 下面这段代码的作用是什么？

```
[[NSNotificationCenter defaultCenter] addObserver:self
                    selector:@selector(action:)
                    ame:MPMoviePlayerPlaybackDidFinishNotification
                    object:nil];
```

【实践题】
1. 选择一个音乐文件，使其成为程序循环播放的背景音乐，而且可以通过设置关闭。
2. 更改播放器的样式，需要更改 MPMoviePlayerController 对象的某些属性，并尝试播放在线视频。

# 第 19 章 本 地 化

全世界许多国家的人们都在使用 iPhone，它在智能手机领域的地位早已毋庸置疑。2013 年新年伊始，苹果就宣布 AppStore 的下载量已突破 400 亿次，可见在 iPhone AppStore 发布程序所蕴涵的市场是巨大的，幸运的是开发者的程序并不仅限于在自己的国家范围内使用，这要归功于 iPhone 强大的语言支持。如图 19.1 所示，通过简单的设置，我们就可以让 iPhone 切换至任意的语言。

图 19.1　iPhone 支持全球 30 多种语言

iPhone 拥有完整的本地化（Localization）体系结构，使用它不但可以将应用程序翻译成多种语言，甚至可以翻译成同一语言的多种方言，比如可以体贴地为简体中文和繁体中文使用者提供不同的术语。利用本地化就可以把程序发布任何一个语言区的 AppStore。在本章中读者将会学习实现本地化的方法，然后创建一个示例程序对它本地化。

# 第 19 章 本地化

本章主要涉及到的知识点如下所示。
- 本地化字符串：学会如何本地化字符串。
- 本地化 nib 文件：学习本地化 nib 文件。
- 本地化图像：学习如何本地化图像，以及本地化应用程序图标。

## 19.1 本地化体系结构

如果应用程序没有本地化，那么所有文本都以开发者自己的语言呈现，也就是基础语言。当要进行本地化时，应用程序束中会为每种支持的语言创建一个子目录，每种语言的子目录都包含一个翻译为此种语言的应用程序资源子集。这些目录都被称为一个本地化项目，也称为本地化文件夹，通常用.lproj 作为扩展名。

当本地化的应用程序需要载入某一资源时，例如图像、属性列表或 nib 文件，应用程序会检查用户的语言和地区，并查找与此设置相匹配的本地化文件夹。如果找到了相应的文件夹，它会载入此资源的本地化版本而不是基础版本。例如，对于选择法语作为 iPhone 基础语言，选择法国作为地区的用户，应用程序会先查找名为 fr.lproj 的本地化文件夹。文件夹名称的前两个字母（fr）表示法语。在较早的 Xcode 版本中，文件名名称为 fr_FR.lproj，下划线后的两个字母（FR）是国家（地区）代码，表示法国。

开发多语言应用程序时一般都会要用到国家代码（各国的国内域名后缀一般也是以这个命名的），比如中国是 CN，美国是 US，法国是 FR。这些国家代码就是 ISO（国际标准化组织）制定的 ISO 3166-1 国际标准。

> 注意：国际标准化组织的 ISO 3166-1 国际标准是 ISO 3166 的第一部分，有 ISO 标准国家代码。每个国际普遍公认的国家或地区有三种代码，就是二位字母代码、三位字母代码以及联合国统计局所建立的三位数字代码。

## 19.2 本地化原则

如果应用程序找不到精确匹配的文件夹，那么它会查找应用程序束中仅语言代码匹配（地区代码不匹配）的本地化文件夹。因此，对于法国人（主观认为他们首选法语），应用程序随后会查找名为 fr.lproj 的本地化项目。如果找不到此名称的语言项目，接着会尝试查找 fre.lproj，然后查找 fra.lproj。如果都找不到，程序会去查找 French.lproj。最后一种结构是为了支持旧式 Mac OS X 应用程序，一般来说 iOS 应用程序会尽量避免它。

如果应用程序找不到与语言/地区的组合相匹配或仅有语言相匹配的语言项目，那么它会使用开发基础语言中的资源。如果找到了适合的本地化项目，那么对于任何所需要的资源，程序将总是先查找这里。例如，若载入一个使用 imageNamed:方法生成的 UIImage，程序会首先在本地化项目中查找使用指定名称的图像。如果找到了此图像，就会马上使用它。如果没有找到，程序将会考虑基础语言资源。

也有这么一种情况，某个应用程序与多个本地化项目相匹配。例如，一个名为 fr_FR.lproj 的项目和一个名为 fr.lproj 的项目，那么程序会先在更精确的匹配中查找，在本例中是 fr_FR.lproj。如果在此处找不到资源，它将会查找 fr.lproj。这样便可以在一个语言项目中对所有此语言的使用者提供共有的资源，仅本地化受到不同方言或地理地区影响的资源。

## 19.3　使用字符串文件

看下面一段代码，来学习下如何在程序中使用字符串文件：

```
UIAlertView *alert=[[UIAlertView alloc]
            initWithTitle:@"警告"
            message:@"用户名或密码不对" delegate:nil
            calcelButtonTitle:@"确定" otherButtonTitles:nil];
[alert show];
[alert release];
```

也许是用户输错了用户名或密码，系统弹出了这么一个警告。如果希望自己的程序被国外的 iPhone 用户使用，那么一定不愿意让他们看到以中文（开发基础）编写警告，我们有理由相信大多数的外国人是看不懂中文的。

将这些字符串存储到特定的文本文件中，即字符串文件中。字符串文件实际上是 Unicode（UTF-16）文本文件，其中包含了字符串配对列表，每项都标识了注释。下面的示例描述了应用程序中字符串文件的格式。

```
"UserName"=" UserName";
"Passwd"=" Passwd"
```

读者应该注意到每一行都出现了两个相同的字符串，这是怎么回事？等号左侧的字符串充当键，等号右侧的值是用于翻译的本地语言。因此，如果将前面的字符串文件本地化为汉语，可能会是这样：

```
"UserName "="用户名";
"Passwd"="密码";
```

我们不会手动输入来创建字符串文件。而是将所有本地化的文本字符串嵌入到代码内特定的宏中。下面显示了宏如何工作，先创建一个字符串声明：

```
NSString *string=@"UserName";
```

要本地化此字符串，需要这样做：

```
NSString *myString=NSLocalizedString(@"UserName",@"要求用户输入用户名");
```

NSLocalizedString 是一个宏定义，使用它需要传递两个参数。第 1 个参数是基础语言中字符串的值。如果程序本地化的情况下，应用程序将使用此字符串。第 2 个参数是注释。可以在 Xcode 中查看 NSLocalizedString 的声明：

```
#define NSLocalizedString(key, comment) \
    [[NSBundle mainBundle] localizedStringForKey:(key) value:@""
    table:nil]
```

NSLocalizedString 在应用程序束中查找名为 localizable.strings 的字符串文件。如果没有找到此文件,则返回其第 1 个参数,而此字符串会出现在开发基础语言中。如果此应用程序没有本地化,则字符串通常仅在开发时显示在基础语言中。

如果 NSLocalizedString 找到了字符串文件,则会搜索此文件中与第 1 个参数相匹配的行。在前面的示例中,NSLocalizedString 将在字符串文件中搜索字符串 UserName。如果在本地化项目中没有找到与用户语言设置相匹配的项,它会在基础语言中查找字符串文件并使用其中的值。如果没有字符串文件,它会只使用传递给 NSLocalizedString 宏的第 1 个参数。

好吧,这些理论确实有些乏味,下面通过程序来实际的了解本地化。

## 19.4　创建 Localize 应用程序

创建一个与本地化有关的示例程序,程序会判断系统当前语言,然后以对应的语言格式显示 iPhone 5 目前的当地价格信息,我们要本地化的数据包括字符串、图像和 nib 文件,先看看程序的外观,如图 19.2 所示。程序界面的左侧是美国国旗,中间区域以 Label 的形式告诉我们 iPhone 5 16G 版本的美国售价为 649 美元。

图 19.2　程序使用四种语言进行显示

现在打开 Xcode，创建 iPhone 应用程序，选择 Single View Application 模板，工程命令为"Localize"。从随书附带的光盘找到 iPhone5.jpg 和 iPhone5.plist，全部添加工程下，稍后将会用到它们。

### 19.4.1 本地化字符串

程序需要本地化的内容很丰富，从数据到图像。我们先让程序实现本地化字符串，分五步完成，步骤如下：
（1）设计主界面；
（2）新建字符串文件（.strings 文件）；
（3）补充字符串文件的内容，主要是语言的对照；
（4）实现本地化字符串的功能；
（5）运行程序，查看效果。

**1. 设计程序界面**

打开 ViewController.xib，在 View 上添加六个 Label，以 3 行 2 列摆放，左侧 3 个标签分别输入标题 version、price 和 volume。在 View 的左上角和下方区域各添加一个 Image View，修改下方位置的 Image View 的 Mode 属性为 Aspect Fit，image 值输入 iPhone5.jpg，为了让界面看起来更加协调，把整个 View 的背景色修改为白色，View 的样式如图 19.3 所示。

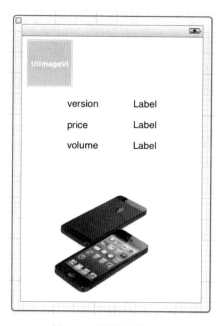

图 19.3　设计程序界面

**2. 新建字符串文件**

记得保存 ViewController.xib 的修改，暂时先把代码的事情放在一边，选中 Xcode

第 19 章　本地化

的 Supporting Files 目录，新建文件，选择 Resource 栏下的 Strings File，如图 19.4 所示。

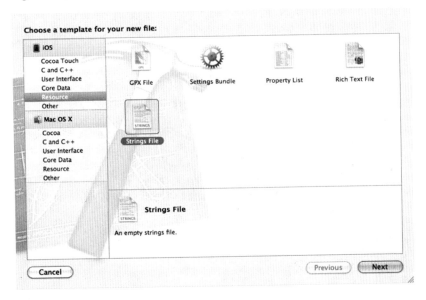

图 19.4　新建 Strings File 文件

文件命名为"Localizable.strings"，创建完成后，在 Supporting Files 目录下可以看到 Localizable.strings，选中它，在 Xcode 右侧的属性面板中找到 Localization，如图 19.5 所示。

此时 Localization 下没有一条条目，单击"+"按钮，Localization 下立即出现了一条新条目，是必选的 English。继续单击"+"按钮，此时在按钮旁弹出了一个小菜单，里面列举了系统可以提供支持的本地化语言，我们选择 Chinese（zh-Hans），如图 19.6 所示。

图 19.5　在.strings 文件的属性中有 Localization 一项

图 19.6　基础语言列表

现在已经有了英语和简体中文,接着添加法语(French)和意大利语(Italian),这时候会发现 Localizable.strings 左侧多出一个可扩展的小箭头,展开它,看到 Localizable.strings 下面拥有了四个文件,这就是我们需要的全部字符串文件,如图 19.7 所示。

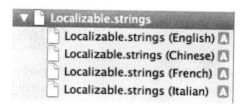

图 19.7  Localizable.strings 下包含四个语言的字符串文件

注意:English 是开发基础语言,所以默认的第一个条目都是 English。

### 3. 填写字符串文件

打开 Localizable.strings(English),在编辑区输入以下代码:

```
"version" = "version";             //英文本地化字符串
"price"   = "price";
"volume"  = "volume";
```

Localizable.strings(Chinese)输入以下代码:

```
"version" = "版本";                //中文本地化字符串
"price"   = "价格";
"volume"  = "容量";
```

Localizable.strings(French)输入以下代码:

```
"version" = "version";             //法文本地化字符串
"price"   = "prix";
"volume"  = "volume";
```

Localizable.strings(Italian)输入以下代码:

```
"version" = "versione";            //意大利语本地化字符串
"price"   = "prezzo";
"volume"  = "volume";
```

我们翻译了选取的这四种语言(英语、简体中文、法语和意大利语)。例如 version 翻译为中文是"版本",翻译为意大利语为 versione,法语、意大利语和英语很多单词拼写都是一样的,所以读者不要误以为 volume 没有翻译。

注意:现在许多的网站提供免费的在线翻译功能,例如谷歌和百度翻译,读者可以通过这些网站转换目标语言。

## 4. 实现本地化字符串

接下来开始编写代码，打开 ViewController.h，添加代码如下：

```
#import <UIKit/UIKit.h>

@interface ViewController : UIViewController
{
    UILabel *versionLabel;              //版本
    UILabel *priceLabel;                //价格
    UILabel *volumeLabel;               //容量

    UILabel *versionValueLabel;         //版本内容
    UILabel *priceValueLabel;           //价格内容
    UILabel *volumeValueLabel;          //容量内容
    UIImageView *flagImageView;         //图像视图
}
@property (nonatomic, retain) IBOutlet UILabel *versionLabel;
@property (nonatomic, retain) IBOutlet UILabel *priceLabel;
@property (nonatomic, retain) IBOutlet UILabel *volumeLabel;
@property (nonatomic, retain) IBOutlet UILabel *versionValueLabel;
@property (nonatomic, retain) IBOutlet UILabel *priceValueLabel;
@property (nonatomic, retain) IBOutlet UILabel *volumeValueLabel;

@property (nonatomic, retain) IBOutlet UIImageView *flagImageView;
@end
```

ViewController 类里添加了六个 UILabel 和一个 UIImageView 的声明，打开 ViewController.xib，把 versionLabel、priceLabel、volumeLabel 和 View 靠左侧的三个标签关联，versionValueLabel、priceValueLabel、volumeValueLabel 和右侧的三个标签关联，我们将根据系统语言在 flagImageView 上显示不同的国旗，把它和左上角的图像视图关联。

打开 ViewController.m，添加代码如下：

```
#import "ViewController.h"

#define VERSION @"version"              //版本宏
#define PRICE @"price"                  //价格宏
#define VOLUME @"volume"                //容量宏

@implementation ViewController
@synthesize versionLabel,priceLabel,volumeLabel,flagImageView;
                                        //属性访问器
@synthesize versionValueLabel,priceValueLabel,volumeValueLabel;

-(void)dealloc{
    [versionLabel release];             //释放内存
    [priceLabel release];
```

```objc
    [volumeLabel release];
    [flagImageView release];
    
    [versionValueLabel release];
    [priceValueLabel release];
    [volumeValueLabel release];
    [super dealloc];
}

#pragma mark - View lifecycle

- (void)viewDidLoad
{
    [super viewDidLoad];
    NSUserDefaults *defaults = [NSUserDefaults standardUserDefaults];
    //获取系统支持的所有语言
    NSArray *languages = [defaults objectForKey:@"AppleLanguages"];
    
    NSString *currentLanguage = [languages objectAtIndex:0];
    //取出系统当前语言
    NSLog(@"currentLanguage=%@",currentLanguage);
    UIImage *image;
    if ([currentLanguage isEqualToString:@"en"]) {
        image=[UIImage imageNamed:@"美国.jpg"];           //显示美国国旗
    }
    else if ([currentLanguage isEqualToString:@"zh-Hans"]) {
        image=[UIImage imageNamed:@"牡丹.jpg"];           //显示牡丹
    }
    else if ([currentLanguage isEqualToString:@"fr"]) {
        image=[UIImage imageNamed:@"法国.jpg"];           //显示法国国旗
    }
    else if ([currentLanguage isEqualToString:@"it"]) {
        image=[UIImage imageNamed:@"意大利.jpg"];         //显示意大利国旗
    }
    flagImageView.image=image;
    
    //本地化字符串
    versionLabel.text = NSLocalizedString(VERSION, @"型号");
    priceLabel.text   = NSLocalizedString(PRICE, @"价格");
    volumeLabel.text  = NSLocalizedString(VOLUME, @"容量大小");
    //取出plist文件路径
    NSString *path=[[NSBundle mainBundle]
            pathForResource:@"iPhone5" ofType:@"plist"];
    NSDictionary *dic=[NSDictionary dictionaryWithContentsOfFile:path];
    
    versionValueLabel.text=@"iPhone 5";                          //显示版本
    priceLabel.text=[dic objectForKey:currentLanguage];    //显示价格
```

```
versionValueLabel.text=@"16G";                                    //显示容量
}
```

关键的代码都写在了 viewDidLoad 里，下面讲解下这部分代码。
（1）取出系统当前语言
通过 NSUserDefaults 可以获取系统支持的所有语言：

```
NSUserDefaults *defaults = [NSUserDefaults standardUserDefaults];
//获取系统支持的所有语言
NSArray *languages = [defaults objectForKey:@"AppleLanguages"];
```

数组 languages 的第一个元素就是系统的当前语言：

```
NSString *currentLanguage = [languages objectAtIndex:0];
                                                                  //取出系统当前语言
```

为了方便我们自己查看，把当前语言打印出来。

```
NSLog(@"currentLanguage=%@",currentLanguage);
```

（2）显示国旗
接下来根据 currentLanguage 值来决定加载哪面国旗，en 代表英语，zh-Hans 代表中文，fr 代表法国，it 代表意大利。它们是 ISO 国家代码，基本上不会发生改变，所以直接作为字符串来比较。根据 currentLanguage 值，把国旗图像显示到 flagImageView 上。如果设备处于简体中文环境，就在程序界面上显示我国的四大名花之——牡丹。
（3）以本地化语言显示标签
把 iPhone 手机的信息显示在程序界面上：

```
versionValueLabel.text=@"iPhone 5";                               //显示版本
priceLabel.text=[dic objectForKey:currentLanguage];               //显示价格
versionValueLabel.text=@"16G";                                    //显示容量
```

> 注意：我们的操作顺序是先创建 NSLocalizedString 文件，再写代码。如果反过来先写代码，可以利用终端的 genstrings 命令生成字符串文件，不过文件还需要手动拖曳到工程下，NSLocalizedString 中的参数会写在字符串文件中。

### 5. 运行程序

编译并运行程序，模拟器是可以设置基础语言的，因此在模拟器上测试程序完全没有问题，程序的运行效果如图 19.8 所示。

去更换模拟器的语言，例如选择法语，那么程序的界面基本相同，只是某些标签变成了法语的书写格式，左上角变成了法国的三色旗，如图 19.9 所示。

## 19.4.2 查看当前区域设置

Setting 应用程序中还可以设置当前区域，可以理解为使用这种语言的地区。举例来说，英文是全世界使用最广泛的语言，涉及的地区非常多，包括美国、英国、欧洲、甚至是一些太平洋的岛国，这些在"区域格式"里都有完整的展现，如图 19.10 所示。

图 19.8　使用简体中文作为基础语言的运行状态

图 19.9　切换为法语后程序界面样式

图 19.10　在 Setting 应用程序中为语言选择区域

我们即将要使用一个新的类——NSLocale。NSLocale 类包含了用户当前区域设置的内容，除此之外，还可以查询货币类型、小数点分隔符、时间及日期格式等信息，合理地运用它们，应用程序能够为用户带来超出预期的出色体验。接下来继续开发 Localize 程序，查看当前区域的功能会分三步完成，步骤如下：

（1）在 Setting 应用程序中设置指定语言和区域格式；
（2）通过代码检测当前区域；
（3）运行并测试程序。

### 1. 调整当前语言和区域格式

接下来设置语言为英语，区域格式为中国，如图 19.11 所示。

> **注意**：选择语言（Language）后需要单击确定（Done）按钮才能生效，此过程模拟器将自动重启；选择区域则不会。

### 2. 检测当前区域

打开 ViewController.xib，在 View 的右上角拖放一个按钮，标题设置为"显示区域"，如图 19.12 所示。

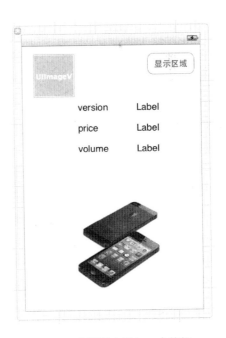

图 19.11　设置当前语言为英语，区域格式为中国　　图 19.12　在视图上添加一个按钮

接下来在 ViewController.h 里声明一个 IBAction 函数，这个函数要和刚刚添加的那个按钮相关联，代码如下：

```objc
-(IBAction)region;
```

然后,打开 ViewController.m,添加 region 函数的实现:

```objc
-(IBAction)region{
    NSLocale *locale = [NSLocale currentLocale];           //创建 NSLocale 实例
    NSString *info;
    NSString *localeId=[locale localeIdentifier];          //获取区域标识符
    if ([localeId isEqualToString:@"en_US"]) {
        info=[NSString stringWithFormat:@"当前时区为美国"];
    }else if ([localeId isEqualToString:@"fr_FR"]) {
        info=[NSString stringWithFormat:@"当前时区为法国"];
    }
    else if ([localeId isEqualToString:@"zh_CN"]) {
        info=[NSString stringWithFormat:@"当前时区为中国"];
    }else if ([localeId isEqualToString:@"it_IT"]) {
        info=[NSString stringWithFormat:@"当前时区为意大利"];
    }
    //弹出信息
    UIAlertView *alert=[[UIAlertView alloc]
                       initWithTitle:info message:nil
                       delegate:nil cancelButtonTitle:@"确定"
                       otherButtonTitles:nil];
    [alert show];
    [alert release];
}
```

现在分析下 region 函数。

(1) 创建 NSLocale 实例

首先获取了一个 NSLocale 实例,然后调用 NSLocale 的一个 class 方法 currentLocale 获取实例:

```objc
NSLocale *locale = [NSLocale currentLocale];           //获取 NSLocale 实例
```

(2) 获取区域设置标识符

先创建一个 NSString 指针 info,稍后我们会用它存储位置信息:

```objc
NSString *info;
```

接着调用 localeIdentifier 函数获取区域标识符:

```objc
NSString *localeId=[locale localeIdentifier];          //获取区域标识符
```

localeId 代表着区域设置里的语言或地区名称,是一个字符串类型,具体的内容就是前面介绍过的格式。例如使用美式英语,localeId 为 en_US,对法语使用者来说,它是 fr_FR,如果是意大利语,就成为了 it_IT。根据 localeId 的值来判断当前的区域:

```objc
if ([localeId isEqualToString:@"en_US"]) {
    info=[NSString stringWithFormat:@"当前时区为美国"];
}else if ([localeId isEqualToString:@"fr_FR"]) {
    info=[NSString stringWithFormat:@"当前时区为法国"];
```

```
}else if ([localeId isEqualToString:@"zh_CN"]) {
    info=[NSString stringWithFormat:@"当前时区为中国"];
}else if ([localeId isEqualToString:@"it_IT"]) {
    info=[NSString stringWithFormat:@"当前时区为意大利"];
}
```

（3）弹出信息

就本程序而言，info 的内容应该是"当前时区为中国"，然后把 info 作为 UIAlertView 的标题，以弹出警告框的形式告诉用户当前的时区。

**3．运行程序**

运行程序，程序启动后初始界面应该为英文的对应样式，单击"显示区域"按钮，程序通知我们当前区域为中国，如图 19.13 所示。

图 19.13　成功获取设置的时区格式

## 19.4.3　本地化 nib 文件

如果读者已经掌握了本地化字符串，那 nib 文件的本地化就是手到擒来了，它们的操作基本都是一致的，几乎没有什么难度。下面分三步实现本地化 nib 文件，步骤如下：

(1) 针对 ViewController.xib 添加中文和英文两种语言的本地化；
(2) 对界面做不同修改；
(3) 运行程序，检验效果。

### 1. 本地化ViewController.xib

回到 Localize 工程中，单击 ViewController.xib，待属性面板打开后，在 Localization 下增加一个 Chinese（简体中文）新条目，此时一共有 Chinese 和 English 两项，如图 19.14 所示。

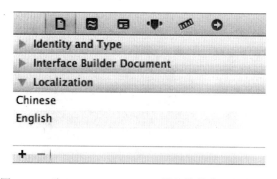

图 19.14　为 ViewController.xib 增加简体中文的本地化

再回头看看 Localize 目录下的 ViewController.xib，文件的左侧多出了一个小三角按钮，展开它，发现包含了两个子 xib 文件，如图 19.15 所示，这是我们都预料到的。

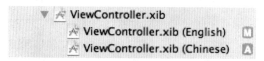

图 19.15　ViewController.xib 下多出了中、英文两个语言的 xib

### 2. 分别修改界面

在对 ViewController.xib 本地化前，程序每次运行都会加载唯一的 ViewController.xib，而现在可以直接修改 xib 文件，程序会判断当前是哪一种语言，选择最合适的 xib 加载。先打开 ViewController.xib（English），把"显示区域"按钮的标题修改为 Show Region，保存修改。然后打开 ViewController.xib（Chinese），在界面的中间位置添加一个新的标签，标题输入"2012 年 12 月 14 日发售"，字体调整为 System 13.0，如图 19.16 所示。

保存两个 xib 文件的修改，现在运行程序去看看效果是否真的如我们所愿。

### 3. 运行程序

模拟器当前语言为 English，程序运行后界面如图 19.17 所示，观察到按钮的标题为 Show Region，通过这一特征可以判定当前加载的是 ViewController.xib（English）。

第19章 本地化

图 19.16 在 ViewController.xib（Chinese）添加一个静态文本标签

在 Setting 应用程序里调整系统语言为简体中文，重新打开 Localize 应用程序，此时程序界面如图 19.18 所示。

图 19.17 现在按钮的标题成功变为英文格式　　图 19.18 程序成功加载 Chinese 的 xib 文件

"2012年12月14日发售"这个Label是刚才我们在ViewController.xib（Chinese）上添加的，而且绝对是唯一的，因此可以肯定地说，本地化nib文件的工作已经成功了。

### 19.4.4 本地化图像

目前国旗的图案已经实现了随四种不同系统语言而改变，不过我们是检测到系统语言后，通过程序的方式动态加载显示图片，我们可以考虑把图像本地化，这样可以省去一部分的代码工作。本地化图像的操作受文件类型的限制和前面不太一样，接下来分三步实现，步骤如下：

（1）对国旗图像进行本地化；
（2）删除ViewController.m中的部分代码；
（3）运行程序并查看效果。

#### 1．本地化国旗图像

查看Supporting Files目录，可以看到目前存在着四张与本地化有关的图像（牡丹.jpg、法国.jpg、美国.jpg和意大利.jpg）。选中其中任意一张（例如法国.jpg），接着再单击一次，此时文件会进入重命名状态，把文件名修改为flag.jpg，如图19.19所示。

选中flag.jpg，在Localization属性里增加English、Chinese、French和Italian这四个语言的条目，此时flag.jpg下多出四个子项，如图19.20所示。

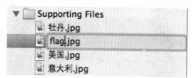 

图19.19　把"法国.jpg"重命名为flag.jpg　　　　图19.20　本地化flag.jpg

查看flag.jpg的这几个子项，我们发现它们的图案还都是法国国旗，这是肯定不对的。问题是Xcode不能编辑，而且也不能更改这些图像，那怎么办呢？下面介绍一个简单的解决方法，右击flag.jpg(English)，在弹出的快捷菜单中选择Show In Finder，可以在项目文件夹下打开一个名叫en.lproj的文件夹，里面包含了flag.jpg、InfoPlist.strings、Localizable.strings和ViewController.xib四个文件，与英语有关的本地化文件都放在这了，从工程下找到正确的图像，替换掉en.lproj下不正确的flag.jpg，不过名字不能改。通过相同的方法，把其余几个图像全部替换掉。

现在工程下引用的美国.jpg、牡丹.jpg等图案用不到了，可以放心删掉了。

#### 2．删除ViewController.m中不必要代码

打开ViewController.xib，修改原先显示国旗的Image View的image属性为flag.jpg，对ViewController.xib（English）和ViewController.xib（Chinese）也要做相同的操作。打开ViewController.m，修改viewDidLoad函数，删除掉与flagImageView相关的代码，代码如下：

```
- (void)viewDidLoad
{
```

## 第 19 章 本地化

```
[super viewDidLoad];
NSUserDefaults *defaults = [NSUserDefaults standardUserDefaults];
//获取系统支持的所有语言
NSArray *languages = [defaults objectForKey:@"AppleLanguages"];
//取出系统当前语言
NSString *currentLanguage = [languages objectAtIndex:0];
NSLog(@"currentLanguage=%@",currentLanguage);

//本地化字符串
versionLabel.text = NSLocalizedString(VERSION, @"型号");
priceLabel.text   = NSLocalizedString(PRICE, @"价格");
volumeLabel.text = NSLocalizedString(VOLUME, @"容量大小");
//取出 plist 文件路径
NSString *path=[[NSBundle mainBundle]
                    pathForResource:@"iphone5" ofType:@"plist"];
NSDictionary *dic=[NSDictionary dictionaryWithContentsOfFile:path];

versionValueLabel.text=@"iPhone 5";                        //显示版本
priceLabel.text=[dic objectForKey:currentLanguage];        //显示价格
versionValueLabel.text=@"16G";                             //显示容量
}
```

### 3. 运行程序

现在程序已经无法依靠代码来显示正确的国旗图案了，运行程序，重置模拟器语言，例如选择意大利语（Italiano），意大利国旗会显示出来，如图 19.21 所示。

图 19.21　本地化图像已经成功显示

> **注意**：工程目录下的绝大多数资源文件都可以本地化，但是不要冒险对代码文件进行本地化，这会造成编译错误。

## 19.4.5 本地化应用程序图标与名称

本地化应用程序图标的方法和本地化图像是一致的，首先找到 Supporting Files 文件夹下的 icon.png，在 Localization 属性下添加对应的语言项，就本程序而言，肯定还是英语、简体中文、法语和意大利语，如图 19.22 所示。

接下来把相关的 icon 图片覆盖到各个语言的.lproj 目录下，覆盖掉原先的图片，这几步和前面本地化 flag.jpg 时都一样。随书附带的光盘中提供了四张符合 iPhone（Retina 屏幕）的图标文件，我们可以使用它们。调整模拟器语言为简体中文，在此状态下运行程序，等程序启动起来后，单击 Home 键返回主屏幕，程序的图标如图 19.23 所示。

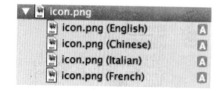

图 19.22　本地化 icon.png

图 19.23　系统根据当前语言显示应用程序的图标

## 第 19 章 本地化

细心的读者会发现图标下的名称还是英文的，接下来就让名称也本地化。找到 Supporting Files 文件夹下的 InfoPlist.strings，在 Localization 中增加四个语言项，如图 19.24 所示。

图 19.24　本地化 InfoPlist.strings 文件

打开 InfoPlist.strings(English)，添加代码如下：

`CFBundleDisplayName = "USA";`

在 InfoPlist.strings(Chinese)中添加相似的代码，唯一不同的是把程序名换成简体中文的"中国"：

`CFBundleDisplayName = "中国";`

继续修改 InfoPlist.strings(Italian)文件：

`CFBundleDisplayName = "Italia";`

在 InfoPlist.strings(French)中添加代码：

`CFBundleDisplayName = "France";`

接着打开 Supporting Files 文件夹下的 Localize-Info.plist 文件，添加 Icon file 项或者 Icon files 项，在里面设置图标名称。再添加一个新项，key 选择 Application has localized display name，Value 设为 YES，如图 19.25 所示。

| Key | Type | Value |
| --- | --- | --- |
| Localization native development region | String | en |
| Bundle display name | String | ${PRODUCT_NAME} |
| Executable file | String | ${EXECUTABLE_NAME} |
| Icon file | String | icon.png |
| Bundle identifier | String | com.ios.${PRODUCT_NAME:rfc1034identifier} |
| InfoDictionary version | String | 6.0 |
| Bundle name | String | ${PRODUCT_NAME} |
| Bundle OS Type code | String | APPL |
| Bundle versions string, short | String | 1.0 |
| Bundle creator OS Type code | String | ???? |
| Bundle version | String | 1.0 |
| Application requires iPhone environmer | Boolean | YES |
| ▶ Required device capabilities | Array | (1 item) |
| ▶ Supported interface orientations | Array | (3 items) |
| Application has localized display name | Boolean | YES |

图 19.25　在 Localize-Info.plist 下添加 Application has localized display name 项

保存 Localize-Info.plist 文件，运行程序，此时程序的图标和名称都已经顺利实现本地化，如图 19.26 所示。

把模拟器的语言切换为英文，最好把程序删掉后再运行程序，图标换成了美国国旗，名称变为 USA，如图 19.27 所示，这表示我们对程序图标和名称的本地化已成功了。

图 19.26  应用程序图标和名称都匹配成功　　图 19.27  程序的图标与名称能够随着语言的变化而改变

注意：在工程中导入完 icon.png 文件后，可能需要删除掉原先的旧程序或者还原模拟器才能让变更生效。

## 19.5 小　　结

掌握了本地化，开发者就可以让自己的程序在其他国家更好地销售。在本章中读者了解了 iPhone 本地化的体系结构以及原理，还学会了如何本地化字符串，查看用户设备的当前区域。通过程序，读者还进一步地掌握了本地化 nib 文件、图像，还包括应用程序的图标和名称。

## 19.6 习　　题

【简答题】

1．iOS 系统会自动为程序完成本地化工作，是否正确？
2．如何获取本地的区域标识？
3．应用程序图标可以实现本地化吗？

【实践题】

仿照本章的示例程序，练习将一个应用的可视化内容、图标等进行本地化。

# 第4篇 实战篇

▶▶ 第 20 章　创建 iPhone 和 iPad 都兼容的程序

▶▶ 第 21 章　用 Three20 实现的食谱 APP

# 第 20 章　创建 iPhone 和 iPad 都兼容的程序

iPad 是一款苹果公司于 2010 年发布的平板电脑，同 iPhone 一样，iPad 也取得了巨大的成功，iPad 显示效果极其清晰细腻，像 iPad 4 的分辨率达到了 2048×1536 像素，这在从前是不敢想象的。

图 20.1　iPad 4 屏幕分辨率高达 2048×1536

我们前面创建的程序都是针对 iPhone 设备的，但是完全可以兼容 iPad。本章将介绍如何创建在 iPhone 和 iPad 设备都能运行的程序，读者还会了解创建这种通用（Universal）程序将面临的问题，当然最重要的是解决问题的方法。

本章主要涉及到的知识点如下所示。

- ❏ 应用程序通用模板：了解 iOS 通用模板，创建此类模板。
- ❏ 使用通用模板：学习如何使用这类通用模板。
- ❏ 检测设备：学习如何通过代码检测当前设备类型。
- ❏ 设计通用程序：学习如何设计 iPhone 和 iPad 视图，还会对程序目标进行操作。

## 20.1　开发通用应用程序

通用应用程序需要包含在 iPhone 和 iPad 上运行所需的资源，虽然 iPhone 程序可以直接在 iPad 上运行，不过效果看起来不那么的优美，试想一张图片被拉伸到原来的好几倍，会给人一种很粗糙和失真的感觉。如果打算让自己的程序兼容 iPhone 和 iPad，一定要使用各自的 nib 文件和图像，甚至某些类。这让读者感觉有些麻烦，但这是必须要做的，虽然 iPhone 和 iPad 都运行 iOS 系统，但归根结底还是两款不同的设备，用户操作 iPad 时，一定是希望获得此设备的优良体验。iPad 的屏幕比 iPhone 大很多，程序的外观和工作方式也有不同。这是一个一劳永逸的工作，我们的程序如果能够同时兼容 iPhone 和 iPad，那么目标客户群就大了不少。在代码中，需要动态判断运行程序的设备类型。

注意：如果使用了 storyboard，也要提供两种样式的文件。

## 20.1.1 创建通用模板

为了帮助开发人员创建通用程序，Xcode 在创建 iOS 工程时可以选择是否为通用版本。下面打开 Xcode，创建一个 iOS 程序，模板类型选择 Single View Application，工程命名为"UniversalApp"，从下拉列表 Device Family 里选择 Universal，如图 20.2 所示。

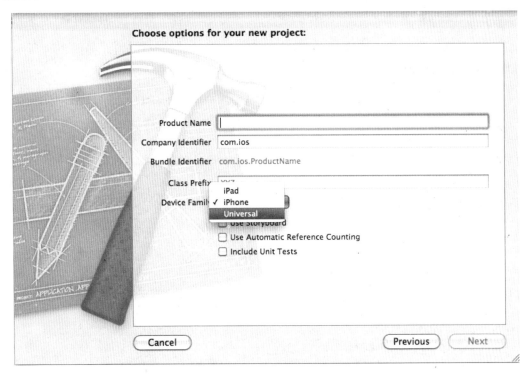

图 20.2 创建通用应用程序

如果同时选中了 Use Storyboard，那么在 Xcode 的工程目录下可以看到两个不同的 storyboard，一个是用于 iPhone 的 MainStoryboard_iPhone.storyboard，另外一个用于 iPad 的 MainStoryboard_iPad.storyboard，这一点从文件的名字就可以看出来，如图 20.3 所示。

第 4 篇　实战篇

图 20.3　应用程序包含两个 storyboard

🔔 注意：如果不使用 storyboard，工程会生成两个 xib 文件，一个是 ViewController_iPhone.xib，另一个是 ViewController_iPad.xib，分别对应 iPhone 和 iPad 平台。

## 20.1.2　需要注意的地方

查看项目的 Summary 选项卡，可以发现 iPhone 和 iPad 的配置信息，如图 20.4 所示，我们可以根据需要进行修改。

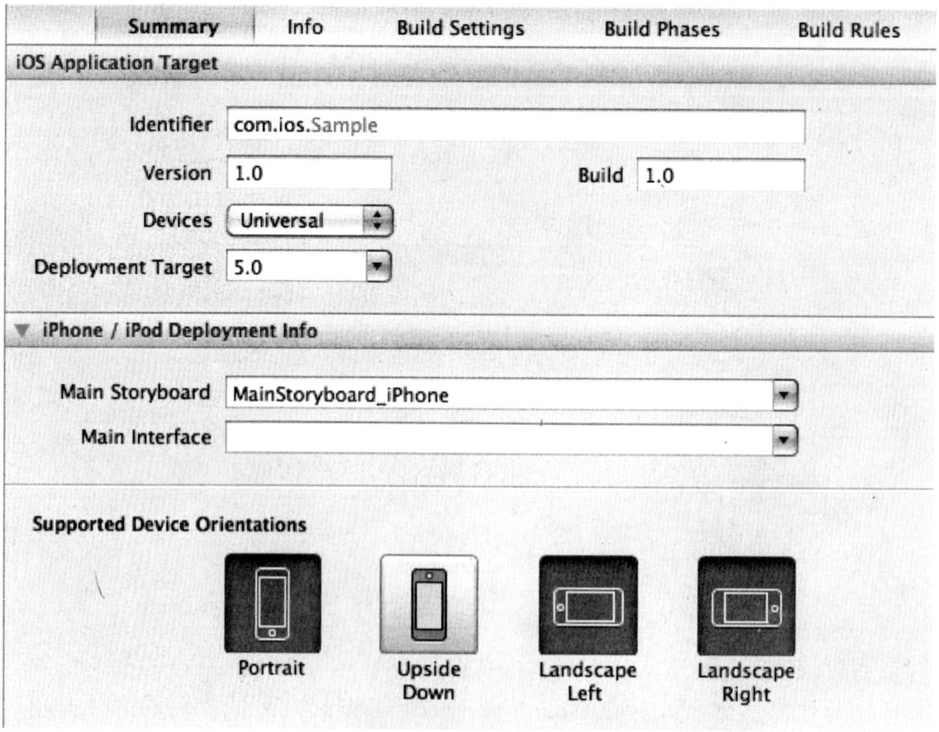

图 20.4　通用程序的 Summary 选项卡信息

应用程序启动后会根据当前平台选择相应的 Storyboard 文件，除此之外，我们还要注意一些不同的设置。

1. 图标文件

程序图标设置完成后，可以在 Summary 选项卡里看到图标样式，如图 20.5 所示。

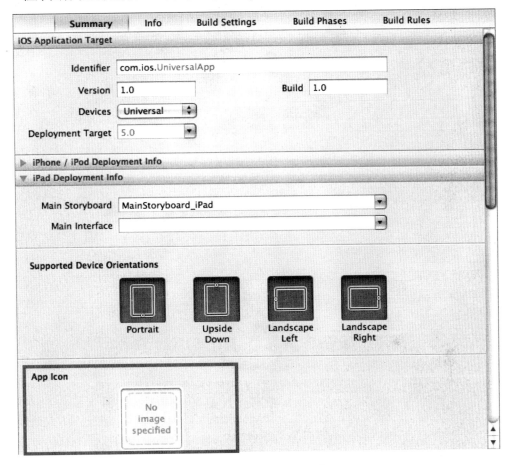

图 20.5　图标会显示在 Summary 选项卡中的 App Icon 项中

iPhone 程序的图标大小为 114×114 像素（Retina 屏幕），而 iPad 的图标为 144×144 像素（Retina 屏幕）。除了本书前面介绍过的配置 info.plist 的形式，还可以右击 App Icon 项，单击 Select File，然后直接从 Finder 选择图标文件了，如图 20.6 所示。

2. 启动图像

启动图像是指应用程序启动时加载的图像，启动界面一般会显示程序的名称和标志（Logo）等，基本所有的程序都会拥有启动界面，图 20.7 所示是即时通信软件 QQ iPhone 版的启动界面。程序启动后利用启动界面平稳自然地过渡，这种方式既可以带给用户即时的反馈，也可以"缩短"用户等待的时间。

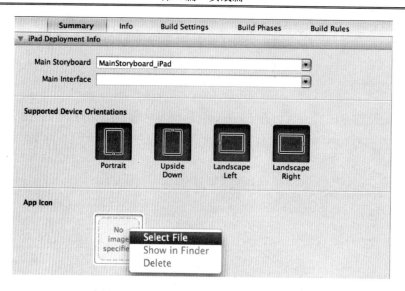

图 20.6　在 App Icon 项可以直接设置图标

图 20.7　iPhone 版 QQ 的启动界面

运行 iPhone 程序时，系统会默认选择 Supporting Files 文件夹中的 Default.png 作为启动界面，因此开发者只要准备一张名为 Default.png 的图片添加到工程的 Supporting Files 文件夹下就可以了。iPad 和 iPhone 的屏幕大小不一样，对启动图像的要求也不一样。iPhone 4、4S 的分辨率为 640×960，iPad、iPad 2 的像素为 768×1024，如果考虑到状态栏的高度，启动界面要减去这 20 像素。某些程序是以横屏显示，如果是运行在 iPad

上，启动图像的大小设置为 1024×678。

启动图像也可以像图标一样在 Summary 选项卡的 Launch Images 项设置，如图 20.8 所示。

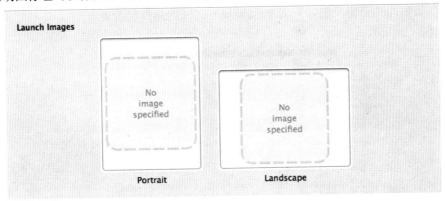

图 20.8　Launch Images 项可以设置启动图像

🔔注意：启动图像的尺寸很重要，如果尺寸错误，图像将无法在应用程序加载时显示。像 iPhone 3GS 屏幕不是高分辨率，采用的图片大小为 320×480。

### 3．界面

两者界面的区别是开发者最需要考虑的了，而且也是不可避免的，主要原因还是因为 iPhone 和 iPad 的屏幕不同。MainStoryboard_iPhone.storyboard，可以看到 View 的尺寸为 320×460，如图 20.9 所示。

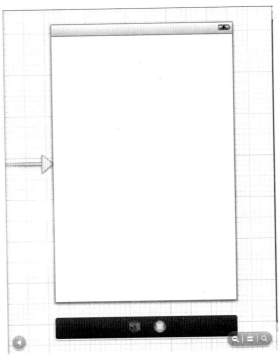

图 20.9　iPhone 的 View 尺寸为 320×460

MainStoryboard_iPad.storyboard 的 View 尺寸为 768×1004，和 iPhone 的视图相比要"宽敞"很多，读者可以通过右下方的缩小、放大按钮调整视图的缩放比，如图 20.10 所示。不过实际尺寸是不变的，只是看起来变了，目的是方便开发。

图 20.10　iPad 的 View 尺寸为 768×1004

注意：iPhone 4 的屏幕尺寸为 320×480，不过因为 Retina 技术，分辨率为 640×960。iPad 2 和 iPad 没有采用 Retina 屏幕，因此分辨率还是 768×1024。

## 20.2　创建通用应用程序

接下来将在 UniversalApp 的基础上创建通用应用程序，程序的目的根据当前的设备类型加载相应的视图，然后显示一个字符串。程序总的来说比较简单，界面也很简洁，如图 20.11 所示。

### 20.2.1　设计程序界面

程序几乎不需要和用户进行交互，只是简单地更新屏幕，展示与设备有关的信息而已。打开 MainStoryboard_iPhone.storyboard，在 View 上添加一个 Label，Label 的内容设置为"这是一部 iPhone"，如图 20.12 所示。

第 20 章 创建 iPhone 和 iPad 都兼容的程序

图 20.11 显示设备运行在 iPhone 还是 iPad 上以及设备名称

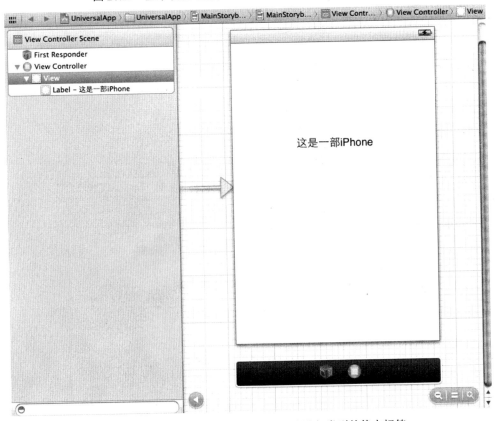

图 20.12 在 View 上添加一个显示当前设备类型的静态标签

然后打开 MainStoryboard_iPad.storyboard，在视图上也添加一个静态标签，标签的内容设置为"这是一部 iPad"。

## 20.2.2　创建并连接 IBOutlet

读者现在可以在模拟器上运行程序，模拟器弹出后，通过菜单"硬件"|"设备"让模拟器 iPhone 和 iPad 之间实行切换，或者在程序还未运行时，在 Xcode 里选择模拟器类型，如图 20.13 所示。

图 20.13　选择模拟器类型为 iPad

当作为 iPhone 应用程序运行时，我们会看到程序界面上显示"这是一部 iPhone"；选择 iPad 运行程序时，将会看到"这是一部 iPad"。这里用到的是一个静态文本，下面将要用一个视图控制器控制这两个视图。

修改 MainStoryboard_iPhone.storyboard 和 MainStoryboard_iPad.storyboard，在视图上都再添加一个 Label，默认文本设置为"model"，就放在静态文本下方，打开 ViewController.h，添加一个输出口：

```
@interface ViewController : UIViewController
@property(retain,nonatomic)IBOutlet UILabel *modelLabel;        //文本标签
@end
```

接下来把 modelLabel 连接到两个视图的 model 标签，如图 20.14 所示，iPhone 和 iPad 这两个视图共同使用一个输出口。

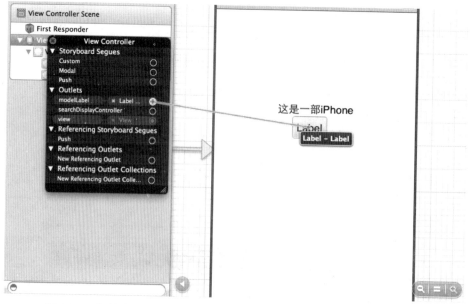

图 20.14　把输出口 modelLabel 和标签相关联，应用于 iPhone 和 iPad 视图

## 20.2.3 获取设备信息

接下来通过 UIDevice 类来弄清楚当前设备的类型,无论是真机环境还是模拟器,iPhone 亦或 iPad。打开 ViewController.m,修改代码如下:

```
#import "ViewController.h"

@implementation ViewController
@synthesize modelLabel;                                //属性访问器

-(void)dealloc{
    [modelLabel release];                              //释放内存
    [super dealloc];
}

#pragma mark - View lifecycle

- (void)viewDidLoad
{
    [super viewDidLoad];
    modelLabel.text=[[UIDevice currentDevice] model];  //显示设备信息
}
```

如果身边有设备,读者可以把程序运行在 iPhone 或者 iPad 上。现在我们选择 iPad Simulator,编译并运行程序,如图 20.15 所示。

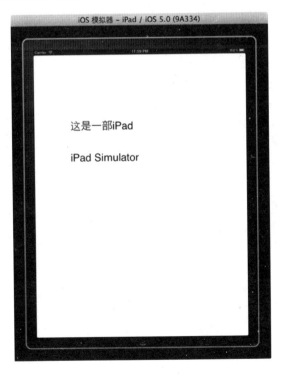

图 20.15 检测出程序此刻运行在 iPad 模拟器上

注意：如果把程序运行在真机上，可以准确地检测出设备类型，如 iPod touch 等。

## 20.3 扩展通用应用程序

如果通用程序的 iPad 和 iPhone 界面有较大差异，采用这种方式就不太合适，因为 iPhone 还是 iPad 程序都操作同一个视图控制器类——ViewController。我们可以考虑使用不同的视图控制器，让它们分开管理自己的界面与逻辑。下面我们就创建一个新的通用应用程序，分别处理不同的视图控制器类。新的程序和前面一个功能基本相同，不同的是增加了 iPad 视图控制器类，某种意义上可以认为是对前一个程序的扩展。

### 20.3.1 创建 iPad 视图控制器类

打开 Xcode，创建一个新的 iOS 工程，工程模板选择 Single View Application，工程命名为"StretchUniversalApp"，Device Family 设置为 Universal，勾选住 Use Storyboard。

目前工程已经只有一个 ViewController，还需要一个新建文件，选择 UIViewController 的子类，文件命名为"PadViewController"，如图 20.16 所示。

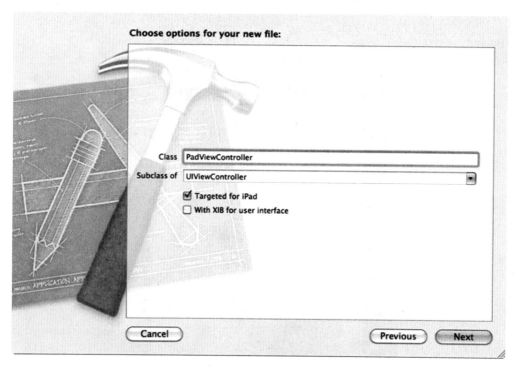

图 20.16　创建一个为 iPad 准备的 UIViewController

为了让项目的文件目录有序，把 PadViewController 的头文件和实现文件放在

ViewController 下。

现在 MainStoryboard_iPad.storyboard 的初始视图仍由 ViewController 管理，而我们要让它和 PadViewController 关联起来。单击 MainStoryboard_iPad.storyboard，先选中 View Controller Scence 下的 View Controller，然后从 Class 下拉列表中选择 PadViewController，如图 20.17 所示。

图 20.17　修改初始试图控制器为 PadViewController

## 20.3.2　快速添加输出口

现在就像两个独立的程序一样了，两个视图控制器是完全分离的，PadViewController 和 ViewController 不会相互影响。接下来在 iPhone 和 iPad 视图上各添加一个 Label，我们打算通过代码动态生成标签的内容。需要注意的是，iPad 视图上的 Label 尽量拉伸的大一点，字体最好也设置大点，这样看起来会比较明显。现在需要在视图控制器下创建对应的 IBOutlet，以往我们都是打开头文件，添加输出口的声明，假设视图上有许多的控件，那就要写多行代码，这比较麻烦。下面将介绍一种新的方式，能够快速添加 IBOutlet 并实现关联。

先以 iPhone 的视图为例，首先把 Xcode 的 Editor 切换到助手编辑器模式，如图 20.18 所示。

图 20.18　单击 Editor 中间的按钮，切换到助手编辑器模式

然后单击 MainStoryboard_iPhone.storyboard，编辑区左侧为可视化视图部分，右侧为 ViewController 的头文件源代码。按住 Ctrl 键，从 Label 标签上拖曳出关联线到 ViewController.h 的 @interface 下方，此时 ViewController.h 会浮现出一个提示框，内容为

"Insert Outlet or Outlet Collection"，如图 20.19 所示。

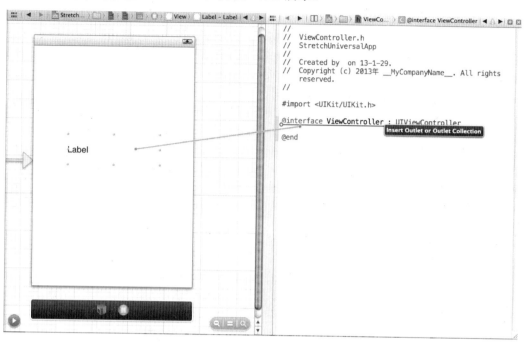

图 20.19　从视图往代码文件快速添加 IBOutlet

松开 Ctrl 键和鼠标，在@interface 旁弹出一个小窗口，从 Type 下拉框可以看出即将添加的输出口是 UILabel 类型，在 Name 输入框里输入"deviceLabel"，如图 20.20 所示。

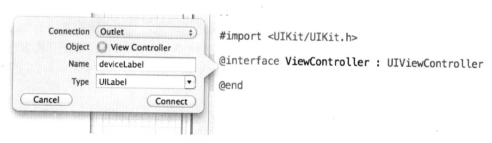

图 20.20　通过配置，在代码中生成 UILabel 输出口

单击 Connnect 按钮，此时神奇的一幕出现了，ViewController.h 立刻生成了一行代码：

```
#import <UIKit/UIKit.h>
@interface ViewController : UIViewController
@property(retain,nonatomic) IBOutlet UILabel *deviceLabel;         //文本标签
@end
```

不仅如此，在 ViewController.m 里还自动生成了@synthesize deviceLabel，在 viewDidUnload 里 deviceLabel 的内存也被释放了，不由得感叹，Xcode 太聪明了。

```
- (void)viewDidUnload
{
    [self setDeviceLabel:nil];                          //释放内存
    [super viewDidUnload];
}
```

然后对 MainStoryboard_iPad.storyboard.h 做相同的操作，如果编辑区没有显示 PadViewController.h，需要手动选择下，这里不要弄错。

⚠ 注意：deviceLabel 已经设置了 retain 属性，赋值为 nil 后系统会自动根据引用计数的原则释放内存，在 viewDidUnload 或 dealloc 里执行该代码都能保证内存正确释放。

### 20.3.3 实现程序功能

我们要实现的功能很简单，和前一个程序基本上没有太大差异。打开 ViewController.m，修改 viewDidLoad 函数：

```
#import "ViewController.h"

@implementation ViewController
@synthesize deviceLabel;                                //属性访问器

- (void)viewDidLoad
{
    [super viewDidLoad];
    self.view.backgroundColor=[UIColor darkGrayColor];  //设置背景色
    self.deviceLabel.text=@"现在运行在 iPhone 上";        //显示内容
    self.deviceLabel.textColor=[UIColor whiteColor];    //设置文本颜色
}

- (void)viewDidUnload
{
    [self setDeviceLabel:nil];                          //释放内存
    [super viewDidUnload];
}
```

再打开 PadViewController.m，修改代码如下：

```
#import "PadViewController.h"

@implementation PadViewController
@synthesize deviceLabel;                                //属性访问器

- (void)viewDidLoad
{
    [super viewDidLoad];
    self.view.backgroundColor=[UIColor darkTextColor];  //设置背景色
    self.deviceLabel.text=@"现在运行在 iPad 上";         //显示内容
```

```
    self.deviceLabel.textColor=[UIColor whiteColor];     //设置文本颜色
}

- (void)viewDidUnload
{
    [self setDeviceLabel:nil];                           //释放内存
    [super viewDidUnload];
}
```

如果程序运行在 iPhone 上，那么程序背景色就是黑色，字体为白色；如果运行在 iPad 上，程序背景色就变成灰色，字体颜色依然是白色。前面说过，可以将 iPhone 和 iPad 版本作为独立的应用程序进行开发，根据需要，灵活地掌握代码的共享和分离。

编译并运行程序，我们选择目标为 iPhone Simulator，运行效果如图 20.21 所示。

图 20.21　程序运行在 iPhone 环境的样式

## 20.4　创建多目标程序

无论采取上面哪种方式，读者都可以成功地实现创建通用应用程序，现在再介绍一种方式，我们将使用两个 Target（目标）。Target 定义了程序将针对哪个平台进行编译，通过在项目中添加新 Target，可以配置完全不同的配置，例如可以在 Summary 选项卡中指定启动时加载的 xib 文件或者 storyboard 文件。为了验证这种方式是否可行，建议读者最好创建一个新的工程，不要在刚完成的 UniversalApp 和 StretchUniversalApp 上开发，以免造成混乱。使用 Xcode 创建新工程，模板选择 Single View Application，Device 类型这次只选择 iPhone，工程命名为"MoreTarget"。

### 20.4.1 添加新的 Target

在项目中添加新的 Target，最简单的方法是直接对原有的 Target 进行复制。打开 PROJECT 和 TARGETS 列表，右击 MoreTarget，在弹出的快捷菜单里选择"Duplicate"，如图 20.22 所示。

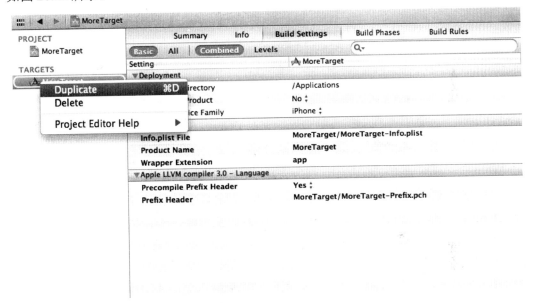

图 20.22　复制一个新目标

因为复制的是 iPhone 项目中的目标，Xcode 将询问是否转化为 iPad 目标，如图 20.23 所示，单击"Duplicate and Transition to iPad"按钮就可以了。

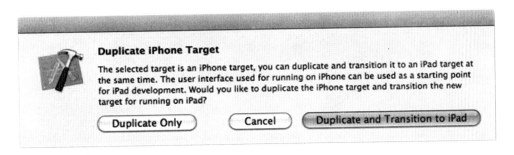

图 20.23　把目标转化为 iPad 类型

现在项目拥有了两个 Target，原有的 MoreTarget 和新建的 MoreTarget-iPad，工程目录下多出了一个 Resources-iPad 文件夹，这样 iPad 和 iPhone 应用资源就完全分离开了。

注意：单击 Duplicate and Transition to iPad 按钮时，将自动给新目标命名，我们完全可以对它进行重命名。

## 20.4.2 配置程序

创建工程时如果选择了 Use Storyboard，Resources-iPad 文件夹会包含与 iPad 相关的 storyboard 文件，否则只有 ViewController.xib，View 界面和 iPad 的尺寸一致，关于界面设计读者应该非常熟悉了，我们就不再具体的操作了。

运行程序时，默认的 Target 是 MoreTarget，单击下拉列表，可以选择 MoreTarget 或者 MoreTarget copy 选项，如图 20.24 所示。

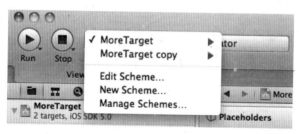

图 20.24　设置运行时的 Target

还可以选择菜单 Product|Edit Scheme，选择加载的 Target，如图 20.25 所示。

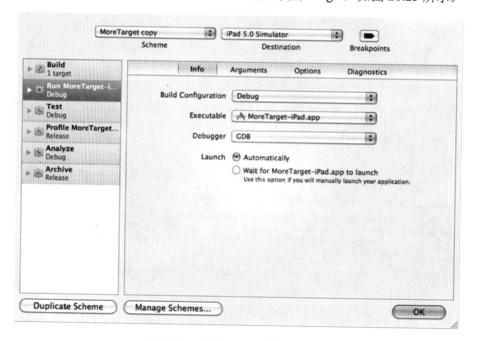

图 20.25　编辑 Scheme 设置 Target

> **注意**：发布程序时或者真机调试时，可以在 Edit Scheme 里编辑方案。

## 20.5 小　　结

本章介绍了如何创建适用于 iPhone 和 iPad 平台的通用应用程序，只要在创建 iOS 工程时设置通用应用程序模板，就可以快速地帮助我们根据当前设备对程序进行定制。通过本章的几个程序，读者应该了解了创建应用程序的方式有多种，既可以在程序中让不同的界面共享一个视图控制器，也可以使用独立的代码管理各自的界面，还有最后介绍的那种多目标的方式，读者不必拘泥于某种形式，根据方便和情形自由选择。

## 20.6 习　　题

【简答题】
1．通用应用程序可以完美地运行在 iPad 和 iPhone 上，是否正确？
2．如果打算在苹果商店发布一个程序，必须保证兼容 iPad 和 iPhone 环境，是否正确？

【实践题】
将以前的某个示例程序升级，使其兼容 iPad。

# 第 21 章  用 Three20 实现的食谱 APP

到现在，我们已经走过了一段漫长和愉快的学习之路。读者对 iPhone 开发已经有了许多的了解，并且熟悉了 Objective-C 语言，也掌握了 iOS SDK 的运用。不过对于 iOS 平台，还有许许多多的层面待探索，编程本身就需要不断学习、不断摸索。

iPhone 平台有许多优秀的第三方框架，已经把某些相对底层的功能进行封装，这样开发者就可以省去大量让人头痛的麻烦工作。本章将会介绍一个非常强大且流行的第三方框架——Three20，Three20 是从国外一个著名的社交网络 Facebook iPhone 客户端衍生而来的。本章会创建应用程序让 Three20 为我所用。

本章主要涉及到的知识点如下所示。

- 了解 Three20：介绍什么是 Three20，并了解它的基本架构。
- 导入 Three20 到工程：学习如何将其框架导入到自己的工程中。
- 导航控制器：探讨 Three20 框架提供的导航控制器。
- 导航控制器和表格控制器的快速开发：通过示例来学习操作导航控制器和表视图控制器。

## 21.1　什么是 Three20

Three20 是由 Facebook 所发展的一套 iPhone 框架，如今很多的 App 应用都基于它来开发，就是因为功能太强大了。最初的目的是为了构建 Facebook（国外知名社交网站）的 iPhone 版应用，后来将框架原始代码开源提供给广大的 iPhone 开发者使用，任何的人都可以自由地使用。在使用前，必须下载源代码。

注意：Three20 的命名来源于 iPhone 的屏幕大小，因为 iPhone 5 之前的手机屏幕尺寸为 320×480，所以就取名叫做 Three20 了。

### 21.1.1　下载源代码

Three20 的官方下载地址为：http://three20.info/roadmap/。打开浏览器，把该地址复制到浏览器上并访问，页面打开后，首先看到的一般就是最新版本，如图 21.1 所示。

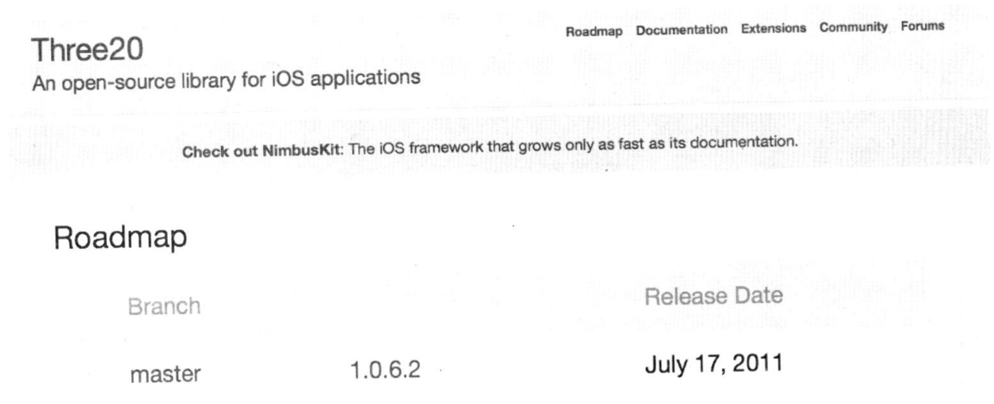

# 第 21 章 用 Three20 实现的食谱 APP

**Three20**
An open-source library for iOS applications

Roadmap Documentation Extensions Community Forums

Check out NimbusKit: The iOS framework that grows only as fast as its documentation.

## Roadmap

| Branch | | Release Date |
|---|---|---|
| master | 1.0.6.2 | July 17, 2011 |

图 21.1 访问 Three20 官方网站，当前最新版本为 1.0.6.2

当前的最新版本为 1.0.6.2，发布日期为 2011 年 7 月 17 日，读者如果有兴趣的话还可以查看过去发布的版本。然后单击 1.0.6.2（这是一个下载链接），进入到下载页面后，根据 Download 提示，下载 tar 包，如图 21.2 所示。

### Version 1.0.6.2 July 17, 2011

Included in this release: 1 hotfix

**Command line (git)**
git clone git://github.com/facebook/three20.git
git checkout 1.0.6.2

**Download**
Three20-1.0.6.2.tar.gz

图 21.2 源代码以 tar 包的形式提供

下载完成后，使用 Mac 系统自带的归档实用工具就可以解开。除了官方地址，还可以登录托管网站 https://github.com/facebook/three20 下载源代码。目前 iOS 平台许多优秀的第三方框架和源代码都存放于 Github 这个托管网站上。

**注意**：这两种方式下载的代码是一致的，不过本书推荐读者采用 Github 下载。

## 21.1.2 结构分析

Three20 本身为模组化的架构，开发者可以自由选择所需要的模组，但这些模组之间有一些相依性的问题，Three20 在概念上分为四个部分。

（1）内核

内核（Core）是一切的中心，是整个 Three20 架构的基础，它封装了一些常用的基础模块（Foundation）。在 Three20Core 工程下可以查看源文件，像 Additions 目录下使用了 Category 对 NSArray、NSData 和 NSDictionary 等常用的数据类进行封装，如图 21.3 所示。

## （2）网络

网络（Network）围绕在内核周围，这个模块对 iOS 的 Http 进行封装，包括用户数据、Http 请求、响应和缓存等。代码文件位于 Three20Network 工程下，如图 21.4 所示。

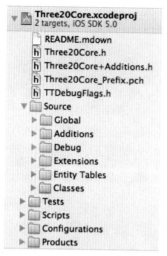

图 21.3　Three20Core 工程目录

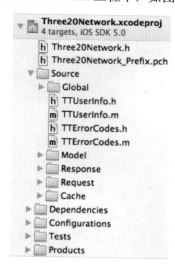

图 21.4　Three20Network 工程目录

## （3）Style

具体来说是 Style 和 UICommon 两个模块，它们为界面提供较为"风格化"的支持。在 Style 模块中，我们可以使用许多定义好的 Style 来规划界面，比如 UIColor（增加 HSB 相关方法）、UIFont（增加获取字体方法）和 UIImage（旋转和绘制）等，源文件位于 Three20Style 工程下，如图 21.5 所示。

UICommon 模块中的主要类为 TTBaseViewController，它继承自 UIViewController，通过通知机制，统一添加了对键盘显示、隐藏和调整大小的处理。其余的部分只是一些利用 Category 添加的辅助方法，这个模块还是比较简单的，代码源文件位于 Three20UICommon 工程下，如图 21.6 所示。

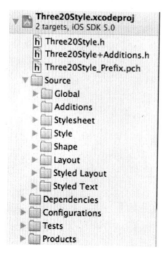

图 21.5　Three20Style 工程目录

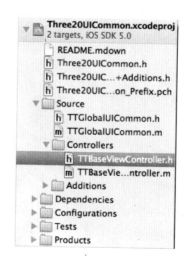

图 21.6　Three20UICommon 工程目录

（4）UI

这个模块包含大量已有控件（Label、Button 和 Text Field 等）的重实现，也有很多 UIKit 中没有控件的实现，比较典型的有 TTPhotoView 和 TTHumbView 等。代码位于 Three20UI 下，如图 21.7 所示。读者如果需要重写某些控件，可以参考其源代码，可以学到许多有用的东西。

（5）Navigator

顾名思义，这个模块和导航控制器有关。它提供了一种基于 URL 映射到调用响应方法显示 ViewController 的机制，简化了使用 Navigator 时的一些重复代码，同时在一定程度上也起到了解耦的作用。

下面来说下其基本原理，在程序启动后初始化一个 Map，储存着 Url 和 ViewController 的映射关系，当使用 Navigator 进行页面切换时，相应的动作就可以简化为打开某个 Url（调用 openURLAction:方法），然后 Navigator 通过 Map 查询到相应的 ViewController，调用 Url 中解析出的类方法，并传入参数进行初始化，最终实现压栈。整个流程都是自动完成的，对于用户而言只需要关注两个地方：Map 的初始化和相应 ViewController 的构建。同时 Navigator 也提供了对相应路径进行持久化来记录操作过程的方法。源代码位于 Three20UINavigator 工程下，如图 21.8 所示。

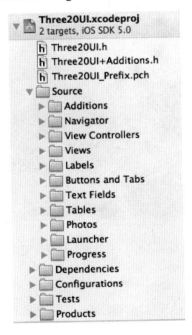

图 21.7　ThreeUI 工程目录

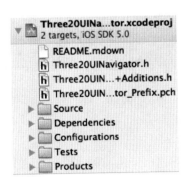

图 21.8　Three20UINavigator 工程目录

## 21.2　功能的优势

既然 Three20 名气这么大，那究竟有哪些地方吸引开发者呢。Three20 的优点可以用三个字概括——大而全，只要在自己的程序上使用过 Three20，开发者一定会感慨什么叫做事半功倍了。它是一个 iPhone UI 类集合，例如我们熟悉的照片查看器，如图 21.9 所示。

下载 Three20 源代码，运行 samples 目录下的 TTCatalog 程序，通过模拟器就可以快速体验 Three20 的照片查看器，这些图片都是从网络中获取的。单击某张图片，程序会以查看详情的方式单独打开这张照片，而且能通过前进、后退按钮来查看其他图片，如图 21.10 所示。

图 21.9　照片查看器　　　　　　　图 21.10　"更清晰"地查看图片

Three20 突破了原有的模式，可以轻松方便地定制属于自己的界面风格，照片处理只是它的冰山一角。例如绘制自定义表格，无论是在异步加载图像，还是高度自定义单元格，Three20 都提供了有力的支持，如图 21.11 所示。

遇到网络数据量较大或者延迟加载时，程序可以使用 Three20 框架下的 Activity 弹出一个友好的提示框，告诉用户请耐心等待，需要的话还能展示当前进展，如图 21.12 所示。

🔔注意：Three20 解压目录的 samples 文件夹下包含多个应用示例，方便开发者快速体验和掌握开发技巧。

## 第 21 章 用 Three20 实现的食谱 APP

图 21.11　对表格高级功能的支持与优化

图 21.12　根据需要选择合适的加载提示框

## 21.3 导入 Three20

下面是本章的重点内容，如何把 Three20 导入到自己的工程中，导入过程有些繁琐。首先创建一个基于 Single View Application 模板的 iOS 应用程序，工程命名为"UseThree20"。我们从托管网站 Github 上把源代码下载下来，解压后是个名为"three20-master"的文件夹。

### 21.3.1 添加 Three20.xcodeproj

打开 Three20 解压目录下的 src/Three20 文件夹，找到 Three20.xcodeproj，如图 21.13 所示。

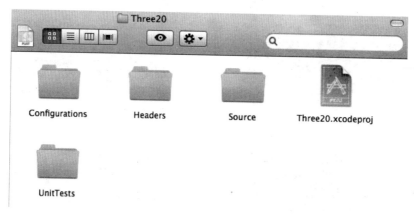

图 21.13　找到 Three20 解压目录下 Three20.xcodeproj

然后把它拖曳到 UseThree20 工程下，如图 21.14 所示，往一个工程里导入另外一个工程的操作本书是第一次介绍，不过不用担心，不比导入资源文件难多少。

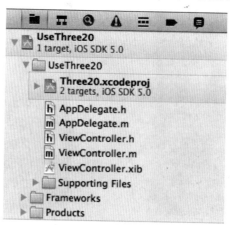

图 21.14　把 Three20.xcodeproj 添加到 UseThree20 工程下

# 第 21 章 用 Three20 实现的食谱 APP

单击 Three20.xcodeproj 左侧的小三角将其展开，里面有个 Dependencies 目录，其中包含了六个工程，各个工程的作用前面我们已经做了介绍。然后选中这几个工程，把它们直接拖曳到 UseThree20 工程下，在弹出的对话框里选择 Create folder references for any added folders，如图 21.15 所示。

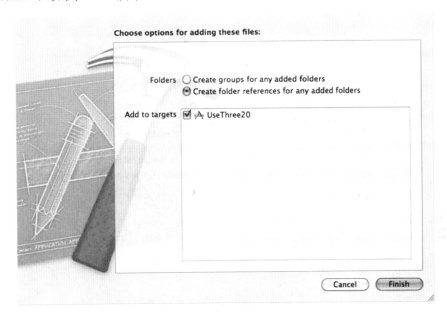

图 21.15　添加这几个工程时 Folders 选项选择第二项

此时 UseThree20 工程目录下包含了 Three20Core 和 Three20Network 等工程，如图 21.16 所示。

图 21.16　UseThree20 工程下包含了多个导入的 Three20 子工程

· 567 ·

## 21.3.2 添加 Three20.bundle

接下来再添加一个文件，回到 Three20 解压目录下的 src 文件夹中，找到一个名为 Three20.bundle 的文件，添加到 UseThree20 工程里，这次不用选择 Copy items into destination group's folder(if needed)选项，如图 21.17 所示。

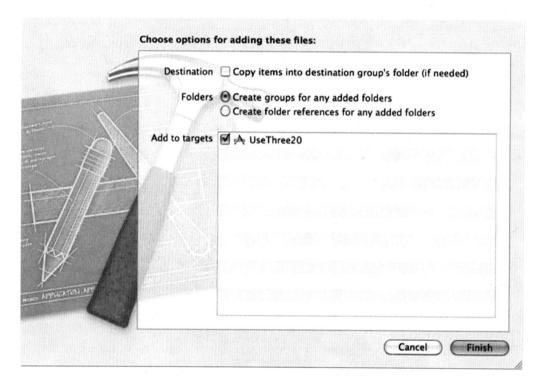

图 21.17 把 Three20.bundle 添加到工程下

## 21.3.3 添加必须的静态链接库

现在打开工程的 TARGETS，工程目前只有一个目标，选中该目标（UseThree20），然后打开 Build Phases 选项卡，在 Link Binary With Libraries 下单击加号来添加新的库，选中 Workspace 下的所有库后单击 Add 按钮，如图 21.18 所示。

添加完成后，这些库都是以红色显示，我们可以在 Link Binary With Libraries 下看到，如图 21.19 所示。

除了这些静态库，我们还需要在工程项目中添加一个框架——Quartz Core.framework。

第 21 章　用 Three20 实现的食谱 APP

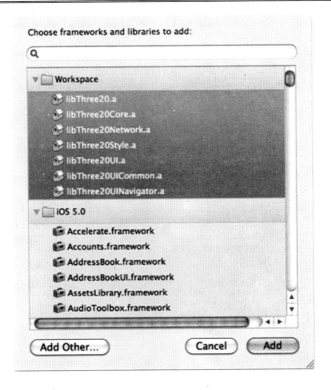

图 21.18　添加 Workspace 下的所有库

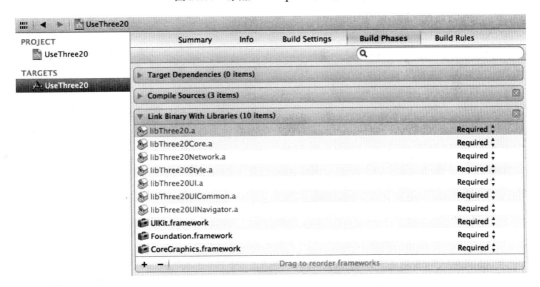

图 21.19　工程已引入 Three20 相关的库，以红色显示

## 21.3.4　添加目标依赖项

工程还需要添加一些目标依赖项，在 Build Phases 选项卡中找到 Target Dependencies 项，目前是空的，如图 21.20 所示。

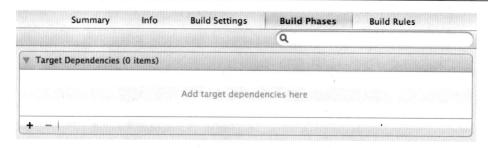

图 21.20　工程下没有 Target Dependencies 条目

单击加号按钮，选中各个工程的 Target（前面带小房子标志），不要选择 UnitTests，然后单击 Add 按钮，如图 21.21 所示。

图 21.21　添加各个工程的目标作为依赖项

注意：读者不要出现有遗漏的选项，全部添加完成后，Target Dependencies 下包含七个条目，如图 21.22 所示。

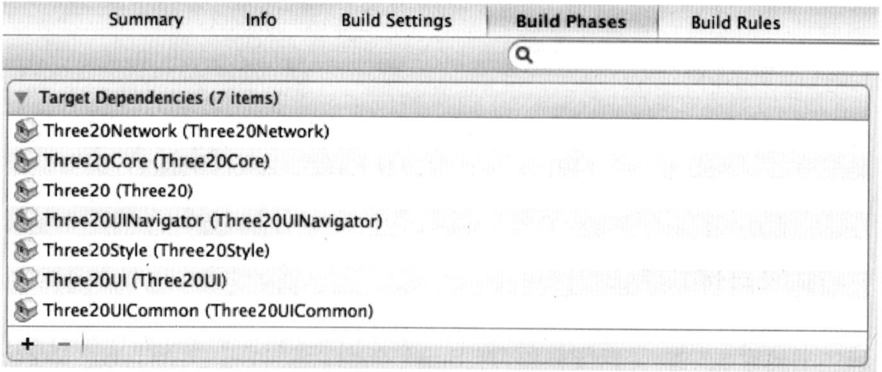

图 21.22　添加完成后 Target Dependencies 的内容

## 21.3.5 修改 Header Search Paths

打开 Build Settings 选项卡，找到 Header Search Paths 节点，不过这个选项卡里节点很多，我们可以在搜索栏里输入某个关键字搜索，例如只要输入 header，Xcode 就会自动地快速找到 Header Search Paths 节点，如图 21.23 所示，目前也是没有任何值的。

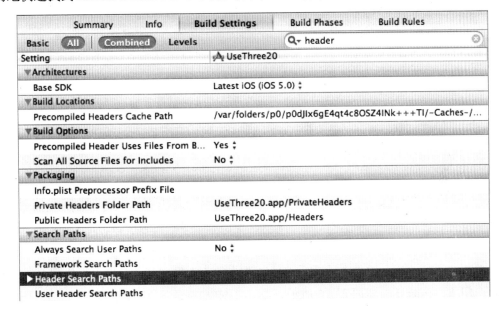

图 21.23　找到 Header Search Paths 节点

双击该节点的值部分，分别输入：

```
"$(BUILT_PRODUCTS_DIR)/../three20"
"$(BUILT_PRODUCTS_DIR)/../../three20"
"$(CONFIGURATION_PRODUCTS_DIR)/../../three20"
```

要小心不要丢掉了引号，如图 21.24 所示，输入完后，单击 Done 按钮就可以了。

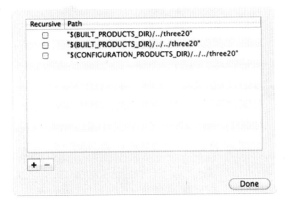

图 21.24　在 Header Search Paths 添加这三项

## 21.3.6 修改 Other Linker Flags

这些步骤确实比较繁琐，读者是不是有些困倦了？再坚持这最后一步，胜利就要到来了。找到 Other Linker Flags 项，输入-ObjC 和-all_load，如图 21.25 所示。

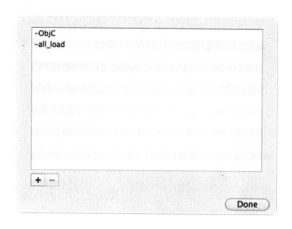

图 21.25 添加-ObjC 和-all_load

单击加号依次添加可能会感觉慢些，也可以直接把"-ObjC 和-all_load"输入到值区域，中间用空格分开，如图 21.26 所示。

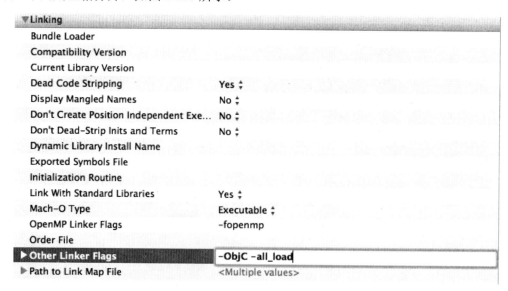

图 21.26 输入"-ObjC -all_load"值

> 注意：某些引用的静态库中如果使用了类别（category），工程的配置项里如果不添加-all_load，可能会引发崩溃。

## 21.3.7　引入头文件

到此为止，操作就全部完成了，编译并运行程序。如果 Xcode 提示编译成功，那么表示 Three20 已经成功添加到我们的工程中了。接下来修改 ViewController.h，代码如下：

```
#import <UIKit/UIKit.h>
#import "Three20/Three20.h"              //引入头文件

@interface ViewController : UIViewController
@end
```

在头文件的上方引入了 Three20.h 头文件，编译程序，编译成功后，程序就可以使用 Three20 强大的功能了！

## 21.4　认识 TTNavigator

Three20 中最精彩的地方莫过于对导航控制的统一归纳和使用，我们只需要维护一张映射表就行了，就像在浏览器里通过指定的 URL 访问网页，Three20 也采用了相同的方式，用 URL 关联视图控制器，从此可以安心地将以往创建的视图控制器实例压栈的工作抛到脑后了。

### 21.4.1　使用方法

为了更直观地了解 TTNavigator，去查看 Three20 框架下的源代码。在 Three20 解压目录里找到 TTNavigatorDemo 程序并在 Xcode 里打开工程，查看 AppDelegate.m，代码如下：

```
#import "AppDelegate.h"
#import "TabBarController.h"
#import "MenuController.h"
#import "ContentController.h"

@implementation AppDelegate

- (void)applicationDidFinishLaunching:(UIApplication*)application {
    TTNavigator* navigator = [TTNavigator navigator];
    navigator.persistenceMode = TTNavigatorPersistenceModeAll;
    navigator.window = [[[UIWindow alloc] initWithFrame:TTScreenBounds()]
        autorelease];

    //创建映射表
    TTURLMap* map = navigator.URLMap;
```

```objc
//URL 不匹配，用浏览器打开
[map from:@"*" toViewController:[TTWebController class]];

//加载 TabBarController，弹出 tabbar
[map from:@"tt://tabBar" toSharedViewController:[TabBarController
class]];

// MenuController 显示在每个标签上
// these URLs will switch to the tab containing the menu
[map from:@"tt://menu/(initWithMenu:)" toSharedViewController:
[MenuController class]];

//打开 Food 控制器
[map from:@"tt://food/(initWithFood:)" toViewController:
[ContentController class]];

[map from:@"tt://about/(initWithAbout:)" parent:@"tt://menu/5"
    toViewController:[ContentController class] selector:nil transition:0];

//打开后带有动画效果
[map from:@"tt://food/(initWithNutrition:)/nutrition" toViewController:
[ContentController class]
    transition:UIViewAnimationTransitionFlipFromLeft];

//显示对话框
[map from:@"tt://order?waitress=(initWithWaitress:)"
    toModalViewController:[ContentController class]];

//哈希 Url，它会调用 orderAction:方法，如果不可见打开 order 控制器
[map from:@"tt://order?waitress=()#(orderAction:)" toViewController:
[ContentController class]];

[map from:@"tt://order/food" toViewController:[TTPostController class]];

[map from:@"tt://order/confirm" toViewController:self selector:@selector
(confirmOrder)];

[map from:@"tt://order/send" toObject:self selector:@selector
(sendOrder)];

//打开标签栏前，我们可以看到保留最后一次的控制器历史
if (![navigator restoreViewControllers]) {
    //第一次运行，开启标签栏
    [navigator openURLAction:[TTURLAction actionWithURLPath:@"tt://tabBar"]];
}
}

- (BOOL)application:(UIApplication*)application handleOpenURL:(NSURL*)URL {
```

```objc
  [[TTNavigator navigator]
    openURLAction:[TTURLAction actionWithURLPath:URL.absoluteString]];
  return YES;
}

- (UIViewController*)confirmOrder {
  //弹出警告
  TTAlertViewController* alert = [[[TTAlertViewController alloc]
                        initWithTitle:@"Are you sure?"
                              message:@"Sure you want to order?"] autorelease];
  [alert addButtonWithTitle:@"Yes" URL:@"tt://order/send"];
  [alert addCancelButtonWithTitle:@"No" URL:nil];
  return alert;
}

- (void)sendOrder {
  TTDINFO(@"SENDING THE ORDER...");
}

@end
```

从代码中可以看出，Three20 框架中的类名都拥有一个 TT 前缀，就像 UIKit.framework 下的类名前有 UI 前缀一样。TTNavigator 实例是个单例，通过以下方式创建：

```objc
TTNavigator* navigator = [TTNavigator navigator];
```

然后，设置保存模式（persistenceMode）和窗口属性（window）：

```objc
navigator.persistenceMode = TTNavigatorPersistenceModeAll;
navigator.window = [[[UIWindow alloc] initWithFrame:TTScreenBounds()] autorelease];
```

此时导航控制器就创建完成了，而且它还能保存当前压榨的位置，即哪个视图显示在导航控制器的最前端，这完全不需要我们来操心！

## 21.4.2　映射表

从代码中可以清晰的看出，创建完 TTNavigator 实例后又创建了一个 TTURLMap 实例，它是一个 URL 映射表，接下来在映射表中建立视图控制器的映射关系，方法很简单：

```objc
//加载 TabBarController，弹出 tabbar
[map from:@"tt://tabBar" toSharedViewController:[TabBarController class]];
```

调用 TTURLMap 类的方法 from:toSharedViewController: 就可以给某个视图控制器类注册 URL 了，现在 tt://tabBar 就对应了 TabBarController。我们今后只需要调用 TTOpenURL 函数就可以初始化 TabBarController 并显示出来，调用方法如下：

```
TTOpenURL(@"tt://tabBar");
```

根据以往的经验，如果不使用 Three20 实现相同的功能需要执行以下代码：

```
TabBarController *tabcontroller=[[TabBarController alloc] init];
[self.window addSubview: tabcontroller.view];
```

很明显，上面的代码简化了，一行代码就可以实现同等复杂度的功能。当没有建立映射关系时，为了防止程序报错，在程序中打开网页，这能有效地避免由于疏忽或者错误导致的程序意外退出，将 from:toViewController:函数的第一个参数置为字符串*就可以了：

```
//URL 不匹配，用浏览器打开
[map from:@"*" toViewController:[TTWebController class]];
```

然后，再分析下这段代码：

```
[map from:@"tt://menu/(initWithMenu:)" toSharedViewController:
[MenuController class]];
```

tt://menu/(initWithMenu:) 表示在初始化完成 MenuController 类后，会调用 MenuController 的 initWithMenu:函数，那么参数该如何传递呢？在 TTOpenURL 函数中按照以下格式传递参数就可以了，我们为 initWithMenu:函数传递参数 1：

```
TTOpenURL(@"tt://menu/1");
```

读者如果想要进一步了解 TTNavigator，建议读者仔细阅读 TTNavigatorDemo 源代码，里面有非常详细的介绍。

## 21.5 开发 UseThree20 应用程序——食谱 APP

让我们在 UseThree20 的基础上开发一个应用程序显示一日三餐的食谱，程序中会使用 TTNavigator 来创建导航控制器，使用 TTTableViewController 来实现表视图。TTTableViewController 是 Three20 框架提供的一个列表类，使用起来比 UITableView 要简单快捷的多。TTTableViewController 把 UITableView 的 dataSource 和 delegate 高度封装起来，这样为开发者省去了不少工作量。

### 21.5.1 使用 TTTableViewController

下面就学习下如何使用 TTTableViewController，我们会在 UseThree20 工程里创建一个继承自 TTTableViewController 的类 ListController，然后实现 TTTableViewController 的数据源方法。

#### 1. 创建ListController类

在 Xcode 中打开 UseThree20 应用程序，新建文件，文件类型选择 UIViewController

subclass。文件命名为"ListController",然后我们需要修改它的父类类型,这里不选择 UIViewController 或 UITableViewController,把 SubClass of 项改为 TTTableView Controller,如图 21.27 所示。

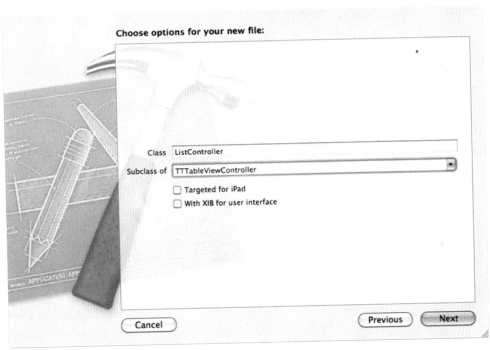

图 21.27 创建 ListController 类,继承自 TTTableViewController

创建完后,打开 ListController.h,修改代码如下:

```
#import <Three20/Three20.h>         //导入头文件

typedef enum {
  ListBreakfast,                    //早餐
  ListLunch,                        //午餐
  ListDinner,                       //晚餐
} ListItem;

@interface ListController : TTTableViewController {
  ListItem _item;
}
@property(nonatomic) ListItem item;
@end
```

删除掉初始引入的 TTTableViewController 头文件,引入 Three20.h,在@interface 上添加一个枚举变量 ListItem,用来控制三餐。随后创建一个成员变量 item,类型为 ListItem。

2. 实现ListController

接下来实现 ListController 类,打开 ListController.m,添加代码如下:

```objc
#import "ListController.h"

@implementation ListController
@synthesize item = _item;
- (id)initWithItem:(ListItem)item{
  if (self = [super init]) {
    self.item = item;
  }
  return self;
}

- (id)init {
  if (self = [super init]) {
    self.item = ListBreakfast;
  }
  return self;
}


-(void)openAlert{
  //创建Three20警告框
  TTAlertViewController* alert = [[[TTAlertViewController alloc]
                       initWithTitle:@"调查"
                             message:@"对以下菜品是否满意?"] autorelease];
  [alert addButtonWithTitle:@"是" URL:nil];
  [alert addCancelButtonWithTitle:@"否" URL:nil];
}

#pragma mark - View lifecycle
-(void)viewDidLoad{
[super viewDidLoad];
//在导航条添加右侧按钮
    self.navigationItem.rightBarButtonItem =
                   [[[UIBarButtonItem alloc] initWithTitle:@"评价"
                    style:UIBarButtonItemStyleBordered
                    target:self
                    action:@selector(openAlert)] autorelease];
}

//判断item名称
- (NSString*)nameForListItem:(ListItem)item {
  switch (item) {
    case ListBreakfast:
      return @"早餐";
    case ListLunch:
      return @"午餐";
    case ListDinner:
      return @"晚餐";
    default:
```

```objc
        return @"";
    }
}

- (void)setItem:(ListItem)item {
    _item = item;
    self.navigationItem.title = [self nameForListItem:item];//设置导航条标题

    //列表数据源
    if (_item == ListBreakfast) {
        self.dataSource = [TTSectionedDataSource dataSourceWithObjects:
        @"食物",
        [TTTableTextItem itemWithText:@"油条" URL:@"tt://food/fritters"],
        [TTTableTextItem itemWithText:@"鸡蛋" URL:@"tt://food/eggs"],
        [TTTableTextItem itemWithText:@"包子" URL:@"tt://food/bun"],
        @"饮料",
        [TTTableTextItem itemWithText:@"牛奶" URL:@"tt://food/milk"],
        [TTTableTextItem itemWithText:@"豆浆" URL:@"tt://food/Soybean Milk"],
        @"水果",
        [TTTableTextItem itemWithText:@"草莓" URL:@"tt://menu/stawberry"],
        nil];
    } else if (_item == ListLunch) {
        self.dataSource = [TTSectionedDataSource dataSourceWithObjects:
        @"菜品",
        [TTTableTextItem itemWithText:@"三明治" URL:@"tt://food/sandwich"],
        [TTTableTextItem itemWithText:@"牛排" URL:@"tt://food/steak"],
        [TTTableTextItem itemWithText:@"沙拉" URL:@"tt://food/salad"],
        @"饮料",
        [TTTableTextItem itemWithText:@"可乐" URL:@"tt://food/coke"],
        [TTTableTextItem itemWithText:@"白开水" URL:@"tt://food/water"],
        @"其他",
        [TTTableTextItem itemWithText:@"小甜品" URL:@"tt://menu/dessert"],
        nil];
    } else if (_item == ListDinner) {
        self.dataSource = [TTSectionedDataSource dataSourceWithObjects:
        @"大菜",
        [TTTableTextItem itemWithText:@"烧鹅" URL:@"tt://food/goast"],
        [TTTableTextItem itemWithText:@"鱼蛋" URL:@"tt://food/eggrolls"],
        [TTTableTextItem itemWithText:@"牛肉宴 " URL:@"tt://food/beaf"],
        @"饮料",
        [TTTableTextItem itemWithText:@"红酒" URL:@"tt://food/redwine"],
        [TTTableTextItem itemWithText:@"白酒" URL:@"tt://food/whitewhine"],
        [TTTableTextItem itemWithText:@"啤酒" URL:@"tt://food/beer"],
        [TTTableTextItem itemWithText:@"可乐" URL:@"tt://food/coke"],
        @"Other",
        [TTTableTextItem itemWithText:@"小甜品" URL:@"tt://menu/dessert"],
        nil];
    }
```

```
}
@end
```

现在讲解下这部分代码。

（1）初始化函数

首先在@implementation 里添加一个初始化函数 initWithItem:，我们会保存传递进来的枚举值：

```
- (id)initWithItem:(ListItem)item{
  if (self = [super init]) {
    self.item = item;
  }
  return self;
}
```

重写 init 函数，设置 item 的默认值为 ListLunch：

```
- (id)init {
  if (self = [super init]) {
    self.item = ListBreakfast;
  }
  return self;
}
```

（2）添加 openAlert 函数

这个函数执行时会弹出警告框，不同的是，这次没有用 UIAlertView，而是用了 Three20 框架中的 TTAlertViewController：

```
-(void)openAlert{
  //创建 Three20 警告框
  TTAlertViewController* alert = [[[TTAlertViewController alloc]
                        initWithTitle:@"调查"
                        message:@"对以下菜品是否满意？"] autorelease];
  [alert addButtonWithTitle:@"是" URL:nil];
  [alert addCancelButtonWithTitle:@"否" URL:nil];
}
```

通过 TTAlertViewController 的 addButtonWithTitle:URL:方法就可以快速的为提示框的按钮设置标题和响应方法，方法的格式还是 URL 类型。

（3）重写 viewDidLoad 函数

在 viewDidLoad 函数里，我们为导航条添加一个"评价"按钮，放在导航条的右侧，单击它，就会调用 openAlert 方法：

```
//在导航条添加右侧按钮
self.navigationItem.rightBarButtonItem =
                [[[UIBarButtonItem alloc] initWithTitle:@"评价"
                        style:UIBarButtonItemStyleBordered target:self
                        action:@selector(openAlert)] autorelease];
```

(4)实现表格内容

我们重写 item 的 setter 函数,重点看与表格相关的部分。例如显示早餐的食物清单:

```
if (_item == ListBreakfast) {
    self.dataSource = [TTSectionedDataSource dataSourceWithObjects:
     @"食物",
      [TTTableTextItem itemWithText:@"油条" URL:@"tt://food/fritters"],
      [TTTableTextItem itemWithText:@"鸡蛋" URL:@"tt://food/eggs"],
      [TTTableTextItem itemWithText:@"包子" URL:@"tt://food/bun"],
     @"饮料",
      [TTTableTextItem itemWithText:@"牛奶" URL:@"tt://food/milk"],
      [TTTableTextItem itemWithText:@"豆浆" URL:@"tt://food/Soybean Milk"],
     @"水果",
      [TTTableTextItem itemWithText:@"草莓" URL:@"tt://menu/stawberry"],
     nil];
}
```

不用实现 UITableView 的 dataSource 和 delegate 方法,只要设置 TTTableViewController 的 dataSource 参数就可以了,这样就可以快速的配置 TableView 的分区(section)和行(row)。当前表包含三个分区,分区名称依次为:食物、饮料和水果。每行使用 TTTableTextItem 的 itemWithText: URL:函数来设置行标题和单击事件。在 setItem:函数上方还添加了一个 nameForListItem:函数,用于设置导航条标题。

## 21.5.2 使用 TTViewController 类

表格每一行的 URL 都是 tt://food 类型。接下来,我们需要创建一个对应的 FoodIntroduce 类,这样单击某一行的时候就可以成功跳转,FoodIntroduce 的类型定义为 TTViewController。TTViewController 本身是 UIViewController 的一个子类,只不过中间隔了"两代",如图 21.28 所示。

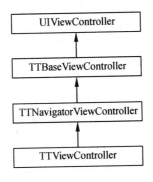

图 21.28 TTViewController 继承关系

### 1. 创建ListController类

在 Xcode 中新建 UIViewController Subclass 文件,文件命名为"FoodIntroduce",

然后把 Subclass of 栏的内容修改为 TTViewController，如图 21.29 所示。

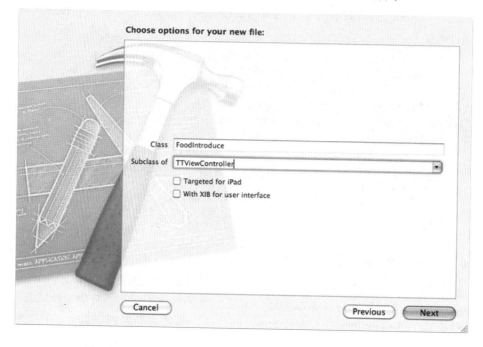

图 21.29　新建 FoodIntroduce 类，类型选择 TTViewController

## 2. 实现FoodIntroduce类

打开 FoodIntroduce.h，添加代码如下：

```
#import <UIKit/UIKit.h>
#import <Three20/Three20.h>

@interface FoodIntroduce : TTViewController
{
    NSString* _text;
}
@property(nonatomic,copy) NSString* text;
@end
```

然后，打开 FoodIntroduce.m，修改代码如下：

```
#import "FoodIntroduce.h"

@implementation FoodIntroduce
@synthesize text=_text;                             //属性访问器

-(void)dealloc{
    TT_RELEASE_SAFELY(_text);                       //释放 text
    [super dealloc];
}
```

## 第 21 章 用 Three20 实现的食谱 APP

```objc
- (id)initWithFood:(NSString*)food {
if (self = [super init]) {
        self.text = [NSString stringWithFormat:@"<b>%@</b> 供您品赏", food];
        self.navigationItem.title= food;                    //设置导航条标题
    }
    return self;
}

#pragma mark - View lifecycle
- (void)viewDidLoad
{
[super viewDidLoad];
//添加一个 Label
    CGRect frame = CGRectMake(10, 10, self.view.frame.size.width-20, 100);
    TTStyledTextLabel* label = [[[TTStyledTextLabel alloc]
                        initWithFrame:frame] autorelease];
    label.tag = 42;                                         //设置tag
    label.font = [UIFont systemFontOfSize:22];              //设置字体
    [self.view addSubview:label];
}

- (void)viewWillAppear:(BOOL)animated {
    [super viewWillAppear:animated];
    TTStyledTextLabel* label = (TTStyledTextLabel*)[self.view viewWith
    Tag:42];
    label.html = _text;
}
```

下面分析下 FoodIntroduce.m 做了哪些工作。

（1）重写 dealloc 函数

因为成员变量 text 的属性为 copy，所以在 dealloc 函数中需要释放该内存，我们使用 Three20 框架下的宏 TT_RELEASE_SAFELY 来操作：

```objc
TT_RELEASE_SAFELY(_text);   //释放 text
```

它本身就是 release 后置 nil。

（2）添加初始化函数

在 dealloc 下方添加一个 initWithFood:函数，初始化时把参数 food 格式化后保存到 text 中，内的文字在显示时会变成粗体，其余文字不变，这样类似于 html：

```objc
self.text = [NSString stringWithFormat:@"<b>%@</b> 供您品赏", food];
```

以往的操作中，实现这样的效果会非常麻烦的，现在一行代码就可以搞定。然后，设置导航栏标题：

```objc
self.navigationItem.title= food;
```

（3）重写 viewDidLoad 函数

在视图上添加一个 TTStyledTextLabel 标签，设置 tag 值为 42，字体为 22：

```
//添加一个 Label
CGRect frame = CGRectMake(10, 10, self.view.frame.size.width-20, 100);
TTStyledTextLabel* label = [[[TTStyledTextLabel alloc]
                        initWithFrame:frame] autorelease];
label.tag = 42;                                     //设置 tag
label.font = [UIFont systemFontOfSize:22];          //设置字体
[self.view addSubview:label];
```

（4）重写 viewWillAppear:函数

FoodIntroduce 界面每次显示在主屏幕上时，为视图上的标签赋值：

```
TTStyledTextLabel* label = (TTStyledTextLabel*)[self.view viewWithTag:42];
label.html = _text;
```

### 21.5.3　修改 AppDelegate 类

保存对 FoodIntroduce 类和 ListController 的修改。现在打开 AppDelegate.m，把 application:didFinishLaunchingWithOptions:注释掉，重写 applicationDidFinishLaunching: 函数和 application: handleOpenURL:函数，代码如下：

```
#import "AppDelegate.h"
#import "RootViewController.h"
#import "ListController.h"
#import "FoodIntroduce.h"
#import <Three20/Three20.h>

@implementation AppDelegate

@synthesize window = _window;
@synthesize viewController = _viewController;

- (void)dealloc
{
    [_window release];
    [_viewController release];
    [super dealloc];
}

- (void)applicationDidFinishLaunching:(UIApplication *)application{
    TTNavigator* navigator = [TTNavigator navigator];
                                                    //创建 TTNavigator 实例
    navigator.persistenceMode = TTNavigatorPersistenceModeAll;
                                                    //设置导航条储存模式
    //全屏显示
    navigator.window = [[[UIWindow alloc] initWithFrame:TTScreenBounds()]
    autorelease];

    TTURLMap* map = navigator.URLMap;               //创建映射表
```

## 第 21 章 用 Three20 实现的食谱 APP

```
    [map from:@"*" toViewController:[TTWebController class]];
    [map from:@"tt://list/(initWithItem:)" toSharedViewController:
    [ListController class]];
    [map from:@"tt://food/(initWithFood:)" toViewController:
    [FoodIntroduce class]];

    if (![navigator restoreViewControllers]) {
        //设置导航条的第一个视图为 ListController
        [navigator openURLAction:[TTURLAction actionWithURLPath:@"tt:
        //list/1"]];

    }
}
- (BOOL)application:(UIApplication*)application handleOpenURL:(NSURL*)URL {
    [[TTNavigator navigator]
        openURLAction:[TTURLAction actionWithURLPath:URL.absoluteString]];
    return YES;
}
```

下面讲解下这部分代码。

（1）引入头文件

在 AppDelegate.m 最上方引入头文件，此时 RootViewController 类已经用不到了，可以把它的类文件和引用都删除：

```
#import "ListController.h"
#import "FoodIntroduce.h"
#import <Three20/Three20.h>
```

（2）重写 applicationDidFinishLaunching:函数

首先创建 TTNavigator 实例：

```
TTNavigator* navigator = [TTNavigator navigator];    //创建 TTNavigator 实例
```

然后设置属性，我们让程序记录导航条的压栈状态：

```
navigator.persistenceMode = TTNavigatorPersistenceModeAll;
                                                //设置导航条储存模式
```

让导航控制器全屏显示：

```
//全屏显示
navigator.window = [[[UIWindow alloc] initWithFrame:TTScreenBounds()]
autorelease];
```

接着，创建映射表：

```
TTURLMap* map = navigator.URLMap;                   //创建映射表
```

设置视图的 URL 对应关系：

· 585 ·

```
[map from:@"*" toViewController:[TTWebController class]];
[map from:@"tt://list/(initWithItem:)" toSharedViewController:
[ListController class]];
[map from:@"tt://food/(initWithFood:)" toViewController:[FoodIntroduce
class]];
```

最后，让 ListController 成为导航控制器的根视图，这样程序在第一次运行时会加载 ListController：

```
if (![navigator restoreViewControllers]) {
    //设置导航条的第一个视图为 ListController
    [navigator openURLAction:[TTURLAction actionWithURLPath:@"tt://list
/1"]];
}
```

（3）重写 application: handleOpenURL:函数：

```
[[TTNavigator navigator]
    openURLAction:[TTURLAction actionWithURLPath:URL.absoluteString]];
```

当程序询问是否打开 URL 链接时，将其交给 TTNavigator 处理。

现在编译并运行程序，编译无误后，程序首界面如图 21.30 所示。单击任一行，程序跳转到下一级界面，如图 21.31 所示。

图 21.30　首界面展现午餐食谱

图 21.31　文本字体一部分为粗体，一部分为正常

## 21.6 补 充 说 明

在文本显示的部分,我们只是用到了其中一个最简单的效果。使用 Three20 还能定义文本某部分内容的颜色和大小等,如图 21.32 所示,有了 Three20,这些眼花缭乱的效果在嵌入式平台上实现起来是如此的容易。除了 Three20,iOS 平台还有颇多优秀的第三方开源类库,本节再介绍常用的几个。

### 21.6.1 进展指示符 MBProgressHUD

进展指示符 MBProgressHUD 是模拟苹果自身应用程序那种优雅和半透明的进度显示效果,实现的效果根本看不出有什么差别,而且还提供了其他附加功能,比如虚拟进展指示符,以及完成提示信息,如图 21.33 所示。

图 21.32　UseThree20 提供的多种风格的标签　　图 21.33　MBProgressHUD 的进度展示样式之一

下载地址:https://github.com/jdg/MBProgressHUD。

### 21.6.2 网络请求库 ASIHttpRequest

ASIHttpRequest 是网络请求库，它极大地简化了网络通信，不仅支持基本的异步、同步和队列通信，还提供了更先进的工具，包含文件上传工具、重定向处理工具和验证工具等。如果工程用到了 HTTP 通信，这个绝对是第一选择！看下面一段异步请求的代码：

```
-(void)doHttpRequest
{
  NSURL *url = [NSURL URLWithString:@"http://www.appdevmag.com"];
  //创建 ASIHTTPRequest 实例
  ASIHTTPRequest *request = [ASIHTTPRequest requestWithURL:url];
  [request setDelegate:self];                        //设置代理
  [request startAsynchronous];                       //发起异步请求
}

- (void)requestFinished:(ASIHTTPRequest *)request
{
  NSString *responseString = [request responseString];  //解析数据
}
```

创建 ASIHTTPRequest 实例，设置地址和代理后，直接调用 startAsynchronous 函数就可以进行异步数据请求了，结果返回后会调用 requestFinished:函数。通过比较，可以看出 iPhone 官方的 HTTP 通信 API 要复杂太多了。

下载地址：http://allseeing-i.com/ASIHTTPRequest/。

### 21.6.3 网络图片处理

网络图片处理，用 SDWebImage 调用网站上的图片，和本地调用内置在应用包里的图片一样简单。操作也很简单，举例说明：

```
[imageView setImageWithURL:[NSURL URLWithString:@"http://example.com/image.png"]];
```

程序会自动下载这个网络地址的图片，并加载到 imageView 上，这是不阻塞的，对程序线程不会产生任何影响。例如 Table View 中需要加载许多的网络图片，建议使用 SDWebImage，效果如图 21.34 所示。

下载地址：https://github.com/rs/SDWebImage。

### 21.6.4 JSON Framework

JSON 数据解析，如果应用需要和网站服务器进行数据交互，那么就要用到 JSON

了。当然也可以考虑 XML，不过 JSON 数据量极小，在流量控制方面优势明显。从 iOS 5 开始，苹果官方 API 也开始支持 JSON 解析。使用 JSON Framework 可以轻松地将 JSON 字符串解析成对象（数组或者字典），代码如下：

图 21.34　表中使用 SDWebImage 来加载图像

```
-(void)parseJSON{
    NSString *jsonString = @"{\"name\": \"Tom\"}";
NSDictionary *dictionary = [jsonString JSONValue];
NSLog(@"name=%@",[dictionary objectForKey:@"name"]);
}
```

在类里引入相关头文件后，直接调用 JSONValue 函数就可以了，还可以把对象转化为 JSON 字符串：

```
NSString *newJsonString = [dictionary JSONRepresentation];
```

下载地址：http://stig.github.com/json-framework/。

## 21.7　小　　结

读者是否已经掌握了 Three20 框架的使用，在本章中我们学习了如何在自己的程序中导入 Three20 框架。还重点介绍了 Three20 独特的 TTNavigator，它的功能还有很多很多，我们接触的还只是冰山一角。读者只要不断挖掘，就会有让人惊喜的收获。